Deepen Your Mind

Deepen Your Mind

序 一

晶片是資訊技術的引擎，推動著人類社會的數位化、資訊化與智慧化。

20 世紀六七十年代是積體電路的高速發展期，經過半個多世紀的發展，全球內半導體產業已經獲得了不凡的成績。

CPU 是晶片裡的運算和控制中心，其中指令集架構是運算和控制的基礎。過去的數十年，全球內相繼誕生了數十種指令集架構，大多數指令集架構為大型商業公司私有，幾乎見不到開放的指令集架構。在這些架構中逐漸主導市場的是 x86 和 ARM，這兩種指令集分別在 PC 與行動領域成為標準，但 x86 架構是壟斷的，ARM 架構的授權費用很高。因此當前推行開放的指令集架構是開發人員期待的，將會是一個新創行業的切入點。

既然指令集架構大多是私有的，那麼自建一套不就解決了這個問題？事實上面臨著兩個巨大的挑戰。

- 雖然設計一個指令集架構不難，但是真正難在生態建設，而生態建設中昂貴的成本是教育成本和接受成本。教育成本取決於人們普遍的熟悉程度，接受成本取決於人們願意投入的時間，這兩個成本昂貴到讓人無法承擔。
- 自建一套指令集架構也許可以從某種程度上實現「自主」、「可控」，但是難以實現「繁榮」的產業生態，這也是多年來都存在過一些私有指令集架構，但它們始終停留在小眾市場而無法成為被廣泛接受的主流指令集架構的原因。

當前，開放指令集架構─RISC-V 透過定義一套開放的指令集架構標準，朝著繁榮晶片生態這一目標邁出了第一步。RISC-V 是指令集標準，就如同 TCP/IP 定義了網路封包的標準，POSIX 定義了作業系統的系統呼叫標準，全世界任何公司、大學、研究機構與個人都可以自由地開發相容 RISC-V 指令集的處理器軟硬體，都可以融入基於 RISC-V 建構的軟硬體生態系統。它有望像開放原始碼軟體生態中的 Linux 系統那樣，成為電腦晶片與系統創新的基石。未來 RISC-V 很可能發展成為世界主流 CPU 架構之一，從而在 CPU 領域形成

x86（Intel/AMD）、ARM、RISC-V 三分天下的格局。而自主 CPU 一直面臨指令集架構之憂，採用 RISC-V 這樣開放的指令集架構將成為自主 CPU 的良好選擇。

縱觀國際形勢，各國政府部門在大力支持基於 RISC-V 的研究專案，許多國際企業逐漸將 RISC-V 整合到其產品中。胡振波是華人地區 RISC-V 社區活躍的貢獻者，創辦了中文世界 RISC-V 全端 IP 與軟硬體整體解決方案的公司—芯來科技。2017 年，胡振波在開放原始碼社區貢獻了華人世界第一個開放原始碼 RISC-V 處理器核心—蜂鳥 E203，在業內獲得了良好的回饋。在累積了更多的最前線開發經驗後，為了繼續給開放原始碼社區提供更詳細的資料，作者撰寫了本書。

當前，發展積體電路被提升為重大技術戰略，藉此祝願本書能夠幫助更多的從業者了解 RISC-V。希望 RISC-V 幫助各行業積體電路行業的發展。

中國工程院院士
中國開放指令生態（RISC-V）聯盟理事長

序 二

2010 年，加州大學柏克萊分校的實驗室專案需要一個易於實施的、高效的、可擴充的且與他人分享時不受限制的指令集，但當時沒有一個現成的指令集滿足以上需求。於是，在 David Patterson 教授的支援下，Krste Asanovic 教授和 Andrew Waterman、Yunsup Lee 等開發人員一起建立了 RISC-V 架構。2014 年，該指令集架構一經公開，便迅速在全世界得到廣泛歡迎。事實上，從 RISC-I 到 RISC-V，這 5 代 RISC 架構皆由 David Patterson 教授帶領研製，這代表了 RISC 處理器技術的演進過程——越來越簡潔、高效和靈活。

RISC-V 是一個開放、開放原始碼的架構，人人都可獲取，因此，企業、學校和個人都可以積極參與相關的研發，這勢必帶來更多的創新。憑藉簡潔、模組化且擴充性強的特點，基於 RISC-V 的晶片產品源源不斷地被推向市場，晶片行業蓬勃發展。這樣的發展勢頭終將推動 RISC-V 成為 ISA 領域的一項開放標準。

本書的作者胡振波極具開放精神，他曾以個人名義推出了開放原始碼超低功耗核心處理器——蜂鳥 E203，這是中文地區最早被 RISC-V 基金會官方首頁收錄的開放原始碼核心。2018 年，他出版了一本《一步步教你設計 CPU——RISC-V 處理器篇》，目前該書已成為許多工程師的案頭書。現在，胡振波撰寫了本系列書。

每一次技術變遷都會帶來一個新生產業的崛起。從主機時代到 PC 時代，成就了 Intel；從 PC 時代到行動時代，成就了 ARM；從行動時代到 AIoT 時代，我們能否抓住 RISC-V 的機遇？

對於立志從事 CPU 處理器設計或想要深入了解 RISC-V 技術的讀者，本書是不可多得的好書。本書主要介紹如何開發蜂鳥 E203 處理器，且極具指導性。閱讀本書後，我希望更多的讀者投入 RISC-V 生態的建設中，成為推動技術革新的實踐者。

戴偉民（Wei Dai）

芯原微電子（上海）股份有限公司董事長

中國 RISC-V 產業聯盟理事長

前 言

- 您是否想學習工業級 Verilog RTL 數位 IC 設計的精髓與技巧？
- 您是否閱讀了許多電腦系統結構的圖書仍不明就裡？
- 您是否想揭開 CPU 設計神秘的面紗，並親自設計一款處理器？
- 您是否想學習國際一流公司真實的 CPU 設計案例？
- 您是否想用最短的時間熟悉並掌握 RISC-V 架構？
- 您是否想深入理解並使用一款免費可靠的開放原始碼 RISC-V 處理器和完整的 SoC 平台？

如果您對上述任意一個問題感興趣，本書都將是您很好的選擇。

芯來科技公司的團隊彙整了國際一流公司多年從事 CPU 設計工作的豐富經驗，開發了一款超低功耗 RISC-V 處理器（蜂鳥 E203），蜂鳥 E203 處理器也是一款開放原始碼的 RISC-V 處理器。

本書將用通俗易懂的語言，深入淺出地剖析 RISC-V 處理器的微架構以及程式實現，為讀者揭開 CPU 設計的神秘面紗，打開深入了解電腦系統結構的大門。

作為一本系統介紹 RISC-V 架構且結合實際 RISC-V 開放原始碼範例進行講解的技術圖書，本書對配套的開放原始碼實例蜂鳥 E203 專案進行全面介紹。透過對本書的學習，讀者能夠快速掌握並輕鬆使用 RISC-V 處理器。本書旨在為推廣 RISC-V 架構造成促進作用，同時透過對蜂鳥 E203 處理器的開放原始碼與解析，為 RISC-V 處理器的普及貢獻綿薄之力。

本書共分 3 部分，各部分主要內容如下。

第一部分概述 CPU 與 RISC-V，包括第 1 ～ 4 章。該部分將介紹 CPU 的一些基礎背景知識、RISC-V 架構的誕生和特點。

第 1 章主要介紹 CPU 的基礎知識、指令集架構的歷史、自主研發 CPU 的發展現狀及原因、CPU 的應用領域、各領域的主流架構、RISC-V 架構的誕生背景等。

　　第 2 章主要介紹 RISC-V 架構及其特點，著重分析其大道至簡的設計理念，並闡述 RISC-V 和以往曾經出現過的開放架構有何不同。

　　第 3 章主要對當前全世界的商業或開放原始碼 RISC-V 處理器進行盤點，分析其優缺點。

　　第 4 章主要對蜂鳥 E203 處理器核心和 SoC 的特性介紹。

　　第二部分主要講解如何使用 Verilog 設計 CPU，包括第 5 ～ 16 章。該部分將對蜂鳥 E203 處理器核心的微架構和原始程式碼進行深度剖析，結合該處理器核心進行處理器設計案例分析。

　　第 5 章主要從宏觀的角度著手，介紹若干處理器設計的技巧、蜂鳥 E203 處理器核心的整體設計思想和頂層介面，幫助讀者整體認識蜂鳥 E203 處理器的設計要點，為後續各章針對不同部分展開詳述奠定基礎。

　　第 6 章說明處理器的一些常見管線結構，並介紹蜂鳥 E203 處理器核心的管線結構。

　　第 7 章說明處理器的取指功能，並介紹蜂鳥 E203 處理器單選指單元的微架構和原始程式。

　　第 8 章說明處理器的執行功能，並介紹蜂鳥 E203 處理器核心執行單元的微架構和原始程式。

　　第 9 章說明處理器的交付功能和常見策略，並介紹蜂鳥 E203 處理器核心交付單元的微架構和原始程式。

　　第 10 章說明處理器的寫回功能和常見策略，並介紹蜂鳥 E203 處理器核心的寫回硬體實現和原始程式。

　　第 11 章說明處理器的記憶體架構，並介紹蜂鳥 E203 處理器核心記憶體子系統的微架構和原始程式。

　　第 12 章說明蜂鳥 E203 處理器核心的匯流排界面模組，介紹其使用的匯流排協定，以及該模組的微架構和原始程式。

　　第 13 章說明 RISC-V 架構定義的中斷和異常機制，討論蜂鳥 E203 處理器核心中斷和異常的硬體微架構及其原始程式。

第 14 章說明處理器的偵錯機制,介紹 RISC-V 架構定義的偵錯方案、蜂鳥 E203 處理器偵錯機制的硬體實現微架構和原始程式。

第 15 章說明處理器的低功耗技術,並以蜂鳥 E203 處理器為例闡述其低功耗設計的訣竅。

第 16 章說明如何利用 RISC-V 的可擴充性,並以蜂鳥 E203 的輔助處理器介面為例詳細闡述如何訂製一款輔助處理器。

第三部分是開發實戰,包括第 17 章和第 18 章。該部分將對蜂鳥 E203 開放原始碼專案結構及內容介紹,並詳細講解蜂鳥 E203 的系統模擬平台以及如何進行 Verilog 模擬測試。

第 17 章主要介紹在蜂鳥 E203 開放原始碼平台上如何運行 Verilog 模擬測試。

第 18 章主要概括基於蜂鳥 E203 SoC 進行嵌入式開發與工程實踐的大綱。

附錄 A ～附錄 G 將對 RISC-V 架構進行詳細介紹,對 RISC-V 架構細節感興趣的讀者可以先行閱讀附錄部分。

附錄 A 主要介紹 RISC-V 架構的指令集。

附錄 B 主要介紹 RISC-V 架構的 CSR。

附錄 C 主要介紹 RISC-V 架構定義的平台級中斷控制器(Platform Level Interrupt Controller,PLIC)。

附錄 D 主要介紹記憶體模型(memory model)的相關背景知識,幫助讀者更深入地理解 RISC-V 架構的記憶體模型。

附錄 E 主要結合多執行緒「鎖」的範例對記憶體原子操作指令的應用背景進行簡介。

附錄 F 和附錄 G 分別介紹 RISC-V 指令編碼清單和 RISC-V 虛擬指令列表。

目 錄

第 3 章 亂花漸欲迷人眼——盤點 RISC-V 商業版本與開放原始碼版本

第 4 章 開放原始碼 RISC-V——蜂鳥 E203 處理器核心與 SoC

第二部分　一步步教你使用 Verilog 設計 CPU

第 5 章 先見森林，後觀樹木——蜂鳥 E203 處理器核心設計總覽和頂層

第 6 章　管線不是流水帳——蜂鳥 E203 處理器核心管線

第 7 章　萬事開頭難——一切從取指令開始

第 8 章　一鼓作氣，執行力是關鍵——執行

第 10 章　讓子彈飛一會兒——寫回

第 11 章　記憶體

第 12 章　黑盒子的視窗—匯流排界面單元

第 13 章　不得不說的故事—中斷和異常

第 15 章　動如脫兔，靜若處子─低功耗的訣竅

第 16 章　工欲善其事，必先利其器—RISC-V 可擴充輔助處理器

第三部分　開發實戰

第 17 章　先冒個煙——執行 Verilog 模擬測試

第 18 章　套上殼子上路—更多實踐

附錄 A　RISC-V 架構的指令集

附錄 B　RISC-V 架構的 CSR

附錄 C　RISC-V 架構的 PLIC

附錄 D　記憶體模型背景

附錄 E　記憶體原子操作指令背景

附錄 F　RISC-V 指令編碼清單

附錄 G　RISC-V 虛擬指令列表

第一部分

CPU 與 RISC-V 整體說明

第 1 章　　CPU 之三生三世

本章透過幾個輕鬆的話題，討論一下 CPU 的「三生三世」。

1.1 眼看他起高樓，眼看他宴賓客，眼看他樓塌了 ——CPU 眾生相

CPU 的全稱為中央處理器單元，簡稱為處理器，是一個不算年輕的概念。早在 20 世紀 60 年代第一款 CPU 便已誕生了。

請注意區分「處理器」（CPU）和「處理器核心」（core）的概念。嚴格來說，「處理器核心」是指處理器內部最核心的部分，是真正的處理器核心；而「處理器」往往是一個完整的 SoC，包含了處理器核心和其他的裝置或記憶體。但是在現實中，大多數文章往往並不會嚴格地區分兩者，時常混用，因此讀者需要根據上下文自行判別，體會其具體的含義。

經過幾十年的發展，到今天為止，幾十種不同的 CPU 架構相繼誕生或消毀。表 1-1 展示了近幾十年來知名 CPU 架構的誕生時間。什麼是 CPU 架構？下面讓我們來探討區分 CPU 的主要標準—指令集架構（Instruction Set Architecture，ISA）。

▼ 表 1-1　知名 CPU 架構的誕生時間

CPU 架構	誕生時間
IBM 701	1953 年
CDC 6600	1963 年
IBM 360	1964 年
DEC PDP-8	1965 年
Intel 8008	1972 年
Motorola 6800	1974 年
DEC VAX	1977 年
Intel 8086	1978 年
Intel 80386	1985 年
ARM	1985 年
MIPS	1985 年
SPARC	1987 年
Power	1992 年
Alpha	1992 年
HP/Intel IA-64	2001 年
AMD64（EMT64）	2003 年

1.1.1 ISA—CPU 的靈魂

顧名思義，指令集是一個指令集合，而指令是指處理器操作（如加減乘除運算或讀 / 寫記憶體資料）的最小單元。

指令集架構有時簡稱為「架構」或「處理器架構」。有了指令集架構，開發人員便可以使用不同的處理器硬體實現方案來設計不同性能的處理器。處理器的具體硬體實現方案稱為微架構（microarchitecture）。雖然不同的微架構實現可能會造成性能與成本上的差異，但軟體無須做任何修改便可以完全執行在任何一款遵循同一指令集架構實現的處理器上。因此，指令集架構可以視為一個抽象層，如圖 1-1 所示。該抽象層組成處理器底層硬體與執行於其上的軟體之間的橋樑與介面，也是現代電腦處理器中重要的抽象層。

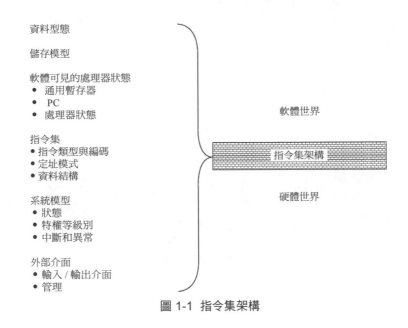

圖 1-1　指令集架構

為了讓軟體程式設計師能夠撰寫底層的軟體，指令集架構不僅要包括一組指令，還要定義任何軟體程式設計師需要瞭解的硬體資訊，包括支援的資料型態、記憶體（memory）、暫存器狀態、定址模式和記憶體模型等。如圖 1-2 所示，IBM 360 指令集架構是第一個里程碑式的指令集架構。它第一次實現了軟體在不同 IBM 硬體上的可攜性。

綜上可見，指令集架構才是區分不同 CPU 的主要標準，這也是 Intel 和 AMD 等公司多年來分別推出了幾十款不同的 CPU 晶片產品的原因。雖然這些 CPU 來自兩個不同的公司，但是它們仍被統稱為 x86 架構 CPU。

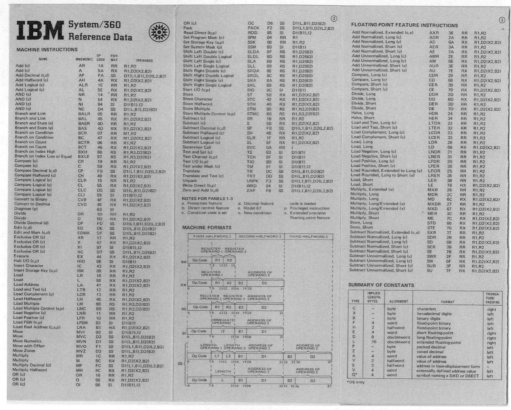

圖 1-2　IBM 360 指令集架構

1.1.2　CISC 架構與 RISC 架構

指令集架構主要分為複雜指令集（Complex Instruction Set Computer，CISC）架構和精簡指令集（Reduced Instruction Set Computer，RISC）架構，兩者的主要區別如下。

- CISC 架構不僅包含了處理器常用的指令，還包含了許多不常用的特殊指令。

- RISC 架構只包含處理器常用的指令，而對於不常用的操作，則透過執行多筆常用指令的方式來達到同樣的效果。

在 CPU 誕生的早期，CISC 架構曾經是主流，因為它可以使用較少的指令完成更多的操作。但是隨著指令集的發展，越來越多的特殊指令被增加到 CISC 架構中，CISC 架構的諸多缺點開始顯現出來。

- 典型程式運算過程中用到的 80% 指令，只佔所有指令類型的 20%。也就是說，CISC 架構定義的指令中，常用的只有 20%，80% 的指令則很少用到。
- 那些很少用到的特殊指令讓 CPU 設計變得極複雜，大大增加了硬體設計的時間成本與面積銷耗。

出於以上原因，自從 RISC 架構誕生之後，所有現代指令集架構都選擇使用 RISC 架構。

1.1.3　32 位元架構與 64 位元架構

除分成 CISC 架構與 RISC 架構之分，處理器指令集架構的位元數也是一個重要的概念。一般來說，處理器架構的位元數是指通用暫存器的寬度，它決定了定址範圍的大小、資料運算能力的強弱。舉例來說，對於 32 位元架構的處理器，通用暫存器的寬度為 32 位元，擁有 4GB（即 2^{32}B）的定址空間，運算指令可以操作的運算元有 32 位元。

⚠️ **注意** 處理器指令集架構的位元數和指令的編碼長度無任何關係。並不是說 64 位元架構的指令長度為 64 位元，這是一個常見的誤區。從理論上來講，指令本身的編碼長度越短越好，因為這可以節省程式的儲存空間。因此即使在 64 位元的架構中，也存在大量 16 位元的指令，且基本上很少出現 64 位元的指令。

綜上所述，在不考慮任何實際成本和實現技術的前提下，以下兩個結論成立。

- 通用暫存器的寬度（即指令集架構的位元數）越多越好，因為這可以帶來更大的定址範圍和更強的運算能力。
- 指令的長度越短越好，因為這可以節省更多的程式儲存空間。

常見的架構分為 8 位元、16 位元、32 位元和 64 位元架構。

- 早期的微控制器以 8 位元架構和 16 位元架構為主，如知名的 8051 微控制器屬於 8 位元架構。

- 目前主流的嵌入式微處理器均在向 32 位元架構開發。對此內容感興趣的讀者可以在網上搜索作者曾在媒體上發表的文章「進入 32 位元時代，誰能成為下一個 8051」。

- 目前主流的行動裝置、個人電腦和伺服器均使用 64 位元架構。

1.1.4 ISA 眾生相

經過幾十年的發展，全世界範圍內至今幾十種不同的指令集架構相繼誕生或消毀。下面針對幾款比較知名的指令集架構加以論述。

> ⚠️ 注意 本節所列舉來自撰寫本書時的公開資訊，僅供參考，請讀者以最新的官方資訊為準。

1．x86 架構

x86 是 Intel 公司推出的一種 CISC 架構，在該公司於 1978 年推出的 Intel 8086 處理器（見圖 1-3）中首度出現。8086 在 3 年後為 IBM 所選用，之後 Intel 與微軟公司結成了所謂的 Windows-Intel（Wintel）商業聯盟，壟斷個人電腦（Personal Computer，PC）軟硬體平臺至今，在長達幾十年中獲得了豐厚的利潤。x86 架構也因此幾乎成為個人電腦的標準處理器架構，而 Intel 的廣告語更是深入人心，如圖 1-4 所示。

圖 1-3 Intel 8086 處理器

圖 1-4 Intel 的廣告語

　　除 Intel 之外，另一家成功的製造商為 AMD。Intel 與 AMD 是現今主要的 x86 處理器晶片提供商。其他幾家公司也曾經製造過 x86 架構的處理器，包括 Cyrix（為 VIA 所收購）、NEC、IBM、IDT 以及 Transmeta。

　　x86 架構由 Intel 與 AMD 共同經過數代的發展，相繼從最初的 16 位元架構發展到如今的 64 位元架構。在 x86 架構剛誕生的時代，CISC 還是業界主流，因此，x86 架構是具有代表性的可變指令長度的 CISC 架構。雖然之後 RISC 已經取代 CISC 成為現代指令集架構的主流，但為了維持軟體的向後相容性，x86 身為 CISC 架構被一直保留下來。事實上，Intel 公司透過內部「微碼化」的方法克服了 CISC 架構的部分缺點，加上 Intel 高超的 CPU 設計水準與製程製造水準，使得 x86 處理器一直在性能上遙遙領先，不斷刷新個人電腦處理器晶片性能的極限。「微碼化」是指將複雜的指令先用硬體解碼器翻譯成對應的內部簡單指令（微碼）序列，然後送給處理器管線的方法。它使 x86 架構的處理器核心也變成 RISC 架構的形式，從而能夠參考 RISC 架構的優點。不過，額外的硬體解碼器同樣會帶來額外的複雜度與面積銷耗，這是 x86 架構身為 CISC 架構不得不付出的代價。

　　x86 架構不僅在個人電腦領域獲得了統治性的地位，還在伺服器市場獲得了巨大成功。相比 x86 架構，IBM 的 Power 架構和 Sun 的 SPARC 架構都曾有很明顯的性能優勢，也曾佔據相當可觀的伺服器市場。但是 Intel 採用僅提供處理器晶片而不直接生產伺服器的策略，利用廣大的協力廠商伺服器生產商，結合 Wintel 的強大軟硬體聯盟，成功地將從處理器晶片到伺服器系統一手包辦的 IBM 與 Sun 公司擊敗。至今 x86 架構佔據了超過 90% 的伺服器市佔率。

2‧SPARC

　　1985 年，Sun 公司設計出 SPARC，其全稱為可擴充處理器架構（Scalable Processor Architecture，SPARC），這是一種非常有代表性的高性能 RISC 架構。之後，Sun 公司和 TI 公司合作開發了基於該架構的處理器晶片。SPARC 處理器為 Sun 公司贏得了當時高端處理器市場的領先地位。1995 年，Sun 公司推出了 UltraSPARC 處理器，開始使用 64

圖 1-5　基於 SPARC 架構的伺服器

位元架構。設計 SPARC 架構的出發點是服務於工作站，它被應用在 Sun、富士通等公司製造的大型伺服器上，如圖 1-5 所示。1989 年，SPARC 還作為獨立的公司而成立，其目的是向外界推廣 SPARC，以及為該架構進行相容性測試。Oracle 收購 Sun 公司之後，SPARC 歸 Oracle 所有。

由於 SPARC 是伺服器領域而設計導向的，因此其最大的特點是擁有一個大型的暫存器視窗。SPARC 處理器需要實現 72 ～ 640 個通用暫存器，每個暫存器的寬度為 64 位元。它們共同組成一系列的暫存器組，稱為暫存器視窗。這種暫存器視窗的架構由於可以切換不同的暫存器組，快速地回應函數呼叫與返回，因此具有非常高的性能。但是這種架構的功耗大、佔用的晶片面積多，並不適用於 PC 與嵌入式領域的處理器。

前面提到，Sun 公司在伺服器領域與 Intel 的競爭中逐漸落敗，因此 SPARC 在伺服器領域的百分比逐步地縮減，而 SPARC 不適用於 PC 與嵌入式領域，因此它的處境十分尷尬。

SPARC 的另外一個比較知名的應用領域是航太領域。由於美國的航太星載系統普遍使用的 Power 架構，歐洲太空局為了獨立發展自己的航太能力而選擇開發了基於 SPARC 的 LEON 處理器，並進行了抗輻射加固設計，使之能夠應用於航太環境中。

值得強調的是，歐洲太空局選擇在航太領域使用 SPARC，並不代表該架構特別適用於航太領域，而是因為它在當時是一種相對開放的架構。SPARC 更談不上壟斷或佔據航太領域的優勢地位，因為從本質上來講，航太領域所需的處理器對於指令集架構本身並無特殊要求，它需求的主要特性是提供製程上的加固單元和硬體系統的容錯性處理（為了防止外太空強輻射造成電路失常）。因此，很多的航太處理器採用了其他的處理器架構，目前新開發的很多航太處理器使用新的 ARM 或 RISC-V 架構（參見 1.4 節）。

2017 年 9 月，Oracle 公司宣佈正式放棄硬體業務，自然也包括從 Sun 收購的 SPARC 處理器。至此，SPARC 處理器正式退出了歷史舞臺。此消息一出，業內人士紛紛表示惋惜。感興趣的讀者請在網上自行搜索「再見 SPARC 處理器，再見 Sun」一文。

3 · MIPS 架構

MIPS（Microprocessor without Interlocked Piped Stages）架構是一種簡潔、最佳化的 RISC 架構。MIPS 架構出身名門，由曾任史丹佛大學校長的 Hennessy 教授（電腦系統結構領域的泰斗之一）領導的研究小組研製開發。

由於 MIPS 架構是經典的 RISC 架構，因此是如今除 ARM 之外耳熟能詳的 RISC 架構。最早的 MIPS 架構是 32 位元架構，最新的版本已有 64 位元架構。

自從 1981 年由 MIPS 科技公司開發並授權後，MIPS 架構曾經作為最受歡迎的 RISC 架構被廣泛應用在網路裝置、個人娛樂裝置與商業裝置上。它曾經在嵌入式裝置與消費領域裡佔據很大的百分比，如 SONY 和任天堂的遊戲主機、Cisco 的路由器和 SGI 超級電腦中都有 MIPS 的身影。

但是出於一些商業運作的原因，MIPS 架構被同屬 RISC 陣營的 ARM 架構反超。2013 年，MIPS 科技公司被英國公司 Imagination Technologies 收購。可惜的是，MIPS 科技公司被收購後，非但沒有得到發展，反而日漸衰落。2017 年，Imagination Technologies 公司由於自身出現危機而決定整體出售。2018 年 6 月，MIPS 科技公司被出售給 AI 公司 Wave Computing，同年年底宣佈開放原始碼。由於未取得預期效果，2019 年 11 月 14 日，Wave Computing 公司宣佈關閉 MIPS 開放原始碼計畫。目前，Wave Computing 公司已申請破產保護，MIPS 架構的命運再次變為未知數。

4 · Power 架構

Power 架構是 IBM 開發的一種 RISC 架構。1980 年，IBM 推出了全球第一台基於 RISC 架構的原型機，繼而證明瞭相比 CISC 架構，RISC 架構在高性能領域的優勢更明顯。1994 年，IBM 基於此推出 PowerPC604 處理器，其強大的性能在當時處於全球領先地位。

基於 Power 架構的 IBM Power 伺服器系統在可靠性、可用性和可維護性等方面表現出色，使得 IBM 從晶片到系統所設計的整機方案有著獨有的優勢。Power 架構的處理器在超算、銀行金融、大型企業的高端伺服器等多個方面的應用十分成功。IBM 至今仍在不斷開發新的 Power 架構處理器。

2013 年，IBM 推出了新一代伺服器處理器 Power8。Power8 的核心有 12 個，而且每個核心都支持 8 執行緒，總執行緒多達 96 個。它採用了 8 派發、10 發射、16 級管線的設計。

2016 年 IBM 公司公佈了其 Power9 處理器。IBM 於 2017 年推出的 Power9 擁有 24 個計算核心,這是 Power8 晶片中核心數量的兩倍。

IBM 在 2020 年推出了 Power10,並計畫在 2023 年推出 Power11 處理器。

5‧Alpha

Alpha 也稱為 Alpha AXP,是一種 64 位元的 RISC 架構處理器,由美國 DEC(Digital Equipment Corporation)設計開發,被用於 DEC 自己的工作站和伺服器中。

Alpha 是一款優秀的處理器,它不僅是最早主頻超過 1GHz 的企業級處理器,還是最早計畫採用雙核心甚至多核心架構的處理器。然而,Alpha 晶片和採用此晶片的伺服器並沒有得到整個市場的認同,只有少數人選擇了 Alpha 伺服器。其價格高昂,安裝複雜,部署實施的難度遠遠超過一般企業 IT 管理人員所能承受的範圍。2001 年,康柏收購 DEC 之後,逐步將其全部 64 位元伺服器系列產品轉移到 Intel 的安騰處理器架構之上。2004 年,惠普收購康柏,從此 Alpha 架構逐漸淡出了人們的視野。

6‧ARM 架構

由於 ARM 架構過於聲名顯赫,因此 1.4 節會重點論述它,這裡不過多介紹了。

7‧ARC 架構

ARC 架構處理器是 Synopsys 公司推出的 32 位元 RISC 架構微處理器系列 IP。ARC 處理器的 IP 產品線覆蓋了從低端到高端的嵌入式處理器,如圖 1-6 所示。

ARC 架構處理器以極高的能效比見長,其出色的硬體微架構使得 ARC 架構處理器的各項指標均令人印象深刻。ARC 架構處理

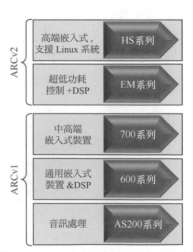

圖 1-6 ARC 處理器的 IP 系列產品線

器 IP 以追求功耗效率比(DMIPS/mW)和面積效率比(DMIPS/mm^2)最最佳化為目標,以滿足嵌入式市場對微處理器產品日益提高的效能要求。

ARC 架構處理器的另外一大特點是高度可設定性。它可透過增加或刪除功能模組,滿足不同的應用需求,透過設定不同屬性實現快速系統整合,做到

「量身打造」。

Synopsys 公司是除 ARM 公司之外的全球第二大嵌入式處理器 IP 供應商，全球已有超過 170 家客戶使用 ARC 架構處理器，這些客戶每年總共產出高達 15 億片基於 ARC 架構的晶片。

8．Andes 架構

Andes 架構處理器是晶心（Andes）公司推出的一系列 32 位元 RISC 架構處理器 IP（智慧財產權）。截至 2016 年，採用 Andes 架構的系統晶片出貨量超過 4.3 億。2017 年，Andes 發佈了最新一代的 AndeStar™處理器架構，成為商用主流 CPU IP 公司中第一家納入開放 RISC-V 架構的公司。

9．RISC-V 架構

RISC-V 架構由美國加州大學柏克萊分校的 Krste Asanovic 教授、Andrew Waterman 和 Yunsup Lee 等開發人員於 2010 年發明，由 RISC-V 基金會負責維護架構標準。第 2 章會重點介紹 RISC-V 架構，在此不單獨論述。

目前能夠提供 RISC-V 處理器商用 IP 的公司主要為 Sifive 公司。

1.1.5 CPU 的領域之分

本節將對 CPU 的不同應用領域加以探討。

傳統上，CPU 主要應用於 3 個領域—伺服器領域、PC 領域和嵌入式領域。

- 伺服器領域在早期還會有著多種不同的架構，它們呈群雄分立之勢，不過，由於 Intel 公司商業策略上的成功，目前 Intel 的 x86 處理器晶片幾乎成為這個領域的霸主。

- PC 領域本身由於 Windows/Intel 的軟硬體組合而發展壯大，因此，x86 架構是目前 PC 領域的壟斷者。

- 嵌入式領域是除伺服器和 PC 領域之外，處理器的主要應用領域。所謂「嵌入式」是指，在很多晶片中，所包含的處理器就像嵌入在裡面不為人知一樣。

近年來，隨著各種新技術的進一步發展，嵌入式領域本身也分化成幾個不同的子領域。

- 行動領域。隨著智慧型手機和手持裝置的發展，行動領域逐漸發展成規模可匹敵甚至有可能超過 PC 領域的獨立領域，主要由 ARM 的 Cortex-A 系列處理器架構所壟斷。由於行動領域的處理器需要載入 Linux 作業系統，同時涉及複雜的軟體生態，因此它和 PC 領域一樣，對軟體生態嚴重依賴。目前 ARM Cortex-A 系列已經獲得了絕對的統治地位，其他的處理器架構很難再進入該領域。

- 即時（real time）嵌入式領域。該領域相對而言沒有那麼嚴重的軟體依賴性，因此沒有形成絕對的壟斷。但是由於 ARM 處理器 IP 商業推廣的成功，目前 ARM 架構處理器仍佔大多數市佔率，ARC 等其他架構處理器也有不錯的市佔率。

- 深嵌入式（deep embedded）領域。該領域更像前面提到的嵌入式領域。該領域的市場非常大，但往往注重低功耗、低成本和高能效比，無須載入像 Linux 這樣的大型應用作業系統，軟體大多需要訂製的裸機程式或簡單的即時操作系統，因此對軟體生態的依賴性相對較低。在該領域很難形成絕對的壟斷，但是由於 ARM 處理器 IP 商業推廣的成功，目前 ARM 的 Cortex-M 處理器仍佔據大多數市佔率，ARC 和 Andes 等架構也有非常不錯的表現。

綜上所述，由於行動領域逐漸成為一個獨立的分領域，因此現在通常所說的嵌入式領域是指深嵌入式領域或即時嵌入式領域。

表 1-2 是對目前 CPU 典型應用領域及主流架構進行的複習。

▼ 表 1-2　CPU 典型應用領域及主流架構

領　域	主 流 架 構
伺服器領域	Intel 公司 x86 架構的高性能 CPU 佔壟斷地位
桌面個人電腦領域	Intel 或 AMD 公司 x86 架構的 CPU 佔壟斷地位
嵌入式移動手持裝置領域	ARM Cortex-A 架構佔壟斷地位
嵌入式即時裝置領域	ARM 架構佔最大百分比，其他 RISC 架構的嵌入式 CPU 也有不錯的表現
深嵌入式領域	ARM 架構佔最大百分比，其他 RISC 架構的嵌入式 CPU 也有不錯的表現

1.2 人生已如此艱難，你又何必拆穿 ——CPU 從業者的無奈

每一個行業的普通從業者都希望所在行業能夠蓬勃發展、欣欣向榮，能夠湧現大量的商業公司並產生大量職位需求。倘使所在的行業日暮西山，或成為一潭死水，自然就無法產生大量的職位需求，普通的從業者可能就只有「尋尋覓覓，冷冷清清，淒淒慘慘戚戚」，或「門前冷落鞍馬稀，老大嫁作商人婦」了。

處理器設計便是一個典型的例子。處理器設計是一門開放的學科，它所需的技術均已成熟，很多的工程師與從業人員都已經掌握，也具備開發處理器的能力。然而，由於處理器架構長期以來主要由以 Intel（採用 x86 架構）與 ARM（採用 ARM 架構）為代表的商業巨頭公司所掌控，其軟體生態環境衍生出寡頭排他效應，因此處理器設計成為普通公司與個人無法逾越的天塹。

由於寡頭排他效應，許多的處理器系統結構走向消毀，國產的商用 CPU 無法足夠成熟，因此 CPU 設計這項工作變成了極少數商業公司的「堂前燕」，普通平民「只可遠觀，而不可褻玩焉」，華文地區長期沒有形成有足夠影響力的相關產業與商業公司。

作者作為曾經在國際一流公司任職的 CPU 高級設計工程師，竟一度在換工作時面臨擇業無門的窘境，更對許多同事被迫轉行的情形扼腕歎息。正可謂曲高和寡，「英雄無用武之地」，CPU 設計從業者頗為無奈。讀至此處，被迫轉行的同事可能已經老淚縱橫：「人生已如此艱難，你又何必拆穿？」

1.3 無敵者是多麼寂寞——ARM 統治著的世界

ARM（Advanced RISC Machines）是一家誕生於英國的處理器設計與軟體公司，總部位於英國的劍橋，其主要業務是設計 ARM 架構處理器，同時提供與 ARM 處理器相關的搭配軟體，以及各種 SoC IP、物理 IP、GPU 等產品。

雖然在普通人眼中，ARM 公司的知名度遠沒有 Intel 公司高，甚至也不如華為、高通、蘋果、聯發科和三星等這些廠商那般耳熟能詳，但 ARM 架構處

理器以「潤物細無聲」的方式滲透到我們生活中的每個角落。從我們每天日常使用的電視、手機、平板電腦以及手環、手錶等電子產品，到不起眼的遙控器、智慧燈和充電器等，均有著 ARM 架構處理器的身影。在白色家電與汽車電子等領域，ARM 架構處理器更是無處不在，乃至我們熟知的桌面 PC、伺服器和超級電腦領域，ARM 架構也開始滲透。ARM 處理器在這些領域有相當高的發言權。

▌1.3.1　獨樂樂與眾樂樂—ARM 公司的盈利模式

ARM 公司雖然設計開發基於 ARM 架構的處理器核心，但是其商業模式並不是直接生產處理器晶片，而是作為智慧財產權供應商，轉讓授權許可給其合作夥伴。目前，在全世界，幾十家大的半導體公司都使用 ARM 公司的授權，從 ARM 公司購買其設計的 ARM 處理器核心，根據各自的應用領域，加入適當的週邊電路，從而形成自己的 ARM 處理器晶片，進入市場。

至此，我們提到了「ARM 架構」、「ARM 架構處理器」、「ARM 處理器晶片」、「晶片」。為了能夠闡述清楚它們的關係，並理解 ARM 公司的商業模式，下面透過一個形象的比喻加以闡述。

如同市場上有幾十家品牌汽車生產商（如「豐田」、「本田」等）一樣，晶片領域也有許多的晶片生產商，如高通、聯發科、三星、德州儀器等。有的晶片以處理器的功能為主，因此它們稱為「處理器晶片」；有的晶片中處理器只是輔助的功能，因此它們稱為「普通晶片」或「晶片」。

每一輛汽車都需要一台引擎，汽車生產商需要向其他的引擎生產商採購引擎。同理，每一款晶片都需要一個或多個處理器，因此高通、聯發科、三星和德州儀器等晶片生產商需要採購處理器，它們可以從 ARM 公司採購處理器。

所謂 ARM 架構就好像是引擎的設計圖樣一樣，是由 ARM 公司發明並申請專利保護的「處理器架構」，ARM 公司基於此架構設計的處理器便是「ARM 架構處理器」或「ARM 處理器」。由於 ARM 主要以 IP 的形式授權其處理器，因此 ARM 處理器常稱為「ARM 處理器 IP」。

透過直接授權 ARM 處理器 IP 給其他的晶片生產商（合作夥伴）是 ARM

公司的主要盈利模式。

晶片公司每設計一款晶片時，如果購買了 ARM 公司提供的 ARM 處理器 IP，晶片公司需要支付一筆前期授權費（upfront license fee）。如果該晶片之後被大規模生產、銷售，則每賣出一片晶片，晶片公司均需要按其售價向 ARM 公司支付一定比例（如 1% ～ 2%）的版稅（royalty fee）。

由於 ARM 架構佔據了絕大多數的市佔率，形成了完整的軟體生態環境，因此在移動和嵌入式領域，購買 ARM 處理器 IP 幾乎成為這些廠商的首選。

就像有些有實力的汽車生產商可以自己設計製造引擎一樣，有實力的晶片公司也可以考慮自己設計處理器，因此有 3 個選擇。

- 自己發明一種處理器架構。
- 購買其他商業公司的非 ARM 架構處理器 IP。
- 購買 ARM 公司的 ARM 架構授權而非直接購買 ARM 處理器 IP，自己訂製開發基於 ARM 架構的處理器。

由前面的章節可知，上述第 1 個選擇和第 2 個選擇在 ARM 架構佔主導（如移動手持裝置）的領域具有極大的風險，於是第 3 個選擇便成為這些有實力的晶片公司的幾乎唯一選擇。

就像汽車公司可以購買引擎公司的圖樣，然後按照自己的產品需求深度訂製其引擎一樣，晶片公司也可以透過購買 ARM 公司的 ARM 架構授權，按照自己的產品需求深度訂製其自己的處理器。

轉讓 ARM 架構授權給其他的晶片生產商（合作夥伴）是 ARM 公司的另外一種盈利模式。

使用這種自主研發的處理器晶片公司在大規模生產、銷售晶片後無須向 ARM 公司逐片支付版稅，從而達到降低產品成本和提高產品差異性的效果。

只有實力最雄厚的晶片公司才具備購買 ARM 架構授權的能力。首先，因為 ARM 架構授權價格極其昂貴（高達千萬美金量級），遠遠高於直接購買 ARM 處理器 IP 所需的前期授權費；其次，深度訂製其自研處理器需要解決技術難題並投入高昂的研發成本。目前有能力堅持做到這一點的僅有蘋果、高通、華為等巨頭。

綜上可以看出，ARM 架構處理器可以分為兩種。

- 由 ARM 公司開發並出售的 IP，也稱為公版 ARM 架構處理器。
- 由晶片公司基於 ARM 架構授權自主開發的私有核心，也稱為訂製自研 ARM 架構處理器。

相對應地，ARM 公司的主要盈利模式也可以分為兩種。

- 授權 ARM 處理器 IP 給其他的晶片生產商（合作夥伴），收取對應的前期授權費以及量產後的版稅。
- 轉讓 ARM 架構授權給其他的晶片生產商（合作夥伴），收取對應的架構授權費。

ARM 公司的強大之處便在於它與許多合作夥伴一起建構了強大的 ARM 陣營，ARM 公司合作關係圖譜如圖 1-10 所示。全世界目前大多數主流晶片公司直接或間接地使用 ARM 架構處理器。

圖 1-10　ARM 公司合作夥伴圖譜

ARM 公 司 自 2004 年 推 出 ARMv7 核心架構時，便摒棄了以往「ARM+ 數字」這種處理器命名方法（之前的處理器統稱經典處理器系列），使用 Cortex 來命名，並將

圖 1-11　Cortex 系列的分類

Cortex 細分為三大系列，如圖 1-11 所示。

- Cortex-A：性能密集型系統導向的應用處理器核心。
- Cortex-R：即時應用導向的高性能核心。
- Cortex-M：各類嵌入式應用導向的微處理器核心。

其中，Cortex-A 系列與 Cortex-M 系列的成功尤其引人注目。接下來的章節將對 Cortex-M 系列與 Cortex-A 系列的成功分別加以詳細論述。

1.3.2　小個子有大力量一無處不在的 Cortex-M 系列

Cortex-M 是一組用於低功耗微處理器領域的 32 位元 RISC 處理器系列，包　括　Cortex-M0、Cortex-M0+、Cortex-M1、Cortex-M3、Cortex-M4(F)、Cortex-M7(F)、Cortex-M23 和 Cortex-M33(F)。如果 Cortex-M4/M7/M33 處理器包含了浮點運算單元（FPU），也稱為 Cortex-M4F/M7F/M33F。表 1-3 列出了 Cortex-M 系列處理器的發佈時間和特點。

▼ 表 1-3　Cortex-M 系列處理器的發佈時間和特點

型　號	發佈時間	管線深度	描述
Cortex-M3	2004 年	3 級	標準嵌入式市場導向的高性能、低成本的 ARM 處理器
Cortex-M1	2007 年	3 級	專門 FPGA 導向的 ARM 處理器
Cortex-M0	2009 年	3 級	面積最小且功耗極低的 ARM 處理器
Cortex-M4	2010 年	3 級	在 Cortex-M3 基礎上增加單精度浮點、DSP 功能以滿足數位訊號控制市場的 ARM 處理器
Cortex-M0+	2012 年	2 級	在 Cortex-M0 基礎上進一步降低功耗的 ARM 處理器
Cortex-M7	2014 年	6 級	超過標準量設計，配備分支預測單元，不僅支援單精度浮點，還增加了硬體雙精度浮點能力，進一步提升計算性能和 DSP 能力，主要面向高端嵌入式市場
Cortex-M23	2016 年	2 級	在 Cortex-M0+ 的基礎上增加了整數除法器，應用了 TrustZone 技術
Cortex-M33	2016 年	3 級	在 Cortex-M4 的基礎上應用了 TrustZone 技術

Cortex-M 系列的應用場景雖然不像 Cortex-A 系列那樣光芒四射，但是它在嵌入式領域需求量巨大。2018 年，物聯網裝置的數量超過了行動裝置，2021 年，我們擁有 18 億台 PC、86 億台行動裝置和 157 億台物聯網裝置。一些物聯網裝置可能需要在幾年的時間裡運轉，而且僅依靠自身所帶的電池，由於 Cortex-M0 體積非常小而且功耗極低，因此它非常適合這類產品，比如感測器。而 Cortex-M3 系列是 Cortex 產品家族中廣泛使用的一款晶片，它本身的

體積也非常小，可以廣泛應用於各種各樣嵌入智慧裝置，比如智慧路燈、智慧家居溫控器和智慧燈泡等。2009 年 Cortex-M0 系列這款超低功耗的 32 位元處理器問世後，打破了一系列的授權記錄，成了各製造商競相爭奪的香餑餑，僅 9 個月時間，就有 15 家廠商與 ARM 簽約。至今全球已有超過 60 家公司獲得了 ARM Cortex-M 系列的授權，其中，中國廠商有近十家。Cortex-M3 系列與 Cortex-M0 系列的合計出貨量已經超過 200 億，其中有一半的出貨是在過去幾年完成的，每 30 分鐘的出貨量就可以達到 25 萬。

Cortex-M 系列另一個取得巨大成功的領域便是微處理器。隨著越來越多的電子廠商不斷為物聯網（IoT）推出新產品，全球微處理器市場出貨量不斷增長，且呈現出量價齊升的情況。2016 ～ 2020 年全球微處理器出貨量與銷售額持續創新高。

在 ARM 推出 Cortex-M 處理器之前，全球主要的幾個微處理器晶片公司大多採用 8 位元、16 位元核心或其自有的 32 位元架構的處理器。ARM 推出 Cortex-M 處理器之後，迅速受到市場青睞，一些主流微處理器供應商開始選擇基於這款核心生產微處理器。

2007 年 6 月，意法半導體（ST）公司推出基於 ARM Cortex-M3 處理器核心的 STM32 F1 系列 MCU 並使 Cortex-M 處理器大放光芒。

2009 年 3 月，恩智浦半導體（NXP）公司率先推出了第一款基於 ARM Cortex-M0 處理器的 LPC1100 系列 MCU。

2010 年 8 月，飛思卡爾半導體（Freescale）公司（2015 年被 NXP 公司併購）率先推出了第一款基於 ARM Cortex-M4 處理器的 Kinetis K 系列 MCU。

2012 年 11 月，恩智浦半導體公司繼續率先推出了第一款基於 ARM Cortex-M0+ 處理器的 LPC800 系列 MCU。

2014 年 9 月，意法半導體公司率先推出了第一款基於 ARM Cortex-M7 處理器的 STM32 F7 系列 MCU。

各家供應商採用 Cortex-M 處理器核心，並進行訂製研發，在市場中提供差異化的微處理器產品，有些產品專注最佳能效、最高性能，而有些產品則專門應用於某些細分市場。

至今，主要的 MCU 廠商幾乎都有使用 ARM 的 Cortex-M 核心的產品線。Cortex-M 之於 32 位元 MCU 就如同 8051（受到許多供應商支持的工業標準核心）之於 8 位元 MCU。未來 Cortex-M 系列的 MCU 產品替代傳統的 8051 或其他專用架構是大勢所趨。甚至有聲音表示：「未來，微處理器產品將不再按 8 位元，16 位元和 32 位元來分，而是會按照 M0 核心、M3 核心以及 M4 核心等 ARM 核心的種類來分。」作者不得不替非 ARM 架構的商業處理器廠商們拊膺長歎：「既生瑜，何生亮。」

1.3.3 行動王者—Cortex-A 系列在手持裝置領域的巨大成功

Cortex-A 是一組用於高性能低功耗應用處理器領域的 32 位元和 64 位元 RISC 處理器系列。32 位元架構的處理器包括 Cortex-A5、Cortex-A7、Cortex-A8、Cortex-A9、Cortex-A12、Cortex-A15、Cortex-A17 和 Cortex-A32。64 位元架構的處理器包括 ARM Cortex-A35、ARM Cortex-A53、ARM Cortex-A57、ARM Cortex-A72 和 ARM Cortex-A73。Cortex-A、Cortex-M 和 Cortex-R 架構的最大區別是包含了記憶體管理單元（Memory Management Unit，MMU），因此前兩個系列可以支援作業系統的執行。

ARM 在 2005 年向市場推出 Cortex-A8 處理器，是第一款支援 ARMv7-A 架構的處理器。在當時的主流製程下，Cortex-A8 處理器的主頻可以在 $6 \times 10^8 \sim 1 \times 10^9$Hz 的範圍調節，能夠滿足那些工作在 300mW 以下的功耗最佳化的行動裝置的要求，以及滿足那些需要性能高達 2000 DMIPS 的消費類應用的要求。當 Cortex-A8 晶片在 2008 年投入批量生產時，高頻寬無線連接（3G）網路已經問世，大螢幕也用於行動裝置，Cortex-A8 晶片的推出正好趕上了智慧型手機迅速發展的時期。

推出 Cortex-A8 晶片之後不久，ARM 又推出了首款支援 ARMv7-A 架構的多核心處理器 Cortex-A9。Cortex-A9 處理器利用硬體模組來管理 CPU 叢集中 1 ～ 4 個核心的快取記憶體一致性，加入了一個外部二級快取記憶體。在 2011 年年底和 2012 年年初，當移動 SoC 設計人員可以採用多個核心之後，性能得到進一步提升。旗艦級高端智慧型手機迅速切換到 4 核心 Cortex-A9。除開啟多核心性能大門之外，與 Cortex-A8 處理器相比，每個 Cortex-A9 處理

器的單時脈週期指令輸送量提高了大約 25%。性能的提升是在保持相似功耗和晶片面積的前提下，透過縮短管線並亂數執行，以及在管線早期階段整合 NEON SIMD 和浮點功能而實現的。

如果說 Cortex-A8 牛刀小試讓 ARM 初嘗甜頭，那麼 Cortex-A9 則催生了智慧型手機的爆炸期，Cortex-A9 幾乎成了當時智慧型手機的標準配備，大量的智慧型手機採用了該核心，ARM 為此獲得了大量利潤。自此，ARM 便開始了它開掛的「下餃子」模式，以平均每年一款或多款的速度推出各款不同的 Cortex-A 處理器，迅速拉開與競爭對手的差距。Cortex-A 系列處理器的發佈時間和特點見表 1-4。

▼ 表 1-4　Cortex-A 系列處理器的發佈時間和特點

型　號	發佈時間	位元數	架構	管線深度	指令發射類型	亂數執行還是循序執行	核心數
Cortex-A8	2005 年	32	ARMv7-A	13 級	雙發射	亂數執行	1
Cortex-A9	2007 年	32	ARMv7-A	8 級	雙發射	亂數執行	1～4
Cortex-A5	2009 年	32	ARMv7-A	8 級	單發射	循序執行	1～4
Cortex-A15	2010 年	32	ARMv7-A	15 級	三發射	亂數執行	1～4
Cortex-A7	2011 年	32	ARMv7-A	8 級	部分雙發射	循序執行	1～8
Cortex-A53	2011 年	64	ARMv8-A	可以視為 Cortex-A7 的 64 位元版			
Cortex-A57	2010 年	64	ARMv8-A	可以視為 Cortex-A15 的 64 位元版			
Cortex-A12	2013 年	32	ARMv7-A	可以視為 Cortex-A9 的性能提升最佳化版本			
Cortex-A17	2014 年	32	ARMv7-A	可以視為 Cortex-A12 性能提升後的最佳化版本			
Cortex-A35	2015 年	64	ARMv8-A	8 級	部分雙發射	循序執行	1～8
Cortex-A72	2015 年	64	ARMv8-A	可以視為 Cortex-A57 的性能提升後的最佳化版本			
Cortex-A73	2015 年	64	ARMv8-A	可以視為 Cortex-A72 的性能進一步提升後的最佳化版本			
Cortex-A32	2016 年	32	ARMv8-A	可以視為 Cortex-A35 的 32 位元版本			
Cortex-A55	2017 年	64	ARMv8.2-A	可以視為 Cortex-A53 的功耗進一步降低後的最佳化版本			
Cortex-A75	2017 年	64	ARMv8.2-A	可以視為 Cortex-A73 的性能進一步提升後的最佳化版本			

Cortex-A 系列處理器的推出速度之快、數量之多，顯示了 ARM 研發機器的超強生產力。由於其推出的處理器型號太多，型號的編碼規則逐漸令人分不清，甚至令許多授權 ARMv7/8-A 架構進行自研處理器的巨頭都疲於奔命。在 Cortex-A8/A9 流行的時期，多家有實力的巨頭均選擇基於授權的 ARMv7/8-A 架構自研處理器以差異化其產品並降低成本。這些巨頭包括高通、蘋果、Marvell、博通、三星、TI 以及 LG 等。作者便曾經在其中的一家

巨頭擔任 CPU 高級設計工程師，開發其自研的 Cortex-A 系列高性能處理器。如前所述，研發一款高性能的應用處理器需要解決技術難題並投入數年時間，而當 ARM 以年均一款新品之勢席捲市場之時，各家自研處理器往往來不及推出便已過時。眾巨頭紛紛棄甲丟盔，TI、博通、Marvell 和 LG 等巨頭相繼放棄了自研處理器業務。自研處理器做得最成功的高通（以其 Snapdragon 系列應用處理器風靡市場）也在其低端 SoC 產品中放棄了自研處理器，轉而採購 ARM 的 Cortex-A 系列處理器，僅在高端 SoC 中保留了自研的處理器。值得一提的是，得益於中國的巨大市場與產業支援，在巨頭們放棄自研處理器的趨勢下，中國的手機巨頭華為與展訊逆勢而上，開始基於授權的 ARMv8-A 架構研發處理器，並獲得了令人欣喜的成果。

Cortex-A 系列的巨大成功徹底奠定了 ARM 在行動領域的統治地位。由於 Cortex-A 系列的先機與成功，ARM 架構在行動領域構築了城寬池闊的軟體生態環境。至今，ARM 架構已經應用到全球 85% 的智慧行動裝置中，其中超過 95% 的智慧型手機的處理器基於 ARM 架構，這使其他架構的處理器失去了進入該領域的可能性。ARM 攜 Cortex-A 系列在行動領域一統江山。ARM 在一步步提升 Cortex 架構性能之餘，還找到了很多「志同道合」的夥伴，比如高通、Google 和微軟等，並與合作夥伴們形成了強大的生態聯盟。攜此餘威，傳統 x86 架構的 PC 與伺服器領域就成為 ARM 的下一步發展目標。有道是「驅巨獸鼎定移動地，Cortex-A 劍指服務區」。預知後事如何，且聽下節分解。

1.3.4 進擊的巨人—ARM 進軍 PC 與伺服器領域的雄心

PC 與伺服器市場是一個超千億元規模的大蛋糕，而這個市場長時間由巨頭 Intel 把持，同為 x86 陣營的 AMD 常年屈居老二，分享著有限的蛋糕百分比。Intel 在 PC 與伺服器領域的巨大成功，使這兩個領域成為該公司的主要利潤來源。

上一節提到 ARM 劍指 PC 與伺服器領域，Google Chrome Book 就是 ARM 揮師 PC 市場的先行軍，在（海外的）入門級市場受到了廣泛好評，ARM 處理器可以幫助此類裝置變得更輕薄、更省電。微軟對 ARM 的支持力度同樣很大，2016 年 12 月舉行的 WinHEC 上，微軟與高通宣佈將在採用下一代驍龍處理器（基於 ARM 架構）的行動計算終端上支援 Windows 10 系統，

微軟演示了在搭載驍龍 820 處理器的筆記型電腦上執行的 Windows 10。在 4GB 記憶體的支撐下，搭載驍龍 820 處理器的 Windows 10 企業版筆記型電腦能夠流暢地執行 Edge、外接繪圖板、播放高畫質視訊等，同時支持多幕後工作。

2017 年，高通宣佈正在對其自研的驍龍 835 進行最佳化，將這款處理器擴充到搭載 Windows 10 的移動 PC 當中，而搭載驍龍 835 的 Windows 10 移動 PC 在 2017 年第四季推出。除此之外，在資料中心領域，高通也與微軟達成了合作，未來執行 Windows Server 的伺服器也可以搭載高通 10nm Centriq 處理器，這也是業內首款 10nm 伺服器處理器。微軟還宣佈將在未來的 Windows 10 RedStone 3 當中正式對 ARM 裝置提供對完整版 Windows 10 的相容支援，這表示基於 ARM 處理器的裝置可以執行 x86 程式，跨平臺融合正式到來。

至此，我們已經介紹了 ARM 公司與 ARM 架構的強大之處，瞭解了 Cortex-M 處理器在嵌入式領域內的巨大成功，Cortex-A 處理器在行動領域內的王者之位以及在 PC 與伺服器領域內的雄心。

1.3.5 ARM 當前發展

2016 年 7 月，日本軟銀集團高價收購了 ARM 公司。軟銀集團高價收購 ARM 是因為 ARM 正在成為智慧硬體和物聯網裝置的標準配備。在收購 ARM 公司時，軟銀集團 CEO 孫正義曾表示：「這是我們有史以來最重要的收購，軟銀集團正在捕捉物聯網帶來的每一個機遇，ARM 則非常符合軟銀集團的這一戰略，期待 ARM 成為軟銀集團物聯網戰略方面的重要支柱。」近年來，投資上的一些失敗導致軟銀集團出現了巨額虧損。近來，軟銀集團宣佈出售美國第三大電信商 T-Mobile 的股份以及阿里巴巴的股份以填補營業虧損。由於 ARM 的投資回報率比不高，軟銀集團近期已開始考慮 ARM 的出售或重新上市。

1.4 東邊日出西邊雨，道是無晴卻有晴——RISC-V 登場

1.4.1 緣起名校

RISC-V（英文讀作「risk-five」）架構主要由美國加州大學柏克萊分校的 Krste Asanovic 教授、Andrew Waterman 和 Yunsup Lee 等開發人員於 2010 年發明，並且獲得了電腦系統結構領域的泰斗 David Patterson 的大力支持。加州大學柏克萊分校的開發人員之所以發明一套新的指令集架構，而非使用成熟的 x86 或 ARM 架構，是因為這些架構經過多年的發展變得極複雜和冗繁，並且存在著高昂的專利和架構授權問題。修改 ARM 處理器的 RTL 程式是不被支援的，而 x86 處理器的原始程式碼則根本不可能獲得。其他的開放原始碼架構（如 SPARC、OpenRISC）均有著或多或少的問題（第 2 章將詳細論述）。電腦系統結構和指令集架構經過數十年的發展已非常成熟，但是像加州大學柏克萊分校這樣的研究機構竟然「無米下鍋」（選擇不出合適的指令集架構供其使用），所以加州大學柏克萊分校的教授與研發人員決定發明一種全新的、簡單且開放免費的指令集架構，於是 RISC-V 架構誕生了。

RISC-V 是一種全新的指令集架構。「V」包含兩層意思，一是這是加州大學柏克萊分校從 RISC I 開始設計的第五代指令集架構；二是它代表了變化（variation）和向量（vector）。

1.4.2 興於開放原始碼

經過幾年的開發，加州大學柏克萊分校為 RISC-V 架構開發出了完整的軟體工具鏈以及若干開放原始碼的處理器實例，使 RISC-V 架構得到越來越多的關注。2015 年，RISC-V 基金會正式成立並開始運作。RISC-V 基金會是一個非營利性組織，負責維護標準的 RISC-V 指令集手冊與架構檔，並推動 RISC-V 架構的發展。

RISC-V 架構的發展目標如下。

- 成為一種完全開放的指令集，可以被任何學術機構或商業組織自由使用。
- 成為一種真正適合硬體實現且穩定的標準指令集。

　　RISC-V 基金會負責維護 CPU 所需的標準的 RISC-V 架構文件和編譯器等軟體工具鏈，任何組織和個人可以隨時在 RISC-V 基金會網站上免費下載（無須註冊）。

圖 1-12　RISC-V
架構的標誌

　　RISC-V 架構的推出及其基金會的成立，受到了學術界與工業界的巨大歡迎。著名的科技行業分析公司 Linley Group 將 RISC-V 架構評為「2016 年最佳技術」。RISC-V 架構的標識如圖 1-12 所示。

　　開放而免費的 RISC-V 架構的誕生，不僅對於大專院校與研究機構是好消息，而且為前期資金缺乏的創業公司、成本極其敏感的產品、對現有軟體生態依賴不大的領域，都提供了另外一種選擇。此外，它還獲得了業界主要科技公司的擁戴，Google、惠普、Oracle 和威騰等矽谷巨頭都是 RISC-V 基金會的創始會員。RISC-V 基金會的會員圖譜如圖 1-13 所示。許多的晶片公司已經開始使用（如三星、英偉達等）或計畫使用 RISC-V 架構開發其自有的處理器。

圖 1-13　RISC-V 基金會的會員圖譜

　　RISC-V 基金會組織每年舉行兩次公開的研討會（workshop），以促進 RISC-V 陣營的交流與發展，任何組織和個人均可以從 RISC-V 基金會的網站下載每次研討會上演示的 PPT 與檔。RISC-V 第六次研討會於 2017 年 5 月在中國的上海交通大學舉辦，如圖 1-14 所示，吸引了大批的公司和同好參與。

圖 1-14 中國上海交通大學舉辦的 RISC-V 第六次研討會

RISC-V 基金會在 2020 年 3 月 17 日給他們的會員發了一封郵件，確定將總部遷往瑞士。郵件指出，RISC-V 基金會的法律實體已經過渡到瑞士，不再續簽美國基金會會員資格。另外，在將總部搬遷到瑞士後，RISC-V 基金會將提出新的分級制度，將員分為普通會員、戰略會員和高級會員三個等級。

由於現在許多主流的電腦系統結構翻譯版教材（如《電腦系統結構：量化研究方法》、《計算機組成與設計：軟體 / 硬體介面》等書）的作者本身也是 RISC-V 架構的發起者，因此這些教材都相繼推出了以 RISC-V 架構為基礎的新版本。這表示美國的大多數大專院校將開始採用 RISC-V 架構作為教學範例，也表示若干年後的大專院校畢業生都將對 RISC-V 架構非常熟知。

但是，一款指令集架構最終能否取得成功，很大程度上取決於軟體生態環境。羅馬不是一天造成的，經過多年的經營，x86 與 ARM 架構已具有城寬池闊的軟體生態環境，二者兵精糧足，非常強大。因此，作者認為 RISC-V 架構在短時間內還無法對 x86 和 ARM 架構形成撼動。但是隨著越來越多的公司和專案開始採用 RISC-V 架構的處理器，相信 RISC-V 的軟體生態環境也會逐步壯大起來。

1.5 舊時王謝堂前燕，飛入尋常百姓家——你也可以設計自己的處理器

本章系統地論述了 CPU 的「三生三世」，並簡述了 ARM 的如何強大以及 RISC-V 架構的誕生。

一言以蔽之，開放而免費的 RISC-V 架構使得任何公司與個人均可使用，極大地降低了 CPU 設計的存取控制門檻。有了 RISC-V 架構，CPU 設計將不再是「權貴的遊戲」，有道是「舊時王謝堂前燕，飛入尋常百姓家」，你也可以設計自己的處理器。

本書第 2 章將詳細介紹 RISC-V 架構的細節，本書第二部分將結合開放原始碼的蜂鳥 E203（基於 RISC-V 架構）實例詳細介紹如何設計一款 RISC-V 處理器。

第 2 章

大道至簡——
RISC-V 架構之魂

關於 RISC-V 架構的誕生初衷和背景，請參見 1.4 節，本章不做贅述，而重點對 RISC-V 架構的設計思想進行深入淺出的介紹。

⚠️ **注意** 本章中將多次出現「RISC 處理器」、「RISC 架構」、「RISC-V 處理器」和「RISC-V 架構」等關鍵字。請初學者務必注意加以區別，詳見第 1 章內容。

RISC 表示精簡指令集電腦（Reduced Instruction Set Computer，RISC）。

RISC-V 只是加州大學柏克萊分校發明的一種指令集架構（屬於 RISC 類型）。

2.1　簡單就是美——RISC-V 架構的設計理念

RISC-V 架構為一種指令集架構，在介紹細節之前，本節先介紹設計理念。設計理念便是人們推崇的一種策略，舉例來說，日本車的設計理念是經濟省油，美國車的設計理念是霸氣等。RISC-V 架構的設計理念是什麼呢？答案是「大道至簡」。

作者最推崇的一種設計理念便是簡單就是美，簡單便表示可靠。無數的實際案例已經佐證了「簡單即可靠」這一真理。越複雜的機器則越容易出錯。

在格鬥界，初學者往往容易陷入花拳繡腿的泥淖，而頂級的格鬥高手最終使用的都是簡單、直接的招式。大道至簡，在 IC 設計的實際工作中，簡潔的設計可以提高安全性、可靠性，複雜的設計可能造成系統長時間無法穩定。簡潔的設計往往是可靠的，這在大多數的專案實踐中一次次得到檢驗。IC 設計的工作性質非常特殊，其最終的產出是晶片，而一款晶片的設計和製造週期均很長，無法像軟體程式那樣輕易地進行升級和系統更新，每一次晶片從改版到交付都需要幾個月的週期。不僅如此，晶片的製造成本高昂，從幾十萬美金到成百上千萬美金不等。這些特性都決定了 IC 設計的試錯成本極高昂，因此能夠有效地減少錯誤的發生就顯得非常重要。現代的晶片設計規模越來越大，複雜度越來越高，這並不要求設計者一味地逃避複雜的技術，而是應該將好鋼用在刀刃上，將最複雜的設計用在最關鍵的場景，在大多數的情況下，儘量選擇簡潔的實現方案。

作者在第一次閱讀 RISC-V 架構檔之時，就不禁為之讚歎。因為 RISC-V 架構在其文件中不斷地明確強調其設計理念是「大道至簡」，力圖透過架構的定義使硬體的實現足夠簡單。至於簡單就是美的理念，後續幾節將一一加以論述。

2.1.1 無病一身輕—架構的篇幅

第 1 章論述過目前主流的架構—x86 與 ARM 架構。作者曾經參與設計 ARM 架構的應用處理器，因此需要閱讀 ARM 的架構檔。對 ARM 的架構文件熟悉的讀者應該瞭解其篇幅。經過幾十年的發展，現在的 x86 與 ARM 架構的文件多達數千頁，列印出來能有半個桌子高，可真是「著作等身」。

x86 與 ARM 架構在誕生之初，其文件篇幅也不至於像現在這般長篇累牘。之所以架構檔長達數千頁，且版本多，一個主要的原因是架構發展的過程中現代處理器架構技術不斷發展，作為商用的架構，為了能夠保持架構的向後相容性，x86 與 ARM 架構不得不保留許多過時的定義，或在定義新的架構部分時，為了能夠相容已經存在的技術部分，檔顯得非常不自然。久而久之 x86 與 ARM 架構的文件更加冗長。

那麼現代成熟的架構是否能夠選擇重新定義一個簡潔的架構呢？幾乎不可能。Intel 曾經在推出 Itanium 架構之時另起灶爐，放棄向後相容性，最終 Intel 的 Itanium 遭遇慘敗，其中一個重要的原因便是它無法向後相容，因而無法得到使用者的認可。試想一下，如果我們買了一款具有新的處理器的電腦或手機，之前所有的軟體都無法執行，那肯定是無法讓人接受的。

現在推出的 RISC-V 架構則具備了後發優勢。由於電腦系統結構經過多年的發展已經是一個比較成熟的技術，多年來曝露的問題都已經被研究透徹了，因此新的 RISC-V 架構能夠加以避開，並且沒有背負向後相容的歷史包袱，可以說是無病一身輕。

目前 RISC-V 架構的檔分為指令集檔和特權架構檔。指令集檔的篇幅為 200 多頁，而特權架構文件的篇幅僅為 100 頁。熟悉系統結構的工程師僅需一兩天便可將其通讀，雖然 RISC-V 架構的檔還在不斷地豐富，但是相比 x86 架構的檔與 ARM 架構的檔，RISC-V 架構的檔篇幅可以說是極其短小精悍。

感興趣的讀者可以造訪 RISC-V 基金會的網站，無須註冊便可免費下載文件，如圖 2-1 所示。

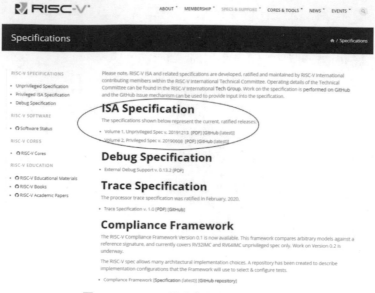

圖 2-1 RISC-V 基金會網站上的架構檔

2.1.2 能屈能伸一模組化的指令集

RISC-V 架構相比其他成熟的商業架構，最大的不同在於它是一個模組化的架構。因此 RISC-V 架構不僅短小精悍，其不同的部分還能以模組化的方式組織在一起，從而可以試圖透過一套統一的架構滿足各種不同的應用。

這種模組化是 x86 與 ARM 架構所不具備的。以 ARM 架構為例，ARM架構分為 A、R 和 M 這 3 個系列，分別針對應用作業系統、即時和嵌入式3 個領域，彼此之間並不相容。但是模組化的 RISC-V 架構能夠使得使用者靈活地選擇不同的模組組合，以滿足不同的應用場景，該架構「老少鹹宜」。舉例來說，針對小面積、低功耗的嵌入式場景，使用者可以選擇 RV32IC 組合的指令集，僅使用機器模式（machine mode）；而針對高性能應用作業系統場景，則可以選擇諸如 RV32IMFDC 的指令集，使用機器模式與使用者模式（user mode）兩種模式。

2.2.1 節將介紹 RISC-V 指令集的模組化特性。

2.1.3 濃縮的都是精華─指令的數量

短小精悍的架構和模組化的哲學使得 RISC-V 架構的指令數目非常少。RISC-V 架構的基本指令僅有 40 多筆，加上其他的模組化擴充指令總共幾十行指令。圖 2-2 是 RISC-V 指令集圖卡。

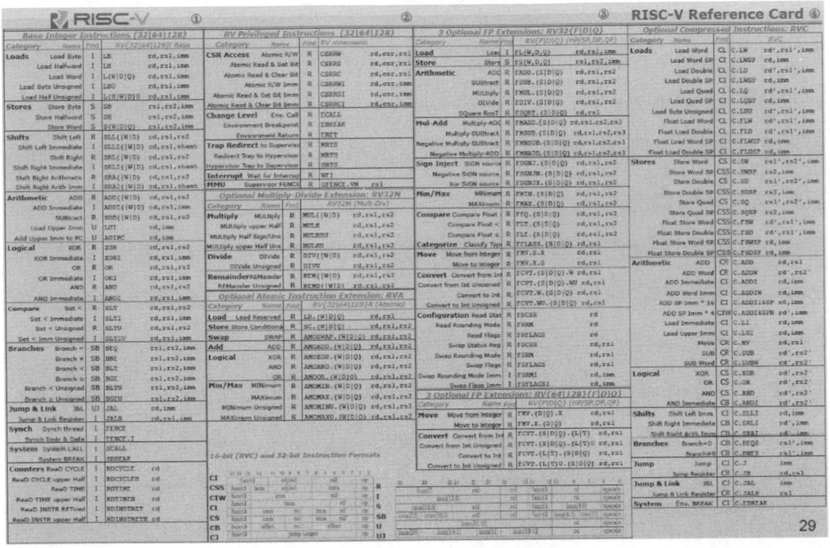

圖 2-2 RISC-V 指令集圖卡

2.2 RISC-V 架構簡介

本節將對 RISC-V 架構多方面的特性進行簡介。

⚠️ 注意 本節僅對 RISC-V 架構的特點進行概述和橫向比較。有關 RISC-V 架構的詳情，請參見附錄 A。本節涉及處理器設計的許多常識和背景知識，對於完全不瞭解 CPU 的初學者而言，這些內容可能難以理解，請參考後面各章來理解本節的內容。

2.2.1 模組化的指令集

RISC-V 的指令集使用模組化的方式進行組織。RISC-V 的基本指令集部分見表 2-1。使用整數指令子集（以字母 I 結尾），便能夠實現完整的軟體編譯器。其他的指令集均為可選的模組，具有代表性的模組包括 M/A/F/D/C，如表 2-2 所示。

▼ 表 2-1　RISC-V 的基本指令集

基本指令集	指　令　數	描　述
RV32I	47	支援 32 位元位址空間與整數指令，支援 32 個通用整數暫存器
RV32E	47	RV32I 的子集，僅支援 16 個通用整數暫存器
RV64I	59	支援 64 位元位址空間與整數指令及一部分 32 位元的整數指令
RV128I	71	支援 128 位元位址空間與整數指令及一部分 64 位元和 32 位元的指令

▼ 表 2-2　RISC-V 的擴充指令集

擴充指令集	指　令　數	描　述
M	8	整數乘法與除法指令
A	11	記憶體原子（atomic）操作指令和 Load-Reserved/Store-Conditional 指令
F	26	單精度（32 位元）浮點指令
D	26	雙精度（64 位元）浮點指令，必須支援 F 擴充指令集
C	46	壓縮指令，指令長度為 16 位元

以上模組的特定組合「IMAFD」也稱為「萬用群組合」，用英文字母 G 表示。因此 RV32G 表示 RV32IMAFD，同理 RV64G 表示 RV64IMAFD。

為了提高程式密度，RISC-V 架構提供可選的「壓縮」指令子集，用英文字母 C 表示。壓縮指令的編碼長度為 16 位元，而普通的非壓縮指令的編碼長度為 32 位元。

為了進一步減小晶片面積，RISC-V 架構還提供一種「嵌入式」架構，未尾用英文字母 E 表示。該架構主要用於追求極低面積與功耗的深嵌入式場景。該架構僅需要支援 16 個通用整數暫存器，而非嵌入式的普通架構則需要支援 32 個通用整數暫存器。

透過以上的模組化指令集，開發人員能夠選擇不同的組合來滿足不同的需求。舉例來說，在追求小面積、低功耗的嵌入式場景中，選擇使用 RV32EC 架構；而對於大型的 64 位元架構，則選擇 RV64G。

除上述模組之外,還有若干的模組(如 L、B、P、V 和 T 等)。目前這些擴充模組大多還在不斷完善和定義中,尚未最終確定,因此本節不做詳細論述。

2.2.2 可設定的通用暫存器組

RISC-V 架構支持 32 位元或 64 位元架構,32 位元架構由 RV32 表示,其每個通用暫存器的寬度為 32 位元;64 位元架構由 RV64 表示,其每個通用暫存器的寬度為 64 位元。

RISC-V 架構的整數通用暫存器組包含 32 個(I 架構)或 16 個(E 架構)通用整數暫存器,其中整數暫存器 x0 是為常數 0 預留的,其他的 31 個(I 架構)或 15 個(E 架構)通用整數暫存器為普通的通用整數暫存器。

如果使用浮點模組(F 或 D),則需要另外一個獨立的浮點暫存器組,該組包含 32 個通用浮點暫存器。如果僅使用 F 模組的浮點指令子集,則每個通用浮點暫存器的寬度為 32 位元;如果使用 D 模組的浮點指令子集,則每個通用浮點暫存器的寬度為 64 位元。

2.2.3 規整的指令編碼

在管線中儘快地讀取通用暫存器組,往往是處理器管線設計的期望之一,這可以提高處理器性能和最佳化時序。這個看似簡單的目標在很多現存的商用 RISC 架構中都難以實現,因為經過多年反覆修改並不斷增加新指令後,其指令編碼中的暫存器索引位置變得非常凌亂,給解碼器造成了負擔。

得益於後發優勢和複習了多年來處理器發展的經驗,RISC-V 架構的指令集編碼非常規整,指令所需的通用暫存器的索引(index)都放在固定的位置。RV32I 規整的指令編碼格式如圖 2-3 所示。因此指令解碼器(instruction decoder)可以非常便捷地解碼出暫存器索引,然後讀取通用暫存器組(Register File,Regfile)。

請參見附錄 F 瞭解 RISC-V 架構指令集清單和編碼細節。

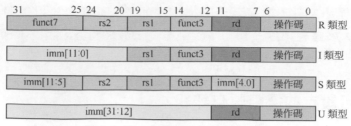

圖 2-3　RV32I 規整的指令編碼格式

2.2.4　簡潔的記憶體存取指令

與所有的 RISC 架構一樣，RISC-V 架構使用專用的記憶體讀取（load）指令和記憶體寫入（store）指令存取記憶體（memory），使用其他的普通指令無法存取記憶體，這種架構是 RISC 架構常用的基本策略。這種策略使得處理器核心的硬體設計變得簡單。記憶體存取的基本單位是位元組（byte）。RISC-V 架構的記憶體讀取和記憶體寫入指令支援以一位元組（8 位元）、半位元組（16 位元）、單字（32 位元）為單位的記憶體讀寫入操作。64 位元架構還可以支援以雙字（64 位元）為單位的記憶體讀寫入操作。

RISC-V 架構的記憶體存取指令還有以下顯著特點。

- 為了提高記憶體讀寫的速度，RISC-V 架構推薦使用位址對齊的記憶體讀寫入操作，但是也支援位址非對齊的記憶體操作 RISC-V 架構。處理器既可以選擇用硬體來支援，也可以選擇用軟體來支援。

- 由於現在的主流應用是小端（little-endian）格式，因此 RISC-V 架構僅支持小端格式。有關小端格式和大端格式的定義和區別，在此不做過多介紹。對此不太瞭解的初學者可以自行查閱學習。

- 很多的 RISC 處理器支援位址自動增加或自減模式，這種自動增加或自減模式雖然能夠提高處理器存取連續記憶體位址區間的性能，但是增加了設計處理器的難度。RISC-V 架構的記憶體讀取和記憶體寫入指令不支援位址自動增加自減模式。

- RISC-V 架構採用鬆散記憶體模型（relaxed memory model），鬆散記憶體模型對於存取不同位址的記憶體讀寫指令的執行順序沒有要求，除非使用明確的記憶體屏障（fence）指令加以遮罩。有關記憶體模型（memory model）和記憶體屏障指令的更多資訊，請參見附錄 A。

這些選擇都清楚地反映了 RISC-V 架構力圖簡化基本指令集,從而簡化硬體設計的理念。RISC-V 架構如此定義是具有合理性的,它能屈能伸。舉例來說,對於低功耗的簡單 CPU,使用非常簡單的硬體電路即可完成設計;而對於追求高性能的超過標準量處理器,使用複雜的動態硬體排程功能可以提高性能。

2.2.5 高效的分支跳躍指令

RISC-V 架構有兩行無條件跳躍(unconditional jump)指令,即 jal 指令與 jalr 指令。跳躍連結(jump and link,jal)指令可用於進行副程式呼叫,同時將副程式返回位址存放在連結暫存器(link register,由某一個通用整數暫存器擔任)中。跳躍連結暫存器(jump and link register,jalr)指令能夠用於從副程式返回。透過將 jal 指令所在的連結暫存器作為 jalr 指令的基底位址暫存器,jalr 指令可以從副程式返回。請參見 A.14.2 節瞭解 jal 和 jalr 指令的詳細內容。

RISC-V 架構有 6 分散連結條件的跳躍指令,這種帶條件的跳躍指令與普通的運算指令一樣直接使用兩個整數運算元,然後對其進行比較。如果比較的條件滿足,則進行跳躍,因此此類指令將比較與跳躍兩個操作放在一行指令裡完成。作為比較,很多其他的 RISC 架構的處理器需要使用兩行獨立的指令。第一行指令先使用比較指令,比較的結果保存到狀態暫存器之中;第二行指令使用跳躍指令,當前一行指令保存在狀態暫存器當中的比較結果為真時,則進行跳躍。相比而言,RISC-V 的這種帶條件的跳躍指令不僅減少了指令的筆數,還簡化了硬體設計。

對於沒有配備硬體分支預測器的低端 CPU,為了保證其性能,RISC-V 架構明確要求採用預設的靜態分支預測機制。如果指令是向後跳躍的條件跳躍指令,則預測為「跳」;如果指令是向前跳躍的條件跳躍指令,則預測為「不跳」,並且 RISC-V 架構要求編譯器也按照這種預設的靜態分支預測機制來編譯、生成組合語言程式碼,從而讓低端的 CPU 也具有不錯的性能。

在低端的 CPU 中,為了使硬體設計儘量簡單,RISC-V 架構特地定義了所有帶條件的跳躍指令跳躍目標的偏移量(相對於當前指令的位址)都是有號數,並且其符號位元被編碼在固定的位置。因此這種靜態預測機制在硬體上

非常容易實現，硬體解碼器可以輕鬆地找到固定的位置，若該位置的值為 1，表示負數（反之，表示正數）。根據靜態分支預測機制，如果偏移量是負數，則表示跳躍的目標位址為當前位址減去偏移量，也就是向後跳躍，因此預測為「跳」。當然，對於配備有硬體分支預測器的高端 CPU，採用高級的動態分支預測機制來保證性能。

📙 2.2.6 簡潔的副程式呼叫

為了理解副程式呼叫，本節先對一般 RISC 架構中程式呼叫子函數的過程予以介紹，其過程如下。

（1）進入子函數之後需要用記憶體寫入指令來將當前的上下文（通用暫存器等的值）保存到系統記憶體的堆疊區域內，這個過程通常稱為保存現場。

（2）在退出副程式時，需要用記憶體讀取指令來將之前保存的上下文（通用暫存器等的值）從系統記憶體的堆疊區域讀出來，這個過程通常稱為恢復現場。

保存現場和恢復現場的過程通常由編譯器編譯生成的指令完成，使用高階語言（例如 C 語言或 C++）的開發者對此可以不用太關心。在使用高階語言的程式中直接實現一個子函數呼叫即可，但是保存現場和恢復現場的過程實實在在地發生著（編譯出的組合語言程式展示了那些保存現場和恢復現場的組合語言指令），並且還需要消耗 CPU 的執行時間。

為了加速保存現場和恢復現場的過程，有的 RISC 架構發明瞭一次寫入多個暫存器的值到記憶體中（store multiple）的指令，或一次從記憶體中讀取多個暫存器的值（load multiple）的指令。此類指令的好處是一行指令就可以完成很多事情，從而減少組合語言指令的數量，節省程式佔用的空間。但是一次讀取多個暫存器的指令和一次寫入多個暫存器的指令的弊端是會讓 CPU 的硬體設計變得複雜，增加硬體的銷耗，這可能會影響時序，使得 CPU 的主頻無法提高，作者設計此類處理器時曾經深受其害。

RISC-V 架構則放棄使用一次讀取多個暫存器的指令和一次寫入多個暫存器的指令。如果開發人員比較介意保存現場和恢復現場的指令筆數，那麼使用公用的程式庫（專門用於保存和恢復現場），可以避免在每個子函數的呼

叫過程中都放置數目不等的保存現場和恢復現場的指令。此選擇再次印證了 RISC-V 架構追求硬體簡單的哲學，因為放棄一次讀取多個暫存器的指令和一次寫入多個暫存器的指令可以大幅簡化 CPU 的硬體設計，對於低功耗、小面積的 CPU，選擇非常簡單的電路進行實現；而高性能超過標準量處理器由於硬體動態排程能力很強，由強大的分支預測電路保證 CPU 能夠快速地跳躍執行，因此選擇使用公用的程式庫（專門用於保存和恢復現場）可以減少程式量，同時提高性能。

2.2.7 無條件碼執行

很多早期的 RISC 架構支援帶條件碼的指令，舉例來説，指令編碼的頭幾位元表示的是條件碼（conditional code），只有該條件碼對應的條件為真，該指令才真正執行。

這種將條件碼編碼到指令中的形式可以使編譯器將短小的分支指令區塊編譯成帶條件碼的指令，而不用編譯成分支跳躍指令，這樣便減少了分支跳躍的出現。一方面，這減少了指令的數目；另一方面，這避免了分支跳躍帶來的性能損失。然而，這種指令會使 CPU 的硬體設計變得複雜，增加硬體的銷耗，也可能影響時序使得 CPU 的主頻無法提高。

RISC-V 架構則放棄使用這種帶條件碼的指令的方式，對於任何的條件判斷都使用普通的帶條件分支的跳躍指令。此選擇再次印證了 RISC-V 追求硬體簡單的理念，因為放棄帶「條件碼」指令可以大幅簡化 CPU 的硬體設計，對於低功耗、小面積的 CPU，選擇非常簡單的電路進行實現，而高性能超過標準量處理器由於硬體動態排程能力很強，由強大的分支預測電路保證 CPU 能夠快速地執行指令。

2.2.8 無分支延遲槽

早期的很多 RISC 架構使用了分支延遲槽（delay slot），具有代表性的便是 MIPS 架構。很多經典的電腦系統結構教材使用 MIPS 對分支延遲槽介紹。分支延遲槽就是指在每一行分支指令後面緊接的一行或若干行指令，它們不受分支跳躍的影響，不管分支是否跳躍，這些指令都會執行。

早期的很多 RISC 架構採用了分支延遲槽，其誕生的原因主要是當時的處理器管線比較簡單，沒有使用高級的硬體動態分支預測器，使用分支延遲槽能夠取得可觀的性能。然而，這種分支延遲槽使得 CPU 的硬體設計變得很不自然，設計人員對此苦不堪言。

RISC-V 架構則放棄了分支延遲槽，這再次印證了 RISC-V 架構力圖簡化硬體的哲學，因為現代的高性能處理器的分支預測演算法精度已經非常高，由強大的分支預測電路保證 CPU 能夠準確地預測跳躍、提高性能。而對於低功耗、小面積的 CPU，由於無須支援分支延遲槽，因此硬體得到極大簡化，這也能進一步降低功耗並提高時序。

2.2.9 零銷耗硬體迴圈指令

很多 RISC 架構還支援零銷耗硬體迴圈（zero overhead hardware loop）指令，其思想是透過硬體的直接參與，設定某些迴圈次數（loop count）暫存器，然後讓程式自動地進行迴圈，每迴圈一次則迴圈次數暫存器自動減 1，這樣持續迴圈直到迴圈次數暫存器的值變成 0，則退出迴圈。

之所以提出這種硬體協助的零銷耗迴圈是因為在軟體程式中 for 迴圈極常見，而這種軟體程式編譯成功器往往會編譯成若干筆加法指令和條件分支跳躍指令，從而達到迴圈的效果。一方面，這些加法和條件跳躍指令增加了指令的筆數；另一方面，條件分支跳躍指令存在分支預測的性能問題。而零銷耗硬體迴圈指令則由硬體直接完成，省掉了加法和條件跳躍指令，減少了指令筆數且提高了性能。

然而，此類零銷耗硬體迴圈指令大幅地增加了硬體設計的複雜度。因此零銷耗硬體迴圈指令與 RISC-V 架構簡化硬體的理念是完全相反的，RISC-V 架構自然沒有使用此類零銷耗硬體迴圈指令。

2.2.10 簡潔的運算指令

RISC-V 架構使用模組化的方式組織不同的指令子集，基本的整數指令子集（用字母 I 表示）支援的操作包括加法、減法、移位、逐位元邏輯操作和比較操作。這些基本的操作能夠透過組合或函數程式庫的方式完成更多的複雜操

作（例如乘除法和浮點操作），從而完成大部分的軟體操作。

　　整數乘除法指令子集（用字母 M 表示）支援的運算包括有號或無號的乘法和除法。乘法運算能夠支援兩個 32 位元的整數相乘，除法運算能夠支持兩個 32 位元的整數相除。請參見 A.14.3 節瞭解 RISC-V 架構整數乘法運算和除法運算指令的細節。單精度浮點指令子集（用字母 F 表示）與雙精度浮點指令子集（D 字母表示）支援的運算包括浮點加減法、乘除法、乘累加、開平方根和比較等，同時提供整數與浮點、單精度與雙精度浮點之間的格式轉換操作。

　　很多 RISC 架構的處理器在運算指令產生錯誤（例如上溢（overflow）、下溢（underflow）、和除以零（divide by zero））時，都會產生軟體異常。RISC-V 架構的特殊之處是對任何的運算指令錯誤（包括整數與浮點指令）均不產生異常，而是產生某個特殊的預設值，同時設定某些狀態暫存器的狀態位元。RISC-V 架構推薦軟體透過其他方法來找到這些錯誤。這再次清楚地反映了 RISC-V 架構力圖簡化基本的指令集，從而簡化硬體設計的理念。

2.2.11 優雅的壓縮指令子集

　　基本的 RISC-V 整數指令子集（字母 I 表示）規定的指令長度均為等長的 32 位元，這種等長指令使得僅支援整數指令子集的基本 RISC-V CPU 非常容易設計，但是等長的 32 位元編碼指令會造成程式量相對較大的問題。

　　為了適用於某些對於程式量要求較高的場景（例如嵌入式領域），RISC-V 定義了一種可選的壓縮（compressed）指令子集，用字母 C 表示，也可以用 RVC 表示。RISC-V 具有後發優勢，從一開始便規劃了壓縮指令，預留了足夠的編碼空間，16 位元長指令與普通的 32 位元長指令可以無縫地交織在一起，處理器也沒有定義額外的狀態。

　　RISC-V 壓縮指令的另一個特別之處是，16 位元指令的壓縮策略是將一部分常用的 32 位元指令中的資訊進行壓縮重排（舉例來說，假設一行指令使用了兩個同樣的運算元索引，則可以省去其中一個索引的編碼空間），因此每一行 16 位元長的指令都具有對應的 32 位元指令。於是，在組合語言器階段，開發人員就可以將程式編譯成壓縮指令，極大地簡化編譯器工具鏈的負擔。

RISC-V 架構的研究者進行了詳細的程式量分析，如圖 2-4 所示，透過分析結果可以看出，RV32C 的程式量比 RV32 的程式量降低了 40%，並且與 ARM、MIPS 和 x86 等架構相比有不錯的表現。

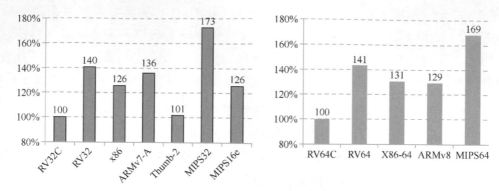

圖 2-4　各指令集架構的程式量比較（資料越少越好）

🛡 2.2.12　特權模式

RISC-V 架構定義了 3 種工作模式，又稱為特權模式（privileged mode）。

- 機器模式（machine mode），簡稱 M 模式。
- 監督模式（supervisor mode），簡稱 S 模式。
- 使用者模式（user mode），簡稱 U 模式。

RISC-V 架構定義機器模式為必選模式，另外兩種為可選模式，透過不同的模式組合可以實現不同的系統。

RISC-V 架構支援幾種不同的記憶體位址管理機制，包括對物理位址和虛擬位址的管理機制，使得 RISC-V 架構能夠支援從簡單的嵌入式系統（直接操作物理位址）到複雜的作業系統（直接操作虛擬位址）的各種系統。

🛡 2.2.13　CSR

RISC-V 架構定義了一些控制與狀態暫存器（Control and Status Register，CSR），用於設定或記錄一些執行的狀態。CSR 是處理器核心內部的暫存器，使用自己的位址編碼空間，和記憶體定址的位址區間完全無關係。

CSR 的存取採用專用的 CSR 指令，包括 csrrw、csrrs、csrrc、csrrwi、csrrsi 以及 csrrci 指令。

2.2.14 中斷和異常

中斷和異常機制往往是處理器指令集架構中最複雜與關鍵的部分。RISC-V 架構定義了一套相對簡單的中斷和異常機制，但是允許使用者對其進行訂製和擴充。第 13 章會系統地介紹 RISC-V 中斷和異常機制。

2.2.15 P 擴充指令子集

P 擴充指令子集即封裝的單指令多資料（Packed-SIMD）指令子集，代表了一種合理重複使用現有寬資料通路的設計，實現了資料級平行。RISC-V 架構提供了 P 擴充指令子集的架構檔，可在 GitHub 中搜索「riscv-p-spec」進行查看。在芯來科技自研的 RISC-V 處理器核心中，300 及以上系列均可設定 P 擴充指令子集，感興趣的讀者可以造訪芯來科技官方網站進行瞭解。

2.2.16 向量指令子集

由於後發優勢及借助向量架構經多年發展得到的成熟結論，RISC-V 架構將使用可變長度的向量指令子集，而非向量定長的 SIMD 指令集（例如 ARM 的 NEON 和 Intel 的 MMX），從而能夠靈活地支持不同的實現。追求低功耗、小面積的 CPU 可以使用較短的硬體向量實現，而高性能的 CPU 則可以使用較長的硬體向量實現，並且同樣的軟體程式能夠互相相容。

結合當前人工智慧和高性能計算的強烈需求，倘若一種開放、開放原始碼的向量指令集能夠得到大量開放原始碼演算法軟體函數庫的支援，它必將對產業界產生非常積極的影響。

2.2.17 自訂指令擴充

除模組化指令子集的可擴充性與可選擇性的特點之外，RISC-V 架構還有一個非常重要的特性，那就是支持協力廠商的擴充。使用者可以擴充自己的指令子集，RISC-V 預留了大量的指令編碼空間用於使用者的自訂擴充，同時還

定義了 4 行自訂指令供使用者直接使用。每筆自訂指令都預留了幾位元的子編碼空間,因此使用者可以直接使用 4 行自訂指令擴充出幾十行自訂指令。

2.2.18 比較

經過幾十年的演進,隨著大型積體電路設計技術的發展,直到今天,處理器設計技術呈現以下特點。

- 由於高性能處理器的硬體排程能力已經非常強且主頻很高,因此硬體設計人員希望指令集盡可能地規整、簡單,從而使處理器具有更高的主頻與更小的面積。
- 以 IoT 應用為主的極低功耗處理器更加苛求低功耗與小面積。
- 記憶體的資源比早期的 RISC 處理器更加豐富。

以上種種因素使得很多早期的 RISC 架構設計理念(依據當時技術背景而誕生)不但不能幫助現代處理器設計,反而成了負擔。某些早期 RISC 架構定義的特性一方面使得高性能處理器的硬體設計束手束腳,另一方面使得極低功耗的處理器硬體設計具有不必要的複雜度。

得益於後發優勢,全新的 RISC-V 架構能夠避開所有這些已知的負擔,同時,利用其先進的設計理念,設計出一套「現代」的指令集。RISC-V 架構與 x86 或 ARM 架構的差異如表 2-3 所示。

▼ 表 2-3 RISC-V 架構與 x86 或 ARM 架構的差異

對比項	RISC-V 架構	x86 或 ARM 架構
架構文件的篇幅	少於 300 頁	數千頁
模組化	支援模組化可設定的指令子集	不支持
可擴充性	支援可擴充訂製指令	不支持
指令數目	一套指令集支援所有架構。基本指令子集僅有 40 餘行指令,以此為基礎,加上其他常用指令子集模組,指令僅有幾十條	指令數繁多,不同的架構分支彼此不相容
易實現性	硬體設計與編譯器實現非常簡單 • 僅支援小端格式 • 記憶體每次存取指令時只存取一個元素 • 去除記憶體存取指令的位址自動增加 / 自減模式 • 具有規整的指令編碼格式 • 具有簡化的分支跳躍指令與靜態預測機制 • 不使用分支延遲槽 • 不使用指令條件碼 • 運算指令的結果不產生異常 • 16 位元的壓縮指令有對應的普通 32 位元指令 • 不使用零銷耗硬體迴圈指令	硬體實現的複雜度高

　　RISC-V 架構的特點在於極簡、模組化以及可訂製擴充，透過這些指令集的組合或擴充，開發人員幾乎可以建構適用於任何一個領域（比如雲端運算、儲存、平行計算、虛擬化 / 容器和 DSP 等）的微處理器。

2.3　RISC-V 軟體工具鏈

　　軟體生態對於 CPU 非常重要，執行於 CPU 之上的軟體指定了 CPU 生命與靈魂，而軟體工具鏈的完備則是 CPU 能夠真正執行的第一步。

　　身為開放、免費的架構，RISC-V 的軟體工具鏈由開放原始碼社區維護，所有的工具鏈原始程式碼均公開。你可以透過 RISC-V 基金會網站的 Software Status 頁面瞭解其相關工具鏈，如圖 2-5 所示。

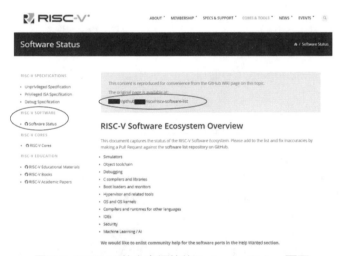

圖 2-5　RISC-V 基金會網站的 Software Status 頁面

　　以下主要介紹本書後續內容會涉及的兩個軟體工具鏈專案。

1 · riscv-tools

　　riscv-tools 的原始程式碼在 GitHub 上被維護成一個巨集專案（在 GitHub 中搜索「riscv-tools」可瞭解更多內容），它包含了 RISC-V 模擬器和測試套件等子專案，如圖 2-6 所示。

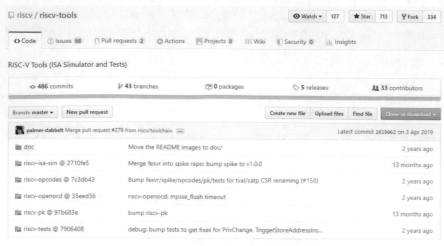

圖 2-6　GitHub 上的 riscv-tools 專案

其中，riscv-isa-sim 是基於 C/C++ 開發的指令集模擬器，它還有一個更通俗的名字──「Spike」；riscv-opcodes 是一個 RISC-V 操作碼資訊轉換指令稿；riscv-openocd 是基於 OpenOCD 的 RISC-V 偵錯器（debugger）軟體；riscv-pk 為 RISC-V 可執行檔提供執行環境，同時提供最簡單的 bootloader；riscv-tests 是一組 RISC-V 指令集測試用例。

2 · riscv-gnu-toolchain

riscv-gnu-toolchain 的原始程式碼在 GitHub 上被維護成一個巨集專案（在 GitHub 中搜索「riscv- gnu-toolchain」可瞭解詳細資訊），它包含了 RISC-V 的 GNU 相關工具鏈等子專案，如圖 2-7 所示。

其中，riscv-gcc 表示 GCC；riscv-binutils 是一組二進位程式處理工具（連結器、組合語言器等）；riscv-gdb 表示 GDB 工具；riscv-glibc 是 Linux 系統下的 C 標準函數庫實現；riscv-newlib 是嵌入式系統導向的 C 標準函數庫實現；qemu 是一個支持 RISC-V 的 QEMU 模擬器，有關 QEMU 模擬器的更多資訊請讀者自行查閱。

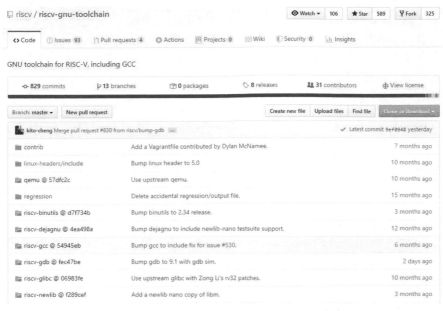

圖 2-7 GitHub 上的 riscv-gnu-toolchain 專案

　　如需使用 RISC-V 的工具鏈，除按照 GitHub 上的說明下載原始程式碼並進行編譯之外，你還可以在網路上直接下載已經預先編譯好的 GNU 工具鏈和 Windows IDE 開發工具。圖 2-8 所示為芯來科技在其官方網站的檔與工具頁面中所提供的預先編譯好的 RISC-V GNU 工具鏈和 Windows IDE（Nuclei Studio IDE）工具。

RISC-V GNU Toolchain		Nuclei OpenOCD	
Windows ⬇	Centos/Ubuntu x86-64 ⬇	Windows x86-64 ⬇	Windows x86-32 ⬇
		Linux x86-64 ⬇	Linux x86-32 ⬇

Windows Build Tools		Nuclei Studio IDE	
Windows ⬇		Windows x86-64 ⬇	Linux x86-64 ⬇
		Nuclei Studio User Guide ⬇	

圖 2-8 預先編譯好的 RISC-V GNU 工具鏈和 Windows IDE 工具

2.4 RISC-V 和其他開放架構有何不同

如果僅從「免費」或「開放」這兩點來評判，RISC-V 架構並不是第一個做到免費或開放的處理器架構。

下面將透過論述幾個具有代表性的開放架構，來分析 RISC-V 架構的不同之處以及為什麼其他開放架構無法取得成功。

2.4.1 平民英雄—OpenRISC

OpenRISC 是 OpenCores 組織提供的基於 GPL 協定的開放原始碼 RISC 處理器，它具有以下特點。

- 採用免費、開放的 32/64 位元 RISC 架構。
- 用 Verilog HDL（硬體描述語言）實現了基於該架構的處理器原始程式碼。
- 具有完整的工具鏈。

OpenRISC 被應用到很多公司的專案之中。OpenRISC 是應用非常廣泛的一種開放原始碼處理器實現。

OpenRISC 的不足之處在於它偏重實現一種開放原始碼的 CPU 核心，而非立足於定義一種開放的指令集架構，因此其架構不夠完整。指令集的定義不但不具備 RISC-V 架構的優點，並且沒有上升到成立專門的基金會組織的高度。OpenRISC 更多的時候被視為一個開放原始碼的處理器核心，而非一種優美的指令集架構。此外，OpenRISC 的許可證為 GPL，這表示所有的指令集改動都必須開放原始碼（而 RISC-V 則無此約束）。

2.4.2 豪門顯貴—SPARC

第 1 章已介紹過 SPARC 架構，作為經典的 RISC 微處理器架構之一，SPARC 於 1985 年由 Sun 公司所設計。SPARC 也是 SPARC 國際公司的註冊商標之一。SPARC 公司於 1989 年成立，目的是向外界推廣 SPARC 架構以及為該架構進行相容性測試。該公司為了推廣 SPARC 的生態系統，將標準開放，並授權多家生產商（包括德州儀器、Cypress 半導體和富士通等）使用。由於

SPARC 架構也對外完全開放,因此也出現了完全開放原始碼的 LEON 處理器。不僅如此,Sun 公司還於 1994 年推動 SPARC v8 架組成為 IEEE 標準(IEEE Standard 1754-1994)。

第 1 章介紹過,由於 SPARC 架構的初衷是伺服器領域,因此其最大導向的特點是擁有一個大型的暫存器視窗,符合 SPARC 架構的處理器需要實現 72 ~ 640 個通用暫存器,每個暫存器的寬度為 64 位元,組成一系列的暫存器組,稱為暫存器視窗。這種暫存器視窗的架構由於可以切換不同的暫存器組,快速地回應函數呼叫與返回,因此具有非常高的性能,但是由於功耗、面積代價太大,這種架構並不適用於 PC 與嵌入式領域的處理器。而 SPARC 架構也不具備模組化的特點,讓使用者無法裁剪和選擇。SPARC 架構很難成為一種通用的處理器架構,無法替代商用的 x86 和 ARM 架構。設計這種超大伺服器的 CPU 晶片非普通公司與個人所能完成,而有能力設計這種大型 CPU 晶片的公司沒有必要投入巨大的成本來挑戰 x86 的統治地位。隨著 Sun 公司的衰落,SPARC 架構現在基本上退出了人們的視野。

2.4.3 身出名門—MIPS

第 1 章已介紹過 MIPS 架構,作為經典的 RISC 架構之一,MIPS 最初由史丹佛大學的 Hennessy 教授(電腦系統結構領域泰斗之一)領導的研究小組研發,Hennessy 教授隨後創立了 MIPS 公司,他研發的 MIPS 架構處理器作為最早的商業化 RISC 架構處理器之一,廣泛應用於網路裝置、個人娛樂裝置與商業裝置上,在嵌入式裝置與消費領域裡佔據了很大的百分比。MIPS 架構作為學術派的產物,被很多經典的電腦系統結構教材引用。

第 1 章介紹過,出於一些商業運作上的原因,MIPS 架構被同屬 RISC 陣營的 ARM 架構後來居上。MIPS 科技公司近些年被轉售過幾次,如今其所屬的 AI 公司 Wave Computing 已申請破產保護,MIPS 架構的命運再次變為未知數。其間,MIPS 架構經歷過一段短暫的開放原始碼期,最終以關閉開放原始碼計畫收場。從 MIPS 架構的這一系列的經歷可以看出,由單一商業公司來運作、維護的開放原始碼架構具備極大的不穩定性,可能會隨著商業公司本身的一些運作策略而隨時發生性質的轉變。

2.4.4 名校優生—RISC-V

1.4 節介紹了 RISC-V 在加州大學柏克萊分校誕生的經歷，在此不做贅述。

由於多年來在 CPU 領域已經出現過多個免費或開放的架構，很多大專院校也在科學研究專案中推出過多種指令集架構，因此當作者第一次聽說 RISC-V 時，以為它又是一個玩具，或純粹學術性質的科學研究專案。

直到作者通讀了 RISC-V 架構的檔，不禁為其先進的設計理念所折服。同時，RISC-V 架構的各種優點也獲得了許多專業人士的青睞與好評，許多商業公司也相繼加盟。2015 年定位為非營利組織的 RISC-V 基金會正式成立，在業界引起了不小的影響。近來，RISC-V 基金會確定將總部遷移至瑞士，主要是考慮到瑞士過往對開放原始碼技術的大力支持，這更有利於 RISC-V 架構的推廣。如此種種，使得 RISC-V 成為至今為止最具革命性意義的開放處理器架構。

有興趣的讀者可以自行到網路中查閱文章「RISC-V 登場，Intel 和 ARM 會怕嗎」、「直指移動晶片市場，開放原始碼的處理器指令集架構發佈」和「三星開發 RISC-V 架構自主 CPU 核心」。

第 3 章　亂花漸欲迷人眼——
盤點 RISC-V 商業版
本與開放原始碼版本

　　1.4 節和第 2 章分別介紹了 RISC-V 架構的誕生和特點。注意，RISC-V 是一種開放的指令集架構，而非一款具體的處理器。任何組織與個人均可以依據 RISC-V 架構設計實現自己的處理器，或高性能處理器，抑或低功耗處理器。只要是依據 RISC-V 架構而設計的處理器，就可以稱為 RISC-V 架構處理器。

　　自從 RISC-V 架構誕生以來，在全世界範圍內已經出現了數十個版本的 RISC-V 架構處理器，有的是開放原始碼、免費的，有的是商業公司私有、用於內部專案的，還有的是商業 IP 公司開發的 RISC-V 處理器 IP。本章將挑選幾款比較知名開放原始碼、免費 RISC-V 處理器（或 SoC）和商業公司開發的 RISC-V 處理器 IP，一一加以簡述。

　　由於基於開放 RISC-V 架構的處理器在不斷湧現，待本書成書之時，有可能已經出現了更多知名的 RISC-V 處理器，因此本書難免有資訊不足之處，請讀者自行查閱網際網路。

3.1　各商業版本與開放原始碼版本整體說明

⚠️ 注意　本節將使用處理器的許多關鍵特性涉及的參數或名稱，對於完全不瞭解 CPU 的初學者而言，這些內容可能難以理解，詳細內容請參考本書第二部分與第三部分。

3.1.1 Rocket Core

　　Rocket Core 是加州大學柏克萊分校開發的一款開放原始碼 RISC-V 處理器核心，可以由加州大學柏克萊分校開發的 SoC 生成器 Rocket-Chip 生成。注意區分 Rocket Core 與 Rocket-Chip，Rocket Core 是一款處理器核心；Rocket-Chip 是一款 SoC 生成器，用於生成加州大學柏克萊分校開發的若干處理器核心，包括 Rocket Core 和 BOOM Core。本節主要介紹 Rocket Core，而 BOOM Core 將在 3.1.2 節介紹。

　　Rocket Core 是一款 64 位元的處理器，其管線結構如圖 3-1 所示。

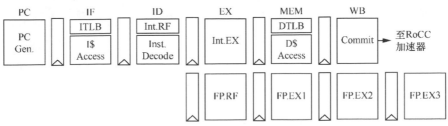

圖 3-1 Rocket Core 的管線結構

Rocket Core 具有以下特點。

- 具備可設定性,支援多種 RISC-V 的指令集擴充組合。
- 具有按序發射、按序執行的五級管線。
- 配備完整的指令快取和資料快取。
- 配備深度為 64 的分支目標緩衝區(Branch Target Buffer, BTB)。
- 配備深度為 256 的分支歷史表(Branch History Table, BHT)。
- 配備深度為 2 的返回位址堆疊(Return Address Stack, RAS)。
- 配備記憶體管理單元(Memory Management Unit,MMU)以支援作業系統。
- 配備硬體浮點單元。
- 配備可擴充指令介面,可供使用者擴充輔助處理器指令。

加州大學柏克萊分校使用 Rocket Core 已經成功地進行了高達 11 次的投片,並且在晶片原型上成功地執行了 Linux 作業系統。

Rocket Core 在性能和面積等方面非常具有競爭力。加州大學柏克萊分校將 Rocket Core 與 ARM Cortex-A5 進行了對比。值得注意的是,Rocket Core 是 64 位元架構,而 Cortex-A5 是 32 位元架構,理論上 64 位元架構的處理器的面積和功耗應該遠高於 32 位元架構的處理器,但是如圖 3-2 所示,Rocket Core 與 Cortex-A5 相比性能大幅增加,而面積、功耗卻更小。

對比項	Cortex-A5	Rocket Core
ISA	32 位元 ARMv7	64 位元 RISC-V v2
架構	單發射、按序處理器	單發射、按序處理器，具有 5 級管線
性能	1.57 DMIPS/MHz	1.72 DMIPS/MHz
製程	TSMC 40GPLUS	TSMC 40GPLUS
面積 (帶 w/o 快取)	0.27 mm²	0.14 mm²
面積 (帶 16KB 快取)	0.53 mm²	0.39 mm²
面積與效率之比 (area efficiency)	2.96 DMIPS/(MHz · mm²)	4.41 DMIPS/(MHz · mm²)
頻率	>1GHz	>1GHz
動態功耗	<0.8 mW/MHz	0.034 mW/MHz

圖 3-2　Rocket Core 與 Cortex-A5 的對比

　　由於 Rocket Core 是加州大學柏克萊分校推出 RISC-V 架構時，一起推出的開放原始碼處理器核心，因此它是目前知名的開放原始碼 RISC-V Core，很多的公司與個人使用該款處理器進行研究或開發產品。感興趣的使用者可以查看 GitHub 上使用 Rocket-Chip 專案編譯出的 Rocket Core。

　　Rocket Core 的最大特點是使用 Chisel（Constructing Hardware in an Scala Embedded Language）進行開發，這是加州大學柏克萊分校設計的一種開放原始碼高級硬體描述語言，其抽象層次比主流的硬體描述語言 Verilog 要高出許多。Chisel 採用了物件導向、類似於 Java 的高級抽象方式描述電路。Chisel 程式可以轉為 Verilog 的 RTL 程式，或週期精確的 C/C++ 模擬模型。得益於物件導向的特性，Chisel 具有更好的可擴充性與再使用性。正是得益於使用了 Chisel，Rocket Core 才具備相當高的可設定性，而如果使用普通的 Verilog 語言開發，很難達到這樣高的可設定性和程式可維護性。

　　Chisel 程式雖抽象層次更高，但其轉換成的 Verilog 程式由於是機器生成的，程式類似於電路網路表一般，幾乎沒有可讀性，這給使用者造成了很大的困擾。而 Chisel 的學習曲線非常陡峭，絕大多數晶片工程師無法看懂，且在繁忙的工作中沒有時間重新學習這麼有難度的新語言。硬體工程師無法讀懂這種機器生成的程式，給後續的 ASIC 流程工作帶來了一些麻煩。因此，Rocket Core 是一款非常優秀的處理器，但是在相當長一段時間內，作者對於使用 Chisel 開發硬體將持非常保守的態度。

3.1.2 BOOM Core

BOOM Core 也是加州大學柏克萊分校開發的一款開放原始碼 RISC-V 處理器核心，它也是使用 Chisel 開發的，同樣需要由加州大學柏克萊分校開發的 SoC 生成器 Rocket-Chip 生成。

BOOM 的全稱為 Berkeley Out-of-Order Machine，與 Rocket Core 不同的是，BOOM Core 更高導向的性能目標，是一款超過標準量亂數發射、亂數執行的處理器核心。它也配備高性能的分支預測器，具有指令快取、資料快取和硬體浮點運算單元，並且還支援多核心結構，實現了二級快取和多核心快取一致性（coherency），其管線結構如圖 3-3 所示，感興趣的使用者可以從 GitHub 瞭解其原始程式碼。

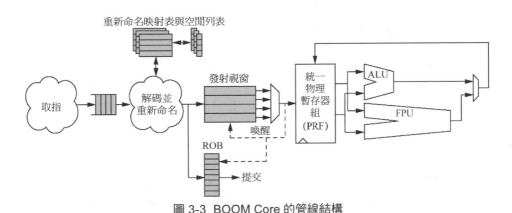

圖 3-3 BOOM Core 的管線結構

BOOM Core 在性能和面積等方面同樣非常具有競爭力。同樣值得注意的是，BOOM Core 是 64 位元架構，而 Cortex-A9 是 32 位元架構，理論上 64 位元架構的處理器面積和功耗應該遠高於 32 位元架構的處理器，但是如圖 3-4 所示，BOOM Core 與 Cortex-A9 相比，性能大幅增加，而面積、功耗更小。

對比項	Cortex-A9	BOOM Core
ISA	32 位元 ARMv7	64 位元 RISC-V v2 (RV64G)
架構	3+1 發射, 亂數執行, 具有 8 級管線	3 發射, 亂數執行, 具有 6 級管線
性能	3.59 CoreMarks/MHz	4.61 CoreMarks/MHz
處理程序	TSMC 40GPLUS	TSMC 40GPLUS
面積 (帶 32KB 快取)	2.5 mm²	1.00 mm²
面積與效率之比	1.4 CoreMarks/(MHz · mm²)	4.6 CoreMarks/(MHz · mm²)
頻率	1.4 GHz	1.5 GHz

圖 3-4　BOOM Core 與 Cortex-A9 的對比

3.1.3 Freedom E310 SoC

Freedom Everywhere E310-G000（簡稱 Freedom E310）是由 SiFive 公司推出的一款開放原始碼 SoC。SiFive 公司由加州大學柏克萊分校幾個主要的 RISC-V 發起人創辦，它是一家主要負責 RISC-V 架構的處理器開發的商業公司。

Freedom E310 SoC 是基於 Chisel 進行開發的，採用 E31 RISC-V 核心，架構設定為 RV32IMAC，配備 16KB 的指令快取與 16KB 的資料 SRAM、硬體乘 / 除法器、偵錯（debug）模組，以及豐富的外接裝置，如 PWM、UART 和 SPI 等。感興趣的讀者可以在 GitHub 中搜索「freedom」來下載其原始程式碼。

3.1.4 LowRISC SoC

LowRISC 是一個非營利組織，同時是由劍橋大學的開發者基於 Rocket Core 而開發的一款開放原始碼 SoC 平臺名稱。LowRISC 組織的口號是希望成為「硬體世界的 Linux 系統」（Linux of the hardware world），目標是提供高品質、安全、開放的平臺，計畫將實際量產晶片並提供低成本的開發板，詳情可以從其官網獲得。

3.1.5 PULPino Core 與 SoC

PULPino Core 是由蘇黎世瑞士聯邦理工學院開發的一款開放原始碼的單核心 MCU SoC 平臺。同時，該校還開發了搭配的多款 32 位元 RISC-V 處理器核心，分別是 RI5CY、Zero-riscy 和 Micro-riscy。

RI5CY 是一款具有 4 級管線、按序、單發射的處理器，支援標準的 RV32I 指令子集，同時可以設定壓縮指令子集（RV32C）、乘 / 除法指令子集（RV32M）以及單精度浮點指令子集（RV32F）。除此之外，ETH Zurich 增加了很多自訂指令用於低功耗的 DSP 應用。這些指令包括硬體協助的迴圈、帶位址自動增加 / 自減的記憶體存取指令、位元操作、乘累加（MAC）、定點操作和 SIMD 指令等。

Zero-riscy 是一款具有二級管線、按序、單發射的處理器，它支援標準的 RV32I 指令子集，同時可以設定壓縮指令子集（RV32C）、乘 / 除法指令子集（RV32M），還可以設定成 16 個通用暫存器版本的 RV32E。該處理器核心主要面向的是超低功耗、超小面積的場景。

Micro-riscy 是一款面積更加小的處理器核心，它僅需要支援 16 個通用暫存器版本的 RV32EC 架構，並且沒有硬體的乘除法單元，其面積小於 12000 個邏輯門。

RI5CY、Zero-riscy 和 Micro-riscy 的面積對比如圖 3-5 所示。注意，圖中 kGE 是表示晶片面積的單位。

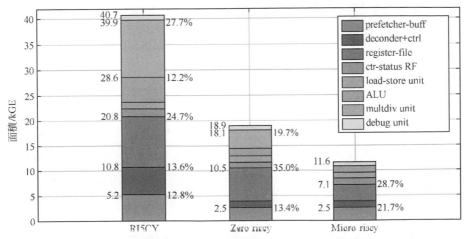

圖 3-5 RI5CY、Zero-riscy 和 Micro-riscy 的面積對比

感興趣的讀者可以造訪 PULPino 的網站，免費下載豐富的資訊與文件。

3.1.6　PicoRV32 Core

PicoRV32 Core 是一款由著名的 IC 設計師 Clifford Wolf 開發並開放原始碼的 RISC-V 處理器核心。Clifford Wolf 由於撰寫多篇知名的數位 IC 設計論文而被人所熟知。PicoRV32 的重點在於追求面積和頻率的最佳化，其公佈的資料在 Xilinx7-Series FPGA 上的銷耗為 750 ～ 2000 LUT，並且能夠綜合到 250 ～ 450MHz 的主頻。但是此處理器核心針對面積做最佳化，而非針對性能做最佳化，因此其性能並不是很理想，平均每行指令的週期數（Average cycles Per Instruction，CPI）大約為 4，Dhrystone 的跑分結果僅為 0.521 DMIPS/MHz。

3.1.7　SCR1 Core

SCR1 Core 是一款由 Syntacore 公司使用 System Verilog 語言設計撰寫的極低功耗開放原始碼 RISC-V 處理器核心。Syntacore 是一家俄羅斯公司，負責為客戶訂製開發和授權具有高能效比的可綜合可程式化處理器核心。Syntacore 公司基於 RISC-V 架構開發了多款 MCU 等級的處理器核心，被稱為 SCRx 系列，並將其中的最簡單款 SCR1 開放原始碼。

SCR1 具有可設定的特性，可以設定為 RV32I/EMC 指令子集的組合，最低設定 RV32EC 的面積銷耗為 12000 個邏輯門，最高設定 RV32IMC 的面積銷耗為 28000 個邏輯門。SCR1 僅支援機器模式，同時還配備了可選的中斷控制器與偵錯器（debugger）模組。

3.1.8　ORCA Core

ORCA Core 是一款由 Vectorblox 公司使用 VHDL 撰寫的 FPGA 導向的開放原始碼 RISC-V 處理器核心，可以設定成 RV32I 或 RV32IM。雖然 ORCA 也可以身為單獨的處理器核心使用，但是其誕生初衷是調配主控制處理器和 Vectorblox 公司的商用輔助處理器。

3.1.9 Andes Core

晶心（Andes）科技是專門提供處理器 IP 的一家公司，其商業模式與 ARM 這樣的處理器 IP 公司相同。晶心科技公司有其自己的處理器指令集架構，且由於其可觀的出貨量，它一直是商用主流 CPU IP 公司之一。

晶心科技公司於 2017 年年初發佈了新一代的 AndeStar 處理器架構，開始使用 RISC-V 指令集，成為商用主流 CPU IP 公司中第一家採用 RISC-V 指令集架構的公司。AndeStarV5 架構不僅相容 RISC-V，還包含晶心科技公司獨創的多項通用功能及應用強化單元。

作為一個有多年歷史的商用主流 CPU IP 公司，晶心科技公司在下一代的主要架構中開始全面採用 RISC-V 架構，這具有非常重要的意義。

3.1.10 Microsemi Core

Microsemi 公司的 FPGA 由於其高可靠性被人所熟知，被廣泛應用於對可靠性要求苛刻的場景。Microsemi 也是最早支持並使用 RISC-V 處理器的公司之一。Microsemi 公司推出了業界首個基於 RISC-V 核心的 FPGA 系列產品，即 IGLOO2 FPGA、SmartFusion2 SoC FPGA 或 RTG4 FPGA。Microsemi 稱完全開放原始碼的 RV32IM RISC-V 核心採用開放式指令集架構，具備全面可攜性，而且由於開發人員可以查看 RISC-V 的所主動程式，因此該核心的安全性更高。再加上一向低的功耗與出色的可靠性指標，Microsemi 產品非常符合現在嵌入式應用對於平臺架構的要求。

整合 RISC-V 核心的 FPGA 的特色主要是在開放性、可攜性和設計靈活性方面表現得更好。RISC-V 核心特別適合高效的設計實現，開發人員可以根據應用需求靈活裁剪。如今 RISC-V 架構已經固定，全部 RISC-V 指令不超過 50 筆，因此 RISC-V 核心面積更小，從而使得晶片整體成本更低，核心越小，對應的功耗也就越低。相比基於 MCU 或整合商用處理器核心的 FPGA，基於 RISC-V 核心的 FPGA 最大的優勢之一就是可攜性。採用 FPGA 開發的新應用能夠快速上市，如果該應用成熟以後有足夠多的下載量，那麼可以將 FPGA 改為專用晶片來降低成本。採用 ARM 核心就沒這麼方便了，不支付一筆價格不菲的工程費用和專利費是無法完成的。RISC-V 的開放性也是一大優點，若

採用 ARM 等封閉式架構的核心，開發人員看不到原始程式碼，所以無法瞭解閘級電路設計細節。但 RISC-V 的使用者可以查看核心的所有細節，可以檢查每一行程式以確定系統的安全性，甚至根據需要訂製自己的安全模組。

3.1.11　Codasip Core

Codasip 是一家專門為嵌入式 IoT 領域訂製處理器核心並提供處理器 IP 和服務的公司，也是最早正式設計並提供商用 RISC-V 處理器 IP 的公司之一。目前該公司提供 Codix-BK Processor IP，支援多種指令子集設定。其中 Codix-BK3 是一款具有 3 級管線的 32 位元處理器；Codix-BK5 是一款具有 5 級管線的處理器，可以設定為 32 位元或 64 位元，同時還支援硬體單精度浮點運算器。

3.1.12　Nuclei Core

Nuclei Core 是由芯來科技（Nuclei System Technology）開發的全國產自主可控的商用 RISC-V 處理器系列核心，能滿足 AIoT 時代的各類需求。芯來科技已授權多家知名晶片公司量產其自研的 RISC-V 處理器 IP，實測結果達到業界一流指標。

Nuclei 系列處理器核心的產品全貌如圖 3-6 所示，不同系列的產品可以滿足不同應用場景的需求。

- N100 系列主要數模混合、IoT 或其他極低功耗與極小面積導向的應用場景（例如感測器、小家電和玩具等），可滿足傳統 8 位元或 16 位元處理器核心的升級需求。
- N200 系列主要面向超低功耗與嵌入式應用場景（例如物聯網終端設備、羽量級智慧應用等），可完美替代傳統的 8051 和 ARM Cortex M0/M0+/M3/M23 核心。
- N300 系列主要要求極致能效比且需要 DSP、FPU 特性導向的應用場景，對標 ARM Cortex M4/M4F/M33 核心。
- N600 系列和 N900 系列全面支援 Linux 系統與高性能邊緣計算與控制。

圖 3-6 Nuclei 系列處理器核心的產品全貌

3.1.13 蜂鳥 E203 處理器核心與 SoC

　　芯來科技不僅致力於商業 RISC-V 處理器 IP 產品的研發，還熱心於 RISC-V 生態的建設與推動，因此推出了一款獨特的開放原始碼 RISC-V 處理器核心和搭配 SoC—蜂鳥 E203 處理器核心與 SoC，它有效地克服了當前開放原始碼處理器的諸多缺點。本書後續內容將主要圍繞蜂鳥 E203 處理器核心多作說明。關於蜂鳥 E203 處理器核心和搭配 SoC 的更多介紹，請參見第 4 章。

3.2 小結

　　得益於 RISC-V 開放免費的特點，在極短的時間內，全球便湧現出了許多版本的 RISC-V 處理器核心，有道是「亂花漸欲迷人眼，淺草才能沒馬蹄」。各開放原始碼處理器都有什麼優缺點？蜂鳥 E203 開放原始碼處理器又有何獨特之處呢？欲聞其詳，且看下一章。

第 4 章　開放原始碼 RISC-V
——蜂鳥 E203 處理器
核心與 SoC

蜂鳥 E203 處理器由芯來科技公司開發，是一款開放原始碼 RISC-V 處理器。蜂鳥是世界上已知鳥類中個頭最小的一種鳥，它卻有著極高的飛行速度與敏銳利度，可以説是「能效比」最高的鳥。E203 處理器以蜂鳥命名便寓意於此，旨在將其打造成為一款世界上最高能效比的 RISC 處理器。

⚠ 注意 本章將使用處理器的許多關鍵特性參數或名稱，對於完全不瞭解 CPU 的初學者而言，這些內容可能難以理解，詳細內容請參見本書第二部分與第三部分。

4.1　與眾不同的蜂鳥 E203 處理器

第 3 章介紹了諸多的開放原始碼與商用 RISC-V 處理器核心，對於商業公司提供的付費 IP 本章不加以評述，但是對許多開放原始碼實現加以分析之後，你可以發現以下現象。

- 目前開放原始碼的 RISC-V 實現主要依靠國外開發人員，難以取得本土開發人員的支持。
- 可以選擇的 IoT 領域導向的高性能且超低功耗的開放原始碼 RISC-V 處理器並不多，能效表現也難以對目前 IoT 領域的主流商用 ARM Cortex-M 系列處理器（2 級或 3 級管線實現）形成有效的替代。
- 絕大多數的開放原始碼處理器僅提供處理器核心的實現，沒有提供搭配 SoC 和軟體範例，使用者若要使用它們，且移植完整軟體，仍需要投入大量精力。
- 大多數的開放原始碼實現或來自個人同好，或來自大專院校。其開發語言或使用 VHDL，或使用 System Verilog。來自產業界工程團隊，且使用穩健的 Verilog RTL 實現的開放原始碼 RISC-V 處理器尚不多見。
- 有些開放原始碼 RISC-V 處理器把 Chisel 程式轉換成 Verilog RTL 程式，造成程式可讀性很差，給業界只熟悉 Verilog 的晶片工程師在使用上造成了困難。
- 絕大多數開放原始碼處理器僅提供處理器核心的實現，但是並沒有提供偵錯方案的實現，支援完整的 GDB 互動偵錯功能的開放原始碼處理器非常少。

- 絕大多數開放原始碼處理器的檔比較匱乏。

以上是許多華文地區使用者接觸 RISC-V 並選擇超低功耗開放原始碼處理器核心時遇到的困難。蜂鳥 E203 處理器可有效解決以上這些問題，與其他的 RISC-V 開放原始碼處理器實現相比，它具有以下顯著特點。

- 蜂鳥 E203 處理器是一個開放原始碼的 RISC-V 處理器。蜂鳥 E203 由中國的研發團隊開發，使用者能夠輕鬆與開發人員取得交流。
- 蜂鳥 E203 處理器研發團隊擁有在國際一流公司多年開發處理器的經驗，使用穩健的 Verilog 2001 語法撰寫可綜合的 RTL 程式，以工業級標準進行開發。
- 蜂鳥 E203 處理器的程式由程式設計師撰寫，具有豐富的註釋且可讀性強，非常易於理解。
- 蜂鳥 E203 處理器專為 IoT 領域量身定做，其具有兩級管線深度，功耗和性能指標均優於目前同等等級的主流商用 ARM Cortex-M 系列處理器，且免費、開放原始碼，能夠在 IoT 領域完美替代 ARM Cortex-M 處理器。
- 蜂鳥 E203 處理器不僅提供處理器核心的實現，還提供完整的搭配 SoC、詳細的 FPGA 原型平臺架設步驟、詳細的軟體執行實例。使用者可以按照步驟重建整套 SoC 系統，輕鬆將 E203 處理器核心應用到具體產品中。
- 蜂鳥 E203 處理器不僅提供處理器核心的實現、SoC 實現、FPGA 平臺和軟體範例，還實現了完整的偵錯方案，具備完整的 GDB 互動偵錯功能。蜂鳥 E203 處理器是從硬體到軟體，從模組到 SoC，從執行到偵錯的一套完整解決方案。
- 蜂鳥 E203 處理器提供豐富的檔、實例以及相關教學資源，本書亦專門對其原始程式碼進行剖析。

蜂鳥 E203 處理器的開放原始碼口號是「讓免費的蜂鳥 E203 成為下一個 8051，為 IoT 領域的發展助力加速」。感興趣的讀者可以在網際網路上搜索作者曾發表過的文章「進入 32 位元時代，誰能成為下一個 8051」。

蜂鳥 E203 開放原始碼專案的原始程式碼託管於著名開放原始碼網站 GitHub。GitHub 是一個著名的、免費的專案託管網站，任何使用者無須註冊

即可從網站上下載原始程式碼，許多的開放原始碼專案將原始程式碼託管於此。在 GitHub 中搜索「e203_hbirdv2」，即可查看蜂鳥 E203 開放原始碼專案的更多內容。關於 GitHub 網站上 e203_hbirdv2 開放原始碼專案的完整程式層次結構，請參見 17.1 節。

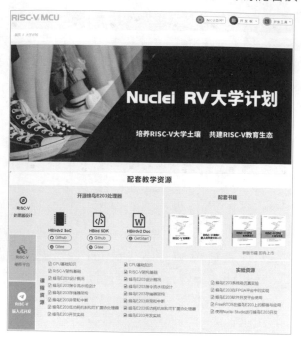

蜂鳥 E203 處理器的搭配文件及相關教學資源託管於 RISC-V MCU 社區的「大學計畫」頁面，如圖 4-1 所示。感興趣的讀者可在 RISC-V MCU 社區存取「Nuclei RV 大學計畫」頁面，從而獲取相關資源。

圖 4-1　RISC-V MCU 社區的「大學計畫」頁面

4.2　蜂鳥 E203 處理器簡介——蜂鳥雖小，五臟俱全

蜂鳥 E203 處理器主要極低功耗與極小面積導向的場景，非常適合替代傳統的 8051 核心或 Cortex-M 系列核心並應用於 IoT 或其他低功耗場景。同時，作為結構精簡的處理器核心，蜂鳥 E203 處理器可謂「蜂鳥雖小，五臟俱全」，其原始程式碼全部開放原始碼，檔詳細，它非常適合作為大專院校師生學習 RISC-V 處理器設計（使用 Verilog 語言）的案例。

蜂鳥 E203 處理器的特性如下。

- 採用兩級管線結構，具有一流的處理器架構設計。該 CPU 核心的功耗與面積均優於同級 ARM Cortex-M 核心，實現了業界很高的能效比與很低的成本。
- 支援 RV32I/E/A/M/C 等指令子集的設定組合，支援機器模式（machine mode）。
- 提供標準的 JTAG 偵錯介面以及成熟的軟體偵錯工具。

- 提供成熟的 GCC 編譯工具鏈。
- E203 處理器的搭配 SoC 提供緊耦合系統 IP 模組，包括了中斷控制器、計時器、UART、QSPI 和 PWM 等，以及即時能用（Ready-to-Use）的 SoC 平臺與 FPGA 原型系統。

蜂鳥 E203 處理器系統如圖 4-2 所示。

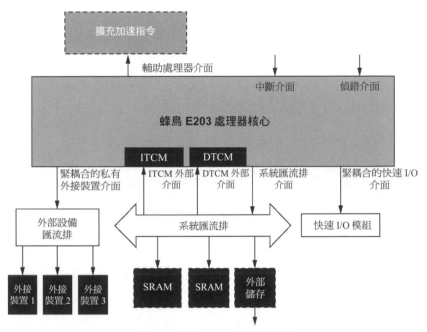

圖 4-2　蜂鳥 E203 處理器系統

蜂鳥 E203 處理器不僅具有私有的 ITCM（指令緊耦合記憶體）或稱為 ILM（指令局部記憶體），還具有 DTCM（資料緊耦合記憶體）或稱為 DLM（資料局部記憶體），可實現指令與資料的分離儲存，並提高性能。

蜂鳥 E203 處理器具有以下介面。

- 中斷介面，用於與 SoC 等級的中斷控制器連接。
- 偵錯介面，用於與 SoC 等級的 JTAG 偵錯器連接。
- 系統匯流排介面，用於存取指令或資料。系統主匯流排可以接到此介面上，蜂鳥 E203 處理器可以透過該匯流排存取匯流排上掛載的單晶片或晶片外部儲存模組。

- 緊耦合的私有外接裝置介面，用於存取資料。如果將系統中的私有外接裝置直接接到此介面上，蜂鳥 E203 處理器無須透過與資料和指令共用的匯流排便可存取這些外接裝置。
- 緊耦合的快速 I/O 介面，用於存取資料。如果將系統中緊耦合的快速 I/O 模組直接接到此介面上，蜂鳥 E203 處理器無須透過與資料和指令共用的匯流排便可存取這些模組。

注意，對於所有的 ITCM、DTCM、系統匯流排介面、私有外接裝置介面以及緊耦合快速 I/O 介面，開發人員均可以設定位址區間。

4.3　蜂鳥 E203 處理器的性能指標

蜂鳥 E203 處理器的性能優異，性能指標如表 4-1 所示。

▼ 表 4-1　蜂鳥 E203 處理器的性能指標

性能指標	描述
Dhrystone (DMIPS/MHz)	1.32
CoreMark (CoreMark/MHz)	2.14
頻率	180nm SMIC 製程下 50 ～ 100MHz
管線深度	2 級
乘法器	有
除法器	有
ITCM	提供內嵌的 ITCM
DTCM	提供內嵌的 DTCM
可擴充性	支援輔助處理器介面進行指令擴充

⚠ 注意　蜂鳥 E203 處理器中的乘 / 除法器為面積最佳化的多週期硬體乘 / 除法單元。

4.4 蜂鳥 E203 處理器的搭配 SoC

很多開放原始碼的處理器核心僅提供其實現，為了能夠完整使用，使用者還需要花費不少精力來建構完整的 SoC 平臺、FPGA 平臺。很多開放原始碼的處理器核心不對偵錯器（debugger）提供支援。為了方便使用者快速地上手，蜂鳥 E203 處理器的開發人員不僅開放原始碼了自主設計的 Core，還開放原始碼了搭配元件。

蜂鳥 E203 處理器搭配的 SoC 的結構如圖 4-3 所示。

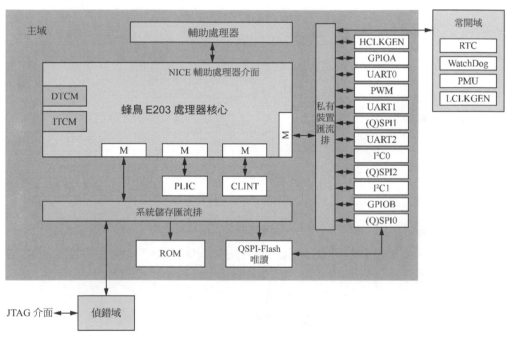

圖 4-3 蜂鳥 E203 處理器搭配的 SoC 的結構

蜂鳥 E203 處理器搭配的 SoC 的特性如表 4-2 所示。

▼ 表 4-2 蜂鳥 E203 處理器搭配的 SoC 的特性

	特 性	描 述
CPU	使用 Windows/Linux GCC 工具鏈開發	—
	基於 E203 處理器核	—
	使用標準 JTAG 偵錯介面，支援 GDB 互動偵錯功能	—
	支援中斷控制器	—
儲存	單晶片 ITCM-SRAM	可設定大小
	單晶片 DTCM-SRAM	可設定大小
	可透過 QSPI 等介面外接其他晶片外部記憶體	晶片外部快閃記憶體
外接裝置	提供 PWM	1 組
	提供 (Q)SPI	3 組
	提供 GPIO	2 組（64 個接腳）
	提供 UART	3 組
	提供 I²C	3 組
	提供看門狗	1 組
	提供 RTC（Real Time Counter）	1 組
	提供計時器（timer）	1 組

另外，蜂鳥 E203 處理器還提供軟體開發環境 hbird-sdk，為互動式硬體偵錯工具（GDB）提供支援。

使用者可以基於此開放原始碼專案快速架設完整的 SoC 模擬平臺、FPGA 原型平臺，以及執行軟體範例。蜂鳥 E203 處理器開放原始碼的不僅是一個處理器核心，而且是一個完整 MCU 軟硬體實現。

4.5 蜂鳥 E203 處理器的設定選項

蜂鳥 E203 處理器具有一定的可設定性。透過修改其目錄下的 config.v 檔案中的巨集定義，開發人員便可以實現不同的設定。

config.v 檔案在 e203_hbirdv2 專案中的結構如下。

```
e203_hbirdv2
 |----rtl                    // 存放 RTL 的目錄
    |----e203               //E203 處理器核心和 SoC 的 RTL 目錄
       |----core            // 存放 E203 處理器核心相關模組的 RTL 程式
          |----config.v     // 設定設定的原始檔案
```

config.v 的具體設定選項中的巨集如表 4-3 所示。

▼ 表 4-3 config.v 的具體設定選項中的巨集

巨集	描　述	推薦預設值
E203_CFG_DEBUG_HAS_JTAG	如果增加了此巨集，則使用 JTAG 偵錯介面。 請參見第 14 章以瞭解有關偵錯器的資訊	使用
E203_CFG_ADDR_SIZE_IS_16、 E203_CFG_ADDR_SIZE_IS_24、 E203_CFG_ADDR_SIZE_IS_32	從這 3 個巨集中選擇一個，用於設定處理器的匯流排位址寬度為 16 位元、24 位元和 32 位元	32 位元
E203_CFG_SUPPORT_MCYCLE_ MINSTRET	如果增加了此巨集，則使用 mcycle 和 minstret 這兩個 64 位元的計數器	使用
E203_CFG_REGNUM_IS_32 E203_CFG_REGNUM_IS_16	從這兩個巨集中選擇一個，用於設定整數通用暫存器組使用 32 個通用暫存器（RV32I）還是 16 個通用暫存器（RV32E）	32 個
E203_CFG_HAS_ITCM	如果增加了此巨集，則設定使用 ITCM	使用
E203_CFG_ITCM_ADDR_BASE	設定 ITCM 的基底位址	0x8000_0000
E203_CFG_ITCM_ADDR_WIDTH	設定 ITCM 的大小，使用位址匯流排的寬度作為其大小。舉例來説，假設 ITCM 的大小為 1KB，則此巨集的值定義為 10	16 （64KB）
E203_CFG_HAS_DTCM	如果增加了此巨集，則設定使用 DTCM	使用
E203_CFG_DTCM_ADDR_BASE	設定 DTCM 的基底位址	0x9000_0000
E203_CFG_DTCM_ADDR_WIDTH	設定 DTCM 的大小，使用位址匯流排的寬度作為其大小，舉例來説，假設 DTCM 的大小為 1KB，則此巨集的值定義為 10	16 （64KB）
E203_CFG_REGFILE_LATCH_ BASED	如果增加了此巨集，則使用鎖相器（latch）作為通用暫存器組（Regfile）的基本單元；如果沒有增加此巨集，則使用 D 觸發器作為基本單元	不使用鎖相器
E203_CFG_PPI_ADDR_BASE	設定私有外接裝置介面（Private Peripheral Interface，PPI）的基底位址	0x1000_0000
E203_CFG_PPI_BASE_REGION	設定 PPI 的位址區間，透過指定高位元的區間來界定位址區間。舉例來説，如果該巨集定義為 31:28，基底位址定義為 0x1000_0000，則表示 PPI 的位址區間為 0x1000_0000 ～ 0x1FFF_FFFF	31:28
E203_CFG_FIO_ADDR_BASE	設定快速 IO 介面（Fast IO Interface，FIO）的基底位址	0xf000_0000
E203_CFG_FIO_BASE_REGION	設定 FIO 的位址區間，透過指定高位元的區間來界定位址區間。舉例來説，如果該巨集定義為 31:28，基底位址定義為 0xf000_0000，則表示 FIO 的位址區間為 0xf000_0000 ～ 0xfFFF_FFFF	31:28
E203_CFG_CLINT_ADDR_BASE	設定 CLINT 介面的基底位址	0x0200_0000
E203_CFG_CLINT_BASE_REGION	設定 CLINT 介面的位址區間，透過指定高位元的區間來界定位址區間。舉例來説，如果該巨集定義為 31:16，基底位址定義為 0x0200_0000，則表示 PLIC 的位址區間為 0x0200_0000 ～ 0x0200_FFFF	31:16

巨集	描　述	推薦預設值
E203_CFG_PLIC_BASE_REGION	設定 PLIC 介面的位址區間，透過指定高位元的區間來界定位址區間。舉例來說，如果該巨集定義為 31:24，基底位址定義為 0x0C00_0000，則表示 PLIC 的位址區間為 0x0C00_0000 ～ 0x0CFF_FFFF	31:24
E203_CFG_HAS_ECC	如果增加了此巨集，則設定使用 ECC 對 ITCM 和 DTCM 的 SRAM 進行保護。注意，在 GitHub 上，此選項的功能並未開放原始碼，因此相關程式並不具備，即使增加了設定巨集也不起作用	不使用 ECC
E203_CFG_HAS_NICE	如果增加了此巨集，則使用輔助處理器介面	具備輔助處理器介面
E203_CFG_SUPPORT_SHARE_MULDIV	如果增加了此巨集，則使用面積最佳化的多週期乘 / 除法單元	使用多週期乘除法
E203_CFG_SUPPORT_AMO	如果增加了此巨集，則支援 RISC-V 的 A 擴充指令子集	支援 RISC-V 的「A」擴充指令子集

第二部分

一步步教你使用 Verilog 設計 CPU

第 5 章 先見森林，後觀樹木 ——蜂鳥 E203 處理器 核心設計總覽和頂層

在學習或講解某個技術要點時，作者比較推崇的方法是「先見森林，後觀樹木」，即先從巨集觀著手，然後再切入微觀細節。

本書第二部分將以蜂鳥 E203 處理器為具體實例介紹如何設計一款 RISC-V CPU。本章將先從巨集觀的角度著手，介紹若干處理器設計的總覽要訣，以及蜂鳥 E203 處理器核心的整體設計思想和頂層介面。

透過對本章的學習，讀者可以從整體上認識蜂鳥 E203 處理器的設計要訣，為學習後續各章奠定基礎。

⚠️注意 蜂鳥 E203 開放原始碼專案的所主動程式均託管於著名開放原始碼網站 GitHub，本書所有章節中將以 e203_hbirdv2 專案代表 GitHub 網站上蜂鳥 E203 專案的路徑（請在 GitHub 中搜索「e203_hbirdv2」）。關於 GitHub 網站上 e203_hbirdv2 開放原始碼專案的完整程式層次結構，請參見 17.1 節。

5.1 處理器硬體設計概述

5.1.1 架構和微架構

在瞭解處理器的設計細節之前，你必須明確架構和微架構的含義與區別。相關內容請參見 1.1 節，本節不重複討論。

架構和微架構概念在後續章節中將被廣泛地提及與使用，因此需加以區分。當然，網路上很多的文章時常混用這兩個概念，並未嚴格區分二者，讀者可以自行根據上下文予以判別。

5.1.2 CPU、處理器、Core 和處理器核心

在瞭解處理器的設計細節之前，你還要明確 CPU、處理器、Core 和處理器核心的含義和區別。請參見 1.1 節，本節不重複討論。

CPU、處理器、Core 和處理器核心在後續章節中將被廣泛地提及與使用，因此請讀者重視並加以區分。

5.1.3 處理器設計和驗證

對於不同的 ASIC 設計，開發人員需要掌握不同的背景知識，例如對於通訊 ASIC，我們需要瞭解通訊演算法的特點，對於音訊 ASIC，我們需要瞭解音訊演算法的特點。由於處理器設計是一種特殊的 ASIC 設計，因此我們瞭解某些方面的背景知識，歸納如下。

- 熟悉組合語言及其執行過程。
- 瞭解軟體如何編譯、組合語言、連結，並成為處理器可執行的二進位編碼。
- 瞭解電腦系統結構的知識。
- 處理器對時序和面積的要求一般會非常嚴格，需不斷地最佳化時序和面積，因此需要對電路和邏輯設計有比較深刻的理解。

一般來説我們需要從 3 個不同層面對處理器進行驗證。

- 使用傳統的模組層級驗證手段（例如 UVM 等）對處理器的子模組進行驗證。
- 使用人工撰寫或隨機生成的組合語言測試用例在處理器上進行驗證。
- 使用透過高階語言（如 C、C++）撰寫的測試用例在處理器上進行驗證。

綜上所述，處理器的設計和驗證是一個軟硬體聯合的過程，牽涉的方面比較多，工作量比較大。

5.2 蜂鳥 E203 處理器核心的設計理念

1．模組化和再使用性

蜂鳥 E203 處理器核心的設計遵循模組化的原則，將處理器劃分為幾個主體模組單元，每個單元之間的介面簡單清晰，而儘量將碟根錯節的關係控制在單元內部。在劃分模組單元時還充分考慮到再使用性，即這些單元在下一代的處理器核心微架構中還能夠繼續使用。

2．面積最小化

由於蜂鳥 E203 處理器核心在滿足一定性能指標的前提下，以追求低功耗、小面積為第一要義，因此設計中盡可能地重複使用資料通路以節省面積銷耗。當在某些細節上存在著時序和面積的衝突時，應選擇面積優先的策略。

3．結構簡單化

蜂鳥 E203 處理器核心在設計哲學上與 RISC-V 架構一致，即遵循「簡單就是美，簡單即可靠」的策略。在微架構的設計上防止陷入繁複的陷阱，在有選擇的情形下優先選用最簡單的方案，只有在最關鍵的場景下才使用複雜的設計方案，即所謂「好鋼用在刀刃上」。

4．性能不追求極端

處理器對於性能的要求往往是嚴格的。由於蜂鳥 E203 處理器核心是一款超低功耗的處理器核心，雖然它追求性能的最大化，但須以面積最小化和結構簡單化為前提，在性能方面，提倡夠用即可（Good Enough）的理念。

5.3 蜂鳥 E203 處理器核心的 RTL 程式風格

蜂鳥 E203 處理器核心採用一套統一的 Verilog RTL 程式開發風格（coding style），該程式開發風格來自嚴謹的工業級開發標準，其要點如下。

- 使用標準 DFF 模組實體化、生成暫存器。
- 推薦使用 Verilog 中的 assign 語法替代 if-else 和 case 語法。

下面分別予以詳述。

5.3.1 使用標準 DFF 模組實體化生成暫存器

暫存器是數位同步電路中基本的單元。當使用 Verilog 進行數位電路設計時，最常見的方式是使用 always 區塊語法生成暫存器。本節介紹蜂鳥 E203 處理器核心推薦的原則，本原則來自嚴謹的工業級開發標準。

對於暫存器，避免直接使用 always 區塊撰寫，而應該採用模組化的標準 DFF 模組進行實體化。範例如下所示，除時脈（clk）和重置訊號（rst_n）之外，一個名為 flg_dfflr 的暫存器還有致能訊號 flg_ena 和輸入（flg_nxt）/ 輸出訊號（flg_r）。

```
wire flg_r;
wire flg_nxt = ~flg_r;
wire flg_ena = (ptr_r == ('E203_OITF_DEPTH-1)) & ptr_ena;
```

```
// 此處使用實體化 sirv_gnrl_dfflr 的方式實現暫存器，而不使用顯性的 always 區塊
sirv_gnrl_dfflr #(1) flg_dfflrs(flg_ena, flg_nxt, flg_r, clk, rst_n);
```

使用標準 DFF 模組實體化的好處以下。

- 便於全域替換暫存器類型。
- 便於在暫存器中全域插入延遲。
- 明確的 load-enable 致能訊號（以下例中的 flg_ena）可方便綜合工具自動插入暫存器等級的閘控時脈以降低動態功耗。
- 便於避開 Verilog 語法中 if-else 不能傳播不定態的問題。

標準 DFF 模組是一系列不同的模組，相關原始程式碼在 e203_hbirdv2 目錄中的結構如下。

```
e203_hbirdv2
    |----rtl                                // 存放 RTL 的目錄
        |----e203                           //E203 處理器核心和 SoC 的 RTL 目錄
            |----general                    // 存放一些通用模組的 RTL 程式
                |----sirv_gnrl_dffs.v
```

sirv_gnrl.dffs.v 檔案中有一系列 DFF 模組，列舉如下。

- sirv_gnrl_dfflrs：帶 load-enable 致能訊號、帶非同步 reset 訊號、重置預設值為 1 的暫存器。
- sirv_gnrl_dfflr：帶 load-enable 致能訊號、帶非同步 reset 訊號、重置預設值為 0 的暫存器。
- sirv_gnrl_dffl：帶 load-enable 致能訊號、不帶 reset 訊號的暫存器。
- sirv_gnrl_dffrs：不帶 load-enable 致能訊號、帶非同步 reset 訊號、重置預設值為 1 的暫存器。
- sirv_gnrl_dffr：不帶 load-enable 致能訊號、帶非同步 reset 訊號、重置預設值為 0 的暫存器。
- sirv_gnrl_ltch：Latch 模組。

標準 DFF 模組內部則使用 Verilog 語法的 always 區塊進行撰寫，以 sirv_gnrl_dfflr 為例，程式如下所示。由於 Verilog if-else 語法不能傳播不定態，因此對於 if 條件中 lden 訊號為不定態的非法情況使用斷言（assertion）進行捕捉。

```
module sirv_gnrl_dfflr # (
  parameter DW = 32
) (
```

```verilog
  input                 lden,
  input       [DW-1:0] dnxt,
  output      [DW-1:0] qout,

  input                 clk,
  input                 rst_n
);

reg [DW-1:0] qout_r;

    // 使用 always 區塊撰寫暫存器邏輯
always @(posedge clk or negedge rst_n)
begin : DFFLR_PROC
  if (rst_n == 1›b0)
    qout_r <= {DW{1›b0}};
  else if (lden == 1' b1)
    qout_r <= dnxt;
end

assign qout = qout_r;

    // 使用 assertion 捕捉 lden 訊號的不定態
'ifndef FPGA_SOURCE//{
'ifndef SYNTHESIS//{
sirv_gnrl_xchecker # ( // 該模組內部是使用 SystemVerilog 撰寫的斷言
  .DW(1)
) u_sirv_gnrl_xchecker(
  .i_dat(lden),
  .clk  (clk)
);
‹endif//}
‹endif//}


endmodule


//sirv_gnrl_xchecker 模組的程式部分

// 此模組專門捕捉不定態，一旦輸入的 i_dat 出現不定態，則會顯示出錯並終止模擬
module sirv_gnrl_xchecker # (
  parameter DW = 32
) (
  input   [DW-1:0] i_dat,
  input clk
);

CHECK_THE_X_VALUE:
```

```
assert property (@(posedge clk)
                 ((^(i_dat)) !== 1'bx)
               )
else $fatal («\n Error: Oops, detected a X value!!! This should never happen. \n»);

endmodule
```

5.3.2 推薦使用 assign 語法替代 if-else 和 case 語法

Verilog 中的 if-else 和 case 語法存在兩大缺點。

- 不能傳播不定態。
- 會產生優先順序的選擇電路而非平行選擇電路,從而不利於最佳化時序和面積。

為了避開這兩大缺點,蜂鳥 E203 處理器核心推薦使用 assign 語法進行程式撰寫,本原則來自嚴謹的工業級開發標準。

Verilog 的 if-else 不能傳播不定態,以以下程式部分為例。假設 a 的值為 X(不定態),按照 Verilog 語法它會將等效於 $a == 0$,從而讓 out 等於 in2,最終沒有將 X(不定態)傳播出去。這種情況可能會在模擬階段掩蓋某些致命的 bug,造成晶片功能錯誤。

```
if(a)
    out = in1;
else
    out = in2;
```

而使用功能等效的 assign 語法,如下所示,假設 a 的值為 X(不定態),按照 Verilog 語法,則會將 X(不定態)傳播出去,從而讓 out 也等於 X。透過對 X(不定態)的傳播,開發人員可以在模擬階段將 bug 徹底曝露出來。

```
assign out = a ? in1 : in2;
```

雖然現在有的 EDA 工具提供的專有選項(例如 Synopsys VCS 提供的 xprop 選項)可以將 Verilog 原始語法中定義的「不傳播不定態」的情形強行傳播出來,但是一方面,不是所有的 EDA 工具支持此功能;另一方面,在操作中此選項也時常被忽視,從而造成疏漏。

Verilog 的 Case 語法也不能傳播不定態,與問題一中的 if-else 同理。而使用等效的 assign 語法即可避開此缺陷。

Verilog 的 if-else 語法會被綜合成優先順序選擇電路，面積和時序均沒有得到充分最佳化，如下所示。

```
if(sel1)
    out = in1[3:0];
else if (sel2)
    out = in2[3:0];
else if (sel3)
    out = in3[3:0];
else
    out = 4'b0;
```

如果此處確實要生成一種優先順序選擇邏輯，則推薦使用 assign 語法等效地寫成以下形式，以避開 X（不定態）傳播的問題。

```
assign out = sel1 ? in1[3:0] :
             sel2 ? in2[3:0] :
             sel3 ? in3[3:0] :
                    4'b0;
```

而如果此處本來要生成一種平行選擇邏輯，則推薦使用 assign 語法明確地使用「與或」邏輯，程式如下。

```
assign out =    ({4{sel1}} & in1[3:0])
             | ({4{sel2}} & in2[3:0])
             | ({4{sel3}} & in3[3:0]);
```

使用明確的 assign 語法撰寫的「與或」邏輯一定能夠保證綜合成平行選擇的電路。

同理，Verilog 的 case 語法也會被綜合成優先順序選擇電路，面積和時序均未充分最佳化。有的 EDA 綜合工具可以提供註釋（例如 synopsys parallel_case 和 full_case）來使綜合工具綜合出平行選擇邏輯，但是這樣可能會造成前後模擬不一致的嚴重問題，從而產生重大的 bug。因此，在實際的專案開發中，注意以下兩點。

- 應該明令禁止使用 EDA 綜合工具提供的註釋（例如 synopsys parallel_case 和 full_case）。
- 應該使用等效的 assign 語法設計電路。

5.3.3 其他若干注意事項

其他程式開發風格中的若干注意事項如下。

- 由於帶 reset 訊號的暫存器面積略大，時序稍微差一點，因此在資料通路上可以使用不帶 reset 訊號的暫存器，而只在控制通路上使用帶 reset 訊號的暫存器。
- 訊號名應該避免使用拼音，使用英文縮寫，訊號名稱不可過長，但是也不可過短。程式即註釋，應該儘量讓開發人員能夠從訊號名中看出其功能。
- Clock 和 Reset 訊號應禁止用於任何其他的邏輯功能，Clock 和 Reset 訊號只能連線 DFF，作為其時脈和重置訊號。

蜂鳥 E203 處理器核心推薦使用的 assign 語法和標準 DFF 實體化方法能夠使得任何不定態在前模擬階段無處遁形，綜合工具能夠綜合出很高品質的電路，綜合出的電路閘控時脈頻率也很高。

以上只簡述了蜂鳥 E203 處理器核心中核心的程式風格，其他的程式風格在此不贅述，感興趣的讀者可以在閱讀原始程式碼時自行體會。

5.4 蜂鳥 E203 模組層次劃分

蜂鳥 E203 處理器核心的模組層次劃分如圖 5-1 所示。

頂層的 e203_cpu_top 中僅實體化兩個模組，分別為 e203_cpu 和 e203_srams。

- e203_cpu 為處理器核心的所有邏輯部分。
- e203_srams 為處理器核心的所有 SRAM 部分（如 ITCM 和 DTCM 的 SRAM）。將 SRAM 和邏輯部分在層次上分開是為了方便 ASIC 實現。

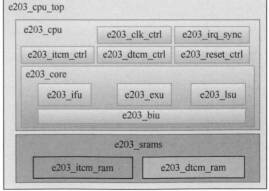

圖 5-1 蜂鳥 E203 處理器核的模組層次劃分

e203_cpu 模組中實體化的 e203_clk_ctrl 用於控制處理器各個主要元件的自動時脈閘控。

邏輯頂層 e203_cpu 模組中實體化的 e203_ irq_sync 用於將外界的非同步中斷訊號進行同步。

邏輯頂層 e203_cpu 模組中實體化的 e203_reset_ctrl 用於將外界的非同步 reset 訊號進行同步使之變成「非同步置位同步釋放」的重置訊號。

邏輯頂層 e203_cpu 模組中實體化的 e203_itcm_ctrl 和 e203_dtcm_ctrl 分別用於控制 ITCM 與 DTCM 的存取。

邏輯頂層 e203_cpu 模組中實體化的 e203_core 則是處理器核心的主體部分，其中實現了處理器核心的主要功能。

- 取指令單元 e203_ifu，參見第 7 章。
- 執行單元 e203_exu，參見第 8、9、10、13 章。
- 記憶體存取單元 e203_lsu，參見第 11 章。
- 匯流排界面單元 e203_biu，參見第 12 章。

5.5　蜂鳥 E203 處理器核心的原始程式碼

蜂鳥 E203 處理器核心的原始程式碼在 e203_hbirdv2 目錄中的結構如下。關於 GitHub 網站上 e203_hbirdv2 開放原始碼專案的完整程式層次結構，請參見 17.1 節。

```
e203_hbirdv2
    |----rtl                // 存放 RTL 的目錄
        |----e203           //E203 處理器核心和 SoC 的 RTL 目錄
            |----general    // 存放一些通用 RTL 程式
            |----core       // 存放 E203 處理器核心的 RTL 程式
                            // 主要檔案如下，詳細檔案列表請參見 GitHub
                |----config.v       // 參數設定檔
                |----e203_biu.v     //BIU 模組
                |----e203_reset_ctrl.v //E203 處理器核心的重置控制模組
                |----e203_clk_ctrl.v   //E203 處理器核心的時脈控制模組
                |----e203_cpu_top.v    //E203 處理器核心的頂層模組
                |----e203_cpu.v        //E203 處理器核心去除了 SRAM 之後的邏輯
                                       // 頂層模組
                |----e203_core.v       //E203 處理器核心的主體邏輯模組
```

```
|----e203_dtcm_ctrl.v  //DTCM 的控制模組
|----e203_itcm_ctrl.v  //ITCM 的控制模組
|----e203_exu.v        //E203 處理器核心內部執行單元頂層模組
|----e203_ifu.v        //E203 處理器核心內部取指令單元頂層模組
|----e203_lsu.v        //E203 處理器核心內部記憶體存取單元頂層模組
|----e203_srams.v      //E203 處理器核心的所有 SRAM 的頂層模組
|----e203_itcm_ram.v   //ITCM 的 SRAM 模組
|----e203_dtcm_ram.v   //DTCM 的 SRAM 模組
```

5.6　蜂鳥 E203 處理器核心的設定選項

　　蜂鳥 E203 處理器具有一定的可設定性。透過修改其目錄下的 config.v 檔案中的巨集定義，開發人員可以實現不同的設定。

5.7　蜂鳥 E203 處理器核心支援的 RISC-V 指令子集

　　關於蜂鳥 E203 處理器核心支援的 RISC-V 指令子集，請參見附錄 A。

5.8　蜂鳥 E203 處理器核心的管線結構

　　關於蜂鳥 E203 處理器核心的管線結構，請參見第 6 章。

5.9　蜂鳥 E203 處理器核心的頂層介面

　　蜂鳥 E203 處理器核心的頂層模組 e203_cpu_top 的介面訊號如表 5-1 所示。

▼ 表 5-1　蜂鳥 E203 處理器核心的頂層模組 e203_cpu_top 的介面訊號

訊號名稱	方向	位寬	描述
test_mode	Input	1	測試模式訊號
clk	Input	1	時脈訊號
rst_n	Input	1	非同步重置訊號，低電位有效
core_mhartid	Input	'E203_HART_ID_W	該處理器核心的 HART ID 指示訊號，在整合 SoC 時，為此訊號給予值
pc_rtvec	Input	'E203_PC_SIZE	該輸入訊號用於指定處理器重置後的 PC 初值。在 SoC 層面透過控制此訊號控制處理器核心通電後 PC 初值的效果
ext_irq_a	Input	1	外部中斷，來自 PLIC 模組。請參見第 13 章以了解 RISC-V 中斷和 PLIC 的相關資訊

訊 號 名 稱	方 向	位 寬	描 述
sft_irq_a	Input	1	軟體中斷，來自 CLINT 模組。請參見第 13 章以了解 RISC-V 中斷和 CLINT 的相關資訊
tmr_irq_a	Input	1	計時器中斷，來自 CLINT 模組。請參見第 13 章以了解 RISC-V 中斷和 CLINT 的相關資訊
core_wfi	Output	1	該輸出訊號如果為高電位，則指示此處理器核心處於執行 wfi 指令之後的休眠狀態。請參見 15.3.2 節以了解 wfi 指令進入低功耗休眠狀態的資訊
tm_stop	Output	1	此訊號用於與 SoC 中的 CLINT 相連接。該輸出訊號的值來自蜂鳥 E203 處理器核心自訂的 mcounterstop 暫存器中的 TIMER 域
ext2itcm_icb_cmd_valid ext2itcm_icb_cmd_ready ext2itcm_icb_cmd_addr ext2itcm_icb_cmd_read ext2itcm_icb_cmd_wdata ext2itcm_icb_cmd_wmask ext2itcm_icb_rsp_valid ext2itcm_icb_rsp_ready ext2itcm_icb_rsp_err ext2itcm_icb_rsp_rdata	—	—	此組訊號為 ITCM 外部介面的 ICB 訊號，參見 11.4.4 節
ext2dtcm_icb_cmd_valid ext2dtcm_icb_cmd_ready ext2dtcm_icb_cmd_addr ext2dtcm_icb_cmd_read ext2dtcm_icb_cmd_wdata ext2dtcm_icb_cmd_wmask ext2dtcm_icb_rsp_valid ext2dtcm_icb_rsp_ready ext2dtcm_icb_rsp_err ext2dtcm_icb_rsp_rdata	—	—	此組訊號為 DTCM 外部介面的 ICB 訊號，參見 11.4.4 節
ppi_icb_cmd_valid ppi_icb_cmd_ready ppi_icb_cmd_addr ppi_icb_cmd_read ppi_icb_cmd_wdata ppi_icb_cmd_wmask ppi_icb_rsp_valid ppi_icb_rsp_ready ppi_icb_rsp_err ppi_icb_rsp_rdata	—	—	此組訊號為私有外接裝置介面的 ICB 訊號，參見第 12 章
fio_icb_cmd_valid fio_icb_cmd_ready fio_icb_cmd_addr	—	—	此組訊號為快速 I/O 介面的 ICB 訊號，參見第 12 章

訊 號 名 稱	方 向	位 寬	描 述
fio_icb_cmd_read fio_icb_cmd_wdata fio_icb_cmd_wmask fio_icb_rsp_valid fio_icb_rsp_ready fio_icb_rsp_err fio_icb_rsp_rdata	—	—	此組訊號為快速 I/O 介面的 ICB 訊號,參見第12 章
mem_icb_cmd_valid mem_icb_cmd_ready mem_icb_cmd_addr mem_icb_cmd_read mem_icb_cmd_wdata mem_icb_cmd_wmask mem_icb_rsp_valid mem_icb_rsp_ready mem_icb_rsp_err mem_icb_rsp_rdata	—	—	此組訊號為系統儲存介面的 ICB 訊號,參見第12 章
clint_icb_cmd_valid clint_icb_cmd_ready clint_icb_cmd_addr clint_icb_cmd_read clint_icb_cmd_wdata clint_icb_cmd_wmask clint_icb_rsp_valid clint_icb_rsp_ready clint_icb_rsp_err clint_icb_rsp_rdata	—	—	此組訊號為 CLINT 介面的 ICB 訊號,參見第 12 章
plic_icb_cmd_valid plic_icb_cmd_ready plic_icb_cmd_addr plic_icb_cmd_read plic_icb_cmd_wdata plic_icb_cmd_wmask plic_icb_rsp_valid plic_icb_rsp_ready plic_icb_rsp_err plic_icb_rsp_rdata	—	—	此組訊號為 PLIC 介面的 ICB 訊號,參見第 12 章
dbg_irq_r cmt_dpc cmt_dpc_ena cmt_dcause cmt_dcause_ena wr_dcsr_ena wr_dpc_ena wr_dscratch_ena wr_csr_nxt dcsr_r dpc_r dscratch_r	—		此組訊號用於與 SoC 中的偵錯模組(debug module)連接,普通使用者無須關注此部分介面訊號。請參見第 14 章以了解偵錯模組的更多資訊

5.10 小結

本章僅對蜂鳥 E203 處理器核心的設計進行巨集觀介紹，幫助讀者從整體認識蜂鳥 E203 處理器的設計要訣。請讀者繼續閱讀後續章節，針對性地學習處理器不同部分的細節，以透徹地了解蜂鳥 E203 處理器核心的設計。

第 6 章　管線不是流水帳——蜂鳥 E203 處理器核心管線

本章將討論關於處理器的重要的基礎知識—「管線」。

熟悉電腦系統結構的讀者一定知道,言及處理器微架構,幾乎必談其管線。處理器的管線結構是處理器微架構中一個基本的要素,它承載並決定了處理器其他微架構的細節。本章將簡介處理器的一些常見管線結構,並介紹蜂鳥 E203 處理器核心的管線微架構。

6.1 處理器管線概述

6.1.1 從經典的 5 級管線說起

管線的概念來自工業製造領域,本節以汽車裝配為例解釋管線的工作方式,假設裝配一輛汽車需要 4 個步驟。

(1)沖壓,製作車身外殼和底盤等部件。

(2)焊接,將沖壓成形後的各部件焊接成車身。

(3)塗裝,對車身等主要部件進行清洗、化學處理、打磨、噴漆和烘乾。

(4)總裝,將各部件(包括引擎和向外採購的零組件)組裝成車。

要裝配汽車,同時需要完成沖壓、焊接、塗裝和總裝 4 項工作的工人。最簡單的方法是一輛汽車依次透過上述 4 個步驟完成裝配之後,才開始裝配下一輛汽車,最早期的工業製造就採用了這種原始的方式,即同一時刻只有一輛汽車在裝配。不久之後人們發現,一輛汽車在某個時段中進行裝配時,其他 3 個工人都處於空閒狀態。顯然,這是對資源的極大浪費,於是人們思考出能有效利用資源的新方法,即在第一輛汽車經過沖壓進入焊接工序時,立刻開始進行第二輛汽車的沖壓,而非等到第一輛汽車經過 4 個工序後才開始。這樣在後續生產中就能夠保證 4 個工人一直處於工作狀態,不會造成人員的閒置。這樣的生產方式就好似流水一般,因此被稱為管線。

電腦系統結構教材中常常提及的經典 MIPS 5 級管線如圖 6-1 所示。在此管線中一行指令的生命週期分為以下部分。

(1)取指。取指(Instruction Fetch,IF)是指將指令從記憶體中讀取出來的過程。

(2)解碼。指令解碼(Instruction Decode,ID)是指將從記憶體中取出

的指令進行翻譯的過程。經過解碼之後得到指令需要的運算元暫存器索引，可以使用此索引從通用暫存器組（Register File，Regfile）中將運算元讀出。

（3）執行（Exection，EXE）。指令解碼之後所需要進行的計算類型都已得知，並且已經從通用暫存器組中讀取出了所需的運算元，因此接下來便執行指令。執行指令是指對指令進行真正運算的過程。如果指令是加法運算指令，則對運算元進行加法運算；如果指令是減法運算指令，則進行減法運算。在執行指令階段，常見部件為算數邏輯單位（Arithmetic Logical Unit，ALU），它是實施具體運算的硬體功能單元。

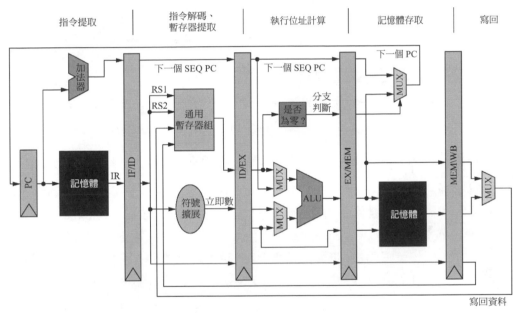

圖 6-1 MIPS 5 級管線結構

（4）存取。記憶體存取指令往往是指令集中最重要的指令類型之一，存取（Memory Access，MA）是指記憶體存取指令將資料從記憶體中讀出，或寫入記憶體的過程。

（5）寫回。寫回（Write Back，WB）是指將指令執行的結果寫回通用暫存器組的過程。如果指令是普通運算指令，結果來內部執行指令階段的計算結果；如果指令是記憶體讀取指令，結果來自存取階段從記憶體中讀取出來的資料。

在工業製造中採用管線可以提高單位時間的生產量，在處理器中採用管線設計有助提高處理器的性能。以上述的 5 級管線為例，前一行指令在完成取指並進入解碼階段後，下一行指令馬上就可以進入取指階段，依次類推。MIPS 5 級管線的執行過程如圖 6-2 所示。

取指	解碼	執行	存取	寫回				
	取指	解碼	執行	存取	寫回			
		取指	解碼	執行	存取	寫回		
			取指	解碼	執行	存取	寫回	
				取指	解碼	執行	存取	寫回

圖 6-2 MIPS 5 級管線的執行過程

6.1.2 可否不要管線一管線和狀態機的關係

如上一節所述，在絕大多數的情況下，言及處理器微架構，人們幾乎必談管線。那麼，處理器難道就一定需要管線嗎？可否不要管線呢？

在回答這兩問題之前，我們先探討管線的本質。

管線並不限於處理器設計，在所有的 ASIC 實現中都廣泛採用管線的思想。管線本質上可以視為一種以面積換性能（trade area for performance）、以空間換時間（trade space for timing）的手段。以 5 級管線為例，它增加了 5 組暫存器，每一級管線內部都有各自的組合邏輯資料通路，彼此之間沒有重複使用資源，因此其面積銷耗是比較大的。但是由於處理器在不同的管線級同時做不同的事情，因此提高了性能，最佳化了時序，增加了吞吐量。

與管線相對應的另外一種策略是狀態機，狀態機是管線的「反轉」，同樣在所有的 ASIC 實現中都廣泛採用。狀態機本質上可以視為是一種以性能換面積（trade performance for area）、以時間換空間（trade timing for space）的手段。

管線和狀態機的關係也稱為展開和折疊的關係。本質上，二者都是設計電路時，偏重時間（性能）還是空間（面積）的一種取捨。

透過上述分析，假設處理器不採用管線，而使用一個狀態機來完成，則需要多個時脈週期才能完成一行指令的所有操作，每個時脈週期對應狀態機的

狀態（分別為取指、解碼、執行、存取和寫回）。使用狀態機不僅可以省掉上述管線中的暫存器銷耗，還可以重複使用組合邏輯資料通路，因此面積銷耗比較小。但是每行指令都需要 5 個時脈週期才能完成，吞吐量和性能很低。

談及此處，就不得不提及 8 位元微控制器時代的 8051 核心，早期原始的 8051 核心微架構就採用了類似於狀態機的實現方式而非管線。回到最開始我們提出的問題，處理器可否不要管線？答案是當然可以，8051 核心就沒有管線。

所以，單從功能上來講，處理器完全可以不使用管線，而使用狀態機來實現，只不過由於性能比較差，狀態機在現代處理器設計中比較罕見。

6.1.3 深處種菱淺種稻，不深不淺種荷花─管線的深度

如上一節所述，管線能夠提高處理器的性能，基本上是現代處理器的必備要素。那麼管線的級數（又稱深度）是多少才最好呢？要回答這個問題，就需要了解管線深淺的優劣。處理器的管線是否越深越好？在此我們舉出答案。

早期的經典管線是 5 級管線，分別為取指、解碼、執行、存取和寫回。現代的處理器往往具有極深的管線，如高達十幾級，或二十幾級。管線就像一根黃瓜，切兩刀之後每一截的長度和切 20 刀之後每一截的長度肯定是不一樣的。管線的級數越多，表示管線切得越細，每一級管線內容納的硬體邏輯便越少。熟悉數位同步電路設計的讀者應該比較熟悉，在兩級暫存器（每一級管線由暫存器組成）之間的硬體邏輯越少，則處理器能夠達到更高的主頻。因此，現代處理器的管線極深主要是處理器追求高頻的指標所驅使的。高端的 ARM Cortex-A 系列由於有十幾級的管線，因此能夠達到 2GHz 的主頻，而 Intel 的 x86 處理器甚至採用幾十級的管線將主頻推到 3GHz ～ 4GHz。主頻越高，管線的吞吐量越高，性能也越高。這是管線加深的正面意義。

由於每一級管線都由暫存器組成，因此更多的管線級數要消耗更多的暫存器，佔用更多的晶片面積。這是管線加深的負面意義。

由於每一級管線需要進行握手，管線最後一級的反壓訊號可能會一直串擾到最前一級，造成嚴重的時序問題，因此需要使用一些比較高級的技巧來解決此類反壓時序問題（6.3 節將進一步論述）。這也是管線加深的負面意義。

　　較深的處理器管線還有一個問題，那就是由於在管線的取指令階段無法得知條件跳躍的結果是跳還是不跳，因此只能進行預測，而到了管線的末端才能夠透過實際的運算得知該分支是該跳還是不該跳。如果發現真實的結果（如該跳）與之前預測的結果（如預測為不跳）不相符，則表示預測失敗，需要將所有預先存取的錯誤指令流全部捨棄掉。重新取正確的指令流的過程叫作管線更新（pipeline flush）。雖然使用分支預測器可以保證前期的分支預測盡可能準確，但是無法做到萬無一失。那麼，管線的深度越深，表示已經預先存取了更多的錯誤指令流，需要將其全部拋棄，然後重新啟動，這不僅增加了功耗，還造成了性能的損失。管線越深，浪費和損失越多；管線越淺，浪費和損失越少。這是管線加深的另一個主要的負面意義。

　　綜上，所謂「深處種菱淺種稻，不深不淺種荷花」，管線的不同深度皆有其優缺點，需要根據不同的應用背景進行合理的選擇。

　　根據處理器管線深淺的優劣與應用場景，當今處理器的管線深度在向著兩個不同的極端發展，一方面級數越來越深，另一方面級數越來越淺。下面結合不同的商用處理器例子予以探討。

▌6.1.4　向上生長—越來越深的管線

　　現代的高性能處理器相比最早期的處理器來說，明顯存在著管線越來越深的現象，其驅動因素很簡單，那就是追求更高的主頻以獲取更高的吞吐量和性能。

　　以知名的 ARM Cortex-A 系列處理器 IP 為例，Cortex-A7 系列追求低功耗下的能效比，其管線級數為 8；而 Cortex-A15 系列追求高性能，其管線級數為 15。

　　當然，管線級數需有其限度，曾有某些商業處理器產品一味地追求極端管線深度（達到幾十級）反而遭遇失敗的例子，目前的 Intel 處理器和 ARM 高性能 Cortex-A 系列處理器的管線深度都在十幾級。

▌6.1.5　向下生長—越來越淺的管線

　　現代低功耗處理器的設計也存在著管線越來越淺的現象，其驅動因素同樣很簡單，那就是在性能夠用的前提下追求極低的功耗。

　　以知名的 ARM Cortex-M 系列處理器 IP 為例，2004 年發佈的 Cortex-M3 處理器核心的管線級數只有 3，2009 年發佈的 Cortex-M0 處理器核心的管線級數也只有 3。而 2012 年發佈的 Cortex-M0+ 處理器核心的管線級數反而只有 2，管線級數變得越來越小，因此 ARM 宣傳 Cortex-M0+ 處理器核心為世界上能效比最高的處理器核心。

　　二級的管線似乎已經淺到底了，那是不是接下來要發佈只有一級的管線了？當深度變為 1 之後，就談不上管線了，其整體就變成一個單週期的組合邏輯。在許多的電腦系統結構教學案例中，我們確實見到過很多管線深度為 1 的處理器核心，從功能上來説，它仍然可以完成處理器的所有功能，只不過主頻相當低。有沒有商業的處理器核心真的只有 1 級管線，作者在此無法確定，但是別忘了早期原始的 8051 核心，別説 1 級的管線，它連狀態機都用上了。

　　至此，本節簡單重溫了處理器管線的相關概念。這些概念是電腦系統結構中很基礎的知識，限於篇幅，在此不做贅述。若完全沒有處理器知識背景的讀者無法理解，可以參見維基百科上的詞條網頁（請在維基百科中搜索「Classic_RISC_pipeline」）以了解更多資訊。

6.2　處理器管線中的亂數

　　處理器中發射、派遣、執行、寫回的順序是處理器微架構設計中非常重要的一環，因此衍生出「順序」和「亂數」的概念，本書將在第 8 章對此進行專門論述。

6.3　處理器管線中的反壓

　　⚠️ **注意** 本節中解決反壓的方法可能過於晦澀，需要讀者對於 ASIC 設計有較豐富的經驗方能理解，初學者可以忽略本節。

　　若管線越深，由於每一級管線需要進行握手，管線最後一級的反壓訊號可能會一直串擾到最前一級造成嚴重的反壓（back-pressure）時序問題，因此需要使用一些比較高級的技巧來解決這些時序問題。在現代處理器設計中，通常有以下三種方法。

- **取消握手**：此方法能夠杜絕反壓的發生，使時序表現非常好。但是取消握手，即表示管線中的每一級並不會與其下一級進行握手，可能會造成功能錯誤或指令遺失。因此這種方法往往需要配合其他的機制，如重執行（replay）、預留大快取等。簡而言之，此方法比較先進，若輔以一系列其他的設定機制，硬體整體的複雜度就會比較大，只有在一些非常高級的處理器設計中才會用到。

- **加入乒乓緩衝區（ping-pong buffer）**：一種用面積換時序的方法，這也是解決反壓的最簡單方法。若使用乒乓緩衝區（有兩個記錄）替換掉普通的一級管線（只有一個記錄），就可以使得此級管線向上一級管線的握手接收訊號僅關注乒乓緩衝區中是否有一個以上有空的記錄，而無須將下一級的握手接收訊號串擾至上一級。

- **加入前向旁路緩衝區（forward bypass buffer）**：這也是一種用面積換時序的方法，是解決反壓的一種非常巧妙的方法。旁路緩衝區僅有一個記錄，由於增加一個額外的快取記錄可以使後向的握手訊號時序路徑中斷，但是前向路徑不受影響，因此該方法可以廣泛使用於握手介面。蜂鳥 E203 處理器在設計中採用此方法，有效地解決了多處反壓造成的時序瓶頸。

以上解決反壓的方法不但在處理器設計中能夠用到，而且在普通的 ASIC 設計中會經常用到。

6.4　處理器管線中的衝突

處理器管線設計中的另外一個問題便是管線中的衝突。管線中的衝突主要分為資源衝突和資料衝突。

▌6.4.1　管線中的資源衝突

資源衝突是指管線中硬體資源的衝突，最常見的是運算單元的衝突，如除法器需要多個時脈週期才能完成運算，因此在前一個除法指令完成運算之前，新的除法指令如果也需要除法器，則會存在著資源衝突。在處理器的管線中，硬體資源衝突種類還有很多，在此不加贅述。資源衝突可以透過重複使用硬體資源或管線停頓並等待硬體資源的方法解決。

6.4.2　管線中的資料衝突

資料衝突是指不同指令之間的運算元存在著資料相關性的衝突。常見的資料相關性如下。

- WAR（Write-After-Read，先讀後寫）相關性：後序執行的指令需要寫回的結果暫存器索引與前序執行的指令需要讀取的源運算元暫存器索引相同造成的資料相關性。因此從理論上來講，在管線中，後序指令一定不能比和它有 WAR 相關性的前序指令先執行，否則後序指令先把結果寫回通用暫存器組中，前序指令在讀取運算元時，就會讀到錯誤的數值。

- WAW（Write-After-Write，先寫後寫）相關性：後序執行的指令需要寫回的結果暫存器索引與前序執行的指令需要寫回的結果暫存器索引相同造成的資料相關性。因此從理論上來講，在管線中，後序指令一定不能比和它有 WAW 相關性的前序指令先執行，否則後序指令先把結果寫回通用暫存器組中，前序指令在把結果寫回通用暫存器組時就會將其覆蓋。

- RAW（Read-After-Write，先寫後讀）相關性：後序執行的指令需要讀取的源運算元暫存器索引與前序執行的指令需要寫回的結果暫存器索引相同造成的資料相關性。因此從理論上來講，在管線中，後序指令一定不能比和它有 RAW 相關性的前序指令先執行，否則後序指令便會從通用暫存器組中讀回錯誤的源運算元。

以上的 3 種相關性中，RAW 相關性屬於真資料相關性。

接下來，介紹解決資料衝突的常見方法。

WAW 和 WAR 可以透過暫存器重新命名的方法將相關性去除，從而無須擔心其執行順序。

暫存器重新命名技術在 Tomasulo 演算法中透過保留站和 ROB（Re-Order Buffer）完成，或採用純物理暫存器（而不用 ROB）完成。有關 ROB 和純物理暫存器的資訊在 8.1.5 節中將進一步論述。

之所以稱 RAW 相關性為真資料相關性，是因為不能透過暫存器重新命名的方法將相關性去除。一旦產生 RAW 相關性，後序的指令一定要使用和它有

RAW 資料相關性的前序指令執行完成的結果，從而造成管線的停頓。為了盡可能減少管線停頓帶來的性能損失，要使用動態排程的方法。動態排程的思想本質上可以歸結為以下方面。

- 採用資料旁路傳播（data bypass and forward）技術，盡可能讓前序指令的計算結果更快地旁路傳播給後序相關指令的運算元。
- 盡可能讓後序相關指令在等待的過程中不阻塞管線，而讓其他無關的指令繼續順利執行。
- 早期的 Tomasulo 演算法中透過保留站可以達到以上兩方面的功效，但是保留站由於保存了運算元，無法具有很高的深度（不然面積和時序的銷耗巨大）。
- 最新的高性能處理器普遍採用在每個運算單元前設定亂數發射佇列（issue queue）的方式，發射佇列僅追蹤 RAW 相關性，而並不存放運算元，因此管線很深（如 16 個記錄）。在發射佇列中的指令一旦解除相關性之後，再從發射佇列中發射出來，讀取物理暫存器組（physical register file），然後發送給運算單元，開始計算。

如果闡述清楚處理器的資料相關性問題和包括動態排程技術在內的解決方法，幾乎可以單獨成書，本書限於篇幅只能予以簡述。有關 Tomasulo 演算法的細節，請參見維基百科（請在維基百科中搜索「Tomasulo_algorithm」）。有關物理暫存器重新命名的細節，也請參見維基百科（請在維基百科中搜索「Register_renaming」）。

6.5　蜂鳥 E203 處理器的管線

6.5.1　管線整體結構

蜂鳥 E203 處理器核心的管線結構如圖 6-3 所示。

管線的第一級為取指（由 IFU 完成）。

蜂鳥 E203 處理器核心很難嚴謹界定它的完整管線級數為幾，原因如下。

- 解碼（由 EXU 完成）、執行（由 EXU 完成）和寫回（由 WB 暫存器組完成）均處於同一個時脈週期，位於管線的第二級。

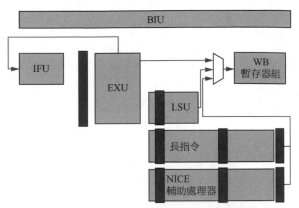

圖 6-3 蜂鳥 E203 處理器核的流水線結構

- 而存取（由 LSU 完成）階段處於 EXU 之後的第三級管線，但是 LSU 寫回的結果仍然需要透過 WB 暫存器組模組寫回通用暫存器組。

因此嚴格來講，蜂鳥 E203 處理器是一個變長管線結構。

由於蜂鳥 E203 處理器核心的管線的按序主體是位於第一級的取指與位於第二級的執行和寫回，因此我們非嚴謹地定義蜂鳥 E203 處理器核心的管線深度為二級。

本書後續章節將具體介紹管線中的各個主要部分和單元。

有關取指的實現細節，請參見第 7 章。

有關執行和長指令的實現細節，請參見第 8、9 章。

有關寫回的實現細節，請參見第 10 章。

有關存取的實現細節，請參見第 11 章。

若需要存取外部記憶體，均需透過 BIU 完成，有關 BIU 的實現細節，請參見第 12 章。

有關 NICE 輔助處理器的更多資訊，請參見第 16 章。

⧗ 6.5.2 管線中的衝突

蜂鳥 E203 處理器核心管線中的衝突處理（包括資源衝突和資料衝突）主要在 EXU 中解決，請參見 8.3.7 節以了解更多實現細節。

6.6 小結

蜂鳥 E203 處理器核心的設計目標是超低功耗嵌入式處理器核心，因此為了兼顧功耗和性能，採用了以兩級按序管線為主體、輔以其他元件、管線長度可變的一套小巧而有特點的管線結構，既實現了低功耗的目標，又達到了一定的性能。

本章僅對蜂鳥 E203 處理器的管線整體結構加以概述，讀者可以透過閱讀後續章節來進一步理解蜂鳥 E203 處理器設計的精髓。

第 7 章

萬事開頭難——
一切從取指令開始

上一章介紹了處理器管線的整體結構，處理器管線中第一步是取指。所謂「萬事開頭難」，本章將簡介處理器的「取指」功能，並介紹蜂鳥 E203 處理器單選指單元（Instruction Fetch Unit，IFU）的微架構和原始程式分析。

7.1　取指概述

7.1.1　取指特點

處理器執行的組合語言指令流範例如圖 7-1 所示。每行指令在記憶體空間中所處的位址稱為它的 PC（Program Counter）。取指是指處理器核心將指令從記憶體中讀取出來的過程（按照其指令 PC 值對應的記憶體位址）。

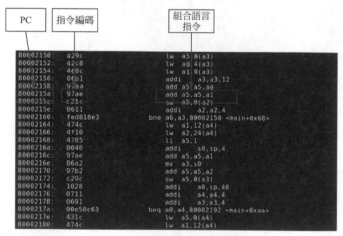

圖 7-1　組合語言指令流範例

取指的終極目標是以最快的速度且連續不斷地從記憶體中取出指令供處理器核心執行，核心要點是「快」和「連續不斷」。為了達到這兩個目標，本節先分析常規 RISC 架構組合語言指令流的特點。

對於非分支跳躍指令，如圖 7-1 所示，PC 列中 0x80002150 至 0x8000215e 的指令都是非分支跳躍指令，處理器需要按循序執行這些指令，PC 值逐行指令增加。因此處理器在取指的過程中可以按順序從記憶體中讀取出指令。

對於分支跳躍指令，處理器執行了這行指令後，如果該跳躍指令的條件

成立，需要發生跳躍，則會跳躍至另外一個不連續的 PC 值處。如圖 7-1 所示，對於 PC 值為 0x80002160 的 bne 指令，如果 a6 和 a3 暫存器中的值不相等，則需要發生跳躍到 PC 值為 0x80002150 的指令。因此，在取指的過程中，處理器理論上也需要從新的 PC 值對應的記憶體位址讀取出指令。

指令的編碼長度可以不相等。如圖 7-1 所示，有的指令的編碼長度是 16 位元，而有的指令的編碼長度是 32 位元。對於長度為 32 位元的指令，其對應的 PC 位址可能與 32 位元位址不對齊，圖 7-1 中 PC 值為 0x8000217a 的 32 位元指令所處的記憶體位址（0x8000217a）便與 32 位元位址不對齊（無法被 4 整除）。

綜上，結合 RISC 架構組合語言指令流的特點，處理器要以「快」和「連續不斷」的標準從記憶體中取出指令，就需要能夠做到以下兩點。

- 對於非分支跳躍指令，能夠按順序將其從記憶體中快速讀取出來，即使是位址不對齊的 32 位元指令，也最好能夠連續不斷地在每個時脈週期讀出一行完整指令。

- 對於分支跳躍指令，能夠快速地判定其是否需要跳躍。如果需要跳躍，則從新的 PC 位址處快速取出指令，即使是位址不對齊的 32 位元指令，也最好能夠在一個時脈週期讀出一行完整指令。

下一節將分別予以論述。

7.1.2 如何快速取指

為了能夠以更快的速度從記憶體中取出指令，首先需要保證記憶體的讀取延遲足夠小。不同的記憶體類型有不同的延遲，晶片外部的 DDR 記憶體或快閃記憶體可能需要幾十個時脈週期的延遲，單晶片的 SRAM 也可能需要幾個時脈週期的延遲。為了能夠使處理器核心以最快的速度取指，通常使用指令緊耦合記憶體（Instruction Tightly Coupled Memory，ITCM）和指令快取（Instruction Cache）。

指令緊耦合記憶體是指設定一段較小容量（一般幾百萬位元組）的記憶體（通常使用 SRAM），用於儲存指令，且在物理上離處理器核心很近而專屬於處理器核心，因此能夠實現很小的存取延遲（通常一個時脈週期）。

ITCM 的優點是實現非常簡單，容易理解，且能保證即時性。

ITCM 的缺點是由於使用位址區間定址，因此無法像快取（cache）那樣映射無限大的記憶體空間。同時，為了保證足夠小的存取延遲，無法將容量做到很大（否則無法在一個時脈週期存取 SRAM 或晶片無法容納過大的 SRAM），因此 ITCM 只能用於存放容量大小有限的關鍵指令。

指令快取是指利用軟體程式的時間局部性和太空總署部性，將容量巨大的外部指令記憶體空間動態映射到容量有限的指令快取中，將存取指令記憶體的平均延遲降低到最低。

由於快取的容量是有限的，因此存取快取存在著相當大的不確定性。一旦快取不命中（cache miss），就需要從外部的記憶體中存取資料，這會造成較長的延遲。在即時性要求高的場景中，處理器必須能夠即時回應。如果使用了快取，則無法保證這一點。

大多數極低功耗處理器應用於即時性較高的場景，因此通常使用延遲確定的 ITCM。

此外，快取幾乎是處理器微架構中最複雜的部分之一，請參見 11.1.1 節以了解更多資訊。有關快取的知識以及設計技巧幾乎可以單獨成書，限於篇幅，在此不做贅述，感興趣的讀者可以參見維基百科。

7.1.3 如何處理位址不對齊的指令

連續不斷是處理器取指的另一個目標。如果處理器在每一個時脈週期都能夠取出一行指令，就可以源源不斷地為處理器提供後續指令流，而不會出現空閒的時脈週期。

但是，不管是從指令快取，還是從 ITCM 中取指令，若處理器遇到了一行位址不對齊的指令，則會給連續不斷取指造成困難，因為 ITCM 和指令快取的儲存單元往往使用 SRAM，而 SRAM 的讀取通訊埠往往具有固定寬度。以位元寬為 32 位元的 SRAM 為例，它在一個時脈週期只能讀出一個（位址與 32 位元對齊）32 位元的資料。假設一行 32 位元長的指令處於位址不對齊的位置，則表示需要分兩個時脈週期讀出兩個 32 位元的資料，然後各取其一部分並拼接成真正需要的 32 位元指令，這樣就需要花費至少兩個時脈週期才能

夠取出一行指令。

如何才能使處理器將位址不對齊的指令在一個時脈週期內取出？這個問題對於普通指令和分支跳躍指令需要分別論述。

1. 普通指令的位址不對齊

對於普通指令按順序取指（位址連續增長）的情形，使用剩餘緩衝區（leftover buffer）保存上次取指令後沒有用完的位元，供下次使用。假設從 ITCM 中取出一個 32 位元的指令字，但是只用了它的低 16 位元，這種情形可能是以下兩種原因造成的。

- 只需要使用此次取出的 32 位元中的低 16 位元和上一次取出的高 16 位元以組成一行 32 位元指令。
- 這行指令的長度本身就是 16 位元，因此只需要取出低 16 位元。

此次沒有使用到的高 16 位元則可以暫存於剩餘緩衝區中，待下一個時脈週期取出下一個 32 位元的指令字之後，拼接出新的 32 位元指令字。

2. 分支跳躍指令的位址不對齊

對於分支跳躍指令而言，如果跳躍的目標位址與 32 位元位址不對齊，且需要取出一個 32 位元的指令字，上述剩餘快取就無濟於事了（因為剩餘緩衝區只有在按順序取指時，才能預存上次沒有用完的指令字）。因此，常見的實現方式是使用多體（bank）化的 SRAM 進行指令儲存。以常見的交錯方式為例，使用兩塊 32 位元寬的 SRAM 交錯地進行儲存，兩個連續的 32 位元指令字將分別儲存在兩塊不同的 SRAM 中。這樣對於位址不與 32 位元位址對齊的指令，則在一個時脈週期可以同時存取兩塊 SRAM，取出兩個連續的 32 位元指令字，然後各取其一部分並拼接成真正需要的 32 位元指令字。

7.1.4 如何處理分支指令

1. 分支指令類型

在論述如何處理分支指令之前，本節有必要對 RISC 架構處理器的分支指令類型介紹。接下來，介紹常見的分支指令。

無條件跳躍 / 分支（unconditional jump/branch）指令是指（不需要判斷條件）一定會發生跳躍的指令。按照跳躍的目標位址計算方式，無條件跳躍 / 分

支指令分為以下兩種。

- 無條件直接跳躍 / 分支（unconditional direct jump/branch）指令。此處的「直接」是指跳躍的目標位址從指令編碼中的立即數可以直接計算。RISC-V 架構中的 jal（jump and link）指令便屬於無條件直接跳躍指令。舉例來說，在「jal x5, offset」中，jal 使用編碼在指令字中的 20 位元立即數（有號數）作為偏移量（offset）。該偏移量乘以 2，然後與當前指令所在的位址相加，得到最終的跳躍目標位址。
- 無條件間接跳躍 / 分支（unconditional indirect jump/branch）指令。此處的「間接」是指跳躍的目標位址需要從暫存器索引的運算元中計算出來。RISC-V 架構中的 jalr（jump and link-register）指令便屬於無條件間接跳躍指令。舉例來說，在「jalr x1, x6, offset」中，jalr 使用編碼在指令字中的 12 位元立即數（有號數）作為偏移量，與 jalr 的另外一個暫存器索引的運算元（基底位址暫存器）相加得到最終的跳躍目標位址。

帶條件跳躍 / 分支（conditional jump/branch）指令是指需要根據判斷條件決定是否發生跳躍的指令。按照跳躍的目標位址計算方式，帶條件跳躍 / 分支指令分為以下兩種。

- 帶條件直接跳躍 / 分支（conditional direct jump/branch）指令。此處的「直接」是指跳躍的目標位址從指令編碼中的立即數可以直接計算。以 RISC-V 架構為例，它有 6 分散連結條件分支（conditional branch）指令，這種帶條件的分支指令與普通的運算指令一樣直接使用兩個整數運算元，然後對其進行比較。如果比較的條件滿足，則進行跳躍。
- 帶條件間接跳躍 / 分支（conditional indirect jump/branch）指令。此處的「間接」是指跳躍的目標位址需要從暫存器索引的運算元中計算出來。然而，RISC-V 架構中沒有此類型指令。

對於帶條件跳躍 / 分支指令而言，管線在取指令階段無法得知該指令的條件是否成立，因此無法決定是跳還是不跳，理論上指令只有在執行時完成之後，才能夠解析出最終的跳躍結果。假設處理器將取指暫停，一直等到執行時完成才繼續取指，則會造成大量的管線空泡週期，從而影響性能。

為了提高性能，現代處理器的取指單元一般會採用分支預測（branch prediction）技術。一般來説，分支預測需要解決兩個方面的問題。

- 預測分支指令是否真的需要跳躍？這簡稱為預測「方向」。
- 如果跳躍，跳躍的目標位址是什麼？這簡稱為預測「位址」。

取指時使用預測出的方向和位址進行取指令的行為稱為預測取指（speculative fetch），對預先存取的指令進行執行稱為預測執行（speculative execution）。處理器的微架構經過幾十年的發展，已經形成了非常成熟的分支預測硬體實現方法，下面予以介紹。

2 . 預測方向

對方向的預測可以分為靜態預測和動態預測兩種。

靜態預測是最簡單的方向預測方法，它不依賴任何曾經執行過的指令資訊和歷史資訊，而僅依靠這筆分支指令本身的資訊進行預測。

最簡單的靜態預測方法是總預測分支指令不會發生跳躍，因此取指單元便總是順序取分支指令的下一行指令。在執行時之後，如果發現需要跳躍，則會更新管線（flush pipeline），重新進行取指。有關更新管線的介紹，請參見 9.1.1 節。早期的處理器管線（以 MIPS 5 級管線為例）往往在第 1 級取指，然後在第 2 級解碼並對分支的真正結果進行判斷，因此更新管線後重新取指令需要兩個時脈週期。

為了彌補更新管線造成的性能損失，很多早期的 RISC 架構使用了分支延遲槽（delay slot）。最具有代表性的是 MIPS 架構，很多經典的電腦系統結構教材均使用 MIPS 對分支延遲槽介紹。分支延遲槽是指在每一行分支指令後面緊接的一行或若干行指令不受分支跳躍的影響，不管分支是否跳躍，後面的幾行指令都一定會執行。分支指令後面的幾行指令所在的位置便稱為分支延遲槽。由於分支延遲槽中的指令永遠執行而不用捨棄、不用重取，因此它不會受到更新管線的影響。

另一種常見的靜態預測方法是 BTFN（Back Taken，Forward Not Taken）預測，即對於向後的跳躍預測為跳，對於向前的跳躍則預測為不跳。向後的跳躍是指跳躍的目標位址（PC 值）比當前分支指令的 PC 值要小。這種 BTFN

方法的依據是在實際的組合語言程式中分支向後跳躍的情形要多於向前跳躍的情形，如常見的 for 迴圈生成的組合語言指令往往使用向後跳躍的分支指令。

動態預測是指依賴已經執行過的指令的歷史資訊和分支指令本身的資訊綜合進行「方向」預測。

最簡單的分支方向動態預測器為一位元飽和計數器（1-bit saturating counter），每次分支指令執行之後，便使用此計數器記錄上次的方向。其預測機制是下一次分支指令永遠採用上一次記錄的「方向」作為本次預測的方向。這種預測器結構最簡單，但是預測精度不如兩位元飽和計數器（2-bit saturating counter）。

兩位元飽和計數器是最常見的分支方向動態預測器，每次分支指令執行之後，其對應的狀態機轉換如圖 7-2 所示。

圖 7-2　兩位元飽和計數器的狀態機轉換

當目前狀態為強不需要跳躍（strongly not taken）或弱不需要跳躍（weakly not taken）時，預測該指令的方向為不需要跳躍（not taken）；當目前狀態為弱需要跳躍（weakly taken）或強需要跳躍（strongly taken）時，預測該指令的方向為需要跳躍（taken）。

每次預測出錯之後便會向著相反的方向更改狀態機狀態，舉例來說，如果當前狀態為強需要跳躍，會預測為需要跳躍，但是實際結果是不需要跳躍，則需要將狀態機的狀態更新為弱需要跳躍。

由於總共有 4 個狀態，如從強需要跳躍狀態需要連續兩次預測錯誤後，才能變到弱不需要跳躍，因此兩位元飽和計數器具有一定的切換緩衝，它在複雜程式流中的預測精度比簡單的一位元飽和計數器具有更高的精度。

　　兩位元飽和計數器對於預測一行分支指令很有效，但是處理器執行的指令流中存在著許多的不同分支指令（對應不同的 PC 值）。假設只使用一個兩位元飽和計數器，在任何分支指令執行時均進行更新，那麼必然會互相衝擊，預測的結果會很不理想。最理想的情況是為每一行分支指令都分配專有的兩位元飽和計數器，並進行預測，但是指令數目多（32 位元架構理論上有 4GB 的位址空間），不可能提供巨量的兩位元飽和計數器（硬體資源銷耗無法接受），所以只能夠使用有限個兩位元飽和計數器組織成一個表格，然後對於每筆分支指令使用某種定址方式來索引某個記錄的兩位元飽和計數器。由於記錄數目有限而指令數目多，因此很多不同的分支指令都會不可避免地指向同樣的記錄，這種問題稱為別名（aliasing）重合。

　　目前一般使用各種不同的動態分支預測演算法，通俗地講就是透過採用不同的表格組織方式（控制表格的大小）和索引方式（控制別名重合問題），來提供更高的預測精準率。接下來，介紹常見的演算法。

　　最簡單的方式是直接將有限個「兩位元飽和計數器」組織成一維的表格，該表格稱為預測器表格（predictor table），並直接使用 PC 值的一部分進行索引。舉例來說，若使用 PC 的後 10 位元作為索引，則僅需要維護包含 1000 個記錄的表格。

　　這種方法稱為一級預測器，所謂「一級」是指其索引僅採用指令本身的 PC 值。

　　該方法雖然簡單易行，但是索引機制過於簡單，很多不同的分支指令會指向同樣的記錄（如低 10 位元相同但是高位元不相同的 PC）。由於沒有考慮到分支指令的上下文執行歷史，因此分支預測的精度不如兩級預測器。

　　兩級預測器也稱為基於相關性的分支預測器（correlation-based branch predictor）。對於每筆分支指令而言，將有限個兩位元飽和計數器組織成模式歷史表（Pattern History Table，PHT）。使用該分支的跳躍歷史（branch history）作為 PHT 的索引。如圖 7-3 所示，假設用 n 位元記錄其歷史（1 表示需要跳躍，0 表示不需要跳躍），則可以索引 2^n 個記錄。

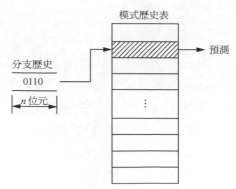

圖 7-3 使用分支歷史索引 PHT

分支歷史（branch history）又可以分為局部歷史（local history）和全域歷史（global history）。局部歷史是指每筆分支指令自己的跳躍歷史，而全域歷史是指所有分支指令的跳躍歷史。

局部分支預測器（local branch predictor）會使用分立的局部歷史緩衝區（local history buffer）來保存不同分支指令的跳躍歷史，每個局部歷史緩衝區有自己對應的 PHT。對於每筆分支指令而言，先索引其對應的局部歷史緩衝區，然後使用局部歷史緩衝區中的歷史值索引其對應的 PHT。

全域分支預測器（global branch predictor）則僅使用所有分支指令共用的全域歷史緩衝區（shared global history buffer）。全域分支預測器的很明顯的弊端是它無法區分每個分支指令的跳躍歷史，不同的指令會互相衝擊，但是它的優勢是比較節省資源。因此全域分支預測器只有在 PHT 容量非常大時，才能表現出其優勢。PHT 容量越大，全域分支預測器的優勢越明顯。

最有代表性的全域分支預測演算法是 Gshare 和 Gselect。

GShare 是 Scott Mcfarling 於 1993 年提出的一種動態分支預測演算法，在很多現代的處理器中採用。Gshare 演算法將分支指令的 PC 值的一部分和共用的全域歷史緩衝區進行「互斥」運算，然後用運算結果作為 PHT 的索引。

Gselect 演算法將分支指令的 PC 值的一部分和共用的全域歷史快取直接進行「拼接」運算，然後使用運算結果作為 PHT 的索引。

3 · 預測位址

對於直接跳躍 / 分支指令，分支的目標位址需要使用當前的 PC 值和取回的指令字中的立即數進行加法運算；而對於間接跳躍 / 分支指令，由於分支的目標位址需要使用暫存器索引的運算元（基底位址暫存器）和指令字中的立即數進行加法運算，因此只能在管線的執行時計算出分支的目標位址。在現代高速的處理器中，這些都是不可能在一個時脈週期內完成的。在高速的處理器中連續取下一行指令之前，甚至連解碼判斷當前取到的指令是否屬於分支指令都無法即時在一個時脈週期內完成。

因此，為了能夠連續不斷地取指，需要預測分支的目標位址。接下來，介紹常見的技術。

分支目標緩衝區（Branch Target Buffer，BTB）技術是指使用容量有限的緩衝區保存最近執行過的分支指令的 PC 值，以及它們的跳躍目標位址。對於後續需要取指的每筆 PC 值，將其與 BTB 中儲存的各個 PC 值進行比較，如果二者匹配，則預測這是一行分支指令，並使用其儲存的跳躍目標位址作為預測的跳躍位址。

BTB 是一種最簡單快捷的位址預測方法，但是其缺點之一是 BTB 容量不能太大，否則面積和時序都無法接受。

BTB 的另一個缺點是它對於間接跳躍 / 分支指令的預測效果並不理想。這主要由於間接跳躍 / 分支指令的目標位址是使用暫存器索引的運算元（基底位址暫存器）計算的，而暫存器中的值隨著程式執行可能每次都不一樣，因此 BTB 中儲存的上一次跳躍的目標位址並不一定等於本次跳躍的目標位址。

返回位址堆疊（Return Address Stack，RAS）技術是指使用容量有限的硬體堆疊（一種「先進後出」的結構）來儲存函數呼叫的返回位址。

在 RISC-V 架構中，間接跳躍 / 分支指令可以用於函數的呼叫和返回。而函數的呼叫和返回在程式中往往是成對出現的，因此可以在呼叫函數（使用分支跳躍指令）時將當前 PC 值加 4（或 2）。即將函數循序執行的下一行指令的 PC 值存入 RAS 中，等到函數返回（使用分支跳躍指令）時將 RAS 中的值彈出，這樣就可以快速地為該函數返回的分支跳躍指令預測目標位址。

只要程式在正常執行，其函數的呼叫和返回成對出現，RAS 就能夠提供較高的預測準確率。當然，由於 RAS 的深度有限，如果程式中出現很多函數巢狀結構，需要不斷地壓存入堆疊，造成堆疊溢位，則會影響到預測準確率，硬體需要專門處理該情形。

間接 BTB（indirect BTB）是指專門為間接跳躍 / 分支指令而設計的 BTB，它與普通 BTB 類似，儲存較多歷史目標位址，但是透過高級的索引方法進行匹配（而非簡單的 PC 值比較）。間接 BTB 結合了 BTB 和兩級動態預測器的技術，能夠提供較高的跳躍目標位址預測成功率。但其缺點是硬體銷耗非常大，只有在高級的處理器中才會使用。

其他的技術也能夠提高間接跳躍 / 分支指令的跳躍目標位址預測成功率，在此不做贅述。

4．其他拓展

本書僅對分支預測常見的技術進行了簡介。分支預測是處理器微架構中非常重要且比較複雜的內容，若要詳細闡述，需要數十頁篇幅。很多處理器系統結構的教材詳述了分支預測，本書不做贅述。推薦讀者閱讀維基百科中關於分支預測的詞條網頁（請在維基百科中搜索「Branch_predictor」）。

7.2　RISC-V 架構特點對於取指的簡化

由上一節可知，取指是處理器微架構中一個比較關鍵且複雜的部分。第 2 章探討過 RISC-V 架構追求簡化硬體的理念。對於取指而言，RISC-V 架構的以下特點可以大幅簡化其硬體實現。

- 規整的指令編碼格式。
- 指令長度指示碼放於低位元。
- 簡單的分支跳躍指令。
- 沒有分支延遲槽指令。
- 提供明確的靜態分支預測依據。
- 提供明確的 RAS 依據。

對於上述特點，本節分別予以論述。

7.2.1 規整的指令編碼格式

取指時如果能夠儘快解碼出當前取出的指令類型（如是否屬於分支跳躍指令），將有利於加快取指邏輯的實現。RISC-V 架構的指令集編碼非常規整，可以非常便捷地解碼出指令的類型及其使用的運算元暫存器索引（index）或立即數，從而簡化硬體設計。

7.2.2 指令長度指示碼放於低位元

為了提高程式密度，RISC-V 定義了一種可選的壓縮（compressed）指令子集，由字母 C 表示。如果支援此壓縮子集，就會有 32 位元和 16 位元指令混合在一起的情形。

為了支援 16 位元指令的取出，取指邏輯每取一行指令之後需要以最快的速度解碼並判斷出當前指令是 16 位元還是 32 位元長。得益於後發優勢和多年來處理器發展的教訓，RISC-V 架構的開發者預先考慮了這個問題。如圖 7-4 所示，所有的 RISC-V 指令編碼的低幾位元專門用於表示指令的長度。將指令長度指示碼放在指令的低位元，可以方便取指邏輯在順序取指的過程中以最快的速度解碼出指令的長度，極大地簡化硬體設計。舉例來說，取指邏輯在僅取到 16 位元指令字時，就可以進行解碼並判斷當前指令是 16 位元長還是 32 位元長，而無須等待另外一半的 16 位元指令字取到之後才開始解碼。

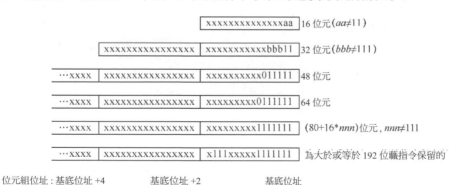

圖 7-4 RISC-V 指令長度的編碼資訊

另外，由於 16 位元的壓縮指令子集是可選的，假設處理器不支援此壓縮指令子集而僅支援 32 位元指令，那麼將指令字的低 2 位元忽略並且不儲存（因為它肯定為 11），可以節省 6.25% 的指令快取（I-cache）的銷耗。

> ⚠️ **注意** 從圖 7-4 中可以看出，RISC-V 架構甚至可以支援 48 位元和 64 位元等不同的指令長度，但是這些均屬於非必需的罕見指令，本書對其不做介紹。

▌7.2.3　簡單的分支跳躍指令

RISC-V 架構的基本整數指令子集中的分支跳躍指令如表 7-1 所示。

▼ 表 7-1　RISC-V 架構的基本整數指令子集中的分支跳躍指令

分　組	指　令	描　述
無條件直接跳躍 / 分支指令	jal	• jal（jump and link）指令的組合語言範例有「jal x5, offset」 • jal 指令一定會發生跳躍，它使用編碼在指令字中的 20 位元立即數（有號數）作為偏移量。該偏移量乘以 2，然後與當前指令所在的位址相加，得到最終的目標位址 • jal 指令將下一行指令的 PC（當前指令 PC+4）值寫入其結果暫存器
無條件間接跳躍 / 分支指令	jalr	• jalr（jump and link register）指令的組合語言範例有「jalr x1, x6, offset」 • jalr 指令一定會發生跳躍，它使用編碼在指令字中的 12 位元立即數（有號數）作為偏移量，與 jalr 的另外一個暫存器索引的運算元（基底位址暫存器）相加，得到最終的跳躍目標位址 • jalr 指令將下一行指令的 PC（當前指令 PC+4）值寫入其結果暫存器
帶條件直接跳躍 / 分支指令	beq	若兩個整數運算元相等，則跳躍
	bne	若兩個整數不相等，則跳躍
	blt	若第一個有號數小於第二個有號數，則跳躍
	bltu	若第一個無號數小於第二個無號數，則跳躍
	bge	若第一個有號數大於或等於第二個有號數，則跳躍
	bgeu	若第一個無號數大於或等於第二個無號數，則跳躍

RISC-V 架構有兩行無條件跳躍指令─jal 與 jalr 指令。jal 指令可以用於進行副程式呼叫，同時將副程式返回位址存放在 jal 指令的結果暫存器（連結暫存器）中。jalr 指令可以用於從副程式返回，若將 jal 指令（跳躍進入副程式）中的連結暫存器用作 jalr 指令的基底位址暫存器，則可以從副程式返回。

RISC-V 架構有 6 分散連結條件分支指令，這種帶條件分支指令與普通的運算指令一樣，直接使用兩個整數運算元，然後對其進行比較。如果比較的條件滿足，則進行跳躍，因此將會比較與跳躍兩個操作在一行指令中完成。這種帶條件分支指令使用 12 位元的有號數作為偏移量。該偏移量乘以 2 後與當前指令所在的位址相加，得到最終的目標位址。

對於帶條件分支的跳躍功能，RISC 架構的很多其他處理器需要使用兩行獨立的指令。第一行指令使用比較（compare）指令，比較的結果被保存到狀

態暫存器中。第二行指令使用跳躍指令，若前一行指令保存在狀態暫存器當中的比較結果為真，則進行跳躍。相比而言，RISC-V 架構將比較與跳躍兩個操作放到一行指令中的方式不但減少了指令的筆數，而且在硬體設計上更加簡單。

RISC-V 架構中 16 位元壓縮指令子集也定義了若干分支跳躍指令，如表 7-2 所示。但是，RISC-V 架構的精妙之處在於其 16 位元的指令一定能夠對應一行 32 位元的等效指令，分支跳躍指令也不例外，因此功能與基本整數指令子集中的分支跳躍指令一致，在此不再贅述。

▼ 表 7-2　RISC-V 架構中 16 位元壓縮指令子集定義的分支跳躍指令

分　組	指　令	等效的 32 位元指令
無條件直接跳躍 / 分支指令	c.j	jal x0, offset[11:1]
無條件直接跳躍 / 分支指令	c.jal	jal x1, offset[11:1] 注意，由於 c.jal 的指令長度是 16 位元，因此下一行指令的 PC 值為當前 PC 值加 2
無條件間接跳躍 / 分支指令	c.jr	jalr x0, rs1, 0
無條件間接跳躍 / 分支指令	c.jalr	jalr x1, rs1, 0 注意，由於 c.jal 的指令長度是 16 位元，因此下一行指令的 PC 值為當前 PC 值加 2
帶條件直接跳躍 / 分支指令	c.beqz	beq rs1, x0, offset[8:1]
帶條件直接跳躍 / 分支指令	c.bnez	bne rs1, x0, offset[8:1]

7.2.4　沒有分支延遲槽指令

若每一行分支指令後面緊接的一行或若干行指令不受分支跳躍的影響，不管分支是否跳躍，後面的幾行指令都會執行，這些指令所在的位置便稱為分支延遲槽。由於分支延遲槽中的指令永遠執行而不用被捨棄且不用重取，因此它不會受到管線更新的影響，也降低了對分支預測精度的要求。很多早期的 RISC 架構使用了分支延遲槽的技術，最具有代表性的便是 MIPS 架構，很多經典的電腦系統結構教材介紹過分支延遲槽。

分支延遲槽在早期的 RISC 架構中被採用，主要是因為早期的 RISC 處理器管線比較簡單，沒有使用高級的硬體動態分支預測器，使用分支延遲槽能夠取得可觀的效果。然而，這種分支延遲槽使得處理器的硬體設計變得極不自然，尤其是取指部分的硬體設計將比較複雜。

RISC-V 架構放棄了分支延遲槽，RISC-V 架構的開發者認為放棄分支延遲槽的得大於失。因為現代的高性能處理器的分支預測演算法精度已經非常高，由強大的分支預測電路保證處理器能夠準確地預測跳躍，達到高性能。而對於低功耗、小面積的處理器，選擇非常簡單的電路進行實現，由於無須支援分支延遲槽，因此硬體大幅簡化，同時進一步降低功耗，最佳化時序。

7.2.5 提供明確的靜態分支預測依據

靜態分支預測是一種最簡單的預測技術，但是靜態分支預測往往預測向後跳躍（或向前跳躍）為需要跳躍。如果軟體實際執行中未必如此，則會造成預測失敗。

RISC-V 架構文件明確規定，編譯器生成的程式應該儘量最佳化，使向後跳躍的分支指令比向前跳躍的分支指令有更大的跳躍機率。因此，對於使用靜態預測的低端處理器，開發人員可以保證其行為和軟體行為匹配，最大化地提高靜態預測的準確率。

7.2.6 提供明確的 RAS 依據

RAS 可以用於函數返回位址的預測，這是目前處理器設計的常用技術。但是 RAS 需要能夠明確地判定什麼指令屬於函數呼叫類型的分支跳躍指令以進行存入堆疊，判斷什麼指令屬於「函數返回」類型的分支跳躍指令以進行移出堆疊。

RISC-V 架構文件明確規定，如果使用 jal 指令且目標暫存器索引值 rd 等於 x1 暫存器的值或 x5 暫存器的值，則需要進行存入堆疊；如果使用 jalr 指令，則按照使用的暫存器值（rs1 和 rd）的不同，明確規定了對應的存入堆疊或移出堆疊行為，如圖 7-5 所示（注意，圖中的 link 表示 x1 暫存器的值或 x5 暫存器的值）。

透過在架構文件中明確規定，並規定軟體編譯器必須按照此原則生成組合語言程式碼，開發人員能夠保證硬體的行為和軟體匹配，從而最大化地提高 RAS 的預測準確性。

rd	rsl	rsl=rd	RAS 操作
!link	!link	—	無
!link	link	—	移出堆疊
link	!link	—	存入堆疊
link	link	0	存入堆疊與移出堆疊
link	link	1	存入堆疊

圖 7-5 RISC-V 架構中對 jalr
指令規定的 RAS 操作

7.3 蜂鳥 E203 處理器的取指實現

蜂鳥 E203 處理器核心的取指子系統在管線中的位置如圖 7-6 中的圓形區域所示,取指子系統主要包括取指令單元(Instruction Fetch Unit,IFU)和 ITCM。

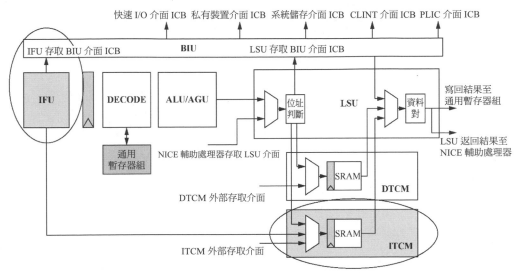

圖 7-6 蜂鳥 E203 處理器核心的取指子系統在管線中的位置

7.3.1 IFU 整體設計想法

蜂鳥 E203 處理器核心的 IFU 微架構如圖 7-7 所示,它主要包括以下功能。

- 對取回的指令進行簡單解碼。
- 簡單的分支預測。
- 生成取指的 PC。
- 根據 PC 的位址存取 ITCM 或 BIU(位址判斷和 ICB 控制)。

IFU 在取出指令後,會將其放置於和 EXU 連接的指令暫存器(Instruction Register,IR)中;該指令的 PC 值也會放置於和 EXU 連接的 PC 暫存器中。EXU 將使用此 IR 和 PC 進行後續的操作。有關 EXU 的實現細節,請參見第 8 章。

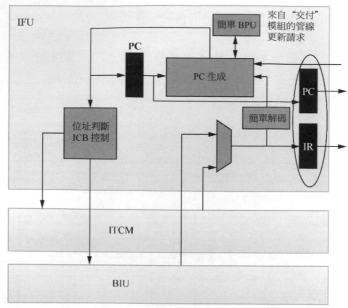

圖 7-7　蜂鳥 E203 處理器核心的 IFU 微架構

如前所述，取指令的要點是「快」和「連續不斷」。

針對「快」，蜂鳥 E203 處理器的設計理念如下。

- 蜂鳥 E203 處理器假設絕大多數的取指發生在 ITCM 中，這種假設具有合理性。因為蜂鳥 E203 處理器是嵌入式、超低功耗場景設計導向的小面積處理器，沒有使用指令快取，主要使用 ITCM 進行儲存以滿足即時性的要求。這種等級的嵌入式處理器核心的程式量不大，往往可以全部在 ITCM 中執行。

- 蜂鳥 E203 處理器的 ITCM 使用單週期存取的 SRAM，即該處理器在一個週期內就可以從 ITCM 中取回一行指令。因此假設指令存放於 ITCM 中，從 ITCM 中取指理論上可以做到「快」。

- 對某些特殊情況，指令需要從外部記憶體中讀取（舉例來說，系統通電後的引導程式可能需要從外部快閃記憶體中讀取）。此時，IFU 需要透過 BIU 使用系統儲存介面存取外部的記憶體，存取不可能在單一時脈週期內完成。因此，對於外部記憶體的取指，蜂鳥 E203 處理器無法做到「快」。但是如前所述，蜂鳥 E203 處理器假設絕大多數的取指發

生在 ITCM 中，對於這種外部記憶體的存取非常少，因此對這種情況不做最佳化。

- 執行於蜂鳥 E203 處理器上的軟體也應該儘量利用「絕大多數的取指發生在 ITCM 中」的假設，盡可能發揮蜂鳥 E203 處理器核心的性能。

針對「連續不斷」，蜂鳥 E203 處理器的設計想法如下。

- 為了能夠連續不斷地取指令，需要在每個時脈週期都能生成下一行待取指令的 PC 值，因此需要判別本指令的類型是普通指令還是分支跳躍指令。理論上，這需要對當前取回的指令進行解碼。
- 蜂鳥 E203 處理器的 IFU 選擇直接將取回的指令在同一個時脈週期內進行部分解碼（即簡單解碼）。如果解碼的資訊指示當前指令為分支跳躍指令，則 IFU 直接在同一個時脈週期內進行分支預測（使用簡單 BPU）。最後，使用解碼得出的資訊和分支預測的資訊生成下一行待取指令的 PC。
- 由於在一個時脈週期內完成了指令讀取（假設從 ITCM 中取指）、部分解碼、分支預測和生成下一行待取指令的 PC 等連貫操作，因此理論上可以做到「連續不斷」。
- 當然，由於在一個時脈週期內完成了上述許多步驟，時序上的關鍵路徑可能會限制蜂鳥 E203 處理器能達到的最高主頻。一方面，得益於 RISC-V 架構的簡單性，指令的部分解碼和分支預測造成的邏輯延遲並不算太大；另一方面，蜂鳥 E203 處理器的設計理念強調超低功耗和小面積，對於最高主頻適當放棄。

取指令需要使用到分支預測技術，針對分支預測，蜂鳥 E203 處理器的設計理念如下。

- 蜂鳥 E203 處理器為超低功耗導向的處理器，分支預測採用最簡單的靜態預測。
- 由於 RISC-V 架構文件明確提供了靜態預測的依據，因此蜂鳥 E203 處理器的靜態預測對於向後跳躍的條件分支指令預測為真的跳躍，而對於向前跳躍的條件分支指令預測為不需要跳躍。

下一節對 IFU 的不同子模組予以論述。

7.3.2　簡單解碼

簡單解碼模組主要用於對取回的指令進行解碼。

簡單解碼的相關原始程式碼在 e203_hbirdv2 目錄中的結構如下。關於 GitHub 網站上 e203_hbirdv2 開放原始碼專案的完整程式層次結構,請參見 17.1 節。

```
e203_hbirdv2
    |----rtl                                    // 存放 RTL 的目錄
        |----e203                               //E203 處理器核心和 SoC 的 RTL 目錄
            |----core                           // 存放 E203 處理器核心的 RTL 程式
                |----e203_ifu_minidec.v         // 簡單解碼模組
```

之所以稱為簡單解碼,是因為此處的解碼並不需要完整譯出指令的所有資訊,而只需要譯出 IFU 所需的部分指令資訊,這些資訊包括此指令是屬於普通指令還是分支跳躍指令、分支跳躍指令的類型和細節。

簡單解碼模組內部實體化、呼叫一個完整的解碼模組,但是將其不相關的輸入訊號接零,將輸出訊號懸空,從而使綜合工具將完整解碼模組中無關邏輯最佳化掉。之所以使用這種方式,是因為我們只想維護解碼模組的一份原始程式碼,而非分別寫一個完整解碼模組和一個簡單解碼模組,從而避免兩頭維護同一個模組而出錯的情形(在專案中,修改了一份檔案而忽略了另外一份檔案造成功能出錯的情形時有發生)。

簡單解碼模組的相關原始程式碼部分如下所示。

```verilog
//e203_ifu_minidec.v 的原始程式碼部分

module e203_ifu_minidec(

  //////////////////////////////////////////////////////////
  input   ['E203_INSTR_SIZE-1:0] instr, // 對輸入進行部分解碼

  //////////////////////////////////////////////////////////

  output dec_rs1en,
  output dec_rs2en,
  output ['E203_RFIDX_WIDTH-1:0] dec_rs1idx,
  output ['E203_RFIDX_WIDTH-1:0] dec_rs2idx,
...
```

```
  output dec_rv32,  // 指示當前指令為 16 位元還是 32 位元
  output dec_bjp,   // 指示當前指令屬於普通指令還是分支跳躍指令
  output dec_jal,   // 屬於 jal 指令
  output dec_jalr,  // 屬於 jalr 指令
  output dec_bxx,   // 屬於 bxx 指令（beq、bne 等帶條件分支指令）
  output ['E203_RFIDX_WIDTH-1:0] dec_jalr_rs1idx,
  output ['E203_XLEN-1:0] dec_bjp_imm

  );
```

//此模組內部實體化、呼叫一個完整的解碼模組，但是將其不相關的輸入訊號接零，將輸出訊號懸空，
// 從而使綜合工具將完整解碼模組中無關邏輯最佳化掉

```
  e203_exu_decode u_e203_exu_decode(

  .i_instr(instr),
  .i_pc(<E203_PC_SIZE >b0),// 不相關的輸入訊號接零
  .i_prdt_taken(1 >b0),
  .i_muldiv_b2b(1 >b0),

  .i_misalgn (1 >b0),
  .i_buserr  (1 >b0),

  .dbg_mode  (1 >b0),

  .dec_misalgn(),// 不相關的輸出訊號懸空
  .dec_buserr(),
  .dec_ilegl(),

  .dec_rs1x0(),
  .dec_rs2x0(),
  .dec_rs1en(dec_rs1en),
  .dec_rs2en(dec_rs2en),
  .dec_rdwen(),
  .dec_rs1idx(dec_rs1idx),
  .dec_rs2idx(dec_rs2idx),
  .dec_rdidx(),
  .dec_info(),
  .dec_imm(),
  .dec_pc(),

  .dec_mulhsu(dec_mulhsu),
  .dec_mul   (dec_mul   ),
  .dec_div   (dec_div   ),
  .dec_rem   (dec_rem   ),
  .dec_divu  (dec_divu  ),
  .dec_remu  (dec_remu  ),
```

```
    .dec_rv32(dec_rv32),
    .dec_bjp (dec_bjp ),
    .dec_jal (dec_jal ),
    .dec_jalr(dec_jalr),
    .dec_bxx (dec_bxx ),

    .dec_jalr_rs1idx(dec_jalr_rs1idx),
    .dec_bjp_imm    (dec_bjp_imm    )
    );

endmodule
```

7.3.3 簡單 BPU

簡單 BPU 模組主要用於對取回的指令進行簡單解碼後發現的分支跳躍指令進行分支預測。之所以稱為簡單 BPU，是由於為超低功耗的處理器，蜂鳥 E203 處理器只採用了最簡單的靜態預測，而未採用其他高級動態預測技術。簡單 BPU 的相關原始程式碼在 e203_hbirdv2 目錄中的結構如下。

```
e203_hbirdv2
    |----rtl                                // 存放 RTL 的目錄
        |----e203                           //E203 處理器核心和 SoC 的 RTL 目錄
            |----core                       // 存放 E203 處理器核心的 RTL 程式
                |----e203_ifu_litebpu.v     // 簡單 BPU 模組
```

1．帶條件直接跳躍指令

對於帶條件直接跳躍指令 bxx 指令（beq、bne 等指令），使用靜態預測（對於向後跳躍，預測為需要跳躍；對於其他跳躍，預測為不需要跳躍）。簡單 BPU 按照指令的定義，將其 PC 和立即數表示的偏移量相加，得到其目標位址。相關的原始程式碼部分如下所示。

```
//e203_ifu_litebpu.v 的原始程式碼部分

...
// 如果立即數表示的偏移量為負數（符號位元為 1），表示向後跳躍，預測為
// 需要跳躍
  assign prdt_taken  = (dec_jal | dec_jalr | (dec_bxx & dec_bjp_imm['E203_
  XLEN-1]));

// 由於 PC 計算需要使用到加法器，為了節省面積，所有的 PC 計算均共用同一個加法器
// 此處生成分支預測器進行 PC 計算所需的運算元，並透過共用的加法器進行計算
```

```
// 如果指令是 bxx 指令，便使用它本身的 PC，生成加法器的運算元一
  assign prdt_pc_add_op1 = (dec_bxx | dec_jal) ? pc['E203_PC_SIZE-1:0]
                    : (dec_jalr & dec_jalr_rs1x0) ? <E203_PC_SIZE>b0
                    : (dec_jalr & dec_jalr_rs1x1) ? rf2bpu_x1[<E203_PC_SIZE-1:0]
                    : rf2bpu_rs1[<E203_PC_SIZE-1:0];

// 使用立即數表示的偏移量，生成加法器的運算元二
  assign prdt_pc_add_op2 = dec_bjp_imm['E203_PC_SIZE-1:0];
...
```

2．無條件直接跳躍指令 jal

由於無條件直接跳躍指令 jal 一定會跳躍，因此無須預測其跳躍方向。簡單 BPU 按照指令的定義，將其 PC 和立即數表示的偏移量相加，得到其目標位址。相關的原始程式碼部分如下所示。

```
//e203_ifu_litebpu.v 的原始程式碼部分
...

// 由於計算 PC 需要使用到加法器，為了節省面積，所有的 PC 計算均共用同一個加法器
// 此處生成分支預測器進行 PC 計算所需的運算元，並透過共用的加法器進行計算

// 如果指令是 jal 指令，便使用它本身的 PC，生成加法器的運算元一
  assign prdt_pc_add_op1 = (dec_bxx | dec_jal) ? pc['E203_PC_SIZE-1:0]
                    : (dec_jalr & dec_jalr_rs1x0) ? <E203_PC_SIZE>b0
                    : (dec_jalr & dec_jalr_rs1x1) ? rf2bpu_x1[<E203_PC_SIZE-1:0]
                    : rf2bpu_rs1[<E203_PC_SIZE-1:0];

// 使用立即數表示的偏移量，生成加法器的運算元二
  assign prdt_pc_add_op2 = dec_bjp_imm['E203_PC_SIZE-1:0];
...
```

3．無條件間接跳躍指令 jalr

由於無條件間接跳躍指令 jalr 一定會跳躍，因此無須預測其跳躍方向。jalr 的跳躍目標計算所需的基底位址來自其 rs1 索引的運算元，該基底位址需要從通用暫存器組中讀取，並且還可能和 EXU 正在執行的指令形成 RAW 資料相關性。蜂鳥 E203 處理器採用了一種比較巧妙的方案，根據 rs1 的索引值而採取不同的方案。

如果 rs1 的索引是 x0 暫存器的值，則表示直接使用常數 0（根據 RISC-V 架構定義，x0 暫存器表示常數 0），無須從通用暫存器組中讀取。相關的原始程式碼部分如下所示。

```
//e203_ifu_litebpu.v 的原始程式碼部分

...

// 判定 rs1 的索引是否為 x0
  wire dec_jalr_rs1x0 = (dec_jalr_rs1idx == ‹E203_RFIDX_WIDTH›d0);
    ......

// 由於 PC 計算需要使用到加法器，為了節省面積，所有的 PC 計算均共用同一個加法器
// 此處生成分支預測器進行 PC 計算所需的運算元，並透過共用的加法器進行計算

// 生成加法器的運算元一
  assign prdt_pc_add_op1 = (dec_bxx | dec_jal) ? pc[‹E203_PC_SIZE-1:0]
            // 如果指令是 jalr 指令且 rs1 為 x0 暫存器的值，便使用常數 0
                    : (dec_jalr & dec_jalr_rs1x0)?'E203_PC_SIZE' b0
                    : (dec_jalr & dec_jalr_rs1x1) ? rf2bpu_x1[‹E203_PC_SIZE-1:0]
                    : rf2bpu_rs1[‹E203_PC_SIZE-1:0];

// 使用立即數表示的偏移量，生成加法器的運算元二
  assign prdt_pc_add_op2 = dec_bjp_imm['E203_PC_SIZE-1:0];

...
```

如果 rs1 的索引是 x1 暫存器的值，由於 x1 暫存器作為連結暫存器用於使函數返回跳躍指令，因此蜂鳥 E203 處理器對其進行專門加速，將 x1 暫存器從 EXU 的通用暫存器組中直接取出（不需要佔用通用暫存器組的讀取通訊埠）。為了防止正在 EXU 中執行的指令需要寫回 x1 暫存器而形成 RAW 相關性，簡單 BPU 不僅需要確保當前的 EXU 指令沒有寫回 x1 暫存器，還需要確保 OITF 為空。相關的原始程式碼部分如下所示。

```
//e203_ifu_litebpu.v 的原始程式碼部分

...
// 判定 rs1 的索引是否為 x1 暫存器的值
  wire dec_jalr_rs1x1 = (dec_jalr_rs1idx == ‹E203_RFIDX_WIDTH›d1);
...
// 判定 x1 暫存器是否可能與 EXU 中的指令存在潛在的 RAW 相關性。在兩種情況下可能出現 RAW 相關性。
// 若 OITF 不為空，表示可能有長指令正在執行，其結果可能會寫回 x1 暫存器。當然，也有可能長指令
// 寫回的結果暫存器不是 x1 暫存器，但是此處我們採取簡單的保守估計，對於造成的性能損失不在意
// 若 IR 中指令的寫回目標暫存器的索引為 x1 暫存器的值，表示有 RAW 相關性
  wire jalr_rs1x1_dep = dec_i_valid & dec_jalr & dec_jalr_rs1x1 & ((~oitf_
  empty) | (jalr_rs1idx_cam_irrdidx));

// 如果存在 RAW 相關性，則將 bpu_wait 拉高，此訊號將阻止 IFU 生成下一個 PC，等待相關性解除，
// 因此就性能而言，如果 x1 暫存器依賴 EXU 的 alu 指令（大多數情況下），需要等 alu 指令執行完畢並寫入
```

```
// 回通用暫存器組後，bpu_wait 訊號才會拉低進而繼續取指。管線中會因此出現 1 個週期的空泡性能損失。
// 如果 x1 暫存器和 EXU 中的指令沒有資料相關性，則不會造成將 bpu_wait 拉高，不會有任何的性能損失
  assign bpu_wait = jalr_rs1x1_dep | jalr_rs1xn_dep | rs1xn_rdrf_set;

// 由於 PC 計算需要使用到加法器，為了節省面積，所有的 PC 計算均共用同一個加法器
// 此處生成分支預測器進行 PC 計算所需的運算元，並透過共用的加法器進行計算

// 生成加法器的運算元一
  assign prdt_pc_add_op1 = (dec_bxx | dec_jal) ? pc['E203_PC_SIZE-1:0]
                    : (dec_jalr & dec_jalr_rs1x0) ? <E203_PC_SIZE>b0
               // 如果指令是 jalr 指令且 rs1 為 x1 暫存器的值，便使用從通用暫存器組中直接
               // 取出的 x1 暫存器的值
                    : (dec_jalr & dec_jalr_rs1x1) ? rf2bpu_x1[<E203_PC_SIZE-1:0]
                    : rf2bpu_rs1[<E203_PC_SIZE-1:0];

// 使用立即數表示的偏移量，生成加法器的運算元二
  assign prdt_pc_add_op2 = dec_bjp_imm['E203_PC_SIZE-1:0];

...
```

如果 rs1 的索引是除 x0 暫存器和 x1 暫存器之外的其他暫存器（簡稱 x*n*）的值，蜂鳥 E203 處理器對其不進行專門加速。x*n* 暫存器需要使用通用暫存器組的第 1 個讀取通訊埠從通用暫存器組中讀取出來，因此需要判定當前第 1 個讀取通訊埠是否空閒且不存在資源衝突。為了防止正在 EXU 中執行的指令需要寫回 x*n* 暫存器而形成 RAW 相關性，簡單 BPU 需要確保當前的 EXU 中沒有任何指令。相關的原始程式碼部分如下所示。

```
//e203_ifu_litebpu.v 的原始程式碼部分

...
// 判定 rs1 的索引是否是 xn 暫存器的值
  wire dec_jalr_rs1xn = (~dec_jalr_rs1x0) & (~dec_jalr_rs1x1);
...
// 判定 xn 暫存器是否可能與 EXU 中的指令存在潛在的 RAW 相關性。
// 若 OITF 不為空，表示可能有長指令正在執行，其結果可能會寫回 xn 暫存器。當然，也有可能長指令
// 寫回的結果暫存器不是 xn 暫存器，但是此處我們採取簡單的保守估計，對於造成的性能損失不在意。
// 若在 IR 中存在指令，表示可能會寫回 xn 暫存器
wire jalr_rs1xn_dep = dec_i_valid & dec_jalr & dec_jalr_rs1xn & ((~oitf_empty) |
(~ir_empty));

...

// 需要使用通用暫存器組的第 1 個讀取通訊埠從通用暫存器組中讀取 xn 暫存器的值，需要判斷第 1 個讀取通訊埠
// 是否空閒，且不存在資源衝突
// 如果沒有資源衝突和資料衝突，則將使用第 1 個讀取通訊埠，將其致能訊號置 1
```

```
wire rs1xn_rdrf_set = (~rs1xn_rdrf_r) & dec_i_valid & dec_jalr & dec_jalr_
rs1xn & ((~jalr_rs1xn_dep) | jalr_rs1xn_dep_ir_clr);
wire rs1xn_rdrf_clr = rs1xn_rdrf_r;
wire rs1xn_rdrf_ena = rs1xn_rdrf_set |  rs1xn_rdrf_clr;
wire rs1xn_rdrf_nxt = rs1xn_rdrf_set | (~rs1xn_rdrf_clr);

sirv_gnrl_dffr #(1) rs1xn_rdrf_dffrs(rs1xn_rdrf_ena, rs1xn_rdrf_nxt,
rs1xn_rdrf_r, clk, rst_n);
```

// 生成使用第 1 個讀取通訊埠的致能訊號，該訊號將載入和 IR 位於同一級的 rs1 索引（index）暫存器，
// 從而讀取通用暫存器組
```
 assign bpu2rf_rs1_ena = rs1xn_rdrf_set;
```

// 如果存在 RAW 相關性，則將 bpu_wait 置 1，不僅如此，在使用第 1 個讀取通訊埠的時脈週期內
// 也會將 bpu_wait 置 1。此訊號將阻止 IFU 生成下一個 PC，直到相關性解除並且從通用暫存器組中
// 已經讀出 xn 的值，因此就性能而言，由於需要使用通用暫存器組的第 1 個讀取通訊埠讀取 xn 暫存器的值，
// 即使沒有資料相關性，最少也需要等待 1 個時脈週期
```
 assign bpu_wait = jalr_rs1x1_dep | jalr_rs1xn_dep | rs1xn_rdrf_set;
```

// 由於 PC 計算需要使用到加法器，為了節省面積，所有的 PC 計算均共用同一個加法器
// 此處生成分支預測器進行 PC 計算所需的運算元，並透過共用的加法器進行計算

// 生成加法器的運算元一
```
 assign prdt_pc_add_op1 = (dec_bxx | dec_jal) ? pc['E203_PC_SIZE-1:0]
                     : (dec_jalr & dec_jalr_rs1x0) ? ‹E203_PC_SIZE›b0
                     : (dec_jalr & dec_jalr_rs1x1) ? rf2bpu_x1['E203_PC_SIZE-1:0]
         // 如果指令是 jalr 指令且 rs1 為 xn 暫存器的值，便使用從通用暫存器組的第 1 個
         // 讀取通訊埠中讀取出來的 xn 暫存器的值
             : rf2bpu_rs1[‹E203_PC_SIZE-1:0];
```

// 使用立即數表示的偏移量，生成加法器的運算元二
```
 assign prdt_pc_add_op2 = dec_bjp_imm['E203_PC_SIZE-1:0];
```
...

7.3.4 PC 生成

　　PC 生成邏輯用於產生下一個待取指令的 PC，PC 生成根據情形需要不同
的處理方式。

- 對於重置後的第一次取指，使用蜂鳥 E203 處理器的 CPU-TOP 層輸入
  訊號 pc_rtvec 指示的值作為第一次取指的 PC 值。使用者可以透過在整
  合 SoC 頂層時，為此訊號指定不同的值來控制 PC 的重置預設值。

- 對於順序取指的情形，根據當前指令是 16 位元指令還是 32 位元指令

判斷自增值。如果當前指令是 16 位元指令，順序取指的下一行指令的
PC 為當前 PC 值加 2；如果是 32 位元指令，則順序取指的下一行指令
的 PC 為當前 PC 值加 4。

- 對於分支指令，則使用簡單 BPU 預測的目標位址。
- 對於來自 EXU 的管線更新，則使用 EXU 送過來的新 PC 值。

生成 PC 的相關原始程式碼在 e203_hbirdv2 目錄中的結構如下。

```
e203_hbirdv2
    |----rtl                                    // 存放 RTL 的目錄
        |----e203                               //E203 處理器核心和 SoC 的 RTL 目錄
            |----core                           // 存放 E203 處理器核心的 RTL 程式
                |----e203_ifu_ifetch.v          // 包含 PC 生成的 fetch 模組
```

生成 PC 的相關原始程式碼部分如下所示。

```
    //e203_ifu_ifetch.v 的原始程式碼部分

// 如果當前指令為 32 位元指令，則順序取指的下一行指令的 PC 需要加 4；不然加 2
  wire [2:0] pc_incr_ofst = minidec_rv32 ? 3›d4 : 3›d2;

  wire ['E203_PC_SIZE-1:0] pc_nxt_pre;
  wire ['E203_PC_SIZE-1:0] pc_nxt;

// 如果當前指令是分支跳躍指令，且簡單 BPU 預測需要跳躍，則跳躍取指
  wire bjp_req = minidec_bjp & prdt_taken;

// 由於 PC 計算需要使用到加法器，為了節省面積，所有的 PC 計算均共用同一個加法器
// 此處選擇加法器的輸入

  wire ['E203_PC_SIZE-1:0] pc_add_op1 =
                    // 如果跳躍取指，則使用簡單 BPU 產生的加法運算元一
                      bjp_req ? prdt_pc_add_op1    :
                    // 如果在重置後取指，則使用 pc_rtvec 訊號的值
                      ifu_reset_req   ? pc_rtvec :
                    // 不然順序取指，使用當前的 PC 值
                                    pc_r;

  wire ['E203_PC_SIZE-1:0] pc_add_op2 =
                    // 如果跳躍取指，則使用簡單 BPU 產生的加法運算元二
                      bjp_req ? prdt_pc_add_op2    :
                    // 如果在重置後取指，運算元二為 0，則相加後仍等於 pc_rtvec
                      ifu_reset_req   ? ‹E203_PC_SIZE›b0 :
                    // 不然順序取指，使用 PC 自增值
                                    pc_incr_ofst ;
```

```
// 在沒有重置，沒有刷新，指令不是分支跳躍指令的情況下，順序取指
  assign ifu_req_seq = (~pipe_flush_req_real) & (~ifu_reset_req) & (~bjp_req);

    // 加法器計算下一行待取指令的 PC 初值
  assign pc_nxt_pre = pc_add_op1 + pc_add_op2;

  assign pc_nxt =
      // 如果 EXU 產生管線更新，則使用 EXU 送過來的新 PC 值
        pipe_flush_req ? {pipe_flush_pc[<E203_PC_SIZE-1:1],1'b0} :
        dly_pipe_flush_req ? {pc_r[<E203_PC_SIZE-1:1],1'b0} :
      // 不然使用前面計算出的 PC 初值
        {pc_nxt_pre[<E203_PC_SIZE-1:1],1'b0};
...
    // 產生下一行待取指令的 PC 值
  sirv_gnrl_dffr #(<E203_PC_SIZE) pc_dffr (pc_ena, pc_nxt, pc_r, clk, rst_n);
```

7.3.5 存取 ITCM 和 BIU

1．支援 16 位元指令

RISC-V 架構定義的壓縮指令子集為 16 位元指令，而蜂鳥 E203 處理器為了提高程式密度選擇支援此指令子集，從而會出現程式流中的 32 位元和 16 位元指令混合在一起的情形，而 32 位元指令可能處於與 32 位元位址不對齊的位置。處理此種位址不對齊的情形成為蜂鳥 E203 處理器中 IFU 的設計困難，其相關原始程式碼在 e203_hbirdv2 目錄中的結構如下。

```
e203_hbirdv2
      |----rtl                          // 存放 RTL 的目錄
        |----e203                       //E203 處理器核心和 SoC 的 RTL 目錄
          |----core                     // 存放 E203 處理器核心的 RTL 程式
            |----e203_ifu_ift2icb.v      // 包含位址不對齊存取邏輯的模組
```

7.1.3 節介紹了取出位址不對齊指令的常見技術，蜂鳥 E203 處理器採取了其中的剩餘緩衝區技術。

IFU 每次取指的固定寬度為 32 位元，即每次試圖取回 32 位元的指令字。

如果存取的是 ITCM，由於 ITCM 是由 SRAM 組成的，因此上一次存取 SRAM 之後，SRAM 的輸出值會一直保持不變（直到 SRAM 被再次讀或寫過）。蜂鳥 E203 處理器的 IFU 會利用 SRAM 輸出保持不變的這個特點，而非將 ITCM 的輸出使用 D 觸發器暫存，此方法可以節省一個 64 位元的暫存器銷耗。

由於 ITCM 的 SRAM 寬度為 64 位元，因此其輸出為一個與 64 位元位址區間對齊的資料，在此稱為一個通道。假設按位址自動增加的順序取指，由於 IFU 每次只取 32 位元，因此會連續兩次或多次在同一個通道裡面存取。如果上一次已經存取了 ITCM 的 SRAM，下一次在同一個通道的存取不會再次真的讀取 SRAM（即不會打開 SRAM 的 CS 訊號），而利用 SRAM 的輸出保持不變的特點，可以避免 SRAM 重複打開造成的動態功耗。

如果順序取出一行 32 位元的指令且位址未對齊地跨越了 64 位元邊界，那麼會將 SRAM 當前輸出的最高 16 位元存入 16 位元寬的剩餘緩衝區之中，並發起新的 ITCM SRAM 存取操作，然後將新存取 ITCM SRAM 返回的低 16 位元與剩餘緩衝區中的值拼接成一行 32 位元的完整指令。因此，只需要在一個時脈週期內存取 ITCM 便可取回 32 位元指令，不會造成性能損失。

如果非順序取指（分支跳躍或管線更新等），且位址未對齊地跨越了 64 位元邊界，那麼就需要連續發起兩次 ITCM 讀取操作。將第一次讀回的高 16 位元並存入剩餘緩衝區中，將第二次讀回的低 16 位元與剩餘緩衝區中的值拼接成一行 32 位元的完整指令。因此需要兩個時脈週期的存取才能取回 32 位元指令，這會造成額外性能損失。由於蜂鳥 E203 處理器的 IFU 並沒有設計多體化的 ITCM，因此一個時脈週期的損失在所難免。由於蜂鳥 E203 處理器特別注意超低功耗的小面積，因此對此特性選擇放棄。

相關的原始程式碼部分如下所示。

```
//e203_ifu_ift2icb.v 的原始程式碼部分

// 處理位址未對齊取指的主要狀態機控制

localparam ICB_STATE_IDLE = 2'd0;
localparam ICB_STATE_1ST  = 2'd1;          // 位址未對齊的情況下，需要發起兩次讀取操作的第一
                                           // 次讀取狀態
localparam ICB_STATE_WAIT2ND = 2'd2;       // 第一次和第二次讀取之間的等候狀態
localparam ICB_STATE_2ND  = 2'd3;          // 位址未對齊的情況下，需要發起兩次讀取操作的第二
                                           // 次讀取狀態


wire [ICB_STATE_WIDTH-1:0] icb_state_nxt;
wire [ICB_STATE_WIDTH-1:0] icb_state_r;
wire icb_state_ena;
wire [ICB_STATE_WIDTH-1:0] state_idle_nxt  ;
```

```
   wire [ICB_STATE_WIDTH-1:0] state_1st_nxt     ;
   wire [ICB_STATE_WIDTH-1:0] state_wait2nd_nxt;
   wire [ICB_STATE_WIDTH-1:0] state_2nd_nxt     ;
   wire state_idle_exit_ena      ;
   wire state_1st_exit_ena       ;
   wire state_wait2nd_exit_ena  ;
   wire state_2nd_exit_ena       ;

   wire icb_sta_is_idle    = (icb_state_r == ICB_STATE_IDLE    );
   wire icb_sta_is_1st     = (icb_state_r == ICB_STATE_1ST     );
   wire icb_sta_is_wait2nd = (icb_state_r == ICB_STATE_WAIT2ND);
   wire icb_sta_is_2nd     = (icb_state_r == ICB_STATE_2ND     );
...
// 具體的狀態轉換請讀者自行閱讀原始程式碼
...

   assign icb_state_nxt =
             ({ICB_STATE_WIDTH{state_idle_exit_ena    }} & state_idle_nxt )
        |  ({ICB_STATE_WIDTH{state_1st_exit_ena     }} & state_1st_nxt  )
        |  ({ICB_STATE_WIDTH{state_wait2nd_exit_ena}} & state_wait2nd_nxt)
        |  ({ICB_STATE_WIDTH{state_2nd_exit_ena     }} & state_2nd_nxt  )
           ;

   sirv_gnrl_dffr #(ICB_STATE_WIDTH) icb_state_dffr (icb_state_ena, icb_
   state_nxt, icb_state_r, clk, rst_n);
...

   // 載入剩餘緩衝區的致能訊號
   assign leftover_ena =
       // 順序取指的過程中，若位址跨界，載入當前 ITCM 輸出的高 16 位元
           holdup2leftover_ena |
       // 非順序取指的過程中，若位址跨界且發起兩次讀取操作，第一次讀取操作返回後，載入輸出的高 16 位元
           uop1st2leftover_ena;

   assign leftover_nxt =
                    put2leftover_data[15:0] // 總是載入輸出的高 16 位元
                    ;
// 實現剩餘緩衝區的暫存器
   sirv_gnrl_dffl #(16)leftover_dffl(leftover_ena, leftover_nxt,leftover_r,     clk);
```

上述程式部分只是 e203_ifu_ift2icb 的全部程式的很小一部分，e203_ifu_ift2icb 模組可能是蜂鳥 E203 處理器的 IFU 中最複雜的模組。感興趣的讀者請自行閱讀 GitHub 中的原始程式碼。

2．生成 ICB 介面存取 ITCM 和 BIU 的模組

蜂鳥 E203 處理器的 IFU、ITCM 和 BIU 分開實現，IFU 使用標準的 ICB 協定進行介面連接。ICB 是蜂鳥 E203 處理器自訂的介面協定，有關此介面協定的詳細資訊，請參見 12.2 節。

生成 ICB 介面存取 ITCM 和 BIU 的模組的相關原始程式碼在 e203_hbirdv2 目錄中的結構如下。

```
e203_hbirdv2
    |----rtl                                    // 存放 RTL 的目錄
        |----e203                               //E203 處理器核心和 SoC 的 RTL 目錄
            |----core                           // 存放 E203 處理器核心的 RTL 程式
                |----e203_ifu_ift2icb.v         // 生成 ICB 介面存取 ITCM 和 BIU 的模組
```

IFU 有兩個 ICB 介面，一個用於存取 ITCM（資料寬度為 64 位元），另一個用於存取 BIU（資料寬度為 32 位元）。

根據 IFU 存取的位址區間進行判斷。如果存取的位址落在 ITCM 區間，則透過 ITCM 的 ICB 介面對其進行存取；不然透過 BIU 的 ICB 對外部記憶體進行存取。

相關原始程式碼部分如下所示。

```verilog
//e203_ifu_ift2icb.v 的原始程式碼部分

// 存取 ITCM 的 ICB 介面
 'ifdef E203_HAS_ITCM //{
 ////////////////////////////////////////////////////////////////
 ////////////////////////////////////////////////////////////////
 input ['E203_ADDR_SIZE-1:0] itcm_region_indic,
 output ifu2itcm_icb_cmd_valid,
 input  ifu2itcm_icb_cmd_ready,
 output ['E203_ITCM_ADDR_WIDTH-1:0]    ifu2itcm_icb_cmd_addr,

 input  ifu2itcm_icb_rsp_valid,
 output ifu2itcm_icb_rsp_ready,
 input  ifu2itcm_icb_rsp_err,
 input  ['E203_ITCM_DATA_WIDTH-1:0] ifu2itcm_icb_rsp_rdata,

 'endif//}

// 存取 BIU 的 ICB 介面
```

```
'ifdef E203_HAS_MEM_ITF //{
///////////////////////////////////////////////////
///////////////////////////////////////////////////
output ifu2biu_icb_cmd_valid,
input  ifu2biu_icb_cmd_ready,
output ['E203_ADDR_SIZE-1:0]    ifu2biu_icb_cmd_addr,

input  ifu2biu_icb_rsp_valid,
output ifu2biu_icb_rsp_ready,
input  ifu2biu_icb_rsp_err,
input  ['E203_SYSMEM_DATA_WIDTH-1:0] ifu2biu_icb_rsp_rdata,

 'endif//}
```

// 判斷位址存取位址區間是否落在 ITCM 區間
```
 'ifdef E203_HAS_ITCM //{
    // 使用比較邏輯比較位址的高位元基底位址是否與 ITCM 的基底位址相等
 assign ifu_icb_cmd2itcm = (ifu_icb_cmd_addr[‹E203_ITCM_BASE_REGION] == itcm_
 region_indic[‹E203_ITCM_BASE_REGION]);

    // 將 ITCM 的 ICB 命令通道的 valid 訊號拉高（如果存取 ITCM）
 assign ifu2itcm_icb_cmd_valid = ifu_icb_cmd_valid & ifu_icb_cmd2itcm;
...
 'endif//}

 'ifdef E203_HAS_MEM_ITF //{
    // 如果沒有落在 ITCM 區間，則需要存取 BIU
 assign ifu_icb_cmd2biu = 1›b1
        'ifdef E203_HAS_ITCM //{
          & ~(ifu_icb_cmd2itcm)
        'endif//}
          ;

    // 將 BIU 的 ICB 命令通道的 valid 訊號拉高（如果存取 BIU）
 wire ifu2biu_icb_cmd_valid_pre  = ifu_icb_cmd_valid & ifu_icb_cmd2biu;
 'endif//}
...
```

7.3.6 ITCM

蜂鳥 E203 處理器採用 ITCM 作為指令記憶體，IFU 有專門存取 ITCM 的資料通道（64 位元寬），同時 ITCM 也能夠透過 load、store 指令存取，因此 ITCM 本身也是記憶體子系統重要的一部分。有關 ITCM 的微架構細節，請參見 11.4.4 節，在此不做贅述。

值得強調的是，蜂鳥 E203 處理器的 ITCM 主體由一區塊資料寬度為 64 位元的單通訊埠 SRAM 組成。ITCM 的大小和基底位址（位於全域位址空間中的起始位址）可以透過 config.v 中的巨集定義參數設定。

ITCM 採用的資料寬度為 64 位元，這能夠取得更低的功耗銷耗，這樣做出於以下原因。

首先，對於容量不是特別大的 SRAM，使用資料寬度為 64 位元的 SRAM 在物理大小上比資料寬度為 32 位元的 SRAM 更加緊湊。因此在同樣容量大小下，ITCM 使用 64 位元的資料寬度比使用 32 位元的資料寬度面積更小。

其次，在執行程式的過程中，在大多數情形下 ITCM 順序取指令，而 64 位元寬的 ITCM 可以一次取出 64 位元的指令流，相比於從 32 位元寬的 ITCM 中連續讀取兩次取出 64 位元的指令流，唯讀一次 64 位元寬的 SRAM 能夠降低動態功耗。

7.3.7　BIU

如果取指令的位址不落在 ITCM 所在的區間，IFU 則會透過 BIU 存取外部的記憶體。有關 BIU 的微架構細節，請參見 12.4 節，在此不做贅述。

7.4　小結

取指是處理器設計中非常重要且複雜的一部分內容，為了「快」和「連續不斷」地取指，尤其是在涉及高級的動態分支預測時，取指部分的設計將非常複雜。

處理器微架構設計本身就是一個取捨的過程，與 RISC-V 架構的設計理念一樣，作者比較欣賞「簡單就是美」的硬體設計理念。硬體設計應該追求可靠、簡單而非複雜，所謂「好鋼用在刀刃上」，只對最常見的情形進行性能最佳化，而對不常見的情形，犧牲性能以換來硬體結構的簡單、可靠。

蜂鳥 E203 處理器的取指設計便始終貫穿此設計理念。蜂鳥 E203 處理器核心的設計目標是超低功耗導向的嵌入式處理器核心，它採取有取有捨的理念。

一方面，為了實現低功耗、小面積，蜂鳥 E203 處理器捨棄了很多複雜的技術，舉例來說，只採用靜態分支預測而未採用動態分支預測，只對 ITCM 存取進行最佳化，而對 BIU 存取放棄最佳化。

另一方面，蜂鳥 E203 處理器保證常見的情形下性能可觀，舉例來說，對 ITCM 區間內的順序取指，不管位址是否對齊，都能做得到「快」和「連續不斷」地取指。

因此，蜂鳥 E203 處理器最終的基準測試（benchmark）跑分在同等級的處理器核心中更具競爭力，同時仍然保持了相當小的面積和相當低的功耗。

第 8 章　一鼓作氣，執行力是關鍵
——執行

上一章介紹了處理器管線的取指單元，在管線中取指之後便要解碼和執行。執行力是關鍵，本章將簡介處理器的執行功能，並介紹蜂鳥 E203 處理器核心中執行單元（Execution Unit，EXU）的微架構和原始程式分析。

8.1　執行概述

8.1.1　指令解碼

在經典 5 級管線中，取指之後的下一級管線是解碼。由於指令所包含的資訊編碼在有限長度的指令字中（16 位元指令或 32 位元指令），因此需要解碼，將資訊從指令字中翻譯出來。常見的資訊如下。

- 指令所需要讀取的運算元暫存器索引。
- 指令需要寫回的暫存器索引。
- 指令的其他資訊，如指令類型、指令的操作資訊等。

在經典的 5 級管線中，在解碼階段直接使用譯出的讀取操作數暫存器索引，將運算元從通用暫存器組中讀取出來。

在此需要順便提及的是，並非所有的處理器管線都會在解碼階段讀取運算元。在目前許多高性能處理器中，普遍採用在每個運算單元前設定亂數發射佇列的方式，待指令的相關性解除之後並從發射佇列中發射出來時讀取通用暫存器組，然後送給運算單元開始計算。

8.1.2　指令執行

在經典的 5 級管線中，解碼且將運算元從通用暫存器組中讀取出來後的下一級管線是執行。顧名思義，執行便是根據指令的具體操作類型發射給具體的運算單元以操作。常見的運算單元有以下幾種。

- 算術邏輯運算單元（Arithmetic Logical Unit，ALU），主要負責普通邏輯運算、加減法運算和移位元運算等基本運算。
- 整數乘法單元，主要負責有號數或無號數中整數的乘法運算。
- 整數除法單元，主要負責有號數或無號數中整數的除法運算。
- 浮點運算單元，主要負責浮點指令的運算。由於浮點指令種類較多，因此浮點運算單元本身常分為多個不同的運算單元。

包含特殊指令（或擴充指令）的處理器核心會對應地包含特殊的運算單元。

8.1.3 管線的衝突

除根據指令的具體類型運算之外，指令執行時另外一個最重要的職能就是維護並解決管線的衝突，包括資源衝突和資料衝突（包括 WAW、WAR 和 RAW 等相關性）。管線衝突的基本概念和常見解決方法在第 6 章已經有所介紹，在此不贅述。

8.1.4 指令的交付

在經典的 5 級管線模型中，處理器的管線分為取指、解碼、執行、存取和寫回，其中並沒有提及交付，但指令的交付（commit）是處理器微架構中非常重要的功能。由於闡述交付功能需要較多篇幅，因此本書第 9 章會對其進行詳述。

8.1.5 指令發射、派遣、執行、寫回的順序

將指令發射給運算單元，由運算單元執行，然後寫回的相對順序，是執行時需要解決的重要問題。此處涉及兩個概念。

- 派遣（dispatch）：可以按順序派遣，也可以亂數派遣。
- 發射（issue）：可以按順序發射，也可以亂數發射。

對於派遣和發射，由於並沒有在經典的 5 級管線中提及，因此有必要先解釋其概念。

在處理器設計中，派遣和發射是兩個時常混用的定義。在簡單的處理器中，二者往往是同一個概念，都表示指令經過解碼之後，被派發到不同的運算單元並執行的過程，因此派遣或發射一般發生在管線的執行時。

根據每個時脈週期一次能夠發射的指令數，處理器可以分為單發射處理器和多發射處理器。單發射處理器是指處理器在每個時脈週期只能發射一行指令；多發射處理器是指處理器在每個時脈週期能夠發射多行指令，常見的有雙發射、三發射或四發射處理器。

注意，蜂鳥 E203 處理器核心的管線中使用「派遣」這個術語。

在一些比較高端的超過標準量處理器核心中，管線級數甚多，派遣和發射便可能有了不同的含義。派遣往往表示指令經過解碼之後被派發到不同的運算單元的等待佇列中的過程，而發射往往表示指令從運算單元的等待佇列中（解除了資料依賴性之後）發射到運算單元並開始執行的過程。

處理器中發射、派遣、執行和寫回的順序是處理器微架構設計中非常重要的一環。根據順序，處理器可以分為很多種流派，簡述如下。

1）順序發射，循序執行，順序寫回

這種策略往往出現在使用最簡單管線的處理器核心中，如經典的 5 級管線中，指令按順序發射，在運算單元中執行和寫回通用暫存器組。

這種策略是性能比較低的做法，硬體實現最簡單，面積最小。

2）順序發射，亂數執行，順序寫回

由於不同的指令類型往往需要不同的時脈週期，如除法指令往往要耗費幾十個時脈週期，而最簡單的邏輯運算僅需要一個時脈週期便可由 ALU 計算出來，因此如果一味地循序執行，則性能太差。

亂數執行是指在指令的執行時由不同的運算單元同時執行不同的指令，如在除法器執行除法指令期間，ALU 可以執行其他指令，從而提高性能。

但是在最終的寫回階段仍然要嚴格地按順序寫回，因此很多時候運算單元要等待其他的指令先寫回而將其運算單元本身的管線停滯。

3）順序發射，亂數執行，亂數寫回

在上述亂數執行的基礎上，如果讓運算單元也亂數地寫回，則可以進一步提高性能。

執行單元的亂數寫回方式繁多，可以分為很多種不同的實現，舉例如下。

有的處理器會配備重排序緩衝區（Re-Order Buffer，ROB），因此運算單元一旦執行完畢後，結果就將寫回 ROB，而非直接寫回通用暫存器組，最後由 ROB 按順序寫回通用暫存器組。這是一種典型的亂數寫回實現，性能很好，

不過這種方案存在著 ROB 往往因佔用的空間過大、資料被寫回兩次（先從運算單元到 ROB，再從 ROB 到通用暫存器組）而增加動態功耗的問題。

有的處理器並不使用 ROB，而使用統一的物理暫存器組實現。由一個統一的物理暫存器組動態地管理邏輯暫存器組的映射關係，運算單元一旦執行完畢後，就將結果亂數地寫回物理暫存器組中。此方法相比上述 ROB 方法而言資料只被寫回一次，因此功耗更低，不過流程控制更加複雜。

有的處理器既沒有 ROB，也沒有統一的物理暫存器組，但是仍然支持亂數寫回。各個運算單元一旦執行完畢後，如果它和其他運算單元中的指令沒有資料相關性，便可直接寫回通用暫存器組。

亂數寫回還可以有很多其他的實現方法，本書限於篇幅在此不加以贅述。

4）順序派遣，亂數發射，亂數執行，亂數寫回

這種區分了派遣和發射功能的處理器往往屬於高性能的超過標準量處理器。如前所述，在這種超過標準量處理器中，指令經過解碼後被順序地派遣到不同運算單元的等待佇列中，在等待佇列中可以有多行指令，先把解除了資料依賴性的指令發射到運算單元中並開始執行，因此發射是亂數的。

這種高性能處理器往往會配備 ROB 或統一的物理暫存器組，因此運算單元的亂數執行和亂數寫回可謂小菜一碟。

8.1.6 分支解析

在取指階段，對於帶條件分支指令，由於其條件的解析需要進行運算元運算（如大小比較操作），因此管線在取指階段無法得知該指令的條件跳躍結果是跳還是不跳，只能進行預測。

在執行時，通常需要使用 ALU 對指令進行條件判斷（如大小比較）。ALU 進行條件判斷的結果將用於解析分支指令是否真的需要跳躍，並且和之前預測的跳躍結果進行對比。如果真實的結果和預測的結果不一致，則表示之前的預測錯誤，需要進行管線更新，將預測取指中所取的指令都捨棄掉，重新按照真實的跳躍方向進行取指。

分支預測錯誤導致的管線更新會造成性能損失。管線越深，管線更新造成的性能損失越大。因此，從理論上來講，分支指令解析如果能夠發生在比較靠前端（取指）的管線，則其帶來的性能損失會相對小一些；反之，造成的性能損失就會相對大一些。在功能正確且滿足時序的情況下，如何儘量在比較靠前端的管線進行分支指令解析，是處理器微架構設計經常需要考慮的問題。

總之，指令執行時的概念相對容易理解，但是執行時不能夠被孤立地視為大量簡單的運算單元。執行時處於銜接前端取指和後端寫回的中樞位置，是決定處理器性能高低的主要部分。尤其是在高性能的處理器中，執行時是整個動態排程的核心部分，因此應該將執行時的功能與整體管線微架構綜合在一起。

8.2 RISC-V 架構的特點對於執行的簡化

上一節討論了處理器執行（包括解碼）的相關背景和技術，執行是處理器微架構的核心階段。第 2 章曾經探討過 RISC-V 架構追求簡化硬體的設計理念，具體對於執行（包括解碼）而言，RISC-V 架構的以下特點可以大幅簡化其硬體實現。

- 規整的指令編碼格式。
- 優雅的 16 位元指令。
- 精簡的指令個數。
- 整數指令的運算元個數是 1 或 2。

以下幾節分別予以論述。

8.2.1 規整的指令編碼格式

得益於後發優勢和多年來處理器發展的教訓，RISC-V 的指令集編碼非常規整，指令所需的通用暫存器的索引都放在固定的位置。因此指令解碼器（instruction decoder）可以非常便捷地解碼出暫存器索引，然後從通用暫存器組中讀取出操作數，同樣可以很容易地解碼出指令的類型和具體資訊。

8.2.2 優雅的 16 位元指令

RISC-V 架構為了提高程式密度，定義了一種可選的壓縮指令子集，由字母 C 表示。RISC-V 架構的精妙之處在於每一行 16 位元長的指令都有對應的 32 位元指令。因此解碼邏輯可以利用此特點將 16 位元指令展開成對應的 32 位元指令，從而使得管線後續部分看到的都是統一的 32 位元指令，執行時無須區分指令是 16 位元指令還是 32 位元指令。

8.2.3 精簡的指令個數

RISC-V 架構的指令集數目非常少，基本的 RISC-V 指令僅有 40 多筆，加上其他的模組化擴充指令總共有幾十行指令。指令數目精簡表示只需處理更少的情形，這可以簡化執行時的硬體設計負擔。

關於蜂鳥 E203 處理器支援的 RISC-V 指令清單，詳見附錄 A。

8.2.4 整數指令的運算元個數是 1 或 2

RISC-V 的整數指令的運算元個數是 1 或 2，沒有 3，這可以簡化運算元讀取和資料相關性檢測部分的硬體設計。

8.3 蜂鳥 E203 處理器的執行實現

蜂鳥 E203 處理器是兩級管線架構，其解碼、執行、交付和寫回功能均處於管線的第二級，由 EXU 完成，如圖 8-1 所示。

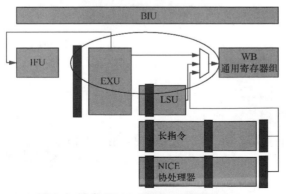

圖 8-1 蜂鳥 E203 處理器管線中的 EXU

8.3.1 執行指令清單

蜂鳥 E203 處理器支援的所有 RISC-V 指令集均需由 EXU 進行解碼、派遣和寫回。

關於蜂鳥 E203 處理器支持的 RISC-V 架構的指令清單，詳見附錄 A。

8.3.2 EXU 整體設計想法

蜂鳥 E203 處理器核心的 EXU 微架構如圖 8-2 所示，其主要功能如下。

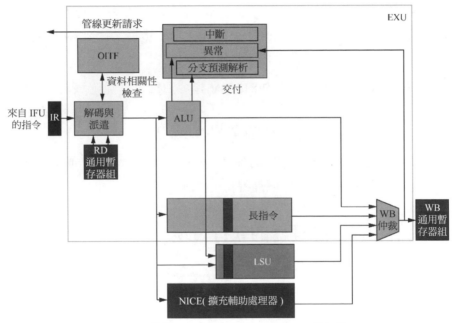

圖 8-2　蜂鳥 E203 處理器核心的 EXU 微架構

- 將 IFU 透過 IR 發送給 EXU 的指令進行解碼和派遣（見圖 8-2 中的解碼與派遣）。
- 透過解碼出的運算元暫存器索引讀取通用暫存器組（見圖 8-2 中的 RD 通用暫存器組）。
- 維護指令的資料相關性（見圖 8-2 中的 OITF）。
- 將指令派遣給不同的運算單元並執行（見圖 8-2 中的 ALU、長指令、LSU 以及 NICE）。

- 將指令交付（見圖 8-2 中的交付）。
- 將指令運算的結果寫回通用暫存器組（見圖 8-2 中的 WB 仲裁）。

下面幾節對 EXU 的不同子模組予以論述。

8.3.3 解碼

解碼模組主要用於對 IR 中的指令進行解碼。

解碼的相關原始程式碼在 e203_hbirdv2 目錄中的結構如下。

```
e203_hbirdv2
    |----rtl                        // 存放 RTL 的目錄
        |----e203                   //E203 處理器核心和 SoC 的 RTL 目錄
            |----core               // 存放 E203 處理器核心的 RTL 程式
                |----e203_exu_decode.v          // 解碼模組
```

解碼模組完全由組合邏輯組成。其主要邏輯即根據 RISC-V 架構的指令編碼規則進行解碼，產生不同的指令類型資訊、運算元暫存器索引等。相關原始程式碼部分如下所示。

```
//e203_exu_decode.v 的原始程式碼部分

module e203_exu_decode(

    //////////////////////////////////////////////////////

// 以下為從 IFU 輸入解碼模組的訊號

    input  ['E203_INSTR_SIZE-1:0] i_instr, // 來自 IFU 的 32 位元指令
    input  ['E203_PC_SIZE-1:0] i_pc,        // 來自 IFU 的當前指令對應 PC 值
    input  i_prdt_taken,
    input  i_misalgn,               // 表明當前指令出現了取指未對齊異常
    input  i_buserr,                // 表明當前指令出現了取指記憶體存取錯誤


    //////////////////////////////////////////////////////

// 以下為對指令進行解碼得到的資訊

    output dec_rs1x0, // 該指令的源運算元 1 的暫存器索引為 x0
    output dec_rs2x0, // 該指令的源運算元 2 的暫存器索引為 x0
    output dec_rs1en, // 該指令需要讀取源運算元 1
    output dec_rs2en, // 該指令需要讀取源運算元 2
    output dec_rdwen, // 該指令需要寫入結果運算元
    output ['E203_RFIDX_WIDTH-1:0] dec_rs1idx,// 該指令的源運算元 1 的暫存器索引
```

```
  output ['E203_RFIDX_WIDTH-1:0] dec_rs2idx,// 該指令的源運算元 2 的暫存器索引
  output ['E203_RFIDX_WIDTH-1:0] dec_rdidx, // 該指令的結果暫存器索引
  output ['E203_DECINFO_WIDTH-1:0] dec_info,// 該指令的其他資訊，將其打包為一組
                                            // 寬訊號，稱為資訊匯流排
  output ['E203_XLEN-1:0] dec_imm,          // 該指令使用的立即數的值
...
  output dec_ilegl, // 經過解碼後，發現本指令是非法指令
...


// 以下為解碼器的部分關鍵程式解析
// 對於 32 位元指令的解碼比較直接，因為指令編碼比較規整。而對於 16 位元指令的解碼相對比較複雜，因為
// 指令編碼沒有 32 位元指令規整

// 該指令為 32 位元指令還是 16 位元指令的指示訊號
wire rv32 = (~(i_instr[4:2] == 3'b111)) & opcode_1_0_11;
...
// 取出 32 位元指令的關鍵編碼段
  wire [4:0]  rv32_rd    = rv32_instr[11:7];  //32 位元指令的結果運算元索引
  wire [2:0]  rv32_func3 = rv32_instr[14:12]; //32 位元指令的 func3 段
  wire [4:0]  rv32_rs1   = rv32_instr[19:15]; //32 位元指令的源運算元 1 索引
  wire [4:0]  rv32_rs2   = rv32_instr[24:20]; //32 位元指令的源運算元 2 索引
  wire [6:0]  rv32_func7 = rv32_instr[31:25]; //32 位元指令的 func7 段

// 同理，取出 16 位元指令的關鍵編碼段
  wire [4:0]  rv16_rd    = rv32_rd;
  wire [4:0]  rv16_rs1   = rv16_rd;
  wire [4:0]  rv16_rs2   = rv32_instr[6:2];

  wire [4:0]  rv16_rdd   = {2'b01,rv32_instr[4:2]};
  wire [4:0]  rv16_rss1  = {2'b01,rv32_instr[9:7]};
  wire [4:0]  rv16_rss2  = rv16_rdd;

  wire [2:0]  rv16_func3 = rv32_instr[15:13];

// 以下為對 32 位元指令的指令類型解碼
  wire rv32_load     = opcode_6_5_00 & opcode_4_2_000 & opcode_1_0_11;
  wire rv32_store    = opcode_6_5_01 & opcode_4_2_000 & opcode_1_0_11;
  wire rv32_madd     = opcode_6_5_10 & opcode_4_2_000 & opcode_1_0_11;
  wire rv32_branch   = opcode_6_5_11 & opcode_4_2_000 & opcode_1_0_11;

  wire rv32_load_fp  = opcode_6_5_00 & opcode_4_2_001 & opcode_1_0_11;
  wire rv32_store_fp = opcode_6_5_01 & opcode_4_2_001 & opcode_1_0_11;
  ...

// 同理，以下為對 16 位元指令的指令類型解碼
  wire rv16_addi4spn    = opcode_1_0_00 & rv16_func3_000;//
  wire rv16_lw          = opcode_1_0_00 & rv16_func3_010;//
  wire rv16_sw          = opcode_1_0_00 & rv16_func3_110;//
```

```
  wire rv16_addi         = opcode_1_0_01 & rv16_func3_000;//
  wire rv16_jal          = opcode_1_0_01 & rv16_func3_001;//
  wire rv16_li           = opcode_1_0_01 & rv16_func3_010;//
...
  wire rv16_swsp         = opcode_1_0_10 & rv16_func3_110;//

// 生成 BJP 單元所需的資訊匯流排
  wire bjp_op = dec_bjp | rv32_mret | (rv32_dret & (~rv32_dret_ilgl)) | rv32_
  fence_fencei;

  wire ['E203_DECINFO_BJP_WIDTH-1:0] bjp_info_bus;
  assign bjp_info_bus['E203_DECINFO_GRP     ]   = 'E203_DECINFO_GRP_BJP;
  assign bjp_info_bus['E203_DECINFO_RV32    ]   = rv32;
  assign bjp_info_bus['E203_DECINFO_BJP_JUMP ]  = dec_jal | dec_jalr;
  assign bjp_info_bus['E203_DECINFO_BJP_BPRDT]  = i_prdt_taken;
  assign bjp_info_bus['E203_DECINFO_BJP_BEQ ]   = rv32_beq | rv16_beqz;
  assign bjp_info_bus['E203_DECINFO_BJP_BNE ]   = rv32_bne | rv16_bnez;
...

// 生成普通 ALU 所需的資訊匯流排
  wire alu_op = (~rv32_sxxi_shamt_ilgl) & (~rv16_sxxi_shamt_ilgl);
...
  wire need_imm;
  wire ['E203_DECINFO_ALU_WIDTH-1:0] alu_info_bus;
  assign alu_info_bus['E203_DECINFO_GRP     ]   = 'E203_DECINFO_GRP_ALU;
  assign alu_info_bus['E203_DECINFO_RV32    ]   = rv32;
...
  assign alu_info_bus['E203_DECINFO_ALU_SUB]    = rv32_sub  | rv16_sub;
  assign alu_info_bus['E203_DECINFO_ALU_SLT]    = rv32_slt  | rv32_slti;
  assign alu_info_bus['E203_DECINFO_ALU_SLTU]   = rv32_sltu | rv32_sltiu;
 ...

// 生成 CSR 單元所需的資訊匯流排
  wire csr_op = rv32_csr;
  wire ['E203_DECINFO_CSR_WIDTH-1:0] csr_info_bus;
  assign csr_info_bus['E203_DECINFO_GRP     ]   = 'E203_DECINFO_GRP_CSR;
  assign csr_info_bus['E203_DECINFO_RV32    ]   = rv32;
  assign csr_info_bus['E203_DECINFO_CSR_CSRRW ] = rv32_csrrw | rv32_csrrwi;
  assign csr_info_bus['E203_DECINFO_CSR_CSRRS ] = rv32_csrrs | rv32_csrrsi;
  assign csr_info_bus['E203_DECINFO_CSR_CSRRC ] = rv32_csrrc | rv32_csrrci;
  assign csr_info_bus['E203_DECINFO_CSR_RS1IMM]  = rv32_csrrwi | rv32_csrrsi |
  rv32_csrrci;
  assign csr_info_bus['E203_DECINFO_CSR_ZIMM ] = rv32_rs1;
  assign csr_info_bus['E203_DECINFO_CSR_RS1IS0] = rv32_rs1_x0;
  assign csr_info_bus['E203_DECINFO_CSR_CSRIDX] = rv32_instr[31:20];
...

// 生成乘除法單元所需的資訊匯流排
```

```
    wire muldiv_op = rv32_op & rv32_func7_0000001;

    wire ['E203_DECINFO_MULDIV_WIDTH-1:0] muldiv_info_bus;
    assign muldiv_info_bus[`E203_DECINFO_GRP          ] = `E203_DECINFO_GRP_MULDIV;
    assign muldiv_info_bus[`E203_DECINFO_RV32         ] = rv32          ;
    assign muldiv_info_bus[`E203_DECINFO_MULDIV_MUL   ] = rv32_mul      ;
    assign muldiv_info_bus[`E203_DECINFO_MULDIV_MULH  ] = rv32_mulh     ;
    assign muldiv_info_bus[`E203_DECINFO_MULDIV_MULHSU] = rv32_mulhsu   ;
    assign muldiv_info_bus[`E203_DECINFO_MULDIV_MULHU ] = rv32_mulhu    ;
...
```

```
// 生成 AGU 所需的資訊匯流排。AGU 是 ALU 的子單元，用於處理 amo 和 Load、Store 指令
    wire   amoldst_op = rv32_amo | rv32_load | rv32_store | rv16_lw | rv16_sw |
    (rv16_lwsp & (~rv16_lwsp_ilgl)) | rv16_swsp;

    wire ['E203_DECINFO_AGU_WIDTH-1:0] agu_info_bus;
    assign agu_info_bus[`E203_DECINFO_GRP     ] = `E203_DECINFO_GRP_AGU;
    assign agu_info_bus[`E203_DECINFO_RV32    ] = rv32;
    assign agu_info_bus[`E203_DECINFO_AGU_LOAD  ] = rv32_load  | rv32_lr_w |
    rv16_lw | rv16_lwsp;
    assign agu_info_bus[`E203_DECINFO_AGU_STORE ] = rv32_store | rv32_sc_w |
    rv16_sw | rv16_swsp;
    assign agu_info_bus[`E203_DECINFO_AGU_SIZE  ] = lsu_info_size;
    assign agu_info_bus[`E203_DECINFO_AGU_USIGN ] = lsu_info_usign;
    assign agu_info_bus[`E203_DECINFO_AGU_EXCL  ] = rv32_lr_w | rv32_sc_w;
    assign agu_info_bus[`E203_DECINFO_AGU_AMO   ] = rv32_amo & (~(rv32_lr_w |
    rv32_sc_w));
    assign agu_info_bus[`E203_DECINFO_AGU_AMOSWAP] = rv32_amoswap_w;
    assign agu_info_bus[`E203_DECINFO_AGU_AMOADD ] = rv32_amoadd_w ;
    assign agu_info_bus[`E203_DECINFO_AGU_AMOAND ] = rv32_amoand_w ;
...
```

```
// 以下邏輯是典型的 5 輸入平行多路選擇器（使用 Verilog assign 語法編碼 And-Or 邏輯），選擇訊
// 號是指令類型訊號（如 alu_op、bjp_op 等），從而根據不同的指令分組，將它們的資訊匯流排經過平行
// 多路選擇的方式重複使用到統一的輸出訊號 dec_info 上
    assign dec_info =
          (({'E203_DECINFO_WIDTH{alu_op}}    & {{'E203_DECINFO_WIDTH-'E203_
          DECINFO_ALU_WIDTH{1'b0}},alu_info_bus})
          | ({'E203_DECINFO_WIDTH{amoldst_op}} & {{'E203_DECINFO_WIDTH-'E203_
          DECINFO_AGU_WIDTH{1'b0}},agu_info_bus})
          | ({'E203_DECINFO_WIDTH{bjp_op}}   & {{'E203_DECINFO_WIDTH-'E203_
          DECINFO_BJP_WIDTH{1'b0}},bjp_info_bus})
          | ({'E203_DECINFO_WIDTH{csr_op}}   & {{'E203_DECINFO_WIDTH-'E203_
          DECINFO_CSR_WIDTH{1'b0}},csr_info_bus})
          | ({'E203_DECINFO_WIDTH{muldiv_op}} & {{'E203_DECINFO_WIDTH-'E203_
          DECINFO_CSR_WIDTH{1'b0}},muldiv_info_bus})
             ;
```

```
// 判斷是否需要讀取暫存器運算元 1、暫存器運算元 2，是否需要寫回結果暫存器
```

```
  wire rv32_need_rd =
                 (~rv32_rd_x0) & (
              (
               (~rv32_branch) & (~rv32_store)
             & (~rv32_fence_fencei)
             & (~rv32_ecall_ebreak_ret_wfi)
              )
                 );
...
  wire rv32_need_rs1 =
              ...

  wire rv32_need_rs2 = (~rv32_rs2_x0) & (
           ...
```

// 解碼出指令的立即數，不同的指令類型有不同的立即數編碼形式，需要解碼

// 首先，解碼 32 位元指令的不同立即數格式

```
  wire [31:0]  rv32_i_imm = {
                       {20{rv32_instr[31]}}
                        , rv32_instr[31:20]
                        };
                  ...
  wire [31:0]  rv32_s_imm = {
                        ...

  wire [31:0]  rv32_b_imm = {
                        ...

  wire [31:0]  rv32_u_imm = {
                        ...

  wire [31:0]  rv32_j_imm = {
                        ...
```

// 其次，解碼 16 位元指令的不同立即數格式

```
  wire rv16_imm_sel_cis = rv16_lwsp;
  wire [31:0]  rv16_cis_imm ={
                   24' b0
                 , rv16_instr[3:2]
                 , rv16_instr[12]
                 , rv16_instr[6:4]
                 , 2' b0
                  };
                  ...
```

```
 wire [31:0]  rv16_cis_d_imm ={
                      ...

 wire [31:0]  rv16_cili_imm ={
                      ...

 wire [31:0]  rv16_cilui_imm ={
                      ...

 wire [31:0]  rv16_ci16sp_imm ={
                      ...
```

//以下邏輯是典型的 5 輸入平行多路選擇器，根據 32 位元立即數的類型，選擇生成 32 位元指令最終的
// 立即數

```
 wire [31:0]  rv32_imm =
                   ({32{rv32_imm_sel_i}} & rv32_i_imm)
                 | ({32{rv32_imm_sel_s}} & rv32_s_imm)
                 | ({32{rv32_imm_sel_b}} & rv32_b_imm)
                 | ({32{rv32_imm_sel_u}} & rv32_u_imm)
                 | ({32{rv32_imm_sel_j}} & rv32_j_imm)
                  ;
```

 // 以下邏輯是典型的 10 輸入平行多路選擇器，根據 16 位元立即數的類型，選擇生成 16 位元指令最終的
 // 立即數
```
 wire [31:0]  rv16_imm =
                   ({32{rv16_imm_sel_cis    }} & rv16_cis_imm)
                 | ({32{rv16_imm_sel_cili   }} & rv16_cili_imm)
                 | ({32{rv16_imm_sel_cilui  }} & rv16_cilui_imm)
                 | ({32{rv16_imm_sel_ci16sp}} & rv16_ci16sp_imm)
                 | ({32{rv16_imm_sel_css    }} & rv16_css_imm)
                 | ({32{rv16_imm_sel_ciw    }} & rv16_ciw_imm)
                 | ({32{rv16_imm_sel_cl     }} & rv16_cl_imm)
                 | ({32{rv16_imm_sel_cs     }} & rv16_cs_imm)
                 | ({32{rv16_imm_sel_cb     }} & rv16_cb_imm)
                 | ({32{rv16_imm_sel_cj     }} & rv16_cj_imm)
                  ;
```

 // 根據指令是 16 位元還是 32 位元指令，選擇生成最終的立即數
```
 assign dec_imm = rv32 ? rv32_imm : rv16_imm;
```

// 根據指令是 16 位元還是 32 位元指令，選擇生成最終的運算元暫存器索引
```
 assign dec_rs1idx = rv32 ? rv32_rs1[`E203_RFIDX_WIDTH-1:0] : rv16_rs1idx;
 assign dec_rs2idx = rv32 ? rv32_rs2[`E203_RFIDX_WIDTH-1:0] : rv16_rs2idx;
 assign dec_rdidx  = rv32 ? rv32_rd [`E203_RFIDX_WIDTH-1:0] : rv16_rdidx ;
...
```

// 解碼出不同的非法指令情形

```
assign dec_ilegl =
        (rv_all0s1s_ilgl)
      | (rv_index_ilgl)
      | (rv16_addi16sp_ilgl)
      | (rv16_addi4spn_ilgl)
      | (rv16_li_lui_ilgl)
      | (rv16_sxxi_shamt_ilgl)
      | (rv32_sxxi_shamt_ilgl)
      | (rv32_dret_ilgl)
      | (rv16_lwsp_ilgl)
      | (~legl_ops);
```

8.3.4 整數通用暫存器組

整數通用暫存器組（Integer Register File，Integer-Regfile）模組主要用於實現 RISC-V 架構定義的整數通用暫存器組。

RISC-V 架構的整數指令都是單運算元或兩運算元指令，且蜂鳥 E203 處理器屬於單發射（一次發射派遣一行指令）的微架構，因此整數通用暫存器組模組最多只需要支援兩個讀取通訊埠。同時，蜂鳥 E203 處理器的寫回策略是按順序每次寫回一行指令，因此 Integer-Regfile 模組只需要支援一個寫入通訊埠。

基於以上要點，蜂鳥 E203 處理器核心的整數通用暫存器組模組的微架構如圖 8-3 所示。

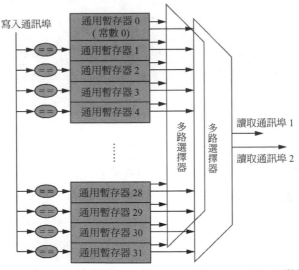

圖 8-3 蜂鳥 E203 處理器核心的整數通用暫存器組模組的微架構

整數通用暫存器組模組的相關原始程式碼在 e203_hbirdv2 目錄中的結構如下。

```
e203_hbirdv2
    |----rtl                                    // 存放 RTL 的目錄
        |----e203                               //E203 處理器核心和 SoC 的 RTL 目錄
            |----core                           // 存放 E203 處理器核心的 RTL 程式
                |----e203_exu_regfile.v         // 整數通用暫存器組模組
```

如圖 8-3 所示，整數通用暫存器組模組的寫入通訊埠邏輯將輸入的結果暫存器索引和各自的暫存器號進行比較，產生寫入致能訊號，致能的通用暫存器將資料寫入暫存器（由於 x0 暫存器表示常數，因此無須寫入）。

整數通用暫存器組模組的每個讀取通訊埠都是一個純粹的平行多路選擇器，多路選擇器的選擇訊號即讀取操作數的暫存器索引。為了降低功耗，讀取通訊埠的暫存器索引訊號（用於平行多路選擇器的選擇訊號）由專用的暫存器暫存，只有在執行需要讀取操作數的指令時才會載入（否則保持不變），從而降低讀取通訊埠的動態功耗。請參見第 15 章以了解更多低功耗設計的訣竅。

整數通用暫存器組模組有兩個可設定選項，可以透過 config.v 中的巨集進行設定。

通用暫存器的個數可以由巨集 E203_CFG_REGNUM_IS_32 或 E203_CFG_REGNUM_IS_16 指定為 32（對於 RV32I 架構）或 16（對於 RV32E 架構）。

通用暫存器可以用鎖相器（latch）實現，可以由巨集 E203_CFG_REGFILE_LATCH_BASED 進行設定。如果沒有定義此巨集，通用暫存器則由 D 觸發器（D Flip-Flop，DFF）實現。使用鎖相器能夠顯著地減少整數通用暫存器組模組佔用的空間並降低功耗，但是會給 ASIC 流程帶來某些困難，使用者可以自行選擇是否使用。

config.v 檔案在 e203_hbirdv2 目錄中的結構如下。請參見 4.6 節以了解蜂鳥 E203 處理器的更多可設定資訊。

```
e203_hbirdv2
    |----rtl                                    // 存放 RTL 的目錄
        |----e203                               //E203 處理器核心和 SoC 的 RTL 目錄
            |----core                           // 存放 E203 處理器核心相關模組的 RTL 程式
                |----config.v                   // 設定設定的原始檔案
```

整數通用暫存器組模組的相關原始程式碼部分如下所示。

```verilog
//e203_exu_regfile.v 的原始程式碼部分

// 使用二維陣列定義通用暫存器組
  wire ['E203_XLEN-1:0] rf_r ['E203_RFREG_NUM-1:0];
  wire ['E203_RFREG_NUM-1:0] rf_wen;

  'ifdef E203_REGFILE_LATCH_BASED //{
// 如果使用鎖相器實現通用暫存器，則需要將寫入通訊埠使用 DFF 專門暫存一拍，以防止鎖相器帶來的
// 寫入通訊埠至讀取通訊埠之間的鎖相器穿通效應
  wire ['E203_XLEN-1:0] wbck_dest_dat_r;
  sirv_gnrl_dffl #('E203_XLEN)wbck_dat_dffl (wbck_dest_wen, wbck_dest_
  dat, wbck_dest_dat_r, clk);
  wire ['E203_RFREG_NUM-1:0] clk_rf_ltch;
  'endif//}


  genvar i;
  generate //{// 透過使用參數化的 generate 語法生成通用暫存器組的邏輯

      for (i=0; i<'E203_RFREG_NUM; i=i+1) begin:regfile//{

        if(i==0) begin: rf0
          //x0 表示常數 0，因此無須產生寫入邏輯
            assign rf_wen[i] = 1'b0;
            assign rf_r[i] = 'E203_XLEN'b0;
          'ifdef E203_REGFILE_LATCH_BASED //{
            assign clk_rf_ltch[i] = 1'b0;
          'endif//}
        end
        else begin: rfno0
          // 透過對結果暫存器的索引號和暫存器號進行比較產生寫入致能訊號
            assign rf_wen[i] = wbck_dest_wen & (wbck_dest_idx == i) ;
          'ifdef E203_REGFILE_LATCH_BASED //{
              // 如果使用鎖相器的設定，則為每一個通用暫存器設定一個閘控時脈以
              // 降低功耗
            e203_clkgate u_e203_clkgate(
              .clk_in  (clk  ),
              .test_mode(test_mode),
              .clock_en(rf_wen[i]),
              .clk_out (clk_rf_ltch[i])
            );
              // 如果使用鎖相器的設定，則實體化鎖相器以實現通用暫存器
            sirv_gnrl_ltch #('E203_XLEN) rf_ltch (clk_rf_ltch[i], wbck_dest_
            dat_r, rf_r[i]);
          'else//}{
```

```
            // 如果不使用鎖相器的設定，則實體化 DFF 以實現通用暫存器
            // 由於此處有明確的 Load-enable 訊號，綜合工具會自動插入時脈閘控
            // 以降低功耗

            sirv_gnrl_dffl #(<E203_XLEN) rf_dffl (rf_wen[i], wbck_dest_dat,
            rf_r[i], clk);
          'endif//}
       end

    end//}
endgenerate//}

    // 每個讀取通訊埠都是一個純粹的平行多路選擇器
    // 多路選擇器的選擇訊號即讀取操作數的暫存器索引
assign read_src1_dat = rf_r[read_src1_idx];
assign read_src2_dat = rf_r[read_src2_idx];
```

8.3.5　CSR

RISC-V 架構中定義了一些控制和狀態暫存器（Control and Status Register，CSR），用於設定或記錄一些執行的狀態。CSR 是處理器核心內部的暫存器，使用其自己的位址編碼空間，與記憶體定址的位址區間完全無關係。請參見附錄 B 以了解 CSR 的列表與詳細資訊。

CSR 的存取採用專用的 CSR 讀寫指令，包括 csrrw、csrrs、csrrc、csrrwi、csrrsi、csrrci 指令，請參見附錄 A 以了解指令的具體資訊。

蜂鳥 E203 處理器的 EXU 中的 CSR 模組主要用於實現蜂鳥 E203 處理器所支持的 CSR 功能。

CSR 模組的相關原始程式碼在 e203_hbirdv2 目錄中的結構如下。

```
e203_hbirdv2
    |----rtl                              // 存放 RTL 的目錄
        |----e203                         //E203 處理器核心和 SoC 的 RTL 目錄
            |----core                     // 存放 E203 處理器核心的 RTL 程式
                |----e203_exu_csr.v       //CSR 模組
```

在 ALU 模組中的 CSR 讀寫控制模組會產生 CSR 讀寫控制訊號，而 CSR 模組則嚴格按照 RISC-V 架構的定義實現各個 CSR 的具體功能。其相關原始程式碼部分如下所示。

```
//e203_exu_csr.v 的原始程式碼部分

  input csr_ena,     // 來自 ALU 的 CSR 讀寫致能訊號
  input csr_wr_en,   //CSR 寫入操作指示訊號
  input csr_rd_en,   //CSR 讀取操作指示訊號
  input [12-1:0] csr_idx,//CSR 的位址索引

  output ['E203_XLEN-1:0] read_csr_dat,// 讀取操作從 CSR 模組中讀出的資料
  input  ['E203_XLEN-1:0] wbck_csr_dat,// 寫入操作寫入 CSR 模組的資料

  ...
// 以 mtvec 暫存器為例

// 實現 mtvec 暫存器
wire sel_mtvec = (csr_idx == 12'h305);      // 對 CSR 索引進行解碼以判斷是否選中 mtvec 暫存器
wire rd_mtvec = csr_rd_en & sel_mtvec;
wire wr_mtvec = sel_mtvec & csr_wr_en;
wire mtvec_ena = (wr_mtvec & wbck_csr_wen); // 產生寫入 mtvec 暫存器致能訊號
wire ['E203_XLEN-1:0] mtvec_r;
wire ['E203_XLEN-1:0] mtvec_nxt = wbck_csr_dat;
        // 實體化生成 mtvec 暫存器的 DFF
sirv_gnrl_dfflr #('E203_XLEN) mtvec_dfflr (mtvec_ena, mtvec_nxt, mtvec_r,
clk, rst_n);
wire ['E203_XLEN-1:0] csr_mtvec = mtvec_r;
...

// 對於讀取位址不存在的 CSR，返回資料為 0。對於寫入位址不存在的 CSR，則忽略此寫入操作
// 蜂鳥 E203 處理器對 CSR 存取不會產生異常

// 生成 CSR 讀取操作所需的資料，本質上該邏輯是使用 And-Or 方式實現的平行多路選擇器
assign read_csr_dat = 'E203_XLEN'b0
            | (('E203_XLEN{rd_mstatus }} & csr_mstatus  )
            | (('E203_XLEN{rd_mie     }} & csr_mie      )
            | (('E203_XLEN{rd_mtvec   }} & csr_mtvec    )
            | (('E203_XLEN{rd_mepc    }} & csr_mepc     )
            | (('E203_XLEN{rd_mscratch }} & csr_mscratch )
            | (('E203_XLEN{rd_mcause  }} & csr_mcause   )
            | (('E203_XLEN{rd_mbadaddr }} & csr_mbadaddr )
            | (('E203_XLEN{rd_mip     }} & csr_mip      )
            | (('E203_XLEN{rd_misa    }} & csr_misa     )
            | (('E203_XLEN{rd_mvendorid}} & csr_mvendorid)
            | (('E203_XLEN{rd_marchid }} & csr_marchid  )
            | (('E203_XLEN{rd_mimpid  }} & csr_mimpid   )
            | (('E203_XLEN{rd_mhartid }} & csr_mhartid  )
            | (('E203_XLEN{rd_mcycle  }} & csr_mcycle   )
            | (('E203_XLEN{rd_mcycleh }} & csr_mcycleh  )
            | (('E203_XLEN{rd_minstret }} & csr_minstret )
```

```
    | ({'E203_XLEN{rd_minstreth}} & csr_minstreth)
    | ({'E203_XLEN{rd_mcounterstop}} & csr_mcounterstop)
    | ({'E203_XLEN{rd_mcgstop}} & csr_mcgstop)
    | ({'E203_XLEN{rd_dcsr    }} & csr_dcsr    )
    | ({'E203_XLEN{rd_dpc     }} & csr_dpc     )
    | ({'E203_XLEN{rd_dscratch }} & csr_dscratch)
    ;
...
```

蜂鳥 E203 處理器在標準的 RISC-V 架構定義的基礎上，還增加了若干自訂的 CSR。關於蜂鳥 E203 處理器自訂的 CSR 列表，詳見附錄 B。

8.3.6 指令發射、派遣

8.1.5 節已經詳細介紹了發射和派遣的概念，在此不再贅述。

由於蜂鳥 E203 處理器是簡單的兩級管線微架構，派遣或發射發生在管線的執行時，指的是同一個概念，即表示指令經過解碼且從暫存器組中讀取運算元之後被派發到不同的運算單元並執行的過程。蜂鳥 E203 處理器核心的管線中使用派遣這個術語，因此本節之後將統一使用派遣。

蜂鳥 E203 處理器的派遣功能由派遣模組和 ALU 模組聯合完成。

派遣和 ALU 的相關原始程式碼在 e203_hbirdv2 目錄中的結構如下。

```
e203_hbirdv2
    |----rtl                                    // 存放 RTL 的目錄
        |----e203                               //E203 處理器核心和 SoC 的 RTL 目錄
            |----core                           // 存放 E203 處理器核心的 RTL 程式
                |----e203_exu_disp.v            //Dispatch 模組
                |----e203_exu_alu.v             //ALU 模組
```

蜂鳥 E203 處理器執行時的派遣機制的特別之處如下。

其所有指令必須被派遣給 ALU，並且透過 ALU 與交付模組的介面進行交付。有關交付的詳細資訊，請參見第 9 章。

如果指令是長指令，需透過 ALU 進一步將其發送至對應的長指令運算單元。舉例來說，屬於長指令類型的 Load/Store 指令便透過 ALU 的 AGU 子單元被進一步發送至 LSU 並執行。有關長指令的定義，請參見 8.3.7 節，有關 AGU 和 LSU 的實現，請參見 11.4.2 節和 11.4.3 節。

由於所有的指令都需要透過 ALU，因此實際的派遣功能發生在 ALU 的內部。由於蜂鳥 E203 處理器的解碼模組在進行解碼時，已經根據執行指令的運算單元進行了分組，並且解碼出了其對應的指示訊號，所以可以按照其指示訊號將指令派遣給對應的運算單元。相關原始程式碼部分如下。

```
//e203_exu_disp.v 的原始程式碼部分

// 將指令派遣給 ALU 的介面採用 valid-ready 模式的握手訊號。由於所有的指令都會被派遣給 ALU，
// 因此此處直接對接
  wire    disp_i_ready_pos = disp_o_alu_ready;
  assign disp_o_alu_valid = disp_i_valid_pos;

// 將運算元派遣給 ALU
  assign disp_o_alu_rs1   = disp_i_rs1_msked;
  assign disp_o_alu_rs2   = disp_i_rs2_msked;

// 將指令資訊派遣給 ALU
  assign disp_o_alu_rdwen = disp_i_rdwen; // 指令是否寫回結果暫存器
  assign disp_o_alu_rdidx = disp_i_rdidx; // 指令寫回的結果暫存器索引
  assign disp_o_alu_info  = disp_i_info;  // 指令的資訊


  assign disp_o_alu_imm   = disp_i_imm;// 指令使用的立即數的值
  assign disp_o_alu_pc    = disp_i_pc; // 該指令的 PC

  assign disp_o_alu_misalgn= disp_i_misalgn; // 該指令取指時發生了未對齊錯誤
  assign disp_o_alu_buserr = disp_i_buserr ; // 該指令取指時發生了記憶體存取錯誤
  assign disp_o_alu_ilegl  = disp_i_ilegl  ; // 該指令解碼後發現它是一行非法指令

//e203_exu_alu.v 的原始程式碼部分

//Dispatch 模組和 ALU 之間的介面採用 valid-ready 模式的握手訊號
// 熟悉原始程式碼後讀者可以發現，蜂鳥 E203 處理器中的模組介面普遍採用這種握手介面。握手介面非常
// 穩固
  input   i_valid,
  output i_ready,

//ALU 內部將指令派遣給不同的 ALU 子單元

    // 將發生取指異常的指令單獨列為一種類型，這些指令無須被具體的執行單元執行
  wire ifu_excp_op = i_ilegl | i_buserr | i_misalgn;
    // 透過解碼模組生成的分組資訊（包含在資訊匯流排中）進行判斷，判別出需要什麼
    // 單元執行此指令
  wire alu_op = (~ifu_excp_op) & (i_info[<E203_DECINFO_GRP] == <E203_DECINFO_
  GRP_ALU); // 由普通 ALU 執行
  wire agu_op = (~ifu_excp_op) & (i_info[<E203_DECINFO_GRP] == <E203 DECINFO
```

```
      GRP_AGU); // 由 AGU 執行
      wire bjp_op = (~ifu_excp_op) & (i_info[<E203_DECINFO_GRP] == <E203_DECINFO_
      GRP_BJP); // 由 BJP 執行
      wire csr_op = (~ifu_excp_op) & (i_info[<E203_DECINFO_GRP] == <E203_DECINFO_
      GRP_CSR); // 由 CSR 執行
  'ifdef E203_SUPPORT_SHARE_MULDIV //{
      wire mdv_op = (~ifu_excp_op) & (i_info[<E203_DECINFO_GRP] == <E203_DECINFO_
      GRP_MULDIV); // 由 MDV 執行
  'endif//E203_SUPPORT_SHARE_MULDIV}
```

// 根據不同的指令分組指示訊號，將對應子單元的輸入 valid 訊號置 1，並且選擇對應子單元的 ready
// 訊號作為回饋給上游派遣模組的 ready 握手訊號，透過此方式實現指令的派遣
// 將對應子單元的輸入 valid 訊號置 1

```
  'ifdef E203_SUPPORT_SHARE_MULDIV //{
      wire mdv_i_valid = i_valid & mdv_op;
  'endif//E203_SUPPORT_SHARE_MULDIV}
      wire agu_i_valid = i_valid & agu_op;
      wire alu_i_valid = i_valid & alu_op;
      wire bjp_i_valid = i_valid & bjp_op;
      wire csr_i_valid = i_valid & csr_op;
      wire ifu_excp_i_valid = i_valid & ifu_excp_op;
```

// 選擇對應子單元的 ready 訊號作為回饋給上游派遣模組的 ready 握手訊號。本質上該邏輯是
// 使用 And-Or 方式實現的平行多路選擇器

```
      assign i_ready =    (agu_i_ready & agu_op)
                       'ifdef E203_SUPPORT_SHARE_MULDIV //{
                       | (mdv_i_ready & mdv_op)
                       'endif//E203_SUPPORT_SHARE_MULDIV}
                       | (alu_i_ready & alu_op)
                       | (ifu_excp_i_ready & ifu_excp_op)
                       | (bjp_i_ready & bjp_op)
                       | (csr_i_ready & csr_op)
                        ;
```

// 為了降低動態功耗，採用邏輯閘控的方式，增加一級 " 與 " 門，對於子單元輸入的訊號與分組指示
// 訊號進行 " 與 " 操作，因此在無須使用該子單元之時，其輸入訊號就都是 0，從而降低動態功耗

```
      wire ['E203_XLEN-1:0] csr_i_rs1  = {<E203_XLEN {csr_op}} & i_rs1;
      wire ['E203_XLEN-1:0] csr_i_rs2  = {<E203_XLEN {csr_op}} & i_rs2;
      wire ['E203_XLEN-1:0] csr_i_imm  = {<E203_XLEN {csr_op}} & i_imm;
      wire [<E203_DECINFO_WIDTH-1:0] csr_i_info = {<E203_DECINFO_WIDTH{csr_op}} & i_info;
      wire                  csr_i_rdwen =              csr_op   & i_rdwen;

      wire ['E203_XLEN-1:0] bjp_i_rs1  = {<E203_XLEN {bjp_op}} & i_rs1;
      wire ['E203_XLEN-1:0] bjp_i_rs2  = {<E203_XLEN {bjp_op}} & i_rs2;
      wire ['E203_XLEN-1:0] bjp_i_imm  = {<E203_XLEN {bjp_op}} & i_imm;
      wire [<E203_DECINFO_WIDTH-1:0] bjp_i_info = {<E203_DECINFO_WIDTH{bjp_op}} & i_info;
      wire ['E203_PC_SIZE-1:0] bjp_i_pc  = {<E203_PC_SIZE  {bjp_op}} & i_pc;

      wire ['E203_XLEN-1:0] agu_i_rs1  = {<E203_XLEN {agu_op}} & i_rs1;
```

```
wire    ['E203_XLEN-1:0] agu_i_rs2    = {‹E203_XLEN {agu_op}} & i_rs2;
wire    ['E203_XLEN-1:0] agu_i_imm    = {‹E203_XLEN {agu_op}} & i_imm;
wire    ['E203_DECINFO_WIDTH-1:0] agu_i_info = {‹E203_DECINFO_WIDTH{agu_op}} & i_info;
wire    ['E203_ITAG_WIDTH-1:0]  agu_i_itag = {‹E203_ITAG_WIDTH  {agu_op}} & i_itag;

wire    ['E203_XLEN-1:0] alu_i_rs1    = {‹E203_XLEN {alu_op}} & i_rs1;
wire    ['E203_XLEN-1:0] alu_i_rs2    = {‹E203_XLEN {alu_op}} & i_rs2;
wire    ['E203_XLEN-1:0] alu_i_imm    = {‹E203_XLEN {alu_op}} & i_imm;
wire    ['E203_DECINFO_WIDTH-1:0] alu_i_info = {‹E203_DECINFO_WIDTH{alu_op}} & i_info;
wire    ['E203_PC_SIZE-1:0]  alu_i_pc  = {'E203_PC_SIZE      {alu_op}} & i_pc;

wire    ['E203_XLEN-1:0] mdv_i_rs1    = {‹E203_XLEN {mdv_op}} & i_rs1;
wire    ['E203_XLEN-1:0] mdv_i_rs2    = {‹E203_XLEN {mdv_op}} & i_rs2;
wire    ['E203_XLEN-1:0] mdv_i_imm    = {‹E203_XLEN {mdv_op}} & i_imm;
wire    ['E203_DECINFO_WIDTH-1:0] mdv_i_info = {‹E203_DECINFO_WIDTH{mdv_op}} & i_info;
wire    ['E203_ITAG_WIDTH-1:0] mdv_i_itag = {‹E203_ITAG_WIDTH   {mdv_op}} & i_itag;
```

　　派遣模組還會處理管線衝突的問題，包括資源衝突和資料相關性造成的資料衝突。以下兩節將專門予以論述。

　　派遣模組還會在某些特殊情況下將管線的派遣點阻塞，相關原始程式碼部分如下。

```
//e203_exu_disp.v 的原始程式碼部分

// 派遣條件訊號
 wire disp_condition =
// 如果當前派遣指令需要存取 CSR 並改變 CSR 的值，為了保險起見，必須等待 OITF 為空，這就意味
// 著只有所有的長指令都已經執行完畢了，才會允許存取 CSR 的指令派遣從而改變 CSR 的值
             (disp_csr ? oitf_empty : 1›b1)
// 如果當前派遣的指令屬於 fence 和 fence.i 指令，同樣必須等待 OITF 為空，以保證 fence
// 和 fence.i 之前的指令都會執行完畢
             & (disp_fence_fencei ? oitf_empty : 1›b1)
// 如果已經交付了一行 wfi 指令，則必須立即阻塞派遣點，不讓後續的指令派遣，從而儘快讓處理器
// 進入休眠狀態
             & (~wfi_halt_exu_req)
             // 如果有資料相關性，則阻塞派遣點
             & (~dep)
// 如果當前派遣的是長指令，由於需要分配 OITF 記錄，因此必須等待 OITF 有空
             & (disp_alu_longp_prdt ? disp_oitf_ready : 1›b1);

// 只有滿足派遣條件時，才會發生派遣
assign disp_i_valid_pos = disp_condition & disp_i_valid;
assign disp_i_ready     = disp_condition & disp_i_ready_pos;
```

8.3.7 管線衝突、長指令和 OITF

1．資源衝突

蜂鳥 E203 處理器的執行時的最重要職能是維護並解決管線的衝突，包括資源衝突和資料衝突（包括 WAW、WAR 和 RAW 等相關性）。

資源衝突通常發生在將指令派遣給不同的執行單元並執行的過程中。舉例來說，將指令派遣給除法單元並進行運算，但是除法單元需要數十個時脈週期才能完成此指令。後續的除法指令如果也需要派遣給除法單元並執行，便需要等待（出現了資源衝突）前一個指令完成操作，並將除法單元釋放出來。在蜂鳥 E203 處理器的實現中，模組與模組的介面均採用嚴謹的 valid-ready 握手介面。因此一旦某個模組當前不能夠使用（出現了資源衝突），它就會使 ready 訊號變為低電位，從而無法完成握手。以 ALU 內部將指令派遣至各子單元為例，其原始程式碼部分如下。

```
// e203_exu_alu.v 的原始程式碼部分

// 選擇派遣子單元的 ready 訊號作為回饋給上游派遣模組的 ready 握手訊號
// 假設指令需要派遣到 AGU 子單元並執行，那麼 agu_op 訊號為高電位，選擇 agu_i_ready 訊號，倘
// 若此時 AGU 模組不能使用（出現了資源衝突），那麼它的 agu_i_ready 訊號便會變為低電位，從
// 而使得 i_ready 訊號為低電位，回饋給上游的派遣模組，無法完成握手，進而造成該指令無法派遣，
// 需要一直等待至 agu_i_ready 訊號變為高電位（資源衝突被解除）
  assign i_ready =    (agu_i_ready & agu_op)
                 'ifdef E203_SUPPORT_SHARE_MULDIV //{
                 | (mdv_i_ready & mdv_op)
                 'endif//E203_SUPPORT_SHARE_MULDIV}
                 | (alu_i_ready & alu_op)
                 | (ifu_excp_i_ready & ifu_excp_op)
                 | (bjp_i_ready & bjp_op)
                 | (csr_i_ready & csr_op)
                   ;
```

2．資料衝突

對於資料相關性引起的資料衝突，蜂鳥 E203 處理器在執行時的處理比較巧妙。

首先，蜂鳥 E203 處理器將所有需要執行的指令分為兩類。

- 單週期（即時脈週期）執行的指令。如圖 8-2 所示，由於蜂鳥 E203 處理器的交付功能和寫回功能均處於管線的第二級，因此單週期執行的

指令在管線的第二級便完成了交付，同時將結果寫回了通用暫存器組。

- 多週期執行的指令。這種指令通常需要多個週期才能夠完成執行並寫回，稱為後交付長管線指令（post-commit write-back long-pipes instruction），簡稱為長指令（long-pipes instruction）。

之所以如此命名，是因為多週期執行的指令的寫回操作要在多個週期後才能完成，而此指令的交付操作已經在管線的第二級完成，因此寫回和交付是在不同的週期內完成的，且寫回是在交付完成之後，故稱為後交付寫回（post-commit write-back）。

蜂鳥 E203 處理器是簡單的按順序單發射（派遣）微架構，在每行指令被派遣時，需要檢查它是否和之前派遣、執行、尚未寫回的指令存在資料相關性。資料相關性分為 3 種。

- WAR（Write-After-Read）相關性。由於蜂鳥 E203 處理器是按順序派遣、按順序寫回的微架構，因此在派遣指令時就已經從通用暫存器組中讀取了源運算元。後續執行的指令寫回通用暫存器組的操作不可能會發生在前序執行的指令從通用暫存器組中讀取運算元之前，因此不可能會發生 WAR 相關性造成的資料衝突。

- RAW（Read-After-Write）相關性。正在派遣的指令處於管線的第二級，假設之前派遣的指令（簡稱前序指令）是單週期執行的指令（也在管線的第二級寫回），則前序指令肯定已經完成了執行並且將結果寫回了通用暫存器組。因此正在派遣的指令不可能與前序單週期執行的指令產生 RAW 相關性方面的資料衝突。但是假設之前派遣的指令（簡稱前序指令）是長指令，由於長指令需要多個週期才能寫回結果，因此正在派遣的指令有可能與前序長指令產生 RAW 相關性。

- WAW（Write-After-Write）相關性。正在派遣的指令處於管線的第二級，假設之前派遣的指令（簡稱前序指令）是單週期執行的指令（也在管線的第二級寫回），則前序指令肯定已經完成了執行，並且將結果寫回了通用暫存器組。因此正在派遣的指令不可能與前序單週期執行的指令產生 WAW 相關性方面的資料衝突。但是假設之前派遣的指令（簡稱前序指令）是長指令，由於長指令需要多個週期才能寫回結果，因此正在派遣的指令有可能與前序長指令產生 WAW 相關性。

綜上，在蜂鳥 E203 處理器的管線中，正在派遣的指令只可能與尚未執行完畢的長指令之間產生 RAW 和 WAW 相關性。

為了能夠檢測出與長指令的 RAW 和 WAW 相關性，蜂鳥 E203 處理器使用了一個滯外指令追蹤 FIFO（Outstanding Instructions Track FIFO，OITF）模組，如圖 8-4 所示。

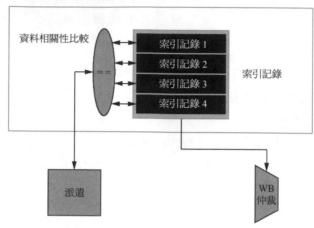

圖 8-4　蜂鳥 E203 處理器核心中 OITF 模組的微架構

OITF 模組的相關原始程式碼在 e203_hbirdv2 目錄中的結構如下。

```
e203_hbirdv2
    |----rtl                              // 存放 RTL 的目錄
        |----e203                         //E203 處理器核心和 SoC 的 RTL 目錄
            |----core                     // 存放 E203 處理器核心的 RTL 程式
                |----e203_exu_oitf.v      //OITF 模組
```

OITF 本質上是一個 FIFO 快取，FIFO 快取的深度預設為兩個記錄。

在管線的派遣點，每次派遣一行長指令，就會在 OITF 中分配一個記錄（entry），在這個記錄中會儲存該長指令的源運算元暫存器索引和結果暫存器索引。

在管線的寫回點，每次按順序寫回一行長指令之後，就會將此指令在 OITF 中的記錄去除，即從其 FIFO 快取退出，完成其歷史使命。為了保證長指令能夠按順序寫回，需要借助 OITF 的功能。由於闡述清楚此功能需要較多

篇幅，因此本書第 10 章會對其進行詳述。OITF 中儲存的便是已經派遣且尚未寫回的長指令資訊。

如圖 8-4 所示，在派遣每行指令時，都會將指令的源運算元暫存器索引和結果暫存器索引和 OITF 中的各個記錄進行比對，從而判斷指令是否與已經派遣且尚未寫回，判斷長指令是否產生 RAW 和 WAW 相關性。

以上功能的相關原始程式碼部分如下。

```
//e203_exu_oitf.v 的原始程式碼部分

  input  dis_ena,// 派遣一行長指令的致能訊號，該訊號將用於分配一個 OITF 記錄
  input  ret_ena,// 寫回一行長指令的致能訊號，該訊號將用於移除一個 OITF 記錄

  // 以下為派遣的長指令相關資訊，有的會儲存於 OITF 的記錄中，有的會用於進行 RAW 和 WAW 判斷
  input  disp_i_rs1en,   // 當前派遣的指令是否需要讀取第一個源運算元暫存器
  input  disp_i_rs2en,   // 當前派遣的指令是否需要讀取第二個源運算元暫存器
  input  disp_i_rs3en,   // 當前派遣的指令是否需要讀取第三個源運算元暫存器
                         // 注意，只有浮點指令才會使用第三個源運算元
  input  disp_i_rdwen,   // 當前派遣的指令是否需要寫回結果暫存器
  input  disp_i_rs1fpu,  // 當前派遣的指令的第一個源運算元是不是要讀取浮點通用暫存器組
  input  disp_i_rs2fpu,  // 當前派遣的指令的第二個源運算元是不是要讀取浮點通用暫存器組
  input  disp_i_rs3fpu,  // 當前派遣的指令的第三個源運算元是不是要讀取浮點通用暫存器組
  input  disp_i_rdfpu,   // 當前派遣的指令的結果暫存器是不是要寫回浮點通用暫存器組
  input  [`E203_RFIDX_WIDTH-1:0] disp_i_rs1idx, // 當前派遣的指令的第一個源運算元暫存器
                                 // 的索引
  input  [`E203_RFIDX_WIDTH-1:0] disp_i_rs2idx, // 當前派遣的指令的第二個源運算元暫存器
                                 // 的索引
  input  [`E203_RFIDX_WIDTH-1:0] disp_i_rs3idx, // 當前派遣的指令的第三個源運算元暫存器
                                 // 的索引
  input  [`E203_RFIDX_WIDTH-1:0] disp_i_rdidx,// 當前派遣的指令的結果暫存器的索引
  input  [`E203_PC_SIZE    -1:0] disp_i_pc, // 當前派遣的指令的 PC

  output oitfrd_match_disprs1, // 派遣的指令的第一個源運算元和 OITF 任意記錄中的結果暫存器相同
  output oitfrd_match_disprs2, // 派遣的指令的第二個源運算元和 OITF 任意記錄中的結果暫存器相同
  output oitfrd_match_disprs3, // 派遣的指令的第三個源運算元和 OITF 任意記錄中的結果暫存器相同
  output oitfrd_match_disprd, // 派遣的指令的結果暫存器和 OITF 任意記錄中的結果暫存器相同

...

// 宣告各記錄的訊號
  wire [`E203_OITF_DEPTH-1:0] vld_set;
  wire [`E203_OITF_DEPTH-1:0] vld_clr;
  wire [`E203_OITF_DEPTH-1:0] vld_ena;
  wire [`E203_OITF_DEPTH-1:0] vld_nxt;
  wire [`E203_OITF_DEPTH-1:0] vld_r;      // 各記錄中是否存放了有效指令的指示訊號
```

```
wire ['E203_OITF_DEPTH-1:0] rdwen_r;   // 各記錄中指令是否寫回結果暫存器
wire ['E203_OITF_DEPTH-1:0] rdfpu_r;
wire ['E203_RFIDX_WIDTH-1:0] rdidx_r['E203_OITF_DEPTH-1:0];// 各記錄中浮點指令的
                                                           // 結果暫存器索引
wire ['E203_PC_SIZE-1:0] pc_r[<E203_OITF_DEPTH-1:0]; // 各記錄中指令的 PC
```

// 由於 OITF 本質上是一個 FIFO 快取，因此需要生成 FIFO 快取的寫入指標

```
wire alc_ptr_ena = dis_ena;// 派遣一行長指令的致能訊號，作為寫入指標的致能訊號
wire ret_ptr_ena = ret_ena;// 寫回一行長指令的致能訊號，作為讀取指標的致能訊號

wire oitf_full ;

wire ['E203_ITAG_WIDTH-1:0] alc_ptr_r;
wire ['E203_ITAG_WIDTH-1:0] ret_ptr_r;
```

  // 與常規的 FIFO 快取設計一樣，為了方便維護空、滿標識，為寫入指標增加一個額外的標識位元
```
    wire alc_ptr_flg_r;
    wire alc_ptr_flg_nxt = ~alc_ptr_flg_r;
    wire alc_ptr_flg_ena = (alc_ptr_r == ($unsigned('E203_OITF_DEPTH-1)))
    & alc_ptr_ena;

    sirv_gnrl_dffr #(1) alc_ptr_flg_dffrs(alc_ptr_flg_ena, alc_ptr_flg_
    nxt, alc_ptr_flg_r, clk, rst_n);

    wire ['E203_ITAG_WIDTH-1:0] alc_ptr_nxt;
    // 每次分配一個記錄，寫入指標自動增加 1，如果達到了 FIFO 快取的深度值，寫入指標歸零
    assign alc_ptr_nxt = alc_ptr_flg_ena ? 'E203_ITAG_WIDTH' b0 : (alc_ptr_
    r + 1' b1);

    sirv_gnrl_dffr #('E203_ITAG_WIDTH) alc_ptr_dffrs(alc_ptr_ena, alc_
    ptr_nxt, alc_ptr_r, clk, rst_n);

    // 與常規的 FIFO 快取設計一樣，為了方便維護空、滿標識，為讀取指標增加一個額外的標識位元
    wire ret_ptr_flg_r;
    wire ret_ptr_flg_nxt = ~ret_ptr_flg_r;
    wire ret_ptr_flg_ena = (ret_ptr_r == ($unsigned('E203_OITF_DEPTH-1)))
    & ret_ptr_ena;

    sirv_gnrl_dffr #(1) ret_ptr_flg_dffrs(ret_ptr_flg_ena, ret_ptr_flg_
    nxt, ret_ptr_flg_r, clk, rst_n);

    wire ['E203_ITAG_WIDTH-1:0] ret_ptr_nxt;

    // 每次移除一個記錄，讀取指標自動增加 1，如果達到了 FIFO 快取的深度值，讀取指標歸零
    assign ret_ptr_nxt = ret_ptr_flg_ena ? 'E203_ITAG_WIDTH' b0 : (ret_ptr_
    r + 1' b1);
```

```
    sirv_gnrl_dffr #('E203_ITAG_WIDTH) ret_ptr_dffrs(ret_ptr_ena, ret_
    ptr_nxt, ret_ptr_r, clk, rst_n);

  // 生成 FIFO 快取的空、滿標識
    assign oitf_empty = (ret_ptr_r == alc_ptr_r) &  (ret_ptr_flg_r == alc_
    ptr_flg_r);
    assign oitf_full  = (ret_ptr_r == alc_ptr_r) & (~(ret_ptr_flg_r == alc_
    ptr_flg_r));
...



  wire ['E203_OITF_DEPTH-1:0] rd_match_rs1idx;
  wire ['E203_OITF_DEPTH-1:0] rd_match_rs2idx;
  wire ['E203_OITF_DEPTH-1:0] rd_match_rs3idx;
  wire ['E203_OITF_DEPTH-1:0] rd_match_rdidx;

  genvar i;
  generate //{// 使用參數化的 generate 語法實現 FIFO 快取的主體部分
      for (i=0; i<'E203_OITF_DEPTH; i=i+1) begin:oitf_entries//{

// 生成各記錄中是否存放了有效指令的指示訊號
        // 每次分配一個記錄時,若寫入指標與當前記錄編號一樣,則將該記錄的有效訊號設定為高電位
        assign vld_set[i] = alc_ptr_ena & (alc_ptr_r == i);
          // 每次移除一個記錄時,若讀取指標與當前記錄編號一樣,則將該記錄的有效訊號設定為低電位
        assign vld_clr[i] = ret_ptr_ena & (ret_ptr_r == i);
        assign vld_ena[i] = vld_set[i] |  vld_clr[i];
        assign vld_nxt[i] = vld_set[i] | (~vld_clr[i]);

        sirv_gnrl_dffrs #(1) vld_dffrs(vld_ena[i], vld_nxt[i], vld_r[i],
        clk, rst_n);
          // 其他的記錄資訊均可視為該記錄的酬載,只需要在分配記錄時寫入,在
          // 移除記錄時無須清除(為了降低動態功耗)

        sirv_gnrl_dfff #('E203_RFIDX_WIDTH) rdidx_dffrs(vld_set[i], disp_
        i_rdidx, rdidx_r[i], clk);// 各記錄中指令的結果暫存器索引
        sirv_gnrl_dfff #('E203_PC_SIZE    ) pc_dffrs    (vld_set[i], disp_
        i_pc   , pc_r[i]   , clk);// 各記錄中指令的 PC
        sirv_gnrl_dfff #(1)                 rdwen_dffrs(vld_set[i], disp_
        i_rdwen, rdwen_r[i], clk);// 各記錄中指令是否需要寫回結果暫存器
        sirv_gnrl_dfff #(1)                 rdfpu_dffrs(vld_set[i], disp_
        i_rdfpu, rdfpu_r[i], clk);// 各記錄中指令寫回的結果暫存器是否屬於浮點暫存器

// 將正在派遣的指令的源運算元暫存器索引和各記錄中的結果暫存器索引進行比較
        assign rd_match_rs1idx[i] = vld_r[i] & rdwen_r[i] & disp_i_rs1en &
        (rdfpu_r[i] == disp_i_rs1fpu) & (rdidx_r[i] == disp_i_rs1idx);
        assign rd_match_rs2idx[i] = vld_r[i] & rdwen_r[i] & disp_i_rs2en &
        (rdfpu_r[i] == disp_i_rs2fpu) & (rdidx_r[i] == disp_i_rs2idx);
```

```
    assign rd_match_rs3idx[i] = vld_r[i] & rdwen_r[i] & disp_i_rs3en &
    (rdfpu_r[i] == disp_i_rs3fpu) & (rdidx_r[i] == disp_i_rs3idx);
// 將正在派遣的指令的結果暫存器索引和各記錄中的結果暫存器索引進行比較
    assign rd_match_rdidx [i] = vld_r[i] & rdwen_r[i] & disp_i_rdwen & (rdfpu_
    r[i] == disp_i_rdfpu ) & (rdidx_r[i] == disp_i_rdidx );

    end//}
 endgenerate//}
```

```
// 派遣的指令的第一個源運算元和 OITF 任意記錄中的結果暫存器相同，表示存在著 RAW 相關性
  assign oitfrd_match_disprs1 = |rd_match_rs1idx;
// 派遣的指令的第二個源運算元和 OITF 任意記錄中的結果暫存器相同，表示存在著 RAW 相關性
  assign oitfrd_match_disprs2 = |rd_match_rs2idx;
// 派遣的指令的第三個源運算元和 OITF 任意記錄中的結果暫存器相同，表示存在著 RAW 相關性
  assign oitfrd_match_disprs3 = |rd_match_rs3idx;
// 派遣的指令結果暫存器和 OITF 任意記錄中的結果暫存器相同，表示存在著 WAW 相關性
  assign oitfrd_match_disprd  = |rd_match_rdidx ;
```

　　在管線的派遣點，在派遣每行指令時如果發現了資料相關性，則會將管線的派遣點阻塞，直到相關長指令執行完畢並解除相關性之後才會繼續進行派遣。此功能由 Dispatch 模組完成，解除相關性的原始程式碼部分如下：

```
//e203_exu_disp.v 的原始程式碼部分

// 只要 3 個源運算元中的任何一個和 OITF 中的記錄具有 RAW 相關性，就表示該指令和前序的
// 長指令存在著 RAW 相關性
wire raw_dep =  ((oitfrd_match_disprs1) |
                (oitfrd_match_disprs2) |
                (oitfrd_match_disprs3));
// 只要結果暫存器和 OITF 中的記錄具有 WAW 相關性，就表示該指令和和前序的長指令存在著 WAW
// 相關性
wire waw_dep = (oitfrd_match_disprd);

//RAW 和 WAW 兩種相關性都是需要阻塞派遣點的相關性
wire dep = raw_dep | waw_dep;

  wire disp_condition =
              ...
           & (~dep)  // 沒 RAW 和 WAW 相關性時才會允許派遣
              ...

  assign disp_i_valid_pos = disp_condition & disp_i_valid;
  assign disp_i_ready     = disp_condition & disp_i_ready_pos;
```

　　從以上介紹可以看出，對於資料相關性造成的衝突，蜂鳥 E203 處理器只採取了阻塞管線的方法，而並沒有將長指令的結果直接快速旁路給後續的待派

遣指令。使用該方案主要是因為處理器的設計需要秉承折中的理念，由於蜂鳥 E203 處理器主要追求低功耗和小面積，因此沒有使用快速旁路的方法。

8.3.8 ALU

蜂鳥 E203 處理器的 ALU 包括 5 個模組。

蜂鳥 E203 處理器核心的 ALU 方塊圖如圖 8-5 所示。以上 5 個模組只負責具體指令的執行控制，它們均共用實際的運算資料通路，因此可以控制主要資料通路的面積銷耗，這是蜂鳥 E203 處理器追求低功耗、小面積的亮點。

1．普通 ALU 模組

普通 ALU（Regular-ALU）模組主要負責普通的 ALU 指令（邏輯運算、加減法和移位等指令）的執行。

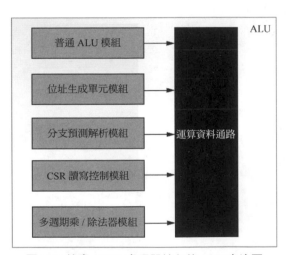

圖 8-5 蜂鳥 E203 處理器核心的 ALU 方塊圖

普通 ALU 模組的相關原始程式碼在 e203_hbirdv2 目錄中的結構如下。

```
e203_hbirdv2
    |----rtl                              // 存放 RTL 的目錄
        |----e203                         //E203 處理器核心和 SoC 的 RTL 目錄
            |----core                     // 存放 E203 處理器核心的 RTL 程式
                |----e203_exu_alu_rglr.v  // 普通 ALU 模組
```

　　普通 ALU 模組完全由組合邏輯組成，普通 ALU 模組本身並沒有運算資料通路，其主要邏輯即根據普通 ALU 指令類型，發起對共用運算資料通路的操作請求，並且從共用的運算資料通路中取回計算結果。相關原始程式碼部分如下所示。

```
//e203_exu_alu_rglr.v 的原始程式碼部分

// 從資訊匯流排中取出相關資訊

        // 本指令的第二個源運算元是否使用立即數
 wire op2imm   = alu_i_info [`E203_DECINFO_ALU_OP2IMM ];
        // 本指令的第一個源運算元是否使用 PC
 wire op1pc    = alu_i_info [`E203_DECINFO_ALU_OP1PC  ];
       // 將第一個源運算元發送給共用的運算資料通路。如果使用 PC，則選擇 PC；不然選擇來源暫存器 1
 assign alu_req_alu_op1  = op1pc  ? alu_i_pc  : alu_i_rs1;
       // 將第二個源運算元發送給共用的運算資料通路。如果使用立即數，則選擇立即數；不然選擇來源暫存器 2
 assign alu_req_alu_op2  = op2imm ? alu_i_imm : alu_i_rs2;
       // 根據指令的類型，產生所需計算的操作類型，並將其發送給共用的運算資料通路
 assign alu_req_alu_add  = alu_i_info [`E203_DECINFO_ALU_ADD ] & (~nop);
 assign alu_req_alu_sub  = alu_i_info [`E203_DECINFO_ALU_SUB ];
 assign alu_req_alu_xor  = alu_i_info [`E203_DECINFO_ALU_XOR ];
 assign alu_req_alu_sll  = alu_i_info [`E203_DECINFO_ALU_SLL ];
 assign alu_req_alu_srl  = alu_i_info [`E203_DECINFO_ALU_SRL ];
 assign alu_req_alu_sra  = alu_i_info [`E203_DECINFO_ALU_SRA ];
 assign alu_req_alu_or   = alu_i_info [`E203_DECINFO_ALU_OR  ];
 assign alu_req_alu_and  = alu_i_info [`E203_DECINFO_ALU_AND ];
 assign alu_req_alu_slt  = alu_i_info [`E203_DECINFO_ALU_SLT ];
 assign alu_req_alu_sltu = alu_i_info [`E203_DECINFO_ALU_SLTU];
 assign alu_req_alu_lui  = alu_i_info [`E203_DECINFO_ALU_LUI ];

        // 將共用運算資料通路的結算結果取回
 assign alu_o_wbck_wdat = alu_req_alu_res;
```

2 · 位址生成單元模組

　　位址生成單元（Address Generation Unit，AGU）模組主要負責 Load、Store 和 A 擴充指令的位址生成，以及 A 擴充指令的微操作拆分和執行。AGU 模組的相關原始程式碼在 e203_hbirdv2 目錄中的結構如下。

```
e203_hbirdv2
     |----rtl                                  // 存放 RTL 的目錄
        |----e203                              //E203 處理器核心和 SoC 的 RTL 目錄
           |----core                           // 存放 E203 處理器核心的 RTL 程式
              |----e203_exu_alu_lsuagu.v        //AGU 模組
```

由於 AGU 模組是整個記憶體存取指令執行過程中所需的一部分，因此我們需要結合完整的記憶體存取微架構進行理解。

3．分支預測解析模組

分支預測解析（Branch and Jump resolve，BJP）模組主要負責分支與跳躍指令的結果解析和執行。BJP 模組的相關原始程式碼在 e203_hbirdv2 目錄中的結構如下。

```
e203_hbirdv2
    |----rtl                                   // 存放 RTL 的目錄
        |----e203                              //E203 處理器核心和 SoC 的 RTL 目錄
            |----core                          // 存放 E203 處理器核心的 RTL 程式
                |----e203_exu_alu_bjp.v        //BJP 模組
```

BJP 模組是分支跳躍指令進行交付的主要依據，在此不做贅述，請讀者參考第 9 章。

4．CSR 讀寫控制模組

CSR 讀寫控制（CSR-CTRL）模組主要負責 CSR 讀寫指令（包括 csrrw、csrrs、csrrc、csrrwi、csrrsi 以及 csrrci 指令）的執行。

CSR 讀寫控制模組的相關原始程式碼在 e203_hbirdv2 目錄中的結構如下。

```
e203_hbirdv2
    |----rtl                                   // 存放 RTL 的目錄
        |----e203                              //E203 處理器核心和 SoC 的 RTL 目錄
            |----core                          // 存放 E203 處理器核心的 RTL 程式
                |----e203_exu_alu_csrctrl.v    //CSR-CTRL 模組
```

CSR 讀寫控制模組完全由組合邏輯組成，其根據 CSR 讀寫指令的類型產生讀寫 CSR 模組的控制訊號。相關原始程式碼部分如下所示。

```
//e203_exu_alu_csrctrl.v 的原始程式碼部分

output csr_ena,        // 送給 CSR 模組的 CSR 讀寫致能訊號
output csr_wr_en,      //CSR 寫入操作指示訊號
output csr_rd_en,      //CSR 讀取操作指示訊號
output [12-1:0] csr_idx,//CSR 的位址索引

input  ['E203_XLEN-1:0] read_csr_dat,// 讀取操作從 CSR 模組中讀出的資料
output ['E203_XLEN-1:0] wbck_csr_dat,// 寫入操作寫入 CSR 模組的資料
```

```
...

// 從資訊匯流排中取出相關資訊
  wire          csrrw  = csr_i_info[<E203_DECINFO_CSR_CSRRW ];
  wire          csrrs  = csr_i_info[<E203_DECINFO_CSR_CSRRS ];
  wire          csrrc  = csr_i_info[<E203_DECINFO_CSR_CSRRC ];
  wire          rs1imm = csr_i_info[<E203_DECINFO_CSR_RS1IMM];
  wire          rs1is0 = csr_i_info[<E203_DECINFO_CSR_RS1IS0];
  wire [4:0]    zimm   = csr_i_info[<E203_DECINFO_CSR_ZIMM ];
  wire [11:0]   csridx = csr_i_info[<E203_DECINFO_CSR_CSRIDX];

    // 生成運算元 1，如果使用立即數，則選擇立即數；不然選擇來源暫存器 1
  wire ['E203_XLEN-1:0] csr_op1 = rs1imm ? {27>b0,zimm} : csr_i_rs1;

    // 根據指令的資訊生成讀取操作指示訊號
  assign csr_rd_en = csr_i_valid &
    (
      (csrrw ? csr_i_rdwen : 1>b0)
      | csrrs | csrrc
    );

    // 根據指令的資訊生成寫入操作指示訊號
  assign csr_wr_en = csr_i_valid & (
            csrrw
          | ((csrrs | csrrc) & (~rs1is0))
        );


    // 生成存取 CSR 的位址索引
  assign csr_idx = csridx;

    // 生成送給 CSR 模組的 CSR 讀寫致能訊號
  assign csr_ena = csr_o_valid & csr_o_ready;

    // 生成寫入操作寫入 CSR 模組的資料
  assign wbck_csr_dat =
            (('E203_XLEN{csrrw}} & csr_op1)
          | (('E203_XLEN{csrrs}} & (  csr_op1  | read_csr_dat))
          | (('E203_XLEN{csrrc}} & ((~csr_op1) & read_csr_dat));
```

5 · 多週期乘 / 除法器模組

　　蜂鳥 E203 處理器使用低性能、小面積的多週期乘 / 除法器支援乘 / 除法指令。

　　要實現多週期的乘法和除法器，先了解其知識背景。

對於有號整數乘法操作,使用常用的 Booth 編碼演算法計算部分積,然後使用迭代的方法,在每個週期使用加法器對部分積進行累加,經過多個週期的迭代之後得到最終的乘積。使用加法器進行迭代的乘法器實現如圖 8-6 所示。

在此僅對乘法器的實現進行簡介。對於使用 Booth 編碼演算法進行乘法器設計的詳細原理,本書不做贅述,請讀者自行查閱相關資料。

對於有號整數除法,使用常用的加減交替法,然後使用迭代的方法,在每個週期使用加法器得到部分餘數,經過多個週期的迭代之後得到最終商和餘數。使用加法器進行迭代的除法器實現如圖 8-7 所示。

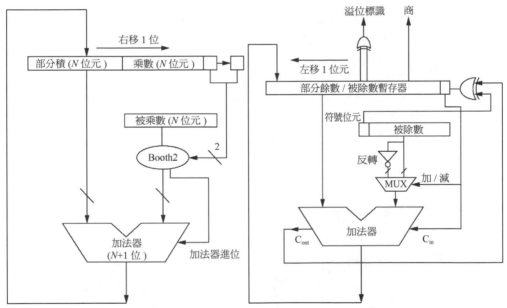

圖 8-6 使用加法器進行迭代的乘法器實現　　　圖 8-7 使用加法器進行迭代的除法器實現

在此僅對除法器的實現進行簡介。對於使用加減交替法進行除法器設計的詳細原理,在此不做贅述,請讀者自行查閱相關資料。

透過對多週期乘法器和多週期除法器的實現進行比較,你可以發現,二者的結構非常類似,二者都使用加法器作為主要的運算通路,使用一組暫存器保存部分積或部分餘數,因此二者可以進行資源重複使用,從而節省面積。

根據上述的設計想法，在蜂鳥 E203 處理器中，多週期乘除法器（MDV）模組是 ALU 的子單元，透過重複使用 ALU 共用資料通路中的加法器，經過多個時脈週期完成乘法或除法操作。

MDV 模組的相關原始程式碼在 e203_hbirdv2 目錄中的結構如下。

```
e203_hbirdv2
    |----rtl                                          // 存放 RTL 的目錄
        |----e203                                     //E203 處理器核心和 SoC 的 RTL 目錄
            |----core                                 // 存放 E203 處理器核心的 RTL 程式
                |----e203_exu_alu_muldiv.v            // 多週期乘除法模組
```

對於乘法操作，為了減少乘法操作所需的時脈週期數，MDV 模組對乘法採用基 4（Radix-4）的 Booth 編碼演算法，並且對無號乘法進行符號位元擴充後，統一當作有號數進行運算，因此需要 17 個時脈週期。

對於除法操作，採用普通的加減交替法，同樣對無號乘法進行符號位元擴充後，統一當作有號數進行運算，因此需要 33 個時脈週期。另外，由於加減交替法迭代所得的結果存在著 1 位元精度的問題，因此不僅需要額外 1 個時脈週期以判斷是否需要進行商和餘數的校正，還需要額外 2 個時脈週期的商和餘數校正（如果需要校正），最終得到完全準確的除法結果，總共最多需要 36 個時脈週期。

MDV 模組只進行運算控制，並沒有自己的加法器，加法器與其他的 ALU 子單元重複使用共用的運算資料通路，也沒有儲存部分積或部分餘數的暫存器，暫存器與 AGU 重複使用暫存器。因此 MDV 模組本身僅使用一些狀態機進行控制和選擇，硬體實現非常節省面積，是一種相當低功耗的實現。

MDV 模組的相關原始程式碼部分如下所示。

```
//e203_exu_alu_muldiv.v 的原始程式碼部分


// 從資訊匯流排中取出相關資訊
  wire i_mul    = muldiv_i_info[`E203_DECINFO_MULDIV_MUL    ];
  wire i_mulh   = muldiv_i_info[`E203_DECINFO_MULDIV_MULH   ];
  wire i_mulhsu = muldiv_i_info[`E203_DECINFO_MULDIV_MULHSU ];
  wire i_mulhu  = muldiv_i_info[`E203_DECINFO_MULDIV_MULHU  ];
  wire i_div    = muldiv_i_info[`E203_DECINFO_MULDIV_DIV    ];
  wire i_divu   = muldiv_i_info[`E203_DECINFO_MULDIV_DIVU   ];
  wire i_rem    = muldiv_i_info[`E203_DECINFO_MULDIV_REM    ];
```

```verilog
  wire i_remu    = muldiv_i_info[`E203_DECINFO_MULDIV_REMU   ];

// 對運算元進行符號位元擴充
  wire mul_rs1_sign = (i_mulhu)          ? 1'b0 : muldiv_i_rs1[`E203_XLEN-1];
  wire mul_rs2_sign = (i_mulhsu | i_mulhu) ? 1' b0 : muldiv_i_rs2['E203_XLEN-1];

  wire [32:0] mul_op1 = {mul_rs1_sign, muldiv_i_rs1};
  wire [32:0] mul_op2 = {mul_rs2_sign, muldiv_i_rs2};

// 解碼出是乘法還是除法操作
  wire i_op_mul = i_mul | i_mulh | i_mulhsu | i_mulhu;
  wire i_op_div = i_div | i_divu | i_rem    | i_remu;

// 使用統一的狀態機控制多週期乘法或除法操作
  localparam MULDIV_STATE_WIDTH = 3;

  wire [MULDIV_STATE_WIDTH-1:0] muldiv_state_nxt;
  wire [MULDIV_STATE_WIDTH-1:0] muldiv_state_r;
  wire muldiv_state_ena;

  localparam MULDIV_STATE_0TH = 3'd0;
  localparam MULDIV_STATE_EXEC = 3'd1;
  localparam MULDIV_STATE_REMD_CHCK = 3'd2;
  localparam MULDIV_STATE_QUOT_CORR = 3'd3;
  localparam MULDIV_STATE_REMD_CORR = 3'd4;
  ...


  wire [MULDIV_STATE_WIDTH-1:0] state_0th_nxt;
  wire [MULDIV_STATE_WIDTH-1:0] state_exec_nxt;
  wire [MULDIV_STATE_WIDTH-1:0] state_remd_chck_nxt;
  wire [MULDIV_STATE_WIDTH-1:0] state_quot_corr_nxt;
  wire [MULDIV_STATE_WIDTH-1:0] state_remd_corr_nxt;
  wire state_0th_exit_ena;
  wire state_exec_exit_ena;
  wire state_remd_chck_exit_ena;
  wire state_quot_corr_exit_ena;
  wire state_remd_corr_exit_ena;

  ...

    sirv_gnrl_dffr #(MULDIV_STATE_WIDTH) muldiv_state_dffr (muldiv_state_
  ena, muldiv_state_nxt, muldiv_state_r, clk, rst_n);

  wire state_exec_enter_ena = muldiv_state_ena & (muldiv_state_nxt == MULDIV_
  STATE_EXEC);

  localparam EXEC_CNT_W  = 6;
```

```
  localparam EXEC_CNT_1  = 6'd1 ;
  localparam EXEC_CNT_16 = 6'd16; // 指示乘法需要總共 17 個時脈週期
  localparam EXEC_CNT_32 = 6'd32; // 指示乘法需要總共 33 個時脈週期

// 實現迭代週期的計數
  wire[EXEC_CNT_W-1:0] exec_cnt_r;
  wire exec_cnt_set = state_exec_enter_ena;
  wire exec_cnt_inc = muldiv_sta_is_exec & (~exec_last_cycle);
  wire exec_cnt_ena = exec_cnt_inc | exec_cnt_set;
  wire[EXEC_CNT_W-1:0] exec_cnt_nxt = exec_cnt_set ? EXEC_CNT_1 : (exec_cnt_
  r + 1' b1);
  sirv_gnrl_dfflr #(EXEC_CNT_W) exec_cnt_dfflr (exec_cnt_ena, exec_cnt_nxt,
  exec_cnt_r, clk, rst_n);

...


// 使用基 4 編碼演算法得到乘法的部分積
...
  wire [2:0] booth_code = cycle_0th  ? {muldiv_i_rs1[1:0],1'b0}
                : cycle_16th ? {mul_rs1_sign,part_prdt_lo_r[0],part_prdt_sft1_r}
                        : {part_prdt_lo_r[1:0],part_prdt_sft1_r};
    //booth_code == 3'b000 =  0
    //booth_code == 3'b001 =  1
    //booth_code == 3'b010 =  1
    //booth_code == 3'b011 =  2
    //booth_code == 3'b100 = -2
    //booth_code == 3'b101 = -1
    //booth_code == 3'b110 = -1
    //booth_code == 3'b111 = -0
  wire booth_sel_zero = (booth_code == 3'b000) | (booth_code == 3'b111);
  wire booth_sel_two  = (booth_code == 3'b011) | (booth_code == 3'b100);
  wire booth_sel_one  = (~booth_sel_zero) & (~booth_sel_two);
  wire booth_sel_sub  = booth_code[2];

  // 生成乘法每次迭代所需加法或減法的運算元，使用 And-Or 的編碼方式產生平行選擇器
  wire ['E203_MULDIV_ADDER_WIDTH-1:0] mul_exe_alu_op2 =
    ({'E203_MULDIV_ADDER_WIDTH{booth_sel_zero}} & 'E203_MULDIV_ADDER_WIDTH'b0)
  | ({'E203_MULDIV_ADDER_WIDTH{booth_sel_one }} & {mul_rs2_sign,mul_rs2_
    sign,mul_rs2_sign,muldiv_i_rs2})
  | ({'E203_MULDIV_ADDER_WIDTH{booth_sel_two }} & {mul_rs2_sign,mul_rs2_
    sign,muldiv_i_rs2,1'b0})
    ;
  wire ['E203_MULDIV_ADDER_WIDTH-1:0] mul_exe_alu_op1 =
      cycle_0th ? 'E203_MULDIV_ADDER_WIDTH'b0 : {part_prdt_hi_r[32],part_
      prdt_hi_r[32],part_prdt_hi_r};

    ...
```

```
    // 生成乘法每次迭代所需加法或減法的指示訊號
  wire mul_exe_alu_add = (~booth_sel_sub);
  wire mul_exe_alu_sub = booth_sel_sub;

...


// 使用加減交替法生成除法的部分餘數與商

...

    // 生成除法每次迭代所需加法或減法的運算元
  wire [33:0] div_exe_alu_op1 = cycle_0th ? dividend_lsft1[66:33] : {part_
  remd_sft1_r, part_remd_r[32:0]};
  wire [33:0] div_exe_alu_op2 = divisor;
  wire div_exe_alu_add = (~prev_quot);
  wire div_exe_alu_sub =    prev_quot ;

 ...


// 判定是否需要進行商和餘數的校正，此判定需要用到加法器，將運算元發送給共用的資料通路
  wire [33:0] div_remd_chck_alu_res = muldiv_req_alu_res[33:0];
  wire [33:0] div_remd_chck_alu_op1 = {part_remd_r[32], part_remd_r};
  wire [33:0] div_remd_chck_alu_op2 = divisor;
  wire div_remd_chck_alu_add = 1'b1;
  wire div_remd_chck_alu_sub = 1'b0;

  wire remd_is_0 = ~(|part_remd_r);
  wire remd_is_neg_divs = ~(|div_remd_chck_alu_res);
  wire remd_is_divs = (part_remd_r == divisor[32:0]);
  assign div_need_corrct = i_op_div & (
                              ((part_remd_r[32] ^ dividend[65]) & (~remd_is_0))
                            | remd_is_neg_divs
                            | remd_is_divs
                          );

  wire remd_inc_quot_dec = (part_remd_r[32] ^ divisor[33]);

...


// 進行商的校正所需的加法運算，將運算元和操作類型發送給共用的資料通路
  assign div_quot_corr_alu_res = muldiv_req_alu_res[33:0];
  wire [33:0] div_quot_corr_alu_op1 = {part_quot_r[32], part_quot_r};
  wire [33:0] div_quot_corr_alu_op2 = 34'b1;
  wire div_quot_corr_alu_add = (~remd_inc_quot_dec);
  wire div_quot_corr_alu_sub = remd_inc_quot_dec;

...

// 進行餘數校正所需的加法運算，將運算元和操作類型發送給共用的資料通路
```

```
assign div_remd_corr_alu_res = muldiv_req_alu_res[33:0];
wire [33:0] div_remd_corr_alu_op1 = {part_remd_r[32], part_remd_r};
wire [33:0] div_remd_corr_alu_op2 = divisor;
wire div_remd_corr_alu_add = remd_inc_quot_dec;
wire div_remd_corr_alu_sub = ~remd_inc_quot_dec;
```

...

```
// 為了與 ALU 的其他子單元共用運算資料通路，將運算所需要的運算元發送給運算資料通路並進行運算
    // 運算元 1
assign muldiv_req_alu_op1 =
            ...
    // 運算元 2
assign muldiv_req_alu_op2 =
            ...
    // 指示需要進行加法操作
assign muldiv_req_alu_add  =
        (req_alu_sel1 & mul_exe_alu_add        )
      | (req_alu_sel2 & div_exe_alu_add        )
      | (req_alu_sel3 & div_quot_corr_alu_add)
      | (req_alu_sel4 & div_remd_corr_alu_add)
      | (req_alu_sel5 & div_remd_chck_alu_add);
    // 指示需要進行減法操作
assign muldiv_req_alu_sub  =
        (req_alu_sel1 & mul_exe_alu_sub        )
      | (req_alu_sel2 & div_exe_alu_sub        )
      | (req_alu_sel3 & div_quot_corr_alu_sub)
      | (req_alu_sel4 & div_remd_corr_alu_sub)
      | (req_alu_sel5 & div_remd_chck_alu_sub);

// 為了與 AGU 共用運算資料通路，將需要儲存的部分積或部分餘數發送給運算資料通路並進行暫存
  assign muldiv_sbf_0_ena = part_remd_ena | part_prdt_hi_ena;
  assign muldiv_sbf_0_nxt = i_op_mul ? part_prdt_hi_nxt : part_remd_nxt;

  assign muldiv_sbf_1_ena = part_quot_ena | part_prdt_lo_ena;
  assign muldiv_sbf_1_nxt = i_op_mul ? part_prdt_lo_nxt : part_quot_nxt;

  assign part_remd_r = muldiv_sbf_0_r;
  assign part_quot_r = muldiv_sbf_1_r;
  assign part_prdt_hi_r = muldiv_sbf_0_r;
  assign part_prdt_lo_r = muldiv_sbf_1_r;
```

...

6．運算資料通路

　　運算資料通路模組是 ALU 真正用於計算的資料通路模組。運算資料通路模組的相關原始程式碼在 e203_hbirdv2 目錄中的結構如下。

```
e203_hbirdv2
    |----rtl                             // 存放 RTL 的目錄
        |----e203                        //E203 處理器核心和 SoC 的 RTL 目錄
            |----core                    // 存放 E203 處理器核心的 RTL 程式
                |----e203_exu_alu_dpath.v      // 運算資料通路模組
```

運算資料通路的功能比較簡單，它被動地接受其他 ALU 子單元的請求並進行具體運算，然後將計算結果返回給其他子單元的運算資料通路，相關原始程式碼部分如下所示。

```
//e203_exu_alu_dpath.v 的原始程式碼部分

...

// 不同的子單元公用 ALU 的運算資料通路
  assign   {
     mux_op1
    ,mux_op2
...
    ,op_cmp_eq
    ,op_cmp_ne
    ,op_cmp_lt
    ,op_cmp_gt
    ,op_cmp_ltu
    ,op_cmp_gtu
    }
=
// 來自普通 ALU 子單元的運算請求
        (({DPATH_MUX_WIDTH{alu_req_alu}} & {
    ...
        })
// 來自 BJP 子單元的運算請求
    | ({DPATH_MUX_WIDTH{bjp_req_alu}} & {
            bjp_req_alu_op1
           ,bjp_req_alu_op2
       ...
           ,bjp_req_alu_cmp_eq
           ,bjp_req_alu_cmp_ne
           ,bjp_req_alu_cmp_lt
           ,bjp_req_alu_cmp_gt
           ,bjp_req_alu_cmp_ltu
           ,bjp_req_alu_cmp_gtu

       })
// 來自 AGU 模組的運算請求
    | ({DPATH_MUX_WIDTH{agu_req_alu}} & {
        ...
```

```
        })
        ;

    ...


    // 重複使用移位器

wire ['E203_XLEN-1:0] shifter_in1;
wire [5-1:0] shifter_in2;
wire ['E203_XLEN-1:0] shifter_res;

wire op_shift = op_sra | op_sll | op_srl;

    // 為了節省面積銷耗，將右移統一轉化為左移操作

assign shifter_in1 = {<E203_XLEN{op_shift}} &
        (
            (op_sra | op_srl) ?
                {
  shifter_op1[00],shifter_op1[01],shifter_op1[02],shifter_op1[03],
  shifter_op1[04],shifter_op1[05],shifter_op1[06],shifter_op1[07],
  shifter_op1[08],shifter_op1[09],shifter_op1[10],shifter_op1[11],
  shifter_op1[12],shifter_op1[13],shifter_op1[14],shifter_op1[15],
  shifter_op1[16],shifter_op1[17],shifter_op1[18],shifter_op1[19],
  shifter_op1[20],shifter_op1[21],shifter_op1[22],shifter_op1[23],
  shifter_op1[24],shifter_op1[25],shifter_op1[26],shifter_op1[27],
  shifter_op1[28],shifter_op1[29],shifter_op1[30],shifter_op1[31]
                } : shifter_op1
        );
assign shifter_in2 = {5{op_shift}} & shifter_op2[4:0];

assign shifter_res = (shifter_in1 << shifter_in2);

wire ['E203_XLEN-1:0] sll_res = shifter_res;
wire ['E203_XLEN-1:0] srl_res =
                {
  shifter_res[00],shifter_res[01],shifter_res[02],shifter_res[03],
  shifter_res[04],shifter_res[05],shifter_res[06],shifter_res[07],
  shifter_res[08],shifter_res[09],shifter_res[10],shifter_res[11],
  shifter_res[12],shifter_res[13],shifter_res[14],shifter_res[15],
  shifter_res[16],shifter_res[17],shifter_res[18],shifter_res[19],
  shifter_res[20],shifter_res[21],shifter_res[22],shifter_res[23],
  shifter_res[24],shifter_res[25],shifter_res[26],shifter_res[27],
  shifter_res[28],shifter_res[29],shifter_res[30],shifter_res[31]
                };


// 重複使用 " 互斥 " 邏輯門
```

```
  assign xorer_in1 = {`E203_XLEN{xorer_op}} & misc_op1;
  assign xorer_in2 = {`E203_XLEN{xorer_op}} & misc_op2;

  wire [`E203_XLEN-1:0] xorer_res = xorer_in1 ^ xorer_in2;

  wire neq = (|xorer_res);
  wire cmp_res_ne = (op_cmp_ne  & neq);
     wire cmp_res_eq = op_cmp_eq  & (~neq);

    ...
```

// 重複使用加法器

```
  assign adder_in1 = {`E203_ALU_ADDER_WIDTH{adder_addsub}} & (adder_op1);
  assign adder_in2 = {`E203_ALU_ADDER_WIDTH{adder_addsub}} & (adder_sub ? (~
  adder_op2) : adder_op2);
  assign adder_cin = adder_addsub & adder_sub;

  assign adder_res = adder_in1 + adder_in2 + adder_cin;
    ...

    // 生成最終的運算資料通路中的結果，使用 And-Or 的編碼方式生成多路選擇器
    wire [`E203_XLEN-1:0] alu_dpath_res =
        ({`E203_XLEN{op_or       }} & orer_res )
    | ({`E203_XLEN{op_and      }} & ander_res)
    | ({`E203_XLEN{op_xor      }} & xorer_res)
    | ({`E203_XLEN{op_addsub   }} & adder_res[`E203_XLEN-1:0])
    | ({`E203_XLEN{op_srl      }} & srl_res)
    | ({`E203_XLEN{op_sll      }} & sll_res)
    | ({`E203_XLEN{op_sra      }} & sra_res)
    | ({`E203_XLEN{op_mvop2    }} & mvop2_res)
    | ({`E203_XLEN{op_slttu    }} & slttu_res)
    | ({`E203_XLEN{op_max | op_maxu | op_min | op_minu}} & maxmin_res)
       ;
```

// 實現 AGU 和 MDV 模組共用的兩個 33 位元寬的暫存器

```
  sirv_gnrl_dffl #(33) sbf_0_dffl (sbf_0_ena, sbf_0_nxt, sbf_0_r, clk);
  sirv_gnrl_dffl #(33) sbf_1_dffl (sbf_1_ena, sbf_1_nxt, sbf_1_r, clk);
```

// 暫存器的致能訊號選擇來自 MDV 還是 AGU 模組
```
  assign sbf_0_ena =
`ifdef E203_SUPPORT_SHARE_MULDIV //{
     muldiv_req_alu ? muldiv_sbf_0_ena :
`endif//E203_SUPPORT_SHARE_MULDIV}
          agu_sbf_0_ena;
  assign sbf_1_ena =
`ifdef E203_SUPPORT_SHARE_MULDIV //{
```

```
       muldiv_req_alu ? muldiv_sbf_1_ena :
`endif//E203_SUPPORT_SHARE_MULDIV}
          agu_sbf_1_ena;

// 暫存器的寫入資料來自 MDV 還是 AGU 模組
  assign sbf_0_nxt =
`ifdef E203_SUPPORT_SHARE_MULDIV //{
     muldiv_req_alu ? muldiv_sbf_0_nxt :
`endif//E203_SUPPORT_SHARE_MULDIV}
          {1'b0,agu_sbf_0_nxt};
  assign sbf_1_nxt =
`ifdef E203_SUPPORT_SHARE_MULDIV //{
     muldiv_req_alu ? muldiv_sbf_1_nxt :
`endif//E203_SUPPORT_SHARE_MULDIV}
          {1'b0,agu_sbf_1_nxt};

// 將共用暫存器的值送給 AGU 模組
  assign agu_sbf_0_r = sbf_0_r[`E203_XLEN-1:0];
  assign agu_sbf_1_r = sbf_1_r[`E203_XLEN-1:0];

// 將共用暫存器的值送給 MDV 模組
`ifdef E203_SUPPORT_SHARE_MULDIV //{
  assign muldiv_sbf_0_r = sbf_0_r;
  assign muldiv_sbf_1_r = sbf_1_r;
`endif//E203_SUPPORT_SHARE_MULDIV}
```

8.3.9　交付

指令交付功能在 EXU 中完成。由於將交付的功能闡述清楚需要較多篇幅，因此本書單設一章對其進行詳述，請參見第 9 章。

8.3.10　寫回

指令結果寫回功能也在 EXU 中完成。由於闡述清楚寫回功能需要較多篇幅，因此本書單設一章對其進行詳述，請參見第 10 章。

8.3.11　輔助處理器擴充

可擴充性是 RISC-V 架構最大的亮點之一。蜂鳥 E203 處理器核心在執行時支援輔助處理器擴充指令。由於闡述清楚輔助處理器擴充的功能需要較多篇幅，因此本書單設一章對其進行詳述，請參見第 16 章。

8.4 小結

由於蜂鳥 E203 處理器是一種兩級管線的微架構，其執行時的 EXU 事實上不僅包含了經典 5 級管線中對應的解碼、執行和寫回功能，還包含了交付功能，因此 EXU 是蜂鳥 E203 處理器核心的心臟。

為了能夠達到超低功耗且性能優良的設計目標，蜂鳥 E203 處理器的研發團隊依據多年業界一流 CPU 的研發經驗，設計了精巧的微架構，採用了諸多的設計技巧。讀者可以借助本章的文字介紹和關鍵程式部分解析，結合 GitHub 上的完整原始程式碼進行學習，從而透徹地理解蜂鳥 E203 處理器的設計精髓。

第 9 章　善始者實繁，克終者蓋寡——交付

《諫太宗十思疏》中有云：「善始者實繁，克終者蓋寡」。此句話的意思是認真開始做一件事的人很多，但是能夠堅持到最後認真完成的人寥寥無幾。此古語讓人聯想到指令在管線中的行為，指令從記憶體中讀取出來，進入管線，開始執行，但並不是每一行指令都能夠真正交付。

本章將簡介處理器交付的功能和常見的策略，並分析蜂鳥 E203 處理器核心交付單元的微架構和原始程式碼。

9.1　處理器中指令的交付、取消、更新

9.1.1　指令交付、取消、更新

談及交付（commit），讀者可能比較陌生，在經典的 5 級管線模型中，處理器的管線分為取指、解碼、執行、存取和寫回，其中並沒有提及交付。那麼交付有何功能呢？

管線中的指令交付是指該指令不再處於預測執行狀態。交付的指令可以真正地在處理器中執行，可以對處理器狀態產生影響。與「交付」相反的概念是取消（cancel），表示該指令最後需要取消。可能初學者還是無法理解，下面結合常見的情形闡述「交付」的功能。

為了提高處理器的性能，分支跳躍指令可以以一種預測的形式執行，分支跳躍指令是否真正需要產生跳躍可能需要在執行時之後才能夠確定。

指令在管線中以「流水」的形式執行，以經典的 5 級管線模型為例，第一行指令處於執行時，第二行指令便處於解碼階段。如果第一行指令是一行預測的分支跳躍指令，那麼第二行指令（及其後續指令）便處於一種預測執行的狀態。

在第一行分支跳躍指令是否真正需要跳躍確定之後，如果發現預測錯誤了，便表示第二行指令（及其後續指令）都需要取消並放棄執行；如果發現預測成功了，便表示第二行指令（及其後續指令）不需要取消，可以真正執行，解除了預測執行狀態，可以真正地交付。

以經典的 5 級管線模型為例，第一行指令處於執行時，第二行指令便處於解碼階段。如果第一行指令遭遇了中斷或異常，那麼第二行指令和後續的指令便都需要取消而放棄執行（無法交付）。

談及處理器中的交付，還需介紹另外一個常見的概念—處理器管線更新。對於上述的兩種情形，當處理器管線需要將沒有交付的後續指令全都取消時，就會造成管線更新—就像水流一樣將管線重新更新乾淨，之後重新開始取新的指令。

9.1.2 指令交付的常見實現策略

指令交付的實現非常依賴具體的微架構。本節介紹常見的實現策略。

不管是管線級數少的簡單一處理器核心，還是管線級數非常多的高級超過標準量處理器核心，交付都按順序判定，理論上只有前一行指令完成了交付之後，才會輪到後一行指令的交付。

影響指令交付的因素如下。

- 中斷、異常，以及分支預測指令，這些因素往往會造成管線更新，即將後續所有的指令流都取消。

- 在有的指令集架構（如 ARM）中，還會有著條件碼（conditional code）。因此對於每行指令，只有其條件碼滿足條件，才會「交付」；不然會被「取消」（只「取消」它自己，並不會造成管線更新並取消後續所有指令）。

處理器的微架構可以選擇一個週期（即時脈週期）交付一行指令（性能較低），或一個週期交付多行指令（性能較高）。

在不同的微架構中，交付可以在不同的管線等級完成，沒有絕對的標準，常見的策略如下。

- 在執行時交付。在管線的執行時，理論上處理器可以完成分支預測指令的結果解析，因此有的微架構將交付功能在執行時完成。

- 在寫回階段交付。由於有的指令需要多個週期才能寫回結果，並可能產生錯誤，因此有的微架構將交付功能在寫回階段完成。

- 在重排序交付佇列（re-order commit queue）中交付。對於高性能的超過標準量處理器，指令往往亂數執行亂數寫回，寫回往往會使用 ROB（Re-Order Buffer）或純物理暫存器。對應地，處理器往往會配備一個較深的重排序交付佇列，用來快取亂數執行的指令資訊，並按序進行交付。

9.2 RISC-V 架構特點對於交付的簡化

RISC-V 架構具有以下兩個顯著的特點，因此它可以大幅簡化交付。

- 指令沒有條件碼，因此不需要處理單行指令取消的情形。
- 所有的運算指令都不會產生異常。這是 RISC-V 架構很有意思的特點，大多數的指令集架構會規定「除以零」異常，浮點指令也會有若干異常。但是 RISC-V 架構規定這些運算指令一概不產生異常，因此在硬體實現上無須擔心多週期指令寫回結果後會產生異常。

綜上所述，RISC-V 架構的處理器核心只需要處理以下兩類情形。

- 分支預測指令錯誤預測造成的後續指令流取消。
- 中斷和異常造成的後續指令流取消。

9.3 蜂鳥 E203 處理器中指令交付的硬體實現

基於上述分析，蜂鳥 E203 處理器將指令交付安排在執行時，如圖 9-1 所示。對於每一行指令而言，在蜂鳥 E203 處理器核心的管線中，只要前序的指令沒有發生分支預測錯誤、中斷或異常，就可以判定此行指令能夠成功地交付。

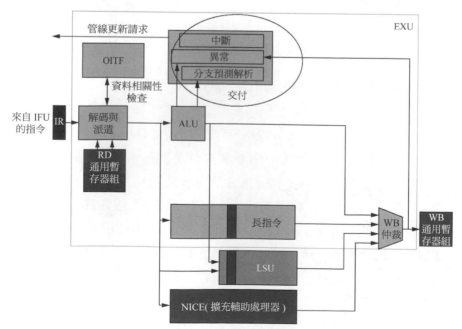

圖 9-1　蜂鳥 E203 處理器核心的交付功能示意圖

⚠️ 注意 分支預測錯誤的分支指令自身和出現了中斷或異常的指令自身仍然是成功交付的指令，因為它們自身已經真正執行且對處理器的狀態真正地產生了影響。

9.3.1 分支預測指令的處理

在蜂鳥 E203 處理器核心的 IFU 中進行預測的分支指令主要為以下帶條件的跳躍指令。

- beq（若兩個整數運算元相等，則跳躍）。
- bne（若兩個整數不相等，則跳躍）。
- blt（若第一個有號數小於第二個有號數，則跳躍）。
- bltu（若第一個無號數小於第二個無號數，則跳躍）。
- bge（若第一個有號數大於或等於第二個有號數，則跳躍）。
- bgeu（若第一個無號數大於或等於第二個無號數，則跳躍）。

本節主要介紹相關設計要點。

在蜂鳥 E203 處理器的 IFU 中對以上帶條件的跳躍指令均採取靜態預測，即如果向後跳躍，則預測為跳；如果向前跳躍，則預測為不跳。

這些條件跳躍指令需要經過比較運算才能確定最終是否真的需要跳躍，而比較運算需由執行時的 ALU 完成。相關原始程式碼在 e203_hbirdv2 目錄中的結構如下。

```
e203_hbirdv2
    |----rtl                              // 存放 RTL 的目錄
        |----e203                         //E203 處理器核心和 SoC 的 RTL 目錄
            |----core                     // 存放 E203 處理器核心的 RTL 程式
                |----e203_exu_alu_bjp.v   //ALU 的分支跳躍指令比較子模組
```

e203_exu_alu_bjp 模組僅處理必要的控制，比較操作真正重複使用的是 ALU 的運算資料通路，因此並沒有額外的硬體銷耗。相關原始程式碼部分如下所示。

```
//e203_exu_alu_bjp.v 的原始程式碼部分
...
  wire bjp_i_bprdt = bjp_i_info ['E203_DECINFO_BJP_BPRDT ];
```

```
// 根據條件跳躍指令的類型，向 ALU 的運算資料通路發起運算請求
  assign bjp_req_alu_cmp_eq  = bjp_i_info ['E203_DECINFO_BJP_BEQ  ];
  assign bjp_req_alu_cmp_ne  = bjp_i_info ['E203_DECINFO_BJP_BNE  ];
  assign bjp_req_alu_cmp_lt  = bjp_i_info ['E203_DECINFO_BJP_BLT  ];
  assign bjp_req_alu_cmp_gt  = bjp_i_info ['E203_DECINFO_BJP_BGT  ];
  assign bjp_req_alu_cmp_ltu = bjp_i_info ['E203_DECINFO_BJP_BLTU ];
  assign bjp_req_alu_cmp_gtu = bjp_i_info ['E203_DECINFO_BJP_BGTU ];

  assign bjp_o_valid     = bjp_i_valid;
  assign bjp_i_ready     = bjp_o_ready;

// 將預測的跳躍結果發送給交付模組
  assign bjp_o_cmt_prdt  = bjp_i_bprdt;

// 將真實的跳躍結果發送給交付模組
        // 如果指令是無條件跳躍指令，則一定會跳
        // 如果遇到條件跳躍分支，則會使用 ALU 的運算資料通路中比較運算
        // 的結果
  assign bjp_o_cmt_rslv  = jump ? 1'b1 : bjp_req_alu_cmp_res;

//e203_exu_alu_dpath.v 的原始程式碼部分

...

// 不同的模組公用 ALU 的運算資料通路
  assign  {
    mux_op1
   ,mux_op2
   ...
   ,op_cmp_eq
   ,op_cmp_ne
   ,op_cmp_lt
   ,op_cmp_gt
   ,op_cmp_ltu
   ,op_cmp_gtu
   }
   =
   // 來自 ALU 的運算請求
     ({DPATH_MUX_WIDTH{alu_req_alu}} & {
     ...
     })
   // 來自 e203_exu_alu_bjp 模組的運算請求
   | ({DPATH_MUX_WIDTH{bjp_req_alu}} & {
        bjp_req_alu_op1
       ,bjp_req_alu_op2
       ...
       ,bjp_req_alu_cmp_eq
       ,bjp_req_alu_cmp_ne
```

```
            ,bjp_req_alu_cmp_lt
            ,bjp_req_alu_cmp_gt
            ,bjp_req_alu_cmp_ltu
            ,bjp_req_alu_cmp_gtu

        })
    // 來自 AGU 模組的運算請求
      | ({DPATH_MUX_WIDTH{agu_req_alu}} & {
        ...
        })
        ;

...

// 進行比較計算

  // 重複使用 " 互斥 " 邏輯門進行相等比較
  assign xorer_in1 = {'E203_XLEN{xorer_op}} & misc_op1;
  assign xorer_in2 = {'E203_XLEN{xorer_op}} & misc_op2;

  wire ['E203_XLEN-1:0] xorer_res = xorer_in1 ^ xorer_in2;

  wire neq   = (|xorer_res);
  wire cmp_res_ne  = (op_cmp_ne  & neq);
  wire cmp_res_eq  = op_cmp_eq  & (~neq);

  ...

  // 重複使用加法器進行比較

  assign adder_in1 = {'E203_ALU_ADDER_WIDTH{adder_addsub}} & (adder_op1);
  assign adder_in2 = {'E203_ALU_ADDER_WIDTH{adder_addsub}} & (adder_sub ? (~
  adder_op2) : adder_op2);
  assign adder_cin = adder_addsub & adder_sub;

  assign adder_res = adder_in1 + adder_in2 + adder_cin;

  wire cmp_res_lt  = op_cmp_lt  & adder_res['E203_XLEN];
  wire cmp_res_ltu = op_cmp_ltu & adder_res['E203_XLEN];
  wire op1_gt_op2  = (~adder_res['E203_XLEN]);
  wire cmp_res_gt  = op_cmp_gt  & op1_gt_op2;
  wire cmp_res_gtu = op_cmp_gtu & op1_gt_op2;

  assign cmp_res = cmp_res_eq
              | cmp_res_ne
              | cmp_res_lt
              | cmp_res_gt
              | cmp_res_ltu
```

```
                        | cmp_res_gtu;

// 將比較器的計算結果返回給 e203_exu_alu_bjp 模組
  assign bjp_req_alu_cmp_res = cmp_res;
```

　　ALU 在計算出是否需要跳躍的結果之後，發送給交付模組。交付模組則根據預測的結果和真實的結果進行判斷。如果預測的結果和真實的結果相符，則表示預測成功，不會進行管線更新；反之，則需要進行管線更新。相關原始程式碼在 e203_hbirdv2 目錄中的結構如下。

```
e203_hbirdv2
    |----rtl                         // 存放 RTL 的目錄
        |----e203                    //E203 處理器核心和 SoC 的 RTL 目錄
            |----core                // 存放 E203 處理器核心的 RTL 程式
                |----e203_exu_commit.v       // 交付模組
                |----e203_exu_branchslv.v    // 分支預測指令交付模組
```

　　e203_exu_branchslv 是 e203_exu_commit 模組的子模組，用於對分支預測指令的真實結果進行判斷。相關原始程式碼部分如下所示。

```
//e203_exu_branchslv.v 的原始程式碼部分

...

  wire brchmis_need_flush = (
// 如果預測的結果和真實的結果不相符，則需要產生管線更新
        (cmt_i_bjp & (cmt_i_bjp_prdt ^ cmt_i_bjp_rslv))
        ...
      );

  assign brchmis_flush_req_pre = cmt_i_valid & brchmis_need_flush;

  assign brchmis_flush_pc =
// 如果預測為需要跳躍，但是實際結果顯示不需要跳躍，則管線更新和重新取指後新 PC 指向此跳躍指
// 令的下一行指令，透過將此跳躍指令的 PC 加上 4（如果此指令是 32 位元指令）或 2（如果此指令是
//16 位元指令），計算其下一行指令的 PC
                            (cmt_i_fencei | (cmt_i_bjp & cmt_i_bjp_prdt)) ?
(cmt_i_pc + (cmt_i_rv32 ? 'E203_PC_SIZE'd4 : 'E203_PC_SIZE'd2)) :
// 如果預測為不需要跳躍，但是實際結果顯示需要跳躍，則管線更新和重新取指後新 PC 指向此跳躍指
// 令的目標位址。透過將此跳躍指令的 PC 加上跳躍目標偏移量，計算目標位址
                            (cmt_i_bjp & (~cmt_i_bjp_prdt)) ?
(cmt_i_pc + cmt_i_imm['E203_PC_SIZE-1:0]) :
...
```

9.3.2 中斷和異常的處理

有關蜂鳥 E203 處理器對於中斷和異常的詳細實現，請參見第 13 章。

9.3.3 多週期執行的指令的交付

對於單週期執行的指令而言，其交付和寫回操作在執行時的同一個週期內完成。而對於多週期執行的指令而言，其交付同樣在執行時完成，但寫回操作則需在後續的週期內寫回。請參見第 10 章以了解蜂鳥 E203 處理器核心的寫回實現細節。

要注意以下兩種情況。

- 雖然有的長指令（如 NICE 輔助處理器指令和 Load、Store 指令）也會在寫回時產生異常，但是按照 RISC-V 架構規定這兩種異常可以當作非同步異常處理。有關蜂鳥 E203 處理器對於中斷和異常的詳細實現，請參見第 13 章。
- RISC-V 架構規定，所有其他的常規多週期指令（如除法和浮點指令）不會產生任何異常。

9.4 小結

從上面的闡述中，我們可以看出蜂鳥 E203 處理器將交付安排在執行時，整體設計方案非常簡單。RISC-V 架構的特點使交付的實現能夠得到極大簡化。

第 10 章　讓子彈飛一會兒
——寫回

在蜂鳥 E203 處理器管線中的派遣點被派遣到不同運算單元並執行的指令就像從槍膛中射出的子彈一樣。讓子彈飛一會兒,直到它落地。由不同的運算單元執行完畢的指令最終都會將其計算結果寫回通用暫存器組。

本章將簡介處理器的寫回功能和常見的寫回策略,並分析蜂鳥 E203 處理器核心的寫回硬體實現的微架構和原始程式碼。

10.1 處理器的寫回

▋ 10.1.1 處理器寫回功能簡介

如第 6 章所述,在經典的 5 級管線模型中,處理器的管線分為取指、解碼、執行、存取以及寫回。寫回是管線的最後一級,主要的作用是將指令的運算結果寫回通用暫存器組。

▋ 10.1.2 處理器常見寫回策略

第 8 章已對指令發射、派遣、執行、寫回的順序和常見策略予以詳述,本節不再討論。

10.2 蜂鳥 E203 處理器的寫回硬體實現

蜂鳥 E203 處理器的寫回策略是一種因地制宜的混合策略。蜂鳥 E203 處理器核心的寫回硬體實現不僅保持面積最小化的原則,還能取得不錯的性能,其核心思想如下。

- 將指令劃分為單週期指令和長指令兩大類。
- 將長指令的交付和寫回分開,使得即使執行了多週期長指令,也不會阻塞管線,讓後續的單週期指令仍然能夠順利地寫回和交付。

涉及的模組如圖 10-1 中的圓形區域所示,主要包含最終寫回仲裁(final write-back arbitration)模組、長指令寫回仲裁(long-pipes instructions write-back arbitration)模組和 OITF(Outstanding Instruction Track FIFO)模組。本節將分別予以介紹。

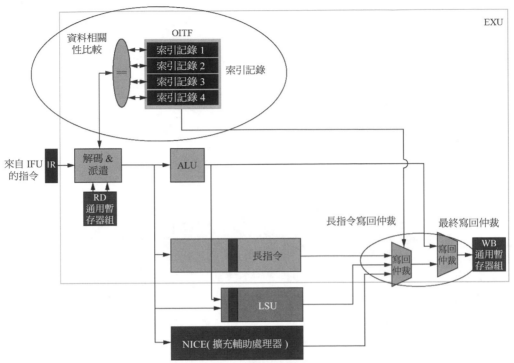

圖 10-1　蜂鳥 E203 處理器核心的寫回功能

10.2.1 最終寫回仲裁

蜂鳥 E203 處理器有兩級寫回仲裁模組，其中之一是最終寫回仲裁模組。

最終寫回仲裁主要用於仲裁所有單週期指令的寫回（來自 ALU 模組）和所有長指令的寫回（來自長指令寫回仲裁模組），仲裁採用優先順序仲裁的方式。由於長指令的執行週期比較長，因此它明顯比正在寫回的 ALU 指令在程式流中處於更靠前的位置，因此長指令的寫回比單週期指令的寫回具有更高的優先順序。

在沒有長指令寫回的空閒週期，來自 ALU 的單週期指令可以隨便寫回。這就表示，在程式流中處於更靠後位置的單週期指令可以比更靠前位置的長指令先寫回通用暫存器組（如果沒有資料相關性），所以蜂鳥 E203 處理器具備亂數寫回的能力。

最終寫回仲裁模組的相關原始程式碼在 c203_hbirdv2 目錄中的結構如下。

```
e203_hbirdv2
    |----rtl                        // 存放 RTL 的目錄
        |----e203                   //E203 處理器核心和 SoC 的 RTL 目錄
            |----core               // 存放 E203 處理器核心的 RTL 程式
                |----e203_exu_wbck.v   // 最終寫回仲裁模組
```

最終寫回仲裁模組的原始程式碼部分如下所示：

```verilog
//e203_exu_wbck.v 的原始程式碼部分

...

  // 所有單週期指令的寫回（來自 ALU 模組）
  /////////////////////////////////////////////////////////
  input  alu_wbck_i_valid,                        // 寫回握手請求訊號
  output alu_wbck_i_ready,                         // 寫回握手回饋訊號
  input  ['E203_XLEN-1:0] alu_wbck_i_wdat,         // 寫回的資料值
  input  ['E203_RFIDX_WIDTH-1:0] alu_wbck_i_rdidx, // 寫回的暫存器索引值

  // 所有長指令的寫回（來自長指令寫回仲裁模組）
  /////////////////////////////////////////////////////////
  input  longp_wbck_i_valid,                       // 寫回握手請求訊號
  output longp_wbck_i_ready,                       // 寫回握手回饋訊號
  input  ['E203_FLEN-1:0] longp_wbck_i_wdat,       // 寫回的資料值
  input  ['E203_RFIDX_WIDTH-1:0] longp_wbck_i_rdidx, // 寫回的暫存器索引值


  // 仲裁後寫回通用暫存器組的介面
  /////////////////////////////////////////////////////////
  output rf_wbck_o_ena,                            // 寫入致能
  output ['E203_XLEN-1:0] rf_wbck_o_wdat,          // 寫回的資料值
  output ['E203_RFIDX_WIDTH-1:0] rf_wbck_o_rdidx,  // 寫回的暫存器索引值

  ...

  // 使用優先順序仲裁，如果兩種指令同時寫回，長指令具有更高的優先順序
  wire wbck_ready4alu = (~longp_wbck_i_valid);
  wire wbck_sel_alu = alu_wbck_i_valid & wbck_ready4alu;
  wire wbck_ready4longp = 1' b1;
  wire wbck_sel_longp = longp_wbck_i_valid & wbck_ready4longp;

  ...

  assign alu_wbck_i_ready   = wbck_ready4alu   & wbck_i_ready;
  assign longp_wbck_i_ready = wbck_ready4longp & wbck_i_ready;

  ...
```

10.2.2 OITF 模組和長指令寫回仲裁模組

OITF 和長指令寫回仲裁模組合作完成所有長指令的寫回操作。

長指令寫回仲裁主要用於仲裁不同的長指令之間的寫回，如來自 LSU、乘除法器、NICE 輔助處理器等的寫回。由於執行不同的長指令的週期數各不相同，甚至有的執行週期數是動態的，因此無法輕易判斷這些指令的先後關係，需要記錄這些指令的先後關係。

OITF 用於記錄這些長指令的資訊。OITF 模組本質上是一個先入先出的快取模組，在管線的派遣點，每次派遣一行長指令，就會在 OITF 模組中分配一個記錄，這個記錄的 FIFO 指標便為這筆長指令的 ITAG（Instruction Tag）。

派遣的長指令不管被派遣到任何運算單元，都會攜帶著 ITAG，長指令的運算單元在完成了運算後將結果寫回時，也要攜帶其對應的 ITAG。

OITF 模組的深度便決定了能夠派遣的滯外（outstanding）長指令的個數。這些長指令寫回時，理論上其實無須嚴格地按照其派遣順序，只需要在有暫存器衝突的情形下嚴格遵循順序，其他情形下可以亂數寫回。但是為了硬體實現的簡潔，蜂鳥 E203 處理器選擇了嚴格參照 OITF 模組的順序寫回。

由於 OITF 模組是一個先入先出的模組，因此 FIFO 模組的讀取指標（read pointer）會指向最先進入此模組的記錄，透過使用此讀取指標作為長指令寫回仲裁的選擇參考，就可以保證不同長指令的寫回順序和派遣順序嚴格一致。

每次從長指令寫回仲裁模組成功地寫回一行長指令之後，便將此指令在 OITF 模組中的記錄去除，即從 FIFO 模組退出，完成其歷史使命。

由於有的長指令可能執行錯誤，因此需要產生異常。長指令寫回仲裁模組需要和交付模組進行介面觸發異常。如果長指令產生了異常，則不會真的寫回通用暫存器組。有關蜂鳥 E203 的異常處理實現，請參見第 13 章。

OITF 模組和長指令寫回仲裁模組的相關原始程式碼在 e203_hbirdv2 目錄中的結構如下。

```
e203_hbirdv2
    |----rtl                    // 存放 RTL 的目錄
        |----e203               //E203 處理器核心和 SoC 的 RTL 目錄
            |----core           // 存放 E203 處理器核心的 RTL 程式
```

```
                |----e203_exu_disp.v            // 指令派遣模組
                |----e203_exu_oitf.v            //OITF 模組
                |----e203_exu_longpwbck.v
```

OITF 模組的原始程式碼分析請參見 8.3.7 節。派遣模組和長指令寫回仲裁模組的相關原始程式碼部分如下所示。

```
//e203_exu_disp.v 的原始程式碼部分

  ...

  // 在派遣點產生 OITF 分配記錄的致能訊號
  // 如果當前派遣的指令為一行長指令，則產生此致能訊號
  assign disp_oitf_ena = disp_o_alu_valid & disp_o_alu_ready & disp_alu_lon
  gp_real;
...


//e203_exu_longpwbck.v 的原始程式碼部分

  // 來自整數除法單元的寫回介面
  'ifdef E203_SUPPORT_INDEP_MULDIV //{
    //////////////////////////////////////////////////////////
    input   div_wbck_i_valid,                    // 寫回握手請求訊號
    output  div_wbck_i_ready,                    // 寫回握手回饋訊號
    input   ['E203_XLEN-1:0] div_wbck_i_wdat,    // 寫回的資料值
    input   div_wbck_i_err,                      // 寫回的異常錯誤指示
    input   ['E203_ITAG_WIDTH-1:0] div_wbck_i_itag,  // 寫回指令的 ITAG
  'endif//}

  // 來自 LSU 單元的寫回介面
    //////////////////////////////////////////////////////////
    input   lsu_wbck_i_valid,                        // 寫回握手請求訊號
    output  lsu_wbck_i_ready,                        // 寫回握手回饋訊號
    input   ['E203_XLEN-1:0] lsu_wbck_i_wdat,        // 寫回的資料值
    input   ['E203_ITAG_WIDTH -1:0] lsu_wbck_i_itag, // 寫回指令的 ITAG
    input   lsu_wbck_i_err ,                         // 寫回的錯誤指示
    input   lsu_cmt_i_buserr ,                       // 存取錯誤指示
    input   ['E203_ADDR_SIZE -1:0] lsu_cmt_i_badaddr, // 產生存取錯誤的位址
    input   lsu_cmt_i_ld,                        // 產生存取錯誤的指令為 Load 指令
    input   lsu_cmt_i_st,                        // 產生存取錯誤的指令為 Store 指令
// 仲裁後的寫回介面，送給最終寫回仲裁模組
    //////////////////////////////////////////////////////////
  output longp_wbck_o_valid,
  input  longp_wbck_o_ready,
  output ['E203_FLEN-1:0] longp_wbck_o_wdat,
  output ['E203_RFIDX_WIDTH -1:0] longp_wbck_o_rdidx,
```

```
// 仲裁後的異常介面，送給交付模組
  output  longp_excp_o_valid,
  input   longp_excp_o_ready,
  output  longp_excp_o_insterr,
  output  longp_excp_o_ld,
  output  longp_excp_o_st,
  output  longp_excp_o_buserr ,
  output ['E203_ADDR_SIZE-1:0] longp_excp_o_badaddr,
...
  // 使用 OITF 的讀取指標（訊號 oitf_ret_ptr）作為長指令寫回仲裁的選擇參考

  wire wbck_ready4lsu = (lsu_wbck_i_itag == oitf_ret_ptr) & (~oitf_empty);
  wire wbck_sel_lsu = lsu_wbck_i_valid & wbck_ready4lsu;
'ifdef E203_SUPPORT_INDEP_MULDIV //{
  wire wbck_ready4div = (div_wbck_i_itag == oitf_ret_ptr) & (~oitf_empty);
  wire wbck_sel_div = div_wbck_i_valid & wbck_ready4div;
'endif//}

...

  // 只有沒有錯誤的指令才需要寫回通用暫存器組

  wire need_wbck = wbck_i_rdwen & (~wbck_i_err);

  // 產生了錯誤的指令需要和交付模組連接

  wire need_excp = wbck_i_err;

  // 需要保證交付模組和最終寫回仲裁模組同時能夠接受
  assign wbck_i_ready =
      (need_wbck ? longp_wbck_o_ready : 1'b1)
    & (need_excp ? longp_excp_o_ready : 1'b1);

  // 送給最終寫回仲裁模組的握手請求
  assign longp_wbck_o_valid = need_wbck & wbck_i_valid & (need_excp ? longp_excp_o_ready : 1'b1);

  // 送給交付模組的握手請求
  assign longp_excp_o_valid = need_excp & wbck_i_valid & (need_wbck ? longp_wbck_o_ready : 1'b1);

  // 每次從長指令寫回仲裁模組成功地寫回一行長指令之後，
  // 便將此指令在 OITF 中的記錄去除，即從 FIFO 模組退出，完成其歷史使命
  // 以下訊號即為成功寫回一行長指令的致能訊號
  assign oitf_ret_ena = wbck_i_valid & wbck_i_ready;
```

10.3 小結

蜂鳥 E203 處理器的寫回策略是一種混合策略，表現在以下方面。

- 如果僅討論單週期指令，蜂鳥 E203 處理器的寫回策略屬於「順序發射、循序執行、順序寫回」。
- 如果僅討論長指令（由不同的長指令運算單元執行），蜂鳥 E203 處理器的寫回策略屬於「順序發射、亂數執行、順序寫回」。
- 如果將單週期指令和長指令統一考慮，蜂鳥 E203 處理器的寫回策略則屬於「順序發射、亂數執行、亂數寫回」。

所謂「法無長勢，運用之妙，存乎一心」，系統結構設計本來就是一門非常靈活的學問，因此無須太過拘泥於固定的分類。作為超低功耗處理器，蜂鳥 E203 處理器按道理可以選擇「循序執行、順序寫回」的策略，但是我們選擇追求極小面積的同時，要兼顧性能。將指令劃分為單週期指令和長指令兩大類，並且將交付和寫回分開，這樣即使處理器執行了長指令，也不會阻塞管線。後續的大多數單週期指令仍然能夠順利地寫回和交付，並且透過 OITF 記錄的順序將長指令的寫回單獨處理。硬體實現既簡潔，又不影響性能，這便是「運用之妙，存乎一心」的表現。

第 11 章　　　　記憶體

本章將討論選擇哈佛系統結構還是馮‧諾依曼系統結構。談到哈佛系統結構，熟悉電腦系統結構的讀者可能已經聯想到本章的主題，本章將簡介處理器的記憶體（memory），並分析蜂鳥 E203 處理器核心中記憶體子系統的微架構和原始程式碼。

11.1　記憶體概述

在介紹蜂鳥 E203 處理器核心的記憶體子系統之前，本節先討論有關記憶體的幾個常見話題。

11.1.1　誰說處理器一定要有快取

談及處理器的記憶體子系統，討論得最多的莫過於快取（cache）。快取幾乎可以是處理器微架構中最複雜的部分，常見的快取基礎知識如下。

- 快取的映射類型。常見類型包括直接映射、全相聯映射、組相聯映射等。
- 快取的寫回策略。常見類型包括直接寫入、寫入分配等。
- 快取使用的位址和索引。常見類型包括 PIPT、VIPT 等。
- 快取的標籤（tag）和資料（data）的組織順序。常見的包括串列組織、平行組織等。
- 多級快取的組織和管理。
- 在多核心架構下的快取一致性（cache coherency）。

有關快取的基礎知識和設計技巧，本書限於篇幅不做贅述，感興趣的讀者可以參見維基百科。

快取雖然很有用，但是誰說處理器一定要有快取？也許很多讀者一直認為快取是處理器中必不可少的部分，但是許多極低功耗的處理器其實並沒有配備快取，主要出於以下幾個方面的原因。

- 無法保證即時性。這是不使用快取的最主要原因。快取利用軟體程式的時間局部性和太空總署部性，將空間巨大的記憶體中的資料動態映射到容量有限的快取空間中，這可以將存取記憶體的平均延遲最小化。由於快取的容量是有限的，因此存取快取存在著相當大的不確定性。

一旦快取不命中（cache-miss），則需要從外部的記憶體中存取資料，從而造成較長的延遲。在對即時性要求高的場景中，處理器的反應速度必須有最可靠的即時性。如果使用了快取，則無法保證這一點。大多數極低功耗處理器應用於即時性較高的場景，因此常使用延遲確定的指令緊密耦合記憶體（Instruction Tightly Coupled Memory，ITCM）或資料緊密耦合記憶體（Data Tightly Coupled Memory，DTCM）。有關 ITCM 和 DTCM 的資訊在 11.1.3 節中專門介紹。

- 軟體規模較小。大多數極低功耗處理器應用於深嵌入式領域。此領域中的軟體程式規模一般較小，所需要的資料段也較小，使用幾百萬位元組的單晶片 SRAM 或 ITCM/DTCM 便可以滿足其需求，因此快取能夠存放空間巨大的記憶體中資料的優點在此無法表現。

- 面積和功耗大。快取的設計難度相比 ITCM 和 DTCM 要大很多，消耗的面積資源和帶來的功耗損失也更大。而極低功耗處理器更加追求小面積和高能效比，因此常使用 ITCM 和 DTCM。

出於如上幾個原因，目前主流的極低功耗處理器其實沒有使用快取。以 ARM Cortex-M 為例，如表 11-1 所示，僅最高端的 Cortex-M7 系列配備了快取，Cortex-M7 系列採用了 6 級管線雙發射的處理器核心，已經不算極低功耗處理器了。

▼ 表 11-1 ARM Cortex-M 的快取設定情況

Cortex-M 系列型號	是否有快取
ARM Cortex-M0+	無
ARM Cortex-M0	無
ARM Cortex-M3	無
ARM Cortex-M4	無
ARM Cortex-M7	有

11.1.2 處理器一定要有記憶體

雖然處理器不一定需要快取，但處理器是一定需要記憶體的。

根據科學家馮・諾依曼提出的電腦系統結構模型，如圖 11-1 所示，電腦必須具備五大組成部分—輸入裝置、輸出裝置、記憶體、運算器和控制器。其中，運算器和控制器可以歸入處理器核心的範圍，它們執行的指令和所需要的資料都必須來自記憶體。

熟悉電腦系統結構的讀者一定知道處理器存取記憶體的策略，在理論上存在著馮·諾依曼系統結構和哈佛（harvard）系統結構兩種。

馮·諾依曼系統結構也稱普林斯頓系統結構，是一種將指令記憶體和資料記憶體合併在一起的電腦系統結構。程式的指令儲存位址和資料儲存位址指向同一個記憶體的不同物理位置。

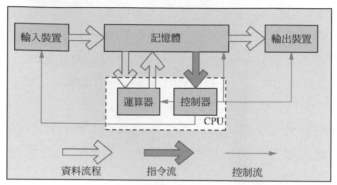

圖 11-1　馮·諾依曼定義的電腦系統結構模型

哈佛系統結構是一種將指令記憶體和資料儲存器分開的電腦系統結構，如圖 11-2 所示。

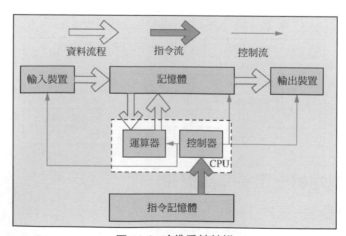

圖 11-2　哈佛系統結構

哈佛系統結構的主要特點如下。

- 將程式和資料儲存在不同的儲存空間中，即程式記憶體和資料記憶體是兩個獨立的記憶體，每個記憶體獨立編址、獨立存取。

- 與兩個記憶體相對應的是兩筆獨立的指令匯流排和資料匯流排。這種分離的匯流排使處理器可以在一個時脈週期內同時獲得指令字（來自指令記憶體）和運算元（來自資料記憶體），從而提高了執行速度和資料的吞吐量。

- 由於指令和資料儲存在兩個分開的物理空間中，因此取址和執行能完全平行。

而在實際的現代處理器設計中，馮·諾依曼系統結構和哈佛系統結構的界限已經變得越來越微妙而且模糊，具體闡述如下。

- 從軟體程式的角度來看，系統往往只有一套位址空間，程式的指令儲存位址和資料儲存位址指向同一套位址空間的不同物理位址，因此這符合馮·諾依曼系統結構的準則。

- 從硬體實現的角度來看，現代處理器設計往往會配備專用的一級指令快取（level-1 instruction cache）和一級資料快取（level-1 data cache），或專用的一級指令記憶體（level-1 instruction memory）和一級資料記憶體（level-1 data memory），因此符合哈佛系統結構的準則。

- 即使對於一級指令儲存器，有的處理器也可以儲存資料，供記憶體讀寫指令。因此這也變成了一種馮·諾依曼系統結構。

- 現代處理器設計往往會配備指令和資料共用的二級快取（level-2 cache），或共用的二級記憶體（level-2 memory）。在二級記憶體中，程式的指令儲存位址和資料儲存位址指向同一套位址空間的不同物理位址，並且共用讀寫存取通道，因此符合馮·諾依曼系統結構的準則。

綜上可知，馮·諾依曼系統結構和哈佛系統結構並不是一種非此即彼的選擇，也無須按照兩者嚴格區分現代的處理器。在處理器的實際設計中，只需要明白二者的優缺點，靈活地加以運用即可。

ARM Cortex-M 系列處理器核心以記憶體存取介面的數目作為劃分馮·諾依曼系統結構或哈佛系統結構的標準，複習如表 11-2 所示。

▼ 表 11-2 ARM Cortex-M 系列處理器核心的類型

Cortex-M 系列型號	處理器核心	說　明
ARM Cortex-M0+	馮·諾依曼系統結構	Cortex-M0+ 系列僅提供一個 AHB-Lite 記憶體存取介面，供資料和指令記憶體共用
ARM Cortex-M0	馮·諾依曼系統結構	Cortex-M0 系列僅提供一個 AHB-Lite 記憶體存取介面，供資料和指令記憶體共用
ARM Cortex-M3	哈佛系統結構	Cortex-M3 系列提供分開的指令和資料記憶體存取介面
ARM Cortex-M4	哈佛系統結構	Cortex -M4 系列提供分開的指令和資料記憶體存取介面
ARM Cortex-M7	哈佛系統結構	Cortex-M7 系列提供分開的指令和資料記憶體存取介面

11.1.3　ITCM 和 DTCM

處理器未必需要快取，但是處理器必須具備記憶體。作為典型代表，Cortex-M3 和 Cortex-M4 系列處理器核心配備了 ITCM 和 DTCM，相比於快取而言更加適合嵌入式低功耗處理器，原因如下。

- 能夠保證即時性。ITCM 和 DTCM 被映射到不同的位址區間，處理器使用明確的位址映射方式存取 ITCM 和 DTCM。由於 ITCM 和 DTCM 並不採用快取機制，不存在著快取不命中的情況，因此其存取的延遲是明確可知的。在即時性要求高的場景，處理器的反應速度很快。

- 能夠滿足軟體需求。大多數極低功耗處理器應用於深嵌入式領域，此領域中的軟體程式規模一般較小，所需要的資料段也較小，使用幾百萬位元組的 ITCM/DTCM 便可以滿足其需求。

- 面積、功耗小。ITCM 和 DTCM 設計很簡單，面積和功耗小。

11.2　RISC-V 架構特點對於記憶體存取指令的簡化

上一節討論了處理器中記憶體的相關背景和技術，記憶體是每個處理器必不可少的一部分。

第 2 章探討過 RISC-V 架構追求簡化硬體的設計理念，具體對於記憶體存取指令而言，RISC-V 架構的以下特點可以大幅簡化硬體實現。

- 僅支援小端格式。

- 無位址自動增加 / 自減模式。

- 無一次寫入多個資料（load-multiple）和一次讀取多個資料（store-multiple）的指令。

11.2.1　僅支援小端格式

因為現在的主流應用是小端格式，RISC-V 架構僅支援小端格式，而不支援大端格式，所以可以簡化硬體的實現，無須做特別的資料轉換。

11.2.2　無位址自動增加 / 自減模式

很多 RISC 處理器支援位址自動增加 / 自減模式，這種自動增加 / 自減模式能夠提高處理器存取連續記憶體位址區間的速度，但同時增加了處理器的硬體實現難度。由於 RISC-V 架構的記憶體讀取和記憶體寫入指令不支援位址自動增加 / 自減模式，因此可以大幅度簡化位址的生成邏輯。

11.2.3　無一次讀取多個資料和一次寫入多個資料的指令

很多 RISC 架構定義了一次寫入多個暫存器的值到記憶體中或一次從記憶體中讀取多個暫存器的值的指令，這樣的好處是一行指令就可以完成很多事情。但是這種一次讀取多個資料和一次寫入多個資料的指令的弊端是會讓處理器的硬體設計非常複雜，增加硬體的銷耗，並且可能影響時序，導致無法提高處理器的主頻。RISC-V 架構沒有定義此類指令，使硬體設計非常簡單。

11.3　RISC-V 架構的記憶體存取指令

本節將介紹 RISC-V 架構的記憶體存取指令。

11.3.1　記憶體讀取和寫入指令

與所有的 RISC 處理器架構一樣，RISC-V 架構使用專用的記憶體讀取（load）指令和記憶體寫入（store）指令存取記憶體，其他的普通指令無法存取記憶體。

RISC-V 架構定義了記憶體讀取指令和記憶體寫入指令（分別為 lh、lhu、lb、lbu、lw、sb、sh、sw），用於支援以一位元組、半位元組、單字為單位的記憶體讀寫入操作。RISC-V 架構推薦使用位址對齊的記憶體讀寫入操作，但是也支援位址非對齊的記憶體操作 RISC-V 架構，處理器可以選擇由硬體來支援，也可以選擇由軟體異常服務程式來支援。

有關記憶體讀取和寫入指令的詳細定義，請參見附錄 A。

11.3.2　fence 指令和 fence.i 指令

RISC-V 架構採用鬆散記憶體模型（relaxed memory model）。鬆散記憶體模型對於存取不同位址的記憶體讀寫指令的執行順序沒有要求，除非使用明確的記憶體屏障指令。有關記憶體模型和記憶體屏障指令的更多資訊，請參見附錄 A。

RISC-V 架構定義了 fence 和 fence.i 兩行記憶體屏障指令，用於強制指定記憶體存取的順序，其定義如下。

- 在程式中，如果增加了一行 fence 指令，則在 fence 之前所有指令的存取結果必須比在 fence 之後所有指令的存取結果先被觀測到。
- 在程式中，如果增加了一行 fence.i 指令，則在 fence.i 之後所有指令的取指令操作一定能夠觀測到在 fence.i 之前所有指令的存取結果。

有關 fence 和 fence.i 指令的詳細定義，請參見附錄 A。

11.3.3　A 擴充指令集

RISC-V 架構定義了一種擴充指令集（由 A 字母表示），主要用於支援在多執行緒情形下存取記憶體的原子（atomic）操作或同步操作。A 擴充指令集包括兩類指令：

- 原子記憶體操作（Atomic Memory Operation，AMO）指令；
- Load-Reserved 和 Store-Conditional 指令。

有關以上兩類指令的詳細定義，請參見附錄 A。

11.4　蜂鳥 E203 處理器核心的記憶體子系統硬體實現

11.4.1　記憶體子系統整體設計想法

蜂鳥 E203 處理器核心的記憶體子系統結構如圖 11-3 中圓圈區域所示，其中主要包含以下 4 個元件。

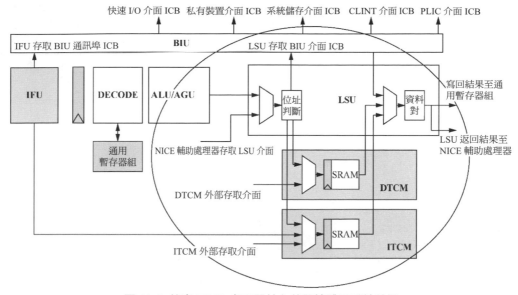

圖 11-3　蜂鳥 E203 處理器核心的記憶體子系統結構

- AGU：主要負責讀取和寫入指令，以及為 A 擴充指令集生成記憶體存取位址。
- LSU：主要作為記憶體存取的控制模組。
- DTCM：作為記憶體子系統的資料儲存部件。
- ITCM：主要作為記憶體子系統的指令儲存部件，但是能夠用於儲存資料以及讀取和寫入指令存取。

11.4.2 AGU

AGU（Address Generation Unit）主要用於產生讀 / 寫指令以及 A 擴充指令集的存取位址。

如圖 11-3 所示，AGU 是 ALU 的子單元。AGU 的相關原始程式碼在 e203_hbirdv2 目錄中的結構如下。

```
e203_hbirdv2
    |----rtl                              // 存放 RTL 的目錄
        |----e203                         //E203 處理器核心和 SoC 的 RTL 目錄
            |----core                     // 存放 E203 處理器核心的 RTL 程式
                |----e203_exu_alu.v        //ALU 頂層模組
                |----e203_exu_alu_dpath.v  //ALU 的資料通路（包含加法器）
                |----e203_exu_alu_lsuagu.v //AGU 的原始程式碼
```

　　根據 RISC-V 架構定義，讀／寫指令需要將其第一個暫存器索引的源運算元和符號位元擴充的立即數相加，得到最終的存取位址，因此理論上需要使用到加法器。為了節省晶片面積，蜂鳥 E203 處理器重複使用 ALU 的加法器，用於存取位址計算。相關的原始程式碼部分如下所示。

```
//e203_exu_alu_lsuagu.v 的原始程式碼部分

// 此模組為 AGU 的原始程式碼模組，其中主要實現了相關的控制和選擇，並沒有實際使用加法器

...

// 輸出加法操作所需的運算元和運算類型，ALU 的共用資料通路模組中將實際使用這幾個訊號進行加法運算
output ['E203_XLEN-1:0] agu_req_alu_op1,
output ['E203_XLEN-1:0] agu_req_alu_op2,
output agu_req_alu_add ,
// 輸入來自 ALU 的共用資料通路模組中加法器的運算結果
input  ['E203_XLEN-1:0] agu_req_alu_res,

...

// 指示需要進行加法操作
assign agu_req_alu_add  = 1' b0
                                | icb_sta_is_idle
                                ;
// 加法器所需的運算元一來自暫存器索引的 rs1 運算元
assign agu_req_alu_op1 =  icb_sta_is_idle    ? agu_i_rs1
                    : 'E203_XLEN' d0;

  // 加法器所需的運算元二來自立即數
  wire [‹E203_XLEN-1:0] agu_addr_gen_op2 = agu_i_ofst0 ? 'E203_XLEN' b0 : agu_i_imm;
  assign agu_req_alu_op2 =  icb_sta_is_idle    ? agu_addr_gen_op2
                        : 'E203_XLEN' d0;

  ...

    // 使用 ALU 的共用資料通路模組中加法運算的結果，作為存取的位址訊號
    assign agu_icb_cmd_addr = agu_req_alu_res['E203_ADDR_SIZE-1:0];

//e203_exu_alu_dpath.v 的原始程式碼部分

  // 此模組為 ALU 的共用資料通路，其中主要包含了一個加法器。ALU 所處理的所有指令的實際運算
  // 均由此模組的資料通路執行

  ...
```

```
assign  { // 來自 ALU、BJP、AGU 模組的請求訊號組成一個多路選擇器，用於共用 ALU 的運算元
   mux_op1
  ,mux_op2
  ...
  }
  =
      ({DPATH_MUX_WIDTH{alu_req_alu}} & { // 來自 ALU 的請求訊號
          alu_req_alu_op1
         ,alu_req_alu_op2
        ...
      })
   | ({DPATH_MUX_WIDTH{bjp_req_alu}} & { // 來自 BJP 的請求訊號
          bjp_req_alu_op1
         ,bjp_req_alu_op2
        ...
      })
   | ({DPATH_MUX_WIDTH{agu_req_alu}} & { // 來自 AGU 的請求訊號
          agu_req_alu_op1
         ,agu_req_alu_op2
        ...
      })
      ;

      ...

// 將多路選擇器選擇後的運算元送入加法器通路
  wire ['E203_XLEN-1:0] misc_op1 = mux_op1['E203_XLEN-1:0];
  wire ['E203_XLEN-1:0] misc_op2 = mux_op2['E203_XLEN-1:0];

  ...
  wire ['E203_ALU_ADDER_WIDTH-1:0] misc_adder_op1 =
     {{<E203_ALU_ADDER_WIDTH-' E203_XLEN{(~op_unsigned) & misc_op1['E203_XLEN-
     1]}},misc_op1};
  wire ['E203_ALU_ADDER_WIDTH-1:0] misc_adder_op2 =
     {{<E203_ALU_ADDER_WIDTH-' E203_XLEN{(~op_unsigned) & misc_op2['E203_XLEN-
     1]}},misc_op2};

  ...

// 生成加法器的運算元
  wire ['E203_ALU_ADDER_WIDTH-1:0] adder_op1 =
 'ifdef E203_SUPPORT_SHARE_MULDIV //{
     muldiv_req_alu ? muldiv_req_alu_op1 :
     'endif//}
     misc_adder_op1;
     wire ['E203_ALU_ADDER_WIDTH-1:0] adder_op2 =
     'ifdef E203_SUPPORT_SHARE MULDIV //{
```

```
        muldiv_req_alu ? muldiv_req_alu_op2 :
        'endif//}
        misc_adder_op2;

  wire adder_cin;
  wire ['E203_ALU_ADDER_WIDTH-1:0] adder_in1;
  wire ['E203_ALU_ADDER_WIDTH-1:0] adder_in2;
  wire ['E203_ALU_ADDER_WIDTH-1:0] adder_res;
```

// 判斷所需的是加法還是減法操作
```
  wire adder_add;
  wire adder_sub;

  assign adder_add =
  'ifdef E203_SUPPORT_SHARE_MULDIV //{
      muldiv_req_alu ? muldiv_req_alu_add :
      'endif//}
      op_add;
      assign adder_sub =
      'ifdef E203_SUPPORT_SHARE_MULDIV //{
      muldiv_req_alu ? muldiv_req_alu_sub :
      'endif//}
              (
              (op_sub)
            | (op_cmp_lt | op_cmp_gt |
              op_cmp_ltu | op_cmp_gtu |
              op_max | op_maxu |
              op_min | op_minu |
              op_slt | op_sltu
              ));

  wire adder_addsub = adder_add | adder_sub;
```

// 假設當前的操作不是加法或減法操作，則使用邏輯閘控制加法器的輸入以降低動態功耗
```
  assign adder_in1 = {'E203_ALU_ADDER_WIDTH{adder_addsub}} & (adder_op1);
```
// 使用反轉加一的方式將補數減法轉換成加法操作
```
  assign adder_in2 = {'E203_ALU_ADDER_WIDTH{adder_addsub}} & (adder_sub ?
  (~adder_op2) : adder_op2);
  assign adder_cin = adder_addsub & adder_sub;
```

// 最終的加法器資料通路
```
 assign adder_res = adder_in1 + adder_in2 + adder_cin;
```

// 將 ALU 的加法器計算結果返回給 AGU
```
  assign agu_req_alu_res      = alu_dpath_res['E203_XLEN-1:0];
```

...

　　RISC-V 架構對於位址不對齊的讀和寫指令,可以使用硬體支援,也可以透過異常服務程式採用軟體支援。蜂鳥 E203 處理器與加州大學柏克萊分校開放原始碼的 Rocket Core 一樣選擇採用軟體支援。AGU 對生成的存取位址進行判斷,如果其位址沒有對齊,則產生異常標識。透過 ALU 將異常標識傳送給交付模組,交付模組則據此產生異常(請參見 13.5 節以了解異常處理的更多資訊)。相關的原始程式碼部分如下所示。

```
//e203_exu_alu_lsuagu.v 的原始程式碼部分

...

  // 判斷當前讀、寫指令存取記憶體時的操作尺寸
  wire agu_i_size_b  = (agu_i_size == 2'b00);
  wire agu_i_size_hw = (agu_i_size == 2'b01);
  wire agu_i_size_w  = (agu_i_size == 2'b10);

  // 將 ALU 的加法器計算結果作為讀、寫指令存取的位址
  assign agu_icb_cmd_addr = agu_req_alu_res['E203_ADDR_SIZE-1:0];

   // 判斷當前存取的位址是否和操作尺寸對齊
  wire agu_i_addr_unalgn =
          // 如果位址最低位元不為 0,表示和半位元組不對齊
          (agu_i_size_hw &  agu_icb_cmd_addr[0])
          // 如果位址最低兩位元不為 0,表示和字不對齊
        | (agu_i_size_w  &  (|agu_icb_cmd_addr[1:0]));

  wire state_last_exit_ena;

  wire agu_addr_unalgn = agu_i_addr_unalgn;

  wire agu_i_unalgnld = agu_addr_unalgn & agu_i_load;
  wire agu_i_unalgnst = agu_addr_unalgn & agu_i_store;

  // 為交付介面產生不對齊指示訊號
  assign agu_o_cmt_misalgn = 1'b0
                    | (agu_i_unalgnldst) ;
  // 為交付介面產生 Load 指令指示訊號,
  // 用於產生讀取記憶體位址不對齊異常
  assign agu_o_cmt_ld    = agu_i_load & (~agu_i_excl);
  // 為交付介面產生 Store 和 AMO 指令指示訊號,
  // 用於產生寫入記憶體或 AMO 位址不對齊異常
  assign agu_o_cmt_stamo  = agu_i_store | agu_i_amo | agu_i_excl;
```

如果沒有產生異常的讀和寫指令，則透過 AGU 的 ICB 介面發送給 LSU 模組。有關 ICB 協定的詳細介紹，請參見 12.2 節。注意，如果產生了異常的讀和寫指令，則不會發送給 LSU 模組。相關原始程式碼部分如下所示。

```
//e203_exu_alu_lsuagu.v 的原始程式碼部分

  // 產生 ICB 介面的 cmd_valid 訊號
  assign agu_icb_cmd_valid =
            // 只有位址對齊（不會產生異常）的指令才會生成 cmd_valid
            ((agu_i_algnldst & agu_i_valid)
  // 為了保證指令被同時發送給交付介面和 ICB 介面，對兩個訊號進行 " 與 " 操作
             & (agu_o_ready)
             )
             ;

  // 產生 ICB 介面的 cmd_addr 訊號（使用 ALU 的加法器計算結果）和 cmd_read 訊號
  assign agu_icb_cmd_addr = agu_req_alu_res['E203_ADDR_SIZE-1:0];
  assign agu_icb_cmd_read =
            (agu_i_algnldst & agu_i_load)
            ;

// 產生 ICB 介面的 cmd_wdata 和 cmd_wmask 訊號，因為需經過 32 位元寬的 ICB，所以必須使
// 操作尺寸對齊
wire ['E203_XLEN-1:0] algnst_wdata =
        (({'E203_XLEN{agu_i_size_b }} & {4{agu_i_rs2[ 7:0]}})
      | ({'E203_XLEN{agu_i_size_hw}} & {2{agu_i_rs2[15:0]}})
      | ({'E203_XLEN{agu_i_size_w }} & {1{agu_i_rs2[31:0]}}));

wire ['E203_XLEN/8-1:0] algnst_wmask =
        (({<E203_XLEN/8{agu_i_size_b }} & (4' b0001 << agu_icb_cmd_addr[1:0]))
      | ({<E203_XLEN/8{agu_i_size_hw}} & (4' b0011 << {agu_icb_cmd_addr[1],1' b0}))
      | ({'E203_XLEN/8{agu_i_size_w }} & (4' b1111));

assign agu_icb_cmd_wdata = algnst_wdata;
assign agu_icb_cmd_wmask = algnst_wmask;
```

⏳ 11.4.3　LSU

LSU（Load Store Unit）是蜂鳥 E203 處理器核心中記憶體子系統的主要控制單元。

LSU 的相關原始程式碼在 e203_hbirdv2 目錄中的結構如下。

```
e203_hbirdv2
    |----rtl                        // 存放 RTL 的目錄
        |----e203                   //E203 處理器核心和 SoC 的 RTL 目錄
            |----core               // 存放 E203 處理器核心的 RTL 程式
                |----e203_lsu.v         //LSU 頂層模組
                |----e203_lsu_ctrl.v    //LSU 模組主體控制
```

LSU 的微架構和程式實現與 BIU 模組非常相似,建議讀者先閱讀第 12 章以了解有關 ICB 和 BIU 的介紹。

LSU 有兩組輸入 ICB 介面,分別來自 AGU 和 NICE 輔助處理器(有關 NICE 輔助處理器介面,請參見 16.3 節)。有 3 組輸出 ICB 介面,分別分發給 BIU、DTCM 和 ITCM。另外,LSU 透過其寫回介面將結果寫回。

兩組輸入 ICB 由一個 ICB 匯合模組匯合成一組 ICB,採用的仲裁機制是優先順序仲裁,NICE 匯流排具有更高的優先順序。有關 ICB 匯合模組的詳細介紹,請參見 12.3.2 節。

經過匯合之後的 ICB 透過其命令通道(command channel)的位址進行判斷,透過其存取的位址區間產生分發資訊,然後使用一個 ICB 分發模組將其分發給不同的記憶體元件的 ICB 介面(包括 BIU、DTCM 和 ITCM)。有關 ICB 分發模組的詳細介紹,請參見 12.3.1 節。

LSU 中使用到的 ICB 匯合模組和 ICB 分發模組的 FIFO 快取深度預設設定均為 1,這表示蜂鳥 E203 處理器的 LSU 預設只支援一個滯外交易(one outstanding transaction),此設定的原因在於減少面積銷耗。

最終返回的資料經過操作尺寸對齊之後,由 LSU 的寫回介面寫回。其相關原始程式碼部分如下所示。

```
//e203_lsu_ctrl.v 的原始程式碼部分

 wire ['E203_XLEN-1:0] rdata_algn =
    (pre_agu_icb_rsp_rdata >> {pre_agu_icb_rsp_addr[1:0],3' b0});

 wire rsp_lbu = (pre_agu_icb_rsp_size == 2' b00) & (pre_agu_icb_rsp_usign == 1' b1);
 wire rsp_lb  = (pre_agu_icb_rsp_size == 2' b00) & (pre_agu_icb_rsp_usign == 1' b0);
 wire rsp_lhu = (pre_agu_icb_rsp_size == 2' b01) & (pre_agu_icb_rsp_usign == 1' b1);
 wire rsp_lh  = (pre_agu_icb_rsp_size == 2' b01) & (pre_agu_icb_rsp_usign == 1' b0);
 wire rsp_lw  = (pre_agu_icb_rsp_size == 2' b10);

 wire ['E203_XLEN-1:0] sc_excl_wdata = pre agu icb rsp excl ok ? 'E203 XLEN'
```

```
  d0 : 'E203_XLEN' d1;
// 對返回的資料進行符號擴充和操作尺寸對齊
  assign lsu_o_wbck_wdat    = pre_agu_icb_rsp_excl ? sc_excl_wdata :
          ( ({'E203_XLEN{rsp_lbu}} & {{24{            1'b0}}, rdata_algn[ 7:0]})
          | ({'E203_XLEN{rsp_lb }} & {{24{rdata_algn[ 7]}}, rdata_algn[ 7:0]})
          | ({'E203_XLEN{rsp_lhu}} & {{16{            1'b0}}, rdata_algn[15:0]})
          | ({'E203_XLEN{rsp_lh }} & {{16{rdata_algn[15]}}, rdata_algn[15:0]})
          | ({'E203_XLEN{rsp_lw }} & rdata_algn[31:0]));
```

存取不同的記憶體元件（包括 BIU、DTCM 和 ITCM）可能會造成記憶體存取錯誤（memory access fault），這個錯誤可以透過 ICB 的回饋通道（response channel）返回的標識得到。如果出現此錯誤，則產生異常標識，透過 LSU 的寫回介面傳送給交付模組，交付模組據此產生異常（請參見 13.5 節以了解異常處理的更多資訊）。相關的原始程式碼部分如下所示。

```
//e203_lsu_ctrl.v 的原始程式碼部分

// 為交付介面產生記憶體存取錯誤指示訊號
assign lsu_o_cmt_buserr  = pre_agu_icb_rsp_err;

// 出現記憶體存取錯誤的存取位址
assign lsu_o_cmt_badaddr = pre_agu_icb_rsp_addr;

// 為交付介面產生 Load 指令指示訊號，用於產生讀取記憶體錯誤
assign lsu_o_cmt_ld=  pre_agu_icb_rsp_read;

// 為交付介面產生 Store 指令指示訊號，將用於產生寫入記憶體或 AMO 錯誤
assign lsu_o_cmt_st= ~pre_agu_icb_rsp_read;
```

11.4.4 ITCM 和 DTCM

基於 ITCM 和 DTCM 的優點，蜂鳥 E203 處理器配備了專用的 ITCM（資料寬度為 64 位元）和 DTCM（資料寬度為 32 位元）。

當今哈佛系統結構和馮·諾依曼系統結構的界限已經變得模糊，蜂鳥 E203 處理器核心的實現也不嚴格區分兩種系統結構。

蜂鳥 E203 處理器透過專用的匯流排分別存取 ITCM 和 DTCM，因此從這方面來看，蜂鳥 E203 處理器核心屬於哈佛系統結構。

ITCM 有一組輸入 ICB 介面來自 LSU。也就是說，ITCM 所在的位址區間同樣能夠透過 LSU 被讀和寫指令存取，用於儲存資料。因此從 ITCM 的角度來看，蜂鳥 E203 處理器又屬於馮·諾依曼系統結構。

> ⚠️ **注意** 讀和寫指令對於 ITCM 的存取主要用於程式的通電初始化（如從快閃記憶體中將程式讀出並寫入 ITCM 中）。在程式正常執行時期，不推薦將資料段放入 ITCM，否則性能無法充分利用。

ITCM 的微架構如圖 11-4 所示。

ITCM 的記憶體主體由一區塊資料寬度為 64 位元的單通訊埠 SRAM 組成。ITCM 的大小和基底位址（位於全域位址空間中的起始位址）可以透過 config.v 中的巨集定義參數設定。

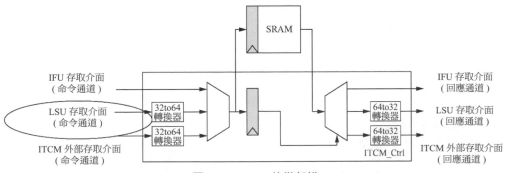

圖 11-4 ITCM 的微架構

```
e203_hbirdv2
    |----rtl                    // 存放 RTL 的目錄
        |----e203               //E203 處理器核心和 SoC 的 RTL 目錄
            |----core           // 存放 E203 處理器核心的 RTL 程式
                |----config.v   // 設定檔
```

為什麼 ITCM 採用的資料寬度為 64 位元？

首先，使用寬度為 64 位元的 SRAM 在物理大小上比 32 位元的 SRAM 面積更加緊湊，因此同樣容量的情況下 ITCM 使用 64 位元的資料寬度比使用 32 位元的資料寬度佔用的面積更小。

其次，程式在執行的過程中大多數情況下按順序取指令，而 64 位元寬的
ITCM 可以一次取出 64 位元的指令流，相比於從 32 位元寬的 ITCM 中連續讀
取兩次取出 64 位元的指令流，唯讀一次 64 位元寬的 SRAM 能夠降低動態功
耗。

ITCM 的相關原始程式碼在 e203_hbirdv2 目錄中的結構如下。

```
e203_hbirdv2
    |----rtl                          // 存放 RTL 的目錄
        |----e203                     //E203 處理器核心和 SoC 的 RTL 目錄
            |----core                 // 存放 E203 處理器核心的 RTL 程式
                |----e203_itcm_ctrl.v         //ITCM 主體控制模組
```

值得再次強調的是，ITCM 有一組輸入 ICB 介面（資料寬度為 32 位元）
來自 LSU，如圖 11-4 中圓圈所示。也就是說，ITCM 所在的位址區間同樣能
夠透過 LSU 被 Load 和 Store 指令存取到，從而用於儲存資料。

ITCM 還有另外兩組輸入 ICB 介面─資料寬度為 64 位元的 IFU 存取介面
和資料寬度為 32 位元的 ITCM 外部存取介面。ITCM 外部存取介面是專門為
ITCM 配備的外部介面，便於 SoC 的其他模組直接存取蜂鳥 E203 處理器核心
的 ITCM。

由於 ITCM 的 SRAM 寬度為 64 位元，而 LSU 存取介面和 ITCM 外部存
取介面的資料寬度為 32 位元，因此它們需要經過位元寬轉換。

3 組輸入 ICB 由一個 ICB 匯合模組匯合為一組 ICB，採用的仲裁機制是
優先順序仲裁。IFU 匯流排具有更高的優先順序，LSU 次之，外部存取介面
最低。

匯合之後的 ICB 的命令通道經過簡單處理後可作為存取 ITCM 中 SRAM
的介面。同時，暫存此操作的來源資訊，並用暫存的資訊指示 SRAM 把返回
的資料分發給 IFU、LSU 和 ITCM 存取介面的回饋通道。

ITCM 控制模組的原始程式碼比較簡單，請參見 GitHub 上的 e203_
hbirdv2 專案。

DTCM 的微架構如圖 11-5 所示。

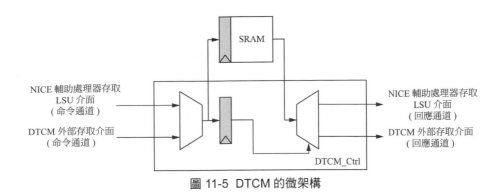

圖 11-5 DTCM 的微架構

DTCM 的記憶體主體由一區塊資料寬度為 32 位元的單通訊埠 SRAM 組成。DTCM 的大小和基底位址（位於全域位址空間中的起始位址）可以透過 config.v 中的巨集定義參數設定。請參見 4.5 節以了解更多可設定的資訊。

```
e203_hbirdv2
    |----rtl                              // 存放 RTL 的目錄
        |----e203                        //E203 處理器核心和 SoC 的 RTL 目錄
            |----core                    // 存放 E203 處理器核心的 RTL 程式
                |----config.v            // 設定檔
```

DTCM 的相關原始程式碼在 e203_hbirdv2 目錄中的結構如下。

```
e203_hbirdv2
    |----rtl                              // 存放 RTL 的目錄
        |----e203                        //E203 處理器核心和 SoC 的 RTL 目錄
            |----core                    // 存放 E203 處理器核心的 RTL 程式
                |----e203_dtcm_ctrl.v   //DCTM 主體控制模組
```

DTCM 有兩組輸入 ICB 介面—NICE 輔助處理器存取介面和 DTCM 外部存取介面。DTCM 外部存取介面是專門為 DTCM 配備的外部介面，便於 SoC 的其他模組直接存取蜂鳥 E203 處理器核心的 DTCM。

兩組輸入 ICB 由一個 ICB 匯合模組匯合成一組 ICB，採用的仲裁機制是優先順序仲裁，LSU 匯流排具有更高的優先順序。

匯合之後的 ICB 的命令通道經過簡單處理後可作為存取 DTCM 中 SRAM 的介面。同時，暫存此操作的來源資訊，並用暫存的資訊指示 SRAM 把返回的資料分發給 NICE 輔助處理器的 LSU 介面和 DTCM 外部存取介面的回饋通道。

DTCM 控制模組的原始程式碼比較簡單，請參見 GitHub 上的 e203_ hbirdv2 專案。

∎ 11.4.5 A 擴充指令集的硬體實現

雖然 A 擴充指令集對於蜂鳥 E203 這樣的極低功耗處理器而言未必是必須要支持的一部分，但是由於 RV32IMAC 架構組合是目前比較主流的工具鏈支援版本，因此開放原始碼的蜂鳥 E203 處理器核心選擇預設支援 A 擴充指令集。

蜂鳥 E203 處理器中相關的硬體實現如下。

1 · Load-Reserved 和 Store-Conditional 指令的硬體實現

為了能夠支援 RISC-V 架構中定義的 Load-Reserved 和 Store-Conditional 指令的行為，蜂鳥 E203 處理器在 LSU 中設定了一個互斥檢測器（exclusive monitor）。

當一行 Load-Reserved 指令執行時，設定互斥檢測器的有效標識，並在互斥檢測器中存入該指令存取的記憶體位址。

當任何一行寫入指令（包括普通的寫入指令或 Store-Conditional 指令）執行時，如果寫入指令存取的記憶體位址和互斥檢測器中儲存的位址一樣，則將互斥檢測器的有效標識清除掉。

如果發生了任何的異常和中斷或執行了 mret 指令，也會將互斥檢測器的有效標識清除掉。

當一行 Store-Conditional 指令執行時，如果互斥檢測器裡的有效標識為 1，且其中保存的位址和該 Store-Conditional 指令存取的記憶體位址相同，則表示該 Store-Conditional 指令能夠執行成功；不然執行失敗。

如果 Store-Conditional 指令執行成功，則會真正向記憶體中寫入數值，且向結果暫存器中寫回的結果為 0；如果該 Store-Conditional 執行失敗，則會放棄寫入記憶體，並且向結果暫存器中寫回的結果為 1。

⚠️ **注意** 理論上，RISC-V 架構的 Load-Reserved 和 Store-Conditional 指令可以支援獲取（acquire）與釋放（release）屬性。由於蜂鳥 E203 處理器中記憶體存取指令嚴格按循序執行，因此永遠將 Load-Reserved 和 Store-Conditional 指令當作同時具備獲取與釋放屬性的指令來實現。

　　由於互斥檢測器存在於蜂鳥 E203 處理器的內部，因此它僅記錄了蜂鳥 E203 處理器中單核心對於記憶體空間的存取。但是在多核心系統中，如果其他的核心或模組也存取了相同的位址空間，則無法被檢測到。因此蜂鳥 E203 處理器的互斥檢測器實現只能夠在單核心獨自存取記憶體時保證程式執行 Load-Reserved 和 Store-Conditional 指令的結果正確。而當多個核心或其他模組（如 DMA）存取互斥檢測器記錄的位址時，則可能會造成 Load-Reserved 和 Store-Conditional 指令的結果無法準確反映。

　　之所以存在此局限性，是因為蜂鳥 E203 處理器支援 A 擴充指令集的意圖是使其能夠使用最常見的 RV32IMAC 工具鏈，而並非支援嚴格的多核心功能。同時蜂鳥 E203 處理器的開發者認為，蜂鳥 E203 這種類型的超低功耗處理器核心的大多數應用場景應為單核心場景。

　　以上功能在 LSU 模組中的相關原始程式碼部分如下所示。

```
//e203_lsu_ctrl.v 的原始程式碼部分


wire excl_flg_r;
wire ['E203_ADDR_SIZE-1:0] excl_addr_r;
wire icb_cmdaddr_eq_excladdr = (arbt_icb_cmd_addr == excl_addr_r);
// 當 Load-Reserved 指令執行時，將設定互斥檢測器的有效標識
wire excl_flg_set = splt_fifo_wen & arbt_icb_cmd_usr[USR_PACK_EXCL] & arbt_
icb_cmd_read & arbt_icb_cmd_excl;
// 當任何一行寫入指令執行時，如果寫入指令的存取位址和互斥檢測器中儲存的有效位址一樣，則將互
// 斥檢測器的有效標識清除
wire excl_flg_clr = (splt_fifo_wen & (~arbt_icb_cmd_read) & icb_cmdaddr_eq_
excladdr & excl_flg_r)
    // 如果發生了任何的異常和中斷或執行了 mret 指令，也會將互斥檢測器的有效標識清除
                        | commit_trap | commit_mret;
wire excl_flg_ena = excl_flg_set | excl_flg_clr;
wire excl_flg_nxt = excl_flg_set | (~excl_flg_clr);
sirv_gnrl_dffr #(1) excl_flg_dffl (excl_flg_ena, excl_flg_nxt, excl_flg_r,
clk, rst_n);

//當 Load-Reserved 指令執行時，將設定互斥檢測器的有效標識，並在互斥檢測器中存入該指
// 令存取的記憶體位址
wire excl_addr_ena = excl_flg_set;
wire ['E203_ADDR_SIZE-1:0] excl_addr_nxt = arbt_icb_cmd_addr;
sirv_gnrl_dffr #('E203_ADDR_SIZE) excl_addr_dffl (excl_addr_ena, excl_addr_
nxt, excl_addr_r, clk, rst_n);
```

```
  // 判斷 Store-Conditional 指令是否能夠執行成功
      // 如果 Store-Conditional 指令執行時互斥檢測器裡的有效標識為 1，且其中保存的位址
      // 和 Store-Conditional 指令存取的記憶體位址相同，則執行成功
 wire arbt_icb_cmd_scond_true = arbt_icb_cmd_scond & icb_cmdaddr_eq_excladdr
 & excl_flg_r;


// 如果 Store-Conditional 指令不能夠執行成功，則將 ICB 命令通道的 Write-Mask 訊號設定為 0，
// 這樣就不會真正向記憶體中寫入數值
 wire ['E203_XLEN/8-1:0] arbt_icb_cmd_wmask_pos =
     (arbt_icb_cmd_scond & (~arbt_icb_cmd_scond_true))
        ? {'E203_XLEN/8{1' b0}} : arbt_icb_cmd_wmask;


// 如果 Store-Conditional 指令不能夠執行成功，則向結果暫存器寫回的值是 0；不然寫回的值是 1。
 wire ['E203_XLEN-1:0] sc_excl_wdata = arbt_icb_rsp_scond_true ? 'E203_XLEN'
 d0:'E203_XLEN' d1;
```

2．amo指令的硬體實現

為了能夠支援 RISC-V 架構中定義的 amo 指令的行為，蜂鳥 E203 處理器在 AGU 中使用狀態機將 amo 指令拆分為若干個不同的微操作，其步驟分別如下。

（1）拆分出一個記憶體讀取操作，等待讀取的資料返回，並將返回的資料暫存。

（2）對暫存的資料進行對應的算數運算，將運算的結果暫存在電路中。

（3）發起一個記憶體寫入操作，將暫存的運算結果寫入記憶體，等待其回饋結果返回（確定寫入操作是否成功，是否發生記憶體存取錯誤）。

（4）如果在上述過程中沒有發生記憶體存取錯誤，則將暫存的讀取操作返回的資料寫回該指令的結果暫存器。

⚠️ **注意** 理論上，RISC-V 架構的 amo 指令可以支援獲取與釋放屬性。由於蜂鳥 E203 處理器中記憶體存取指令嚴格按循序執行，因此永遠將 amo 指令當作同時具備獲取與釋放屬性的指令來實現。由於蜂鳥 E203 處理器需要在匯流排上先後進行兩次操作，因此拆分出兩個微操作，第一個是讀取操作，第二個是寫入操作，在此期間並未將外部匯流排鎖定。因此在多核心系統中，如果其他的核心或模組也存取了相同的位址空間，則破壞了操作的原子性。蜂鳥 E203 處理器的實現只能夠在單核心獨自存取記憶體時保證程式執行 amo 指令的結果正確；而當多個核心或其他模組（如 DMA）存取 amo 指令的位址時，則會造成 amo 指令執行，無法真正實現原子性。

之所以存在此局限性，是因為蜂鳥 E203 處理器支援 A 擴充指令集的意圖是使其能夠使用最常見的 **RV32IMAC** 工具鏈，而並非支援嚴格的多核心功能。同時蜂鳥 E203 處理器的開發者認為，蜂鳥 E203 這種類型的超低功耗處理器核心的大多數應用場景應為單核心場景。

以上功能在 AGU 模組中的相關原始程式碼部分如下所示。

```
//e203_exu_alu_lsuagu.v 的原始程式碼部分

    // 此模組為 AGU 的原始程式碼模組，其中主要實現了相關的控制和選擇，並沒有包含實際的運算資料通
    // 路，真實的資料路共用 ALU 的運算資料通路

// 以下狀態機控制 amo 指令的拆分
    localparam ICB_STATE_WIDTH = 4;

    wire icb_state_ena;
    wire [ICB_STATE_WIDTH-1:0] icb_state_nxt;
    wire [ICB_STATE_WIDTH-1:0] icb_state_r;

    // 空閒狀態，該狀態下可以開始發起第一次讀取操作
    localparam ICB_STATE_IDLE = 4'd0;

    // 已經發起了第一次讀取操作，等待讀取資料返回的狀態
    localparam ICB_STATE_1ST  = 4'd1;

    // 發送第二次寫入操作的狀態
    localparam ICB_STATE_WAIT2ND = 4'd2;

    // 已經發起了第二次寫入操作，等待回饋結果返回的狀態
    localparam ICB_STATE_2ND  = 4'd3;

    // 收到第一次讀取操作返回的讀取資料後，重複使用 ALU 的運算資料通路，進行狀態的運算
    localparam ICB_STATE_AMOALU  = 4'd4;

    // 運算結果已經在電路中準備好並正在發送寫入操作的狀態
    localparam ICB_STATE_AMORDY  = 4'd5;

    // 寫入操作的回饋已經返回並將指令的結果寫回結果暫存器中的狀態
    localparam ICB_STATE_WBCK  = 4'd6;


    wire [ICB_STATE_WIDTH-1:0] state_idle_nxt   ;
    wire [ICB_STATE_WIDTH-1:0] state_1st_nxt    ;
    wire [ICB_STATE_WIDTH-1:0] state_wait2nd_nxt;
    wire [ICB_STATE_WIDTH-1:0] state_2nd_nxt    ;
```

```
  wire [ICB_STATE_WIDTH-1:0] state_amoalu_nxt ;
  wire [ICB_STATE_WIDTH-1:0] state_amordy_nxt ;
  wire [ICB_STATE_WIDTH-1:0] state_wbck_nxt ;

  wire state_1st_exit_ena       ;
  wire state_wait2nd_exit_ena  ;
  wire state_2nd_exit_ena       ;
  wire state_amoalu_exit_ena    ;
  wire state_amordy_exit_ena    ;
  wire state_wbck_exit_ena   ;

  wire   icb_sta_is_idle    = (icb_state_r == ICB_STATE_IDLE    );
  wire   icb_sta_is_1st     = (icb_state_r == ICB_STATE_1ST     );
  wire   icb_sta_is_amoalu  = (icb_state_r == ICB_STATE_AMOALU  );
  wire   icb_sta_is_amordy  = (icb_state_r == ICB_STATE_AMORDY  );
  wire   icb_sta_is_wait2nd = (icb_state_r == ICB_STATE_WAIT2ND);
  wire   icb_sta_is_2nd     = (icb_state_r == ICB_STATE_2ND     );
  wire   icb_sta_is_wbck    = (icb_state_r == ICB_STATE_WBCK    );


  ...
```

// 狀態機的狀態暫存器
```
  sirv_gnrl_dffr #(ICB_STATE_WIDTH) icb_state_dffr (icb_state_ena, icb_state_
  nxt, icb_state_r, clk, rst_n);
```

// 暫存第一次讀取操作返回的資料，但是此模組並沒有實際實體化暫存器，而使用 ALU 的資料通路模組中
// 的暫存器（與多週期乘除法器重複使用）
```
  assign leftover_ena = agu_icb_rsp_hsked & (
                  1' b0
                  'ifdef E203_SUPPORT_AMO//{
                  | amo_1stuop
                  | amo_2nduop
                  'endif//E203_SUPPORT_AMO}
                  );
  assign leftover_nxt =
          {'E203_XLEN{1' b0}}
      'ifdef E203_SUPPORT_AMO//{
          | ({'E203_XLEN{amo_1stuop}} & agu_icb_rsp_rdata)
          | ({'E203_XLEN{amo_2nduop}} & leftover_r)
      'endif//E203_SUPPORT_AMO}
          ;
```

// 暫存算數運算的結果，但是此模組並沒有實際實體化暫存器，而是使用 ALU 的資料通路模組中的暫存器
//（與多週期乘除法器重複使用）
```
  assign leftover_1_ena = 1' b0
      'ifdef E203_SUPPORT_AMO//{
```

```
            | icb_sta_is_amoalu
        'endif//E203_SUPPORT_AMO}
        ;

  assign leftover_1_nxt = agu_req_alu_res;


// 向 ALU 共用的運算資料通路發送運算元
  assign agu_req_alu_op1 = …
  assign agu_req_alu_op2 = …

// 向 ALU 共用的運算資料通路發送具體的運算類型
    assign agu_req_alu_add  = …
  assign agu_req_alu_swap = (icb_sta_is_amoalu & agu_i_amoswap );
  assign agu_req_alu_and  = (icb_sta_is_amoalu & agu_i_amoand  );
  assign agu_req_alu_or   = (icb_sta_is_amoalu & agu_i_amoor   );
  assign agu_req_alu_xor  = (icb_sta_is_amoalu & agu_i_amoxor  );
  assign agu_req_alu_max  = (icb_sta_is_amoalu & agu_i_amomax  );
  assign agu_req_alu_min  = (icb_sta_is_amoalu & agu_i_amomin  );
  assign agu_req_alu_maxu = (icb_sta_is_amoalu & agu_i_amomaxu );
  assign agu_req_alu_minu = (icb_sta_is_amoalu & agu_i_amominu );
```

11.4.6 fence 與 fence.i 指令的硬體實現

11.3.2 節介紹了 fence 和 fence.i 指令的功能，本節介紹蜂鳥 E203 處理器核心中二者的實現方式。

理論上，RISC-V 架構的 fence 指令可以區分 IORW 屬性。蜂鳥 E203 處理器永遠將 fence 指令當作「fence iorw, iorw」來實現。

在管線的派遣點，派遣 fence 和 fence.i 指令之前必須等待所有已經滯外的指令均執行完畢。這是一種最簡單的實現方案，較適合蜂鳥 E203 這樣等級的處理器核心。只需等到所有滯外指令均執行完畢，就表示所有的存取操作均已經完成，能夠達到 fence 和 fence.i 指令需要分隔其前後指令存取操作的效果。相關原始程式碼在 e203_hbirdv2 目錄中的結構如下。

```
e203_hbirdv2
    |----rtl                          // 存放 RTL 的目錄
        |----e203                     //E203 處理器核心和 SoC 的 RTL 目錄
            |----core                 // 存放 E203 處理器核心的 RTL 程式
                |----e203_exu_disp.v  // 指令派遣控制模組
```

相關的原始程式碼部分如下所示。

```
//e203_exu_disp.v 的原始程式碼部分

// 判斷當前指令是 fence 還是 fence.i 指令
wire disp_fence_fencei  = (disp_i_info_grp == 'E203_DECINFO_GRP_BJP) &
                        ( disp_i_info ['E203_DECINFO_BJP_FENCE] | disp_i_
                        info ['E203_DECINFO_BJP_FENCEI]);

// 派遣指令的條件訊號，如果當前指令是 fence 或 fence.i 指令，則必須等待 OITF 為空，OITF 記
// 錄了所有的滯外指令，如果它為空，則表示所有滯外指令已經完成
wire disp_condition =
        ...
        & (disp_fence_fencei ? oitf_empty : 1'b1)
        ...
```

　　對於 fence.i 指令而言，需要保證在 fence.i 之後執行的取指令操作一定能夠觀測到在 fence.i 指令之前執行的指令存取結果。fence.i 指令在蜂鳥 E203 處理器核心中將被當作一種特殊的管線更新指令來執行，其硬體實現與第 9 章中描述的分支指令解析一樣，在 e203_exu_branchslv 模組中完成。相關原始程式碼在 e203_hbirdv2 目錄中的結構如下。

```
e203_hbirdv2
    |----rtl                                // 存放 RTL 的目錄
        |----e203                           //E203 處理器核心和 SoC 的 RTL 目錄
            |----core                       // 存放 E203 處理器核心的 RTL 程式
                |----e203_exu_commit.v      // 交付模組頂層
                |----e203_exu_branchslv.v // 交付模組中處理 fence.i 指令的子模組
```

　　部分相關原始程式碼部分如下所示。

```
  //e203_exu_branchslv.v 的原始程式碼部分

// 生成管線更新請求，包括了 fence.i 指令

  wire brchmis_need_flush = (
        (cmt_i_bjp & (cmt_i_bjp_prdt ^ cmt_i_bjp_rslv))
    | cmt_i_fencei
      | cmt_i_mret
      | cmt_i_dret
      );

// 如果指令是 fence.i 指令，則造成管線更新。使用 fence.i 指令接下來的一行指令的 PC 作為更新請
// 求的 PC，表示 fence.i 指令之後的指令流會被重新取出並執行一遍，因此達到了 fence.i 指令
// 需要保證在 fence.i 之後執行的取指令操作一定能夠觀測到在 fence.i 指令之前執行的指令的存取
// 結果的效果
```

```
assign brchmis_flush_pc =
...
                    (cmt_i_fencei | (cmt_i_bjp & cmt_i_bjp_prdt)) ? (cmt_
                    i_pc + (cmt_i_rv32 ? 'E203_PC_SIZE' d4 : 'E203_PC_SIZE' d2))
...
```

11.4.7 BIU

除 ITCM 和 DTCM 之外，蜂鳥 E203 處理器核心還能透過匯流排界面單元（Bus Interface Unit，BIU）存取外部的記憶體，請參見 12.4 節以了解關於 BIU 的更多資訊。

11.4.8 ECC

嵌入在處理器中的 SRAM 容易在極端情況下受到外界電離輻射的影響，從而使其保存的位元發生翻轉，使 SRAM 中的數值發生改變，造成錯誤。因此在很多高可靠性嵌入式處理器中，使用 ECC（Error Checking and Correction）演算法對 SRAM 進行保護，受 ECC 演算法保護的 SRAM 可以自動發現 1 位元錯誤並自動糾正，並且可以發現兩位元錯誤並上報。

由於開放原始碼的蜂鳥 E203 處理器核心並沒有提供此部分的實現，因此本書在此不贅述。

11.5 小結

蜂鳥 E203 處理器核心使用了兩級管線的超低功耗架構（與 Cortex-M0+ 類似），配備了 ITCM 和 DTCM 及其專用的存取通道（與 Cortex-M3 類似），並配備了多樣的外部記憶體存取介面（與 Cortex-M4 類似）。蜂鳥 E203 處理器核心集超低功耗處理器的優點於一身，是一款精心設計的處理器核心。

第 12 章　黑盒子的視窗―匯流排界面單元

一般處理器核心的使用者（如軟體人員或 SoC 整合人員）可以將處理器核心當作一個黑盒子。他們也許不用過於關心處理器核心的內部執行機制，但是一定需要了解並使用這個黑盒子對外的視窗，這個視窗便是匯流排界面單元（Bus Interface Unit，BIU）。

本章將介紹蜂鳥 E203 處理器核心的 BIU 模組，分析其使用的介面協定 ICB（Internal Chip Bus）以及 BIU 模組的微架構和原始程式碼。

12.1 單晶片匯流排協定概述

在介紹蜂鳥 E203 處理器核心的匯流排界面之前，本節先簡述幾種常見的單晶片匯流排。

12.1.1 AXI

AXI（Advanced eXtensible Interface）是 ARM 公司提出的 AMBA（Advanced Microcontroller Bus Architecture）3.0 協定中最重要的部分，是一種高性能、高頻寬、低延遲導向的片內匯流排協定。它有以下特點。

- 採用分離的位址和資料傳輸。
- 支援位址不對齊的資料存取，使用位元組遮罩來控制部分寫入操作。
- 使用基於突發的交易（burst-based transaction）類型，對於突發操作僅需要發送起始位址，即可傳輸大量的資料。
- 具有分離的讀通道和寫通道，總共有 5 個獨立的通道。
- 支援多個滯外交易（outstanding transaction）。
- 支持亂數返回亂數完成。
- 非常易於增加管線級數以獲得高頻的時序。

AXI 是目前應用最廣泛的片內匯流排之一，是處理器核心以及高性能 SoC 中匯流排的事實標準。

12.1.2 AHB

AHB（Advanced High performance Bus）是 ARM 公司提出的 AMBA（Advanced Microcontroller Bus Architecture）2.0 協定中重要的部分，它總共有 3 個通道，支援單一時脈邊緣操作，支援非三態的實現方式，支援突發傳輸，支持分段傳輸，支援多個主控制器等。

AHB 是 ARM 公司推出 AXI 匯流排之前主要推廣的匯流排，雖然目前高性能的 SoC 主要使用 AXI 匯流排，但是 AHB 匯流排在很多低功耗 SoC 中仍然大量使用。

12.1.3 APB

APB（Advanced Peripheral performance Bus）是 ARM 公司提出的 AMBA（Advanced Microcontroller Bus Architecture）協定中重要的部分。APB 主要用於低頻寬週邊外接裝置之間的連接，例如 UART 等。它的匯流排架構不像 AXI 和 AHB 那樣支援多個主模組，在 APB 協定中裡面唯一的主模組就是 APB 橋。其特性包括支援兩個時脈週期傳輸，無須等待週期和回應訊號，控制邏輯簡單，只有 4 個控制訊號。

由於 ARM 公司長時間地推廣 APB 協定，使之幾乎成為低速裝置匯流排的事實標準，目前很多單晶片低速裝置和 IP 使用 APB 介面。

12.1.4 TileLink

TileLink 匯流排是加州大學柏克萊分校定義的一種高速單晶片匯流排協定，它主要用於定義一種支持快取一致性的標準協定。它力圖將不同的快取一致性協定和匯流排的設計實現相分離，使得任何的快取一致性協定均可遵循 TileLink 協定予以實現。

TileLink 有 5 個獨立的通道，雖然 TileLink 的初衷是支持快取一致性，但是它也具備單晶片匯流排的所有特性，能夠支援所有記憶體存取所需的操作類型。

12.1.5　複習比較

以上介紹了各種匯流排的優點，但各匯流排也有其缺點（針對蜂鳥 E203 處理器而言），複習如下。

- AXI 匯流排是目前應用最廣泛的高性能匯流排之一，但是主要應用於高性能的單晶片匯流排。AXI 匯流排有 5 個通道，分離的讀和寫通道能夠提供很高的吞吐量，但是需要主裝置自行維護讀和寫的順序，控制相對複雜，且經常在 SoC 中整合不當，造成各種鎖死。同時，5 個通道的硬體銷耗過大。另外，大多數的極低功耗處理器 SoC 沒有使用 AXI 匯流排。如果蜂鳥 E203 處理器核心採用 AXI 匯流排，一方面會增大硬體銷耗，另一方面會給使用者造成負擔（需要將 AXI 轉換成 AHB 或其他匯流排以用於低功耗的 SoC），因此 AXI 匯流排不是特別適合像蜂鳥 E203 這樣的極低功耗處理器核心。

- AHB 是目前應用最廣泛的高性能低功耗匯流排，ARM 的 Cortex-M 系列中的大多數處理器核心採用 AHB。但是 AHB 有若干非常明顯的局限性，首先它無法像 AXI 匯流排那樣允許使用者輕鬆地增加管線級數，其次 AHB 無法支援多個滯外交易，再次其握手協定非常不自然。將 AHB 轉換成其他 Valid-Ready 握手類型的協定（如 AXI 和 TileLink 等握手匯流排界面）頗不容易，跨時脈域或整數倍時脈域更加困難，因此如果蜂鳥 E203 處理器核心採用 AHB 作為介面同樣會有若干局限性。

- APB 是一種低速裝置匯流排，吞吐量比較低，不適合作為主匯流排，因此更加不適用於作為蜂鳥 E203 處理器核心的資料匯流排。

- TileLink 匯流排主要在加州大學柏克萊分校的專案中使用，其應用並不廣泛，文件不是特別豐富，並且 TileLink 匯流排協定比較複雜，因此 TileLink 匯流排對於蜂鳥 E203 這樣的極低功耗處理器核心不是特別適合的選擇。

為了克服這幾種缺陷，蜂鳥 E203 處理器核心採用自訂的匯流排協定 ICB。

12.2 自訂匯流排協定 ICB

12.2.1 ICB 協定簡介

為了克服上一節中各匯流排的缺陷，開發人員為蜂鳥 E203 處理器定義了一種匯流排協定—ICB（Internal Chip Bus），供蜂鳥 E203 處理器核心內部使用，同時可作為 SoC 中的匯流排。

ICB 的初衷是盡可能地結合 AXI 匯流排和 AHB 的優點，兼具高速性和好用性，它具有以下特性。

- 相比 AXI 和 AHB 而言，ICB 的協定控制更加簡單，僅有兩個獨立的通道。ICB 的通道結構如圖 12-1 所示，讀和寫操作共用位址通道，共用結果返回通道。

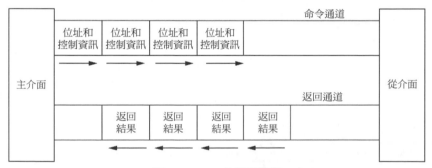

圖 12-1 ICB 的通道結構

- 與 AXI 匯流排一樣，採用分離的位址和資料傳輸。
- 與 AXI 匯流排一樣，採用位址區間定址，支援任意的主從數目，如一主一從、一主多從、多主一從、多主多從等拓撲結構。
- 與 AHB 匯流排一樣，每個讀或寫操作都會在位址通道上產生位址，而非像 AXI 中只產生起始位址。
- 與 AXI 匯流排一樣，支援位址不對齊的資料存取，使用位元組遮罩來控制部分寫入操作。
- 與 AXI 匯流排一樣，支援多個滯外交易。
- 與 AHB 匯流排一樣，不支持亂數返回亂數完成，回饋通道必須按順序返回結果。

- 與 AXI 匯流排一樣，非常易於增加管線級數以獲得高頻的時序。
- 協定非常簡單，易於通過橋接轉換成其他匯流排類型，如 AXI、AHB、APB 或 TileLink 等匯流排。

對於蜂鳥 E203 這樣的低功耗處理器而言，ICB 能夠用於幾乎所有的場合，包括作為內部模組之間的介面、SRAM 模組介面、低速裝置匯流排以及系統儲存匯流排等。

12.2.2 ICB 協定訊號

ICB 主要包含兩個通道。

- 命令通道（command channel）：主要用於主裝置向從裝置發起讀寫入請求。
- 回饋通道（response channel）：主要用於從裝置向主裝置返回讀寫結果。

ICB 訊號如表 12-1 所示。

▼ 表 12-1 ICB 訊號

通　道	方　向	寬　度	訊 號 名 稱	說　明
命令通道	Output	1	icb_cmd_valid	主裝置向從裝置發送讀入請求訊號
	Input	1	icb_cmd_ready	從裝置向主裝置返回讀寫接收訊號
	Output	DW	icb_cmd_addr	讀寫位址
	Output	1	icb_cmd_read	讀取或寫入操作的指示
	Output	DW	icb_cmd_wdata	寫入操作的資料
	Output	DW/8	icb_cmd_wmask	寫入操作的位元組遮罩
回饋通道	Input	1	icb_rsp_valid	從裝置向主裝置發送讀寫回饋請求訊號
	Output	1	icb_rsp_ready	主裝置向從裝置返回讀寫回饋接收訊號
	Input	DW	icb_rsp_rdata	讀取回饋的資料
	Input	1	icb_rsp_err	讀或寫回饋的錯誤標識

12.2.3 ICB 協定的時序

本節將描述 ICB 的若干典型時序。

寫入操作同一週期返回的結果如圖 12-2 所示。

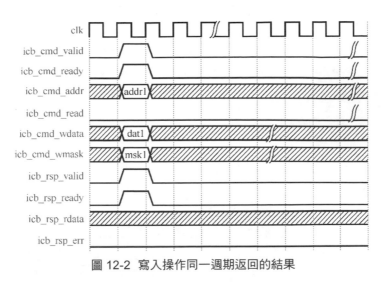

圖 12-2 寫入操作同一週期返回的結果

其中，主裝置透過 ICB 的命令通道向從裝置發送寫入操作請求（icb_cmd_read 為低電位），從裝置立即接收該請求（icb_cmd_ready 為高電位）；從裝置在同一個週期返回正確的回饋結果（icb_rsp_err 為低電位），主裝置立即接收該結果（icb_rsp_ready 為高電位）。

讀取操作下一週期返回的結果如圖 12-3 所示。

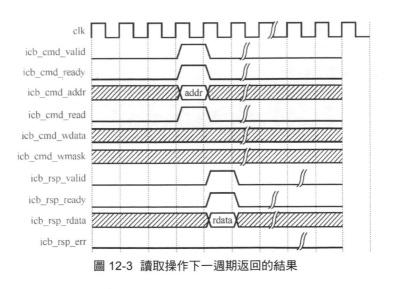

圖 12-3 讀取操作下一週期返回的結果

　　其中，主裝置透過 ICB 的命令通道向從裝置發送讀取操作請求（icb_
cmd_read 為高電位），從裝置立即接收該請求（icb_cmd_ready 為高電位）；
從裝置在下一個週期返回正確的回饋結果（icb_rsp_err 為低電位），主裝置立
即接收該結果（icb_rsp_ready 為高電位）。

　　讀取操作下一週期返回的結果如圖 12-4 所示。

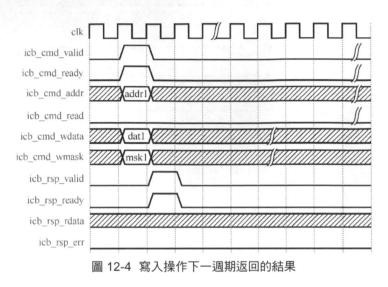

圖 12-4　寫入操作下一週期返回的結果

　　其中，主裝置透過 ICB 的命令通道向從裝置發送寫入操作請求（icb_
cmd_read 為低電位），從裝置立即接收該請求（icb_cmd_ready 為高電位）；
從裝置在下一個週期返回正確的回饋結果（icb_rsp_err 為低電位），主裝置立
即接收該結果（icb_rsp_ready 為高電位）。

　　讀取操作 4 個週期返回的結果如圖 12-5 所示。

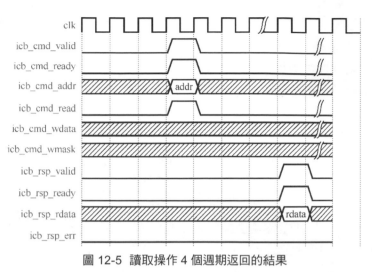

圖 12-5　讀取操作 4 個週期返回的結果

　　其中，主裝置向從裝置透過 ICB 的命令通道發送讀取操作請求（icb_cmd_read 為高電位），從裝置立即接收該請求（icb_cmd_ready 為高電位）；從裝置在 4 個週期後返回正確的回饋結果（icb_rsp_err 為低電位），主裝置立即接收該結果（icb_rsp_ready 為高電位）。

　　寫入操作 4 個週期返回的結果如圖 12-6 所示。

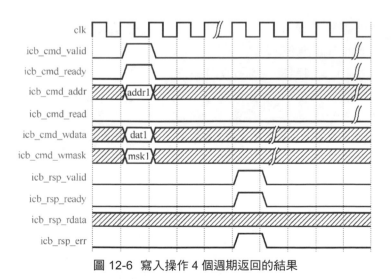

圖 12-6　寫入操作 4 個週期返回的結果

其中，主裝置透過 ICB 的命令通道向從裝置發送寫入操作請求（icb_cmd_read 為低電位），從裝置立即接收該請求（icb_cmd_ready 為高電位）；從裝置在 4 個週期後返回錯誤的回饋結果（icb_rsp_err 為高電位），主裝置立即接收該結果（icb_rsp_ready 為高電位）。

連續的 4 次讀取操作 4 個週期返回的結果如圖 12-7 所示。

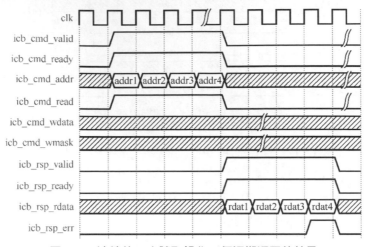

圖 12-7　連續的 4 次讀取操作 4 個週期返回的結果

其中，主裝置透過 ICB 的命令通道向從裝置連續發送 4 個讀取操作請求（icb_cmd_read 為高電位），從裝置均立即接收請求（icb_cmd_ready 為高電位）；從裝置在 4 個週期後連續返回 4 個讀取結果，其中前 3 個結果正確（icb_rsp_err 為低電位），第 4 個結果錯誤（icb_rsp_err 為高電位），主裝置均立即接收這 4 個結果（icb_rsp_ready 為高電位）。

連續的 4 次寫入操作 4 個週期返回的結果如圖 12-8 所示。

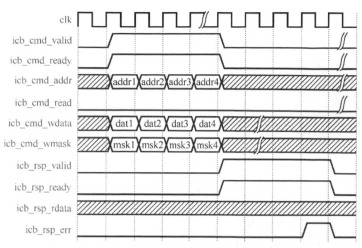

圖 12-8 連續的 4 次寫入操作 4 個週期返回的結果

　　其中，主裝置透過 ICB 的命令通道向從裝置連續發送 4 個寫入操作請求
（icb_cmd_read 為低電位），從裝置均立即接收請求（icb_cmd_ready 為高電
位）；從裝置在 4 個週期後連續返回 4 個寫入結果，其中前 3 個結果正確（icb_
rsp_err 為低電位），第 4 個結果錯誤（icb_rsp_err 為高電位），主裝置均立
即接收這 4 個結果（icb_rsp_ready 為高電位）。

　　讀寫入操作混合發生後的結果如圖 12-9 所示。

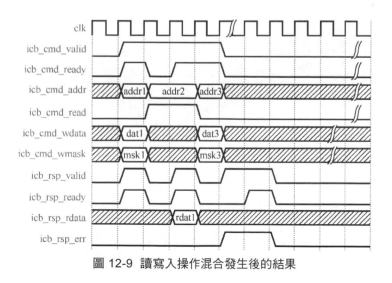

圖 12-9 讀寫入操作混合發生後的結果

　　其中，主裝置透過 ICB 的命令通道向從裝置相繼發送兩個讀取和一個寫入操作請求。從裝置立即接收第 1 個和第 3 個請求。但是第 2 個請求的第 1 個週期並沒有被從裝置立即接受（icb_ cmd_ready 為低電位），因此主裝置一直保持位址控制和寫入資料訊號不變，直到下一週期該請求被從裝置接受（icb_cmd_ready 為高電位）。從裝置對於第 1 個和第 2 個請求都在同一個週期就返回結果，且被主裝置立即接受。但是從裝置對於第 3 個請求則在下一個週期才返回結果，並且主裝置還沒有立即接受（icb_rsp_ready 為低電位），因此從裝置一直保持返回訊號不變，直到下一週期該返回結果被主裝置接受。

12.3 ICB 的硬體實現

　　本節將描述 ICB 的若干典型硬體實現方式。

12.3.1 一主多從

　　ICB 可以透過一個 ICB 分發模組實現一個主裝置到多個從裝置的連接。具有 1 個輸入 ICB、3 個輸出 ICB 的分發模組如圖 12-10 所示。

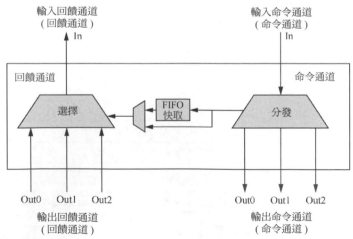

圖 12-10　具有 1 個輸入 ICB、3 個輸出 ICB 的分發模組

　　該模組有 1 個輸入 ICB，命名為 In 匯流排；有 3 個輸出 ICB，分別命名為 Out0、Out1 和 Out2 匯流排。

　　該模組並沒有引入任何的週期延遲，即輸入 ICB 和輸出 ICB 在 1 個週期

內接通。

該模組的 In 匯流排的命令通道有 1 個附屬輸入訊號，用來指示該請求應該分發到哪個輸出 ICB。該附屬訊號可以在頂層透過位址區間的比較判斷生成。

根據附屬訊號中的指示資訊，In 匯流排的命令通道被分發給 Out0、Out1 或 Out2 輸出命令通道。每個週期如果握手成功，則分發一個交易（transaction），同時將分發資訊存入 FIFO 快取中。

由於 ICB 支援多個滯外交易，Out0、Out1 或 Out2 透過回饋通道返回的結果可能需要多個週期才能返回，並且各自返回的時間點可能先後不一，因此需要仲裁。此時從 FIFO 快取中按順序彈出之前存入的分發資訊作為仲裁標準。該 FIFO 快取的深度決定了該模組能夠支援的滯外交易的個數，同時由於 FIFO 快取具有先入先出的特性，因此它能夠保證輸入 ICB 嚴格按照發出的順序接收到對應的返回結果。

極端情況下，如果 FIFO 快取為空，那麼表示沒有滯外交易，並且當前分發的 ICB 交易可以由從裝置在同一個週期內立即返回結果。於是，該交易的分發資訊無須存入 FIFO 快取，而是將其旁路，該分發資訊直接用作回饋通道的選通訊號。

12.3.2 多主一從

ICB 可以透過一個 ICB 匯合模組實現多個主裝置到一個從裝置的連接。具有 3 個輸入 ICB、1 個輸出 ICB 的匯合模組如圖 12-11 所示。

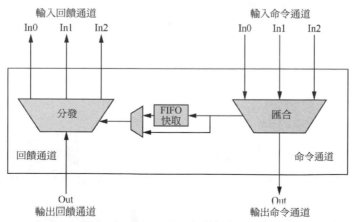

圖 12-11 具有 3 個輸入 ICB、1 個輸出 ICB 的匯合模組

該 ICB 模組有 3 個輸入 ICB，分別命名為 In0、In1 和 In2 匯流排；有 1 個輸出 ICB，命名為 Out 匯流排。

該 ICB 模組並沒有引入任何的週期延遲，即輸入 ICB 和輸出 ICB 在 1 個週期內接通。

該 ICB 模組中多個輸入 ICB 的命令通道需要仲裁，這可以使用輪詢機制，也可以使用優先順序選擇機制。以優先順序選擇機制為例，In0 匯流排的優先順序最高，In1 其次，In2 再次，根據優先順序確定輸出 ICB 的命令通道。每個週期如果握手成功，則根據仲裁結果發送一個交易，同時將仲裁資訊存入 FIFO 快取中。

由於輸出 ICB 透過回饋通道返回的結果一定是按順序返回的（ICB 協定規定），因此無須擔心其順序性。但是返回的結果需要判別，並分發給對應的輸入 ICB，此時從 FIFO 快取中按順序彈出之前存入的仲裁資訊，以作為分發的依據。因此該 FIFO 快取的深度決定了該模組能夠支援的滯外交易的個數，同時由於 FIFO 快取具有先入先出的特性，因此它能夠保證各個不同的輸入 ICB 嚴格按照發出的順序接收到對應的返回結果。

極端情況下，如果 FIFO 快取已空，那麼表示沒有滯外交易，並且當前仲裁的 ICB 交易可以由從裝置在同一個週期內立即返回結果。於是，該交易的仲裁資訊無須存入 FIFO 快取，而是將其旁路，該仲裁資訊直接用作回饋通道分發的選通訊號。

12.3.3 多主多從

使用一主多從模組和多主一從模組的有效組合，便可以組裝成不同形式的多主多從模組。

簡單的多主多從模組如圖 12-12 所示。將多主一從模組和一主多從模組直接對接，便可達到多主多從的效果。但是其缺陷是所有的主 ICB 均需要透過中間一條公用的 ICB，吞吐量受限。

使用多個一主多從模組和多主一從模組交織組裝成多主多從模組的交叉開關（crossbar）結構，如圖 12-13 所示。該結構使得每個主介面和從介面之間均有專用的通道，但是其缺陷是面積銷耗很大，並且設計不當容易造成鎖死。

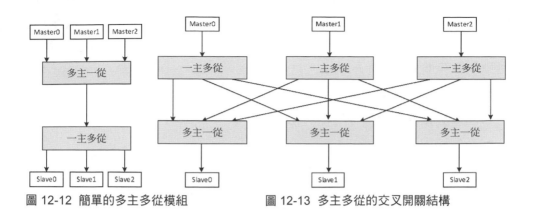

圖 12-12 簡單的多主多從模組　　　　圖 12-13 多主多從的交叉開關結構

12.4 蜂鳥 E203 處理器核心 BIU

本節將介紹蜂鳥 E203 處理器核心 BIU 模組的微架構及其原始程式碼。

12.4.1 BIU 簡介

BIU 在蜂鳥 E203 處理器核心中的位置如圖 12-14 所示。

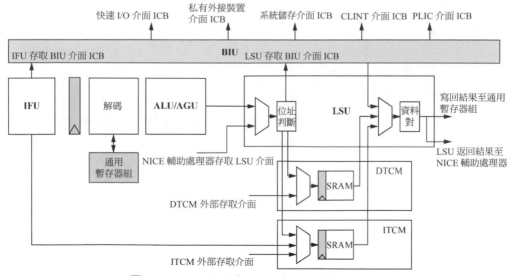

圖 12-14 BIU 在蜂鳥 E203 處理器核心中的位置

BIU 主要負責接受來自 IFU（Instruction Fetch Unit）和 LSU（Load Store Unit）的記憶體存取請求，並且使用標準的 ICB 介面，然後透過判斷其存取的位址區間來存取外部的不同介面。這些介面包括以下 5 種。

- 快速 I/O 介面。
- 私有外接裝置介面。
- 系統儲存介面。
- CLINT 介面。
- PLIC 介面。

12.4.2 BIU 的微架構

BIU 的微架構如圖 12-15 所示。

BIU 有兩組輸入 ICB 介面，分別來自 IFU 和 LSU。請參見 7.3 節以了解 IFU 的更多資訊，參見 11.4 節以了解 LSU 的更多資訊。

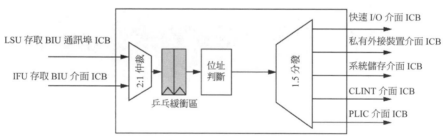

圖 12-15 BIU 的微架構

兩組輸入 ICB 由一個 ICB 匯合模組匯合成一組 ICB，採用的仲裁機制是優先順序仲裁，LSU 匯流排具有更高的優先順序。

為了切斷外界與處理器核心內部之間的時序路徑，在匯合的 ICB 處插入一組乒乓緩衝區（Ping-Pong buffer）。使用乒乓緩衝區切斷時序路徑是高速處理器設計常用的技術手段之一。

經過乒乓緩衝區之後的 ICB 透過其命令通道的位址進行判斷，透過判斷其存取的位址區間產生分發資訊，然後使用一個 ICB 分發模組將其分發給不同的外部介面。

BIU 中使用到的 ICB 匯合模組和 ICB 分發模組的 FIFO 快取深度預設設定均為 1，這表示蜂鳥 E203 處理器預設只支援一個滯外交易，此設定旨在減少面積銷耗。

如果 IFU 存取了裝置區間，則直接透過其回饋通道返回錯誤標識，以防止產生不可預知的結果。

12.4.3 BIU 的原始程式碼

BIU 的相關原始程式碼在 e203_hbirdv2 目錄中的結構如下。

```
e203_hbirdv2
    |----rtl                      // 存放 RTL 的目錄
        |----e203                 //E203 處理器核心和 SoC 的 RTL 目錄
            |----general          // 存放一些公用的通用 RTL 程式
            |----core             // 存放 E203 處理器核心的 RTL 程式
                |----e203_biu.v   //BIU 的原始程式碼
```

關於 BIU 的原始程式碼，請讀者參考 GitHub 上的 e203_hbirdv2 專案。

12.5 蜂鳥 E203 處理器 SoC 匯流排

由於蜂鳥 E203 處理器中的 BIU 模組直接對接外部 SoC 的匯流排，因此本節將順便介紹蜂鳥 E203 處理器的 SoC 匯流排，包括其微架構和原始程式碼。

12.5.1 SoC 匯流排簡介

在蜂鳥 E203 處理器搭配的 SoC 中，匯流排結構如圖 12-16 所示。

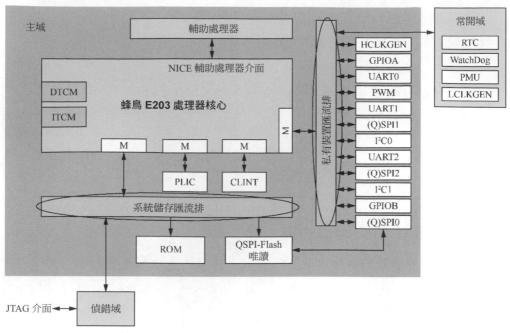

圖 12-16 蜂鳥 E203 處理器 SoC 中的匯流排結構

BIU 的系統儲存介面 ICB 連接 SoC 中的系統儲存匯流排，透過系統儲存匯流排存取 SoC 中的若干儲存元件，如 ROM、快閃記憶體的唯讀區間等。

BIU 的私有外接裝置介面 ICB 連接 SoC 中的私有裝置匯流排，透過私有裝置匯流排存取 SoC 中的若干裝置，如 UART、GPIO 等。

12.5.2 SoC 匯流排的微架構

SoC 匯流排的微架構如圖 12-17 所示。

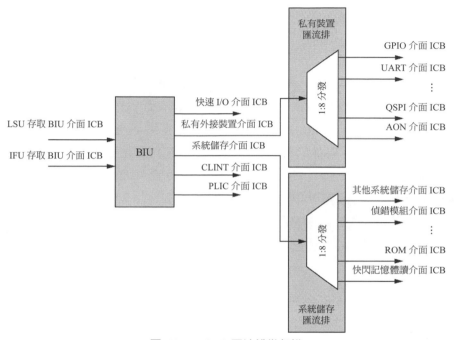

圖 12-17 SoC 匯流排微架構

私有外接裝置介面 ICB 透過其命令通道的位址進行判斷，透過其存取的位址區間產生分發資訊，然後使用一個 ICB 分發模組將其分發給不同的外接裝置 ICB 介面。

系統儲存介面 ICB 透過其命令通道的位址進行判斷，透過其存取的位址區間產生分發資訊，然後使用一個 ICB 分發模組將其分發給不同的儲存模組 ICB 介面。

與 BIU 微架構類似，如果任何 ICB 路徑中存在著時序的關鍵路徑，可以插入一組乒乓緩衝區以切斷前後的時序路徑。如果任何 ICB 路徑需要跨越非同步時脈域或整數倍分頻時脈域，也可以插入對應的非同步 FIFO 快取或管線級數。

12.5.3 SoC 匯流排的原始程式碼

關於 SoC 匯流排的詳細原始程式碼，請參見 GitHub 上的 e203_hbirdv2 專案。

12.6　小結

自訂 ICB 是蜂鳥 E203 處理器核心和搭配 SoC 的特點，透過統一而簡單的 ICB，蜂鳥 E203 處理器核心和搭配 SoC 能夠在最大限度上實現靈活性和自主性。由於 ICB 極其簡單，能夠非常容易地轉換成其他的任何一種流行匯流排（如 AHB、AXI、Wishbone 匯流排等），因此蜂鳥 E203 處理器核心具有一定的普適性。此外，ICB 非常便於提高管線級數，因此蜂鳥 E203 處理器核心和 SoC 匯流排均能夠達到相當高的主頻。

第 13 章 不得不說的故事— 中斷和異常

中斷和異常雖然本身不是一種指令，但是它們是處理器指令集架構中非常重要的部分。關於任何一種指令集架構的文件都會詳細介紹中斷和異常的行為。

本章將介紹 RISC-V 架構定義的中斷和異常機制，以及蜂鳥 E203 處理器核心中斷和異常的硬體微架構和原始程式碼。

13.1 中斷和異常概述

13.1.1 中斷概述

中斷（interrupt）機制即處理器核心在循序執行程式指令流的過程中突然被別的請求打斷而中止執行當前的程式，轉而去處理別的事情，待它處理完了別的事情，然後重新回到之前程式中斷的位置，繼續執行之前的程式指令流。

打斷處理器執行程式指令流的別的請求便稱為中斷要求（interrupt request），別的請求的來源便稱為中斷源（interrupt source）。中斷源通常來自週邊硬體裝置。

處理器轉而去處理的別的事情便稱為中斷服務程式（Interrupt Service Routine，ISR）。

中斷處理是一種正常的機制，而非一種錯誤情形。處理器收到中斷要求之後，需要保存當前程式的現場，簡稱為保存現場。等到處理完中斷服務程式後，處理器需要恢復之前的現場，從而繼續執行之前被打斷的程式，這簡稱為恢復現場。

可能存在多個中斷源同時向處理器發起請求的情形，因此需要對這些中斷源進行仲裁，從而選擇優先處理哪個中斷源，此種情況稱為中斷仲裁。同時，處理器核心可以給不同的中斷分配優先順序以便於仲裁，因此中斷存在著「中斷優先順序」的概念。

若處理器已經在處理某個中斷（執行該中斷的 ISR），但有一個優先順序更高的新中斷要求到來，處理器該如何處理呢？有以下兩種可能。

- 處理器並不回應新的中斷，而是繼續執行當前正在處理的中斷服務程式，待到徹底完成之後才回應新的中斷要求，這種處理器不支援中斷巢狀結構。

- 處理器中止當前的中斷服務程式，轉而開始回應新的中斷，並執行其中斷服務程式，如此便形成了中斷巢狀結構（即還沒處理完前一個中斷，又開始響應新的中斷），並且巢狀結構的層次可以有很多層。

⚠️ **注意** 假設新來的中斷要求的優先順序比正在處理的中斷優先順序低（或相同），則無論處理器是否能支持「中斷巢狀結構」，都不應該回應這個新的中斷要求，處理器必須完成當前的中斷服務程式之後才考慮回應新的中斷要求（因為新中斷要求的優先順序並不比當前正在處理的中斷優先順序高）。

13.1.2 異常概述

異常（exception）機制即處理器核心在循序執行程式指令流的過程中突然遇到了異常的事情而中止執行當前的程式，轉而去處理該異常。

處理器遇到的異常的事情稱為異常。異常與中斷的最大區別在於中斷往往是外因引起的，而異常是由處理器內部事件或程式執行中的事件（如本身硬體故障、程式故障，或執行特殊的系統服務指令）而引起的，簡而言之，異常是內因引起的。

與中斷服務程式類似，處理器也會進入異常服務處理常式。

與中斷類似，可能存在多個異常同時發生的情形，因此異常也有優先順序，並且也可能發生多重異常的巢狀結構。

13.1.3 廣義上的異常

如上一節所述，中斷和異常最大的區別是原因不同。除此之外，從本質上來講，中斷和異常對於處理器而言基本上是同一個概念。當中斷和異常發生時，處理器將暫停當前正在執行的程式，轉而執行中斷和例外處理常式；當返回時，處理器恢復執行之前暫停的程式。

因此中斷和異常的劃分是一種狹義的劃分。從廣義上來講，中斷和異常都是一種異常。處理器廣義上的異常通常只分為同步異常（synchronous exception）和非同步異常（asynchronous exception）。

1‧同步異常

同步異常是指執行程式指令流或試圖執行程式指令流而造成的異常。這種異常的原因能夠被精確定位於某一行執行的指令。同步異常的特點是，無論程式在同樣的環境下執行多少遍，每一次都能精確地重現異常。

舉例來說，如果程式流中有一行非法的指令，那麼處理器執行到該非法指令便會產生非法指令異常（illegal instruction exception），並且能夠重現同步異常。

2‧非同步異常

非同步異常是指那些產生原因不能夠被精確定位於某行指令的異常。非同步異常的特點是，程式在同樣的環境下執行很多遍，但每一次發生異常的指令的 PC 都可能會不一樣。

最常見的非同步異常是「外部中斷」。外部中斷是由週邊設備驅動的。一方面，外部中斷的發生帶有偶然性；另一方面，當中斷要求抵達處理器核心時，處理器執行的指令帶有偶然性。因此一次中斷的到來可能會偶遇某一行「正在執行的不幸指令」，而該指令便成了「背鍋俠」。在它的 PC 所在之處，程式便停止執行，並轉而回應中斷，執行中斷服務程式。但是當程式重複執行時，很難會出現同一行指令反覆「背鍋」的精確情形。

根據回應異常後處理器的狀態，非同步異常又可以分為兩種。

- 精確非同步異常（precise asynchronous exception）：回應異常後的處理器狀態能夠精確反映某一行指令的邊界，即某一行指令執行完之後的處理器狀態。
- 非精確非同步異常（imprecise asynchronous exception）：回應異常後的處理器狀態無法精確反映某一行指令的邊界，這可能是某一行指令執行了一半被打斷的結果，或是其他模糊的狀態。

常見的同步異常如下所示。

- 在取指令時存取了非法的位址區間。舉例來說，外接裝置模組的位址區間往往是不可能存放指令程式的，因此其屬性是「不可執行」，並且還是讀取敏感的（read sensitive）。如果某行指令的 PC 位於外接裝置區間，則會造成取指令錯誤。對於這種錯誤，開發人員能夠精確地定位到是哪一行指令的 PC 造成的。

- 在讀／寫資料存取位址區間的方式出錯。舉例來説，有的位址區間的屬性是唯讀或寫入的，假設 Load 或 Store 指令以錯誤的方式存取了位址區間（如寫了唯讀的區間），由於這種錯誤能夠被記憶體保護單元（Memory Protection Unit，MPU）或記憶體管理單元（Memory Management Unit，MMU）即時探測出來，因此開發人員能夠精確地定位到是哪一行 Load 或 Store 指令存取造成的。MPU 和 MMU 是分別對位址進行保護與管理的硬體單元，本書限於篇幅在此對其不做贅述，感興趣的讀者請自行查閱其他資料。

- 取指令位址不對齊錯誤。處理器指令集架構往往規定指令存放在記憶體中的位址必須是對齊的，如 16 位元長的指令往往要求其 PC 值必須是按 16 位元對齊的。假設該指令的 PC 值不對齊，則會造成取指令不對齊錯誤。對於這種錯誤，開發人員能夠精確地定位到是哪一行指令的 PC 造成的。

- 非法指令錯誤。處理器如果對指令進行解碼後發現這是一行非法的指令（如不存在的指令編碼），則會造成非法指令錯誤。對於這種錯誤，開發人員能夠精確地定位到是哪一行指令造成的。

- 執行偵錯中斷點指令。處理器指令集架構往往會定義若干筆偵錯指令，如中斷點（ebreak）指令。當執行到該指令時，處理器便會發生異常，進入異常服務程式。該指令往往用於偵錯器（debugger），如設定中斷點。對於這種異常，開發人員能夠精確地定位到是哪一行 ebreak 指令造成的。

外部中斷是最常見的精確非同步異常，此處不再贅述。

除外部中斷之外，常見的精確非同步異常還包括讀／寫記憶體出錯。由於存取記憶體（簡稱存取）需要一定的時間，處理器往往不可能坐等該存取結束（否則性能會很差），而是會繼續執行後續的指令。等到存取結果從目標記憶體返回之後，處理器發現出現了存取錯誤並匯報異常，但是處理器此時可能已經執行到了後續的某行指令，難以精確定位。由於記憶體返回的時間延遲具有偶然性，因此無法被精確地重現這類異常。

這種非同步異常的另外一個常見範例便是寫入操作將資料寫入快取行（cache line）中，然後該快取行經過很久才被替換出來，寫回外部記憶體，但是寫回外部記憶體的返回結果出錯。此時處理器可能已經執行了後續成百上

千行指令，到底哪一行指令當時寫入的這個位址的快取行早已是歷史，不可能被精確定位，更不要說複現了。有關快取的細節，本書限於篇幅在此不贅述，感興趣的讀者請自行查閱其他資料。

13.2　RISC-V 架構異常處理機制

本節將介紹 RISC-V 架構的異常處理機制。如附錄 A 所述，當前 RISC-V 架構文件主要分為指令集文件和特權架構文件。RISC-V 架構的異常處理機制定義在「特權架構文件」中。RISC-V 架構文件的下載網址見 RISC-V 基金會的網站。

狹義的中斷和異常均可以歸為廣義的異常，因此本書自此將統一用異常進行論述，它包含了狹義的中斷和異常。

RISC-V 架構的工作模式不僅有機器模式（machine mode），還有使用者模式（user mode）、監督模式（supervisor mode）等。在不同的模式下，處理器均可以產生異常，並且有的模式可以響應中斷。

RISC-V 架構要求機器模式是必須具備的模式，其他的模式均是可選而非必選的模式。由於蜂鳥 E203 處理器只實現了機器模式，因此本章僅介紹基於機器模式的異常處理機制。

13.2.1　進入異常

當進入異常時，RISC-V 架構規定的硬體行為如下。

（1）處理器停止執行當前程式流，轉而從 mtvec 暫存器定義的 PC 位址開始執行。

（2）進入異常不僅會讓處理器從上述的 PC 位址開始執行，還會讓硬體更新以下 4 個暫存器。

- 機器模式異常原因（machine cause，mcause）暫存器。
- 機器模式異常 PC（machine exception program counter，mepc）暫存器。
- 機器模式異常值（machine trap value，mtval）暫存器。
- 機器模式狀態（machine status，mstatus）暫存器。

本節將分別對這些硬體行為予以詳述。

1・從 mtvec 暫存器定義的 PC 位址開始執行

RISC-V 架構規定，在處理器的程式執行過程中，一旦遇到異常，則終止當前的程式流，處理器強行跳躍到一個新的 PC 位址。該過程在 RISC-V 的架構中定義為陷阱（trap），字面含義為「跳入陷阱」，意譯為「進入異常」。

RISC-V 處理器進入異常後跳入的 PC 位址由一個叫作機器模式異常入口基底位址（machine trap-vector base-address，mtvec）暫存器的 CSR 指定。

mtvec 暫存器是一個讀寫的 CSR，因此軟體開發人員可以透過程式設計更改其中的值。

mtvec 暫存器的詳細格式如圖 13-1 所示，其中，低 2 位元是 MODE 域，高 30 位元是 BASE 域。

圖 13-1　mtvec 暫存器的詳細格式

假設 MODE 的值為 0，則回應所有的異常時處理器均跳躍到 BASE 值指示的 PC 位址。

假設 MODE 的值為 1，則狹義的異常發生時，處理器跳躍到 BASE 值指示的 PC 位址。當狹義的中斷發生時，處理器跳躍到 BASE+4CAUSE 值指示的 PC 位址。CAUSE 的值表示中斷對應的異常編號（exception code）。舉例來說，若機器計時器中斷（machine timer interrupt）的異常編號為 7，則它跳躍的位址為 BASE+4×7=BASE+28= BASE+0x1c。

2・更新 mcause 暫存器

RISC-V 架構規定，在進入異常時，mcause 暫存器被同時更新，以反映當前的異常種類，軟體可以透過讀取此暫存器，查詢造成異常的具體原因。

mcause 暫存器的詳細格式如圖 13-2 所示。其中，最高 1 位元為 Interrupt 域，低 31 位元為 Exception Code 域。兩個域的組合表示值如圖 13-3 所示，用於指示 RISC-V 架構定義的 12 種中斷類型和 16 種異常類型。

3．更新 mepc 暫存器

RISC-V 架構定義異常的返回位址由 mepc 暫存器保存。在進入異常時，硬體將自動更新 mepc 暫存器的值為當前遇到異常的指令的 PC 值（即當前程式的停止執行點）。該暫存器的值將作為異常的返回位址，在異常結束之後，能夠使用它保存的 PC 值回到之前停止執行的程式點。

值得注意的是，雖然 mepc 暫存器會在異常發生時自動被硬體更新，但是 mepc 暫存器本身也是一個讀寫的暫存器，因此軟體可以直接寫入該暫存器以修改其值。

對於狹義的中斷和狹義的異常而言，RISC-V 架構定義其返回位址（更新的 mepc 暫存器的值）的方式有些細微差別。

Interrupt域	Exception Code域	說明
1	0	使用者模式軟體中斷
1	1	監督模式軟體中斷
1	2	保留的
1	3	機器模式軟體中斷
1	4	使用者模式計時器中斷
1	5	監督模式計時器中斷
1	6	保留的
1	7	機器模式計時器中斷
1	8	使用者模式外部中斷
1	9	監督模式外部中斷
1	10	保留的
1	11	機器模式外部中斷
1	≥12	保留的
0	0	指令位址未對齊
0	1	指令位址錯誤
0	2	非法指令
0	3	中斷點
0	4	載入未對齊的位址
0	5	載入存取錯誤
0	6	記憶體 /AMO 位址未對齊
0	7	記憶體 /AMO 存取錯誤
0	8	使用者模式環境呼叫
0	9	監督模式環境呼叫
0	10	保留的
0	11	機器模式環境呼叫
0	12	指令頁錯誤
0	13	載入頁錯誤
0	14	保留的
0	15	記憶體 /AMO 頁錯誤
0	≥16	保留的

XLEN−1	XLEN−2	0
Interrupt	Exception Code(**WLRL**)	

圖 13-2 mcause 暫存器的詳細格式

圖 13-3 mcause 暫存器中 Interrupt 域和 Exception Code 域的組合

當出現中斷時，中斷返回位址（mepc 暫存器的值）被更新為下一行尚未執行的指令的 PC。

　　當出現異常時，中斷返回位址（mepc 暫存器的值）被更新為當前發生異常的指令的 PC。注意，如果異常由 ecall 或 ebreak 產生，由於 mepc 暫存器的值被更新為 ecall 或 ebreak 指令自己的 PC，因此在異常返回時，如果直接使用 mepc 暫存器保存的 PC 值作為返回位址，則會再次跳回 ecall 或 ebreak 指令，從而造成無窮迴圈（執行 ecall 或 ebreak 指令導致重新進入異常）。正確的做法是在例外處理常式中由軟體改變 mepc 暫存器的值，使它指向下一行指令，由於現在 ecall/ebreak（或 c.ebreak）是 4（或 2）位元組指令，因此設定 mepc=mepc+4（或 +2）即可。

4 · 更新 mtval 暫存器

　　RISC-V 架構規定，在進入異常時，硬體將自動更新 mtval 暫存器，以反映引起當前異常的記憶體存取位址或指令編碼。

　　如果異常是由記憶體存取造成的，如遭遇硬體中斷點、取指令、記憶體讀寫造成的，則將記憶體存取的位址更新到 mtval 暫存器中。

　　如果異常是由非法指令造成的，則將該指令的編碼更新到 mtval 暫存器中。

> ⚠ **注意** mtval 暫存器又名 mbadaddr 暫存器，某些早期版本的 RISC-V 編譯器僅可以辨識 mbadaddr 名稱。

5 · 更新 mstatus 暫存器

　　RISC-V 架構規定，在進入異常時，硬體將自動更新 mstatus 暫存器的某些域。

　　mstatus 暫存器的詳細格式如圖 13-4 所示。其中，MIE 域表示在機器模式下是否全域致能中斷。

31	30 8	23	22	21	20	19	18	17
SD	WPRI		TSR	TW	TVM	MXR	SUM	MPRV
1	8		1	1	1	1	1	1

16 15	14 13	12 11	10 9	8	7	6	5	4	3	2	1	0
XS[1:0]	FS[1:0]	MPP[1:0]	WPRI	SPP	MPIE	WPRI	SPIE	UPIE	MIE	WPRI	SIE	UIE
2	2	2	2	1	1	1	1	1	1	1	1	1

圖 13-4 mstatus 暫存器的詳細格式

當 MIE 域的值為 1 時，表示機器模式下所有中斷全域打開。

當 MIE 域的值為 0 時，表示機器模式下所有中斷全域關閉。

RISC-V 架構規定，異常發生時有以下情況。

- MPIE 域的值被更新為異常發生前 MIE 域的值。在異常結束之後，使用 MPIE 域的值恢復異常發生之前的 MIE 值。
- MIE 域的值則被更新為 0（這表示進入異常服務程式後中斷全域關閉，所有的中斷都將被遮罩）。
- MPP 域的值被更新為異常發生前的模式。在異常結束之後，使用 MPP 域的值恢復出異常發生之前的工作模式。對於只支援機器模式的處理器核心（如蜂鳥 E203），MPP 的值永遠為二進位值 11。

⚠ 注意 為簡化知識模型，在此僅介紹「只支援機器模式」的架構，因此對 SIE、UIE、SPP、SPIE 等不做贅述。感興趣的讀者請參見 RISC-V「特權架構文件」（riscv-privileged-v1.10.pdf）。

⏳ 13.2.2 退出異常

當程式完成異常處理之後，處理器最終需要從異常服務程式中退出，並返回主程式。RISC-V 架構定義了一組專門的退出異常指令，包括 mret、sret 和 uret。其中，mret 指令是必備的，而 sret 和 uret 指令僅在支援監督模式和使用者模式的處理器中使用。

⚠ 注意 為簡化知識模型，在此僅介紹「只支援機器模式」的架構，對 sret 和 uret 指令不做贅述。

在機器模式下退出異常時，軟體必須使用 mret 指令。RISC-V 架構規定，處理器執行 mret 指令後的硬體行為如下。

- 停止執行當前程式流，轉而從 mepc 暫存器定義的 PC 位址開始執行。
- 執行 MRET 指令不僅會讓處理器跳躍到上述的 PC 位址並開始執行，還會讓硬體同時更新 mstatus 暫存器。

下面分別予以詳述。

1 . 從 mepc 暫存器定義的 PC 位址開始執行

在進入異常時，mepc 暫存器被同時更新，以反映當時遇到異常的指令的 PC 值。這個機制表示 mret 指令執行後處理器回到了當時遇到異常的指令的 PC 位址，從而可以繼續執行之前中止的程式流。

2 . 更新 mstatus 暫存器

RISC-V 架構規定，在執行 mret 指令後，硬體將自動更新 mstatus 暫存器的某些域。

RISC-V 架構規定，執行 mret 指令以退出異常時有以下情況。

- mstatus 暫存器中 MIE 域的值被更新為當前 MPIE 域的值。
- mstatus 暫存器中 MPIE 域的值則被更新為 1。

在進入異常時，MPIE 域的值曾經被更新為異常發生前 MIE 域的值。而 mret 指令執行後，再次將 MIE 域的值更新為 MPIE 域的值。這個機制表示 mret 指令執行後，處理器中 MIE 域的值被恢復成異常發生之前的值（假設之前 MIE 域的值為 1，則表示中斷會重新全域打開）。

13.2.3 異常服務程式

當處理器進入異常後，開始從 mtvec 暫存器定義的 PC 位址執行新的程式。該程式通常為異常服務程式，程式可以透過查詢 mcause 暫存器中的 Exception Code 域以進一步跳躍到更具體的異常服務程式。舉例來説，如果當 mcause 暫存器中的值為 0x2，則該異常是非法指令引起的，因此可以進一步跳躍到非法指令異常服務副程式中。

圖 13-5 所示為異常服務程式範例部分，程式透過讀取 mcause 暫存器的值，判斷異常的類型，從而進入不同的異常服務副程式。

⚠️ **注意** 由於 RISC-V 架構規定的進入異常和退出異常機制中沒有透過硬體自動保存和恢復上下文的操作，因此需要軟體明確地使用指令進行上下文的保存和恢復。

```
uintptr_t handle_trap(uintptr_t mcause, uintptr_t epc)
{
  if (0){
    // External Machine-Level interrupt from PLIC
  } else if ((mcause & MCAUSE_INT) && ((mcause & MCAUSE_CAUSE) == IRQ_M_EXT)) {
    handle_m_ext_interrupt();
    // External Machine-Level interrupt from PLIC
  } else if ((mcause & MCAUSE_INT) && ((mcause & MCAUSE_CAUSE) == IRQ_M_TIMER)){
    handle_m_time_interrupt();
  }
  else {
    write(1, "trap\n", 5);
    _exit(1 + mcause);
  }
  return epc;
}
```

圖 13-5 異常服務程式範例部分

13.3 RISC-V 架構中斷定義

13.3.1 中斷類型

RISC-V 架構定義的中斷類型分為 4 種，分別是外部中斷（external interrupt）、計時器中斷（timer interrupt）、軟體中斷（software interrupt）、偵錯中斷（debug interrupt）。

本節將分別予以詳述。

1．外部中斷

外部中斷是指來自處理器核心外部的中斷，如外部設備 UART、GPIO 等產生的中斷。

RISC-V 架構在機器模式、監督模式和使用者模式下均有對應的外部中斷。為簡化知識模型，在此僅介紹機器模式外部中斷。

機器模式外部中斷的遮罩由 mie 暫存器中的 MEIE 域控制，等待（Pending）標識則反映在 mip 暫存器中的 MEIP 域中。

機器模式外部中斷可以作為處理器核心的單位輸入訊號，假設處理器需要支援很多個外部中斷源，RISC-V 架構定義了一個平台等級中斷控制器（Platform Level Interrupt Controller，PLIC），PLIC 可用於多個外部中斷源的優先順序仲裁和派發。

PLIC 可以將多個外部中斷源仲裁為一個單位的中斷訊號並送入處理器核心，處理器核心收到中斷訊號並進入異常服務程式後，可以透過讀取 PLIC 的相關暫存器查看中斷源的資訊。

處理器核心在處理完對應的中斷服務程式後，可以透過寫入 PLIC 的相關暫存器和具體的外部中斷源的暫存器，從而清除中斷源（假設中斷源為 GPIO，則可透過 GPIO 模組的中斷相關暫存器清除該中斷）。

有關 PLIC 的詳情，請參見附錄 C。

雖然 RISC-V 架構只明確定義了一個機器模式外部中斷，同時明確指出可透過 PLIC 在外部管理許多的外部中斷源，將其仲裁為一個機器模式外部中斷訊號並傳遞給處理器核心。但是 RISC-V 架構預留了大量的空間以供使用者擴充其他外部中斷類型。

mie 暫存器和 mip 暫存器的高 20 位元可以用於擴充控制其他的自訂中斷類型。

使用者甚至可以自訂若干組新的 mie<n> 暫存器和 mip<n> 暫存器以支持更多自訂中斷類型。

mcause 暫存器的中斷異常編號域為 12 及以上的值，均可以用於其他自訂的中斷異常編號。因此，理論上，透過擴充，RISC-V 架構可以支援把無數個自訂的外部中斷訊號直接輸入處理器核心。

2‧計時器中斷

計時器中斷是指來自計時器的中斷。

RISC-V 架構在機器模式、監督模式和使用者模式下均有對應的計時器中斷。為簡化知識模型，在此僅介紹機器模式計時器中斷。

機器模式計時器中斷的遮罩由 mie 暫存器中的 MTIE 域控制，等待（Pending）標識則反映在 mip 暫存器中的 MTIP 域中。

RISC-V 架構規定系統平台中必須有一個計時器，並給該計時器定義了兩個 64 位元寬的 mtime 暫存器和 mtimecmp 暫存器。mtime 暫存器用於反映當前計時器的計數值，mtimecmp 暫存器用於設定計時器的比較值。當 mtime 暫存器中的計數值大於或等於 mtimecmp 暫存器中設定的比較值時，計時器便會產生計時器中斷。計時器中斷訊號會一直保持高電位，直到軟體重寫 mtimecmp 暫存器的值，使得其比較值大於 mtime 暫存器中的值，從而將計時器中斷清除。

值得注意的是，RISC-V 架構並沒有定義 mtime 暫存器和 mtimecmp 暫存器為 CSR，而是定義其為記憶體位址映射（memory address mapped）的系統暫存器，RISC-V 架構並沒有規定具體的記憶體映射（memory mapped）位址，而是交由 SoC 系統整合者實現。

另一點值得注意的是，RISC-V 架構定義 mtime 計時器為即時（real-time）計時器，系統必須以一種恒定的頻率作為計時器的時脈。對於這個恒定的時脈頻率，開發人員必須使用低速的、電源常開的時脈，低速是為了省電，常開是為了提供準確的計時。

3．軟體中斷

軟體中斷是指軟體觸發的中斷。

RISC-V 架構在機器模式、監督模式和使用者模式下均有對應的軟體中斷。為簡化知識模型，在此僅介紹機器模式軟體中斷（machine software interrupt）。

機器模式軟體中斷的遮罩由 mie 暫存器中的 MSIE 域控制，等待（pending）標識則反映在 mip 暫存器中的 MSIP 域中。

RISC-V 架構定義的機器模式軟體中斷可以透過軟體寫入 1 至 msip 暫存器來觸發。

⚠️ 注意　msip 暫存器和 mip 暫存器中的 MSIP 域命名不可混淆。RISC-V 架構並沒有定義 msip 暫存器為 CSR，而是定義其為記憶體位址映射的系統暫存器，RISC-V 架構並沒有規定具體的記憶體映射位址，而是交由 SoC 系統整合者實現。

關於蜂鳥 E203 處理器搭配 SoC 中 msip 暫存器的實現及記憶體位址映射，請參見 13.5 節。

軟體寫入 1 至 msip 暫存器並觸發了軟體中斷之後，mip 暫存器中的 MSIP 域便會置 1，反映其等候狀態。軟體可透過寫入 0 至 msip 暫存器來清除該軟體中斷。

4．偵錯中斷

除上述 3 種中斷之外，還有一種特殊的中斷─偵錯中斷（debug interrupt）。此中斷專用於實現偵錯器，關於偵錯方案的詳細資訊，請參見第 14 章。

13.3.2 中斷遮罩

RISC-V 架構中狹義的異常是不可以遮罩的，也就是說，一旦發生狹義的異常，處理器一定會停止當前操作轉而處理異常。但是狹義的中斷可以遮罩，RISC-V 架構定義了 CSR 機器模式中斷致能（machine interrupt enable，mie）暫存器，用於控制中斷的遮罩。

mie 暫存器的詳細格式如圖 13-6 所示。其中，每一個域用於控制一個單獨的中斷致能。

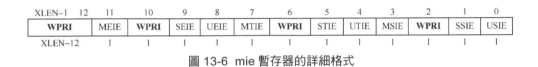

XLEN-1 12	11	10	9	8	7	6	5	4	3	2	1	0
WPRI	MEIE	WPRI	SEIE	UEIE	MTIE	WPRI	STIE	UTIE	MSIE	WPRI	SSIE	USIE
XLEN-12	1	1	1	1	1	1	1	1	1	1	1	1

圖 13-6 mie 暫存器的詳細格式

MEIE 域控制機器模式下外部中斷（external interrupt）的遮罩。

MTIE 域控制機器模式下計時器中斷的遮罩。

MSIE 域控制機器模式下軟體中斷的遮罩。

軟體可以透過寫入 mie 暫存器中的值達到遮罩某些中斷的效果。假設 MTIE 域被設定成 0，則表示將計時器中斷遮罩，處理器將無法回應計時器中斷。

如果處理器（如蜂鳥 E203 處理器）只實現了機器模式，則監督模式和使用者模式對應的中斷致能位元（使用 SEIE、UEIE、STIE、UTIE、SSIE 和 USIE 設定）無任何意義。

為簡化知識模型，在此對 SEIE、UEIE、STIE、UTIE、SSIE 和 USIE 等不做贅述。

⚠️ 注意 除對 3 種中斷的遮罩之外，透過 mstatus 暫存器中的 MIE 域還可用於關閉所有中斷。

13.3.3　中斷等待

RISC-V 架構定義了 CSR 機器模式中斷等待（machine interrupt pending，mip）暫存器，用於查詢中斷的等候狀態。

mip 暫存器的詳細格式如圖 13-7 所示。其中，每一個域用於反映一個中斷的等候狀態。

圖 13-7　mip 暫存器的詳細格式

MEIP 域反映機器模式下外部中斷的等候狀態。

MTIP 域反映機器模式下計時器中斷的等候狀態。

MSIP 域反映機器模式下軟體中斷的等候狀態。

如果處理器（如蜂鳥 E203 處理器）只實現了機器模式，則 mip 暫存器中監督模式和使用者模式對應的中斷等候狀態位元（使用 SEIP、UEIP、STIP、UTIP、SSIP 和 USIP 設定）無任何意義。

> ⚠️ **注意**　為簡化知識模型，在此對 SEIP、UEIP、STIP、UTIP、SSIP 和 USIP 等不做贅述。

軟體可以透過讀取 mip 暫存器中的值查詢中斷狀態。

如果 MTIP 域的值為 1，則表示當前有計時器中斷正在等待。注意，即使 mie 暫存器中 MTIE 域的值為 0（被遮罩），如果計時器中斷到來，MTIP 域也能夠顯示為 1。對於 MSIP 域和 MEIP 域，也如此。

MEIP/MTIP/MSIP 域的屬性均為唯讀，軟體無法直接寫入這些域以改變其值。只有中斷源被清除，MEIP/MTIP/MSIP 域的值才能對應地清零。舉例來說，MEIP 域對應的外部中斷需要程式在進入中斷服務程式後設定外部中斷源，將其中斷撤銷。MTIP 域和 MSIP 域同理。下一節將詳細介紹中斷的類型和清除方法。

✖ 13.3.4　中斷優先順序與仲裁

13.1.1 節曾經提到多個中斷可能存在著優先順序仲裁的情況。

如果 3 種中斷同時發生，其回應的優先順序以下（mcause 暫存器將按此優先順序選擇更新異常編號的值）。

- 外部中斷的優先順序最高。
- 軟體中斷其次。
- 計時器中斷再次。

偵錯中斷比較特殊。只有偵錯器介入偵錯時才發生偵錯中斷，正常情形下不會發生偵錯中斷，因此在此不予討論。關於偵錯方案的詳細資訊，請參見第 14 章。

由於外部中斷來自 PLIC，而 PLIC 可以管理數量多的外部中斷源，多個外部中斷源之間的優先順序和仲裁可透過設定 PLIC 的暫存器進行管理。請參見附錄 C 以了解 PLIC 的更多資訊。

✖ 13.3.5　中斷巢狀結構

多個中斷理論上可能存在著巢狀結構的情況。

進入異常之後，mstatus 暫存器中的 MIE 域將被硬體自動更新為 0（這表示中斷被全域關閉，從而無法回應新的中斷）。

退出中斷後，MIE 域才被硬體自動恢復成中斷發生之前的值（透過 MPIE 域得到），從而再次全域打開中斷。

由上可見，一旦回應中斷並進入異常模式，中斷就全域關閉，處理器再也無法回應新的中斷，因此 RISC-V 架構定義的硬體機制預設無法支援硬體中斷巢狀結構行為。

如果一定要支援中斷巢狀結構，需要使用軟體，從理論上來講，可採用以下方法。

（1）在進入異常之後，軟體透過查詢 mcause 暫存器確認這是回應中斷造成的異常，並跳入對應的中斷服務程式中。在這期間，由於 mstatus 暫存器中的 MIE 域被硬體自動更新為 0，因此新的中斷都不會被回應。

（2）待程式跳入中斷服務程式中後，軟體可以強行改寫 mstatus 暫存器的值，而將 MIE 域的值改為 1，這表示將中斷再次全域打開。從此時起，處理器將能夠再次回應中斷。但是在強行修改 MIE 域之前，需要注意以下事項。

- 假設軟體希望遮罩比其優先順序低的中斷，而僅允許優先順序比它高的新來的中斷打斷當前中斷，那麼軟體需要透過設定 mie 暫存器中的 MEIE/MTIE/MSIE 域，來選擇性地遮罩不同類型的中斷。

- 對於 PLIC 管理的許多外部中斷而言，由於其優先順序受 PLIC 控制，假設軟體希望遮罩比其優先順序低的中斷，而僅允許優先順序比它高的新來的中斷打斷當前中斷，那麼軟體需要透過設定 PLIC 設定值（threshold）暫存器的方式來選擇性地遮罩不同類型的中斷。

（3）在中斷巢狀結構的過程中，軟體需要保存上下文至記憶體堆疊中，或從記憶體堆疊中將上下文恢復（與函數巢狀結構同理）。

（4）在中斷巢狀結構的過程中，軟體還需要注意將 mepc 暫存器，以及為了實現軟體中斷巢狀結構被修改的其他 CSR 的值保存至記憶體堆疊中，或從記憶體堆疊中恢復（與函數巢狀結構同理）。

除此之外，RISC-V 架構也允許使用者使用自訂的中斷控制器實現硬體中斷巢狀結構功能。

中斷和異常是處理器指令集架構中非常重要的一環。同時，中斷和異常往往是最複雜和難以理解的部分。如果要了解一種處理器架構，必然要熟悉其中斷和異常的處理機制。

對 ARM 比較熟悉的讀者可能會了解 Cortex-M 系列定義的巢狀結構向量中斷控制器（Nested Vector Interrupt Controller，NVIC）和 Cortex-A 系列定義的通用中斷控制器（General Interrupt Controller，GIC）。這兩種中斷控制器都非常強大，但非常複雜。相比而言，RISC-V 架構的中斷和異常機制則要簡單得多，這同樣反映了 RISC-V 架構力圖簡化硬體的設計理念。

13.4 RISC-V 架構中與中斷和異常相關的 CSR

RISC-V 架構中與中斷和異常相關的暫存器如表 13-1 所示。

▼ 表 13-1 RISC-V 架構中與中斷和異常相關的暫存器

類型	名　稱	全　　稱	描　　述
CSR	mtvec 暫存器	機器模式異常入口基底位址暫存器（machine trap-vector base- address register）	定義進入異常的指令的 PC 位址
	mcause 暫存器	機器模式異常原因暫存器（machine cause register）	反映進入異常的原因
	mtval (mbadaddr) 暫存器	機器模式異常值暫存器（machine trap value register）	反映進入異常的資訊
	mepc 暫存器	機器模式異常 PC 暫存器（machine exception program counter）	用於保存異常的返回位址
	mstatus 暫存器	機器模式狀態暫存器（machine status register）	mstatus 暫存器中的 MIE 域和 MPIE 域用於反映中斷全域致能
	mie 暫存器	機器模式中斷致能暫存器（machine interrupt enable register）	用於控制不同類型中斷的局部致能
	mip 暫存器	機器模式中斷等待暫存器（machine interrupt pending register）	反映不同類型中斷的等候狀態
記憶體位址映射的暫存器	mtime 暫存器	機器模式計時器暫存器（machine-mode timer register）	反映計時器的值
	mtimecmp 暫存器	機器模式計時器比較暫存器（machine-mode timer compare register）	設定計時器的比較值
	msip 暫存器	機器模式軟體中斷等待暫存器（machine-mode software interrupt pending register）	用於產生或清除軟體中斷
	PLIC 的功能暫存器	—	關於 PLIC 的所有功能暫存器，請參見附錄 C

13.5　蜂鳥 E203 處理器中異常處理的硬體實現

本節將介紹蜂鳥 E203 處理器對異常處理的硬體實現和原始程式碼。

13.5.1　蜂鳥 E203 處理器的異常和中斷實現要點

本節介紹蜂鳥 E203 處理器中異常和中斷的硬體實現。

蜂鳥 E203 處理器為只支援機器模式的架構，且沒有實現 MPU 與 MMU（不會產生與虛擬位址頁錯誤相關的異常），因此只支援 RISC-V 架構中和機器模式相關的異常類型。

蜂鳥 E203 處理器只實現了 RISC-V 架構定義的 3 種基本中斷類型（軟體中斷、計時器中斷、外部中斷），並未實現更多的自訂中斷類型。

蜂鳥 E203 處理器的 mtvec 暫存器中最低位元的 MODE 域僅支援模式 0，即回應所有的異常時處理器均跳躍到 BASE 域指示的 PC 位址。

13.5.2 蜂鳥 E203 處理器支援的中斷和異常類型

蜂鳥 E203 處理器支援的中斷和異常類型如表 13-2 所示。

▼ 表 13-2 蜂鳥 E203 處理器支援的中斷和異常類型

	編號	同步 / 非同步	描　述
中斷	3	精確非同步	機器模式軟體中斷
	7	精確非同步	機器模式計時器中斷
	11	精確非同步	機器模式外部中斷
異常	0	同步	指令的 PC 位址未對齊
	1	同步	指令存取錯誤
	2	同步	非法指令
	3	同步	RISC-V 架構定義了 ebreak 指令，當處理器執行到該指令時，會發生異常，進入異常服務程式。該指令往往用於偵錯器，如設定中斷點
	4	同步	Load 指令存取位址未對齊
	5	非精確非同步	Load 指令存取錯誤
	6	同步	Store 或 amo 指令存取位址未對齊
	7	非精確非同步	Store 或 amo 指令存取錯誤
	11	同步	機器模式下執行 ecall 指令。RISC-V 架構定義了 ecall 指令，當處理器執行到該指令時，會發生異常，進入異常服務程式。該指令往往供軟體使用，強行進入異常模式
	16	非精確非同步	RISC-V 架構只定義了異常編號從 0 到 15 的 16 種異常。因此該異常不是 RISC-V 架構定義的標準異常。此異常是蜂鳥 E203 處理器的輔助處理器擴充指令寫回錯誤造成的異常。有關 NICE 輔助處理器的資訊，請參見第 16 章

13.5.3 蜂鳥 E203 處理器對 mepc 暫存器的處理

RISC-V 架構在中斷和異常時的返回位址定義（更新 mepc 暫存器的值）有細微的差別。在出現中斷時，中斷返回位址（mepc 暫存器的值）指向下一行尚未執行的指令。在出現異常時，mepc 暫存器的值則指向當前指令，因為當前指令觸發了異常。

按照此原則，蜂鳥 E203 處理器核心對於 mepc 暫存器的值的更新原則如下。

● 對於同步異常，mepc 暫存器的值更新為當前發生異常的指令的 PC 值。

- 對於精確非同步異常（即中斷），mepc 暫存器的值更新為下一行尚未執行的指令的 PC 值。
- 對於非精確非同步異常，mepc 暫存器的值更新為當前發生異常的指令的 PC 值。

13.5.4 蜂鳥 E203 處理器的中斷介面

如圖 13-8 所示，在處理器頂層介面中有 4 個中斷輸入訊號，分別是軟體中斷、計時器中斷、外部中斷和偵錯中斷。

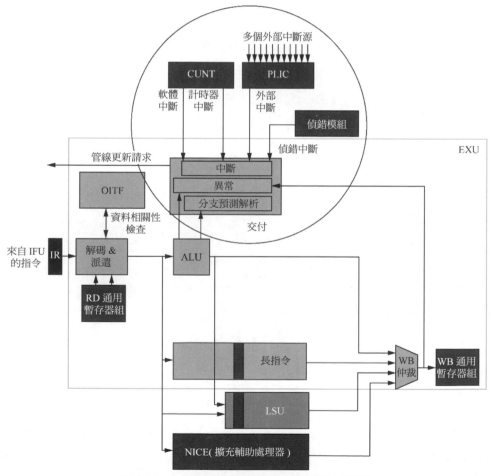

圖 13-8　處理器頂層介面中的 4 個中斷輸入訊號

- SoC 層面的 CLINT 模組產生一個軟體中斷訊號和一個計時器中斷訊號，發送給蜂鳥 E203 處理器核心。
- SoC 層面的 PLIC 連線多個外部中斷源並透過仲裁生成一個外部中斷訊號，發送給蜂鳥 E203 處理器核心。
- SoC 層面的偵錯模組生成一個偵錯中斷訊號，發送給蜂鳥 E203 處理器核心。
- 所有的中斷訊號均由蜂鳥 E203 處理器核心的交付模組進行處理。

CLINT、PLIC 以及交付模組的相關硬體實現和原始程式碼將在後續章節分別予以介紹。

13.5.5 蜂鳥 E203 處理器 CLINT 微架構及原始程式碼分析

CLINT 的全稱為處理器核心局部中斷控制器（Core Local Interrupt Controller）。CLINT 是一個記憶體位址映射的模組，掛載在處理器核心為其實現的專用匯流排界面上，在蜂鳥 E203 處理器搭配的 SoC 中 CLINT 的暫存器的記憶體映射位址如表 13-3 所示。注意，CLINT 的暫存器只支援操作尺寸（size）為 32 位元的讀寫存取。

▼ 表 13-3 CLINT 的暫存器的記憶體映射位址

位 址	暫存器名稱	功 能 描 述
0x0200 0000	msip 暫存器	生成軟體中斷
0x0200 4000	mtimecmp 暫存器	設定計時器的比較值
0x0200 BFF8	mtime 暫存器	反映計時器的值

1．生成軟體中斷

CLINT 可以用於生成軟體中斷，要點如下。

- CLINT 中實現了一個 32 位元的 msip 暫存器。該暫存器只有最低位元為有效位元，該暫存器的有效位元可直接作為軟體中斷訊號發送給處理器核心。
- 當軟體寫入 1 至 msip 暫存器並觸發了軟體中斷之後，mip 暫存器中的 MSIP 域便會變成 1，以指示當前中斷等候狀態。
- 軟體可透過寫入 0 至 msip 暫存器來清除該軟體中斷。

2．生成計時器中斷

CLINT 可以用於生成計時器中斷，要點如下。

- CLINT 中實現了一個 64 位元的 mtime 暫存器。該暫存器反映了 64 位元計時器的值。計時器根據低速的輸入節拍訊號進行計時，計時器預設是打開的，因此會一直計數。

> **⚠ 注意**　由於 CLINT 的計時器通電後會預設一直計數，因此為了在某些特殊情況下關閉此計時器計數，可以透過蜂鳥 E203 處理器自訂的 mcounterstop 暫存器中的 TIMER 域進行控制。

- CLINT 中實現了一個 64 位元的 mtimecmp 暫存器。以該暫存器中的值作為計時器的比較值，假設計時器的值 mtime 大於或等於 mtimecmp 暫存器的值，則產生計時器中斷。軟體可以透過改寫 mtimecmp 暫存器的值（使其大於 mtime 的值）來清除計時器中斷。

3．相關原始程式碼

CLINT 的相關原始程式碼在 e203_hbirdv2 目錄中的結構如下。

```
e203_hbirdv2
    |----rtl                                 // 存放 RTL 的目錄
        |----e203                            //E203 處理器核心和 SoC 的 RTL 目錄
            |----subsys                      // 存放子系統的 RTL 程式
                |----e203_subsys_clint.v     //CLINT 的原始程式碼實體化模組
            |----perips                      // 存放外接裝置的 RTL 程式
                |----e203_clint_top.v        //CLINT 的原始程式碼頂層模組
                |----e203_clint.v            //CLINT 的原始程式碼模組
                |----sirv_aon_wrapper.v      //Always-on 模組的原始程式碼
```

模組 e203_clint_top 有一個低速的輸入節拍訊號 io_rtcToggle。該訊號來自 SoC 中低速的電源常開域（power always on domain）的 io_rtc 訊號，因此 io_rtcToggle 的翻轉頻率與低速時脈的頻率一致。相關原始程式碼部分如下所示。

```
//sirv_aon_wrapper.v 的原始程式碼部分

//io_rtc 的翻轉頻率受低速時脈 aon_clock 控制
wire io_rtc_nxt = ~io_rtc;
wire aon_rst_n = ~aon_reset;
sirv_gnrl_dffr #(1) io_rtc_dffr (io_rtc_nxt, io_rtc, aon_clock, aon_rst_n);
```

由於 CLINT 模組處於與處理器核心相同的時脈域，而 io_rtcToggle 訊號來自低速的電源常開時脈域，因此 io_rtcToggle 訊號進入 CLINT 模組，屬於非同步訊號，需要對其進行同步，然後對同步後的訊號進行邊緣檢測，接著使用探測到的邊緣訊號使計時器的值增加一。相關原始程式碼部分如下所示。

```
//e203_subsys_clint.v 的原始程式碼部分

// 使用 sirv_gnrl_sync 同步模組對 aon_rtcToggle 進行同步
wire aon_rtcToggle_r;
sirv_gnrl_sync # (
.DP('E203_ASYNC_FF_LEVELS),
.DW(1)
  ) u_aon_rtctoggle_sync(
.din_a    (aon_rtcToggle_a),
.dout     (aon_rtcToggle_r),
.clk      (clk  ),
.rst_n    (rst_n)
);

//sirv_clint_top.v 的原始程式碼部分

    // 將 io_rtcToggle 訊號暫存一拍
  wire io_rtcToggle_r;
  sirv_gnrl_dffr #(1) io_rtcToggle_dffr (io_rtcToggle, io_rtcToggle_r, clk, rst_n);

    // 透過將 io_rtcToggle 訊號與暫存後的 io_rtcToggle_r 進行 " 互斥 " 計算，
      // 從而探測出 io_rtcToggle 訊號的邊緣
  wire io_rtcToggle_edge = io_rtcToggle ^ io_rtcToggle_r;
  wire io_rtcTick = io_rtcToggle_edge;

//sirv_clint.v 的原始程式碼部分

// 該程式為 Chisel 編譯生成的，因此屬於機器生成的程式，可讀性比較差

    //io_rtcTick 訊號指示 io_rtcToggle 訊號的邊緣

  assign T_904 = {time_1,time_0};
  assign T_906 = T_904 + 64'h1;// 計時器按照 io_rtcTick 訊號的脈衝自動增加 1
  assign T_907 = T_906[63:0];
  assign T_909 = T_907[63:32];
  ...
  assign GEN_6 = io_rtcTick ?T_907 : {{32'd0}, time_0};
  ...
  assign GEN_10 = T_1280 ? {{32'd0}, T_1015_bits_data} :GEN_6;
  ...
```

```
always @(posedge clock or posedge reset) begin
  if (reset) begin
    time_0 <= 32' h0;
  end else begin
    time_0 <= GEN_10[31:0];// 計時器的低 32 位元暫存器
  end
end

always @(posedge clock or posedge reset) begin
  if (reset) begin
    time_1 <= 32' h0;
  end else begin
    if (T_1320) begin
      time_1 <= T_1015_bits_data;// 計時器的值也可以被軟體改寫
    end else begin
      if (io_rtcTick) begin
        time_1 <= T_909; // 計時器的高 32 位元暫存器
      end
    end
  end
end
```

以上僅對最關鍵的程式部分予以分析,完整原始程式碼請參見 GitHub 上
的 e203_hbirdv2 專案。

13.5.6 蜂鳥 E203 處理器 PLIC 微架構及原始程式碼分析

PLIC 全稱為平台等級中斷控制器(Platform Level Interrupt Controller),
它是 RISC-V 架構標準定義的系統中斷控制器,主要用於多個外部中斷源的優
先順序仲裁和派發。關於 PLIC 的詳情,請參見附錄 C。

PLIC 是一個記憶體位址映射的模組,掛載在處理器核心為其實現的專用
匯流排界面上,在蜂鳥 E203 處理器搭配的 SoC 中 PLIC 的暫存器的記憶體映
射位址如表 13-4 所示。PLIC 的暫存器只支持尺寸為 32 位元的讀寫存取。

▼ 表 13-4 PLIC 的暫存器的記憶體映射位址

位　址	暫存器英文名稱	暫存器中文名稱
0x0C00_0004	Source 1 priority	中斷源 1 的優先順序
0x0C00_0008	Source 2 priority	中斷源 2 的優先順序
⋮	⋮	⋮
0x0C00_0FFC	Source 1023 priority	中斷源 1023 的優先順序
⋮	⋮	⋮

0x0C00_1000	Start of pending array（read-only）	中斷等待標識的起始位址
⋮	⋮	⋮
0x0C00_107C	End of pending array	中斷等待標識的結束位址
⋮	⋮	⋮
0x0C00_2000	Target 0 enables	中斷目標 0 的致能位元
⋮	⋮	⋮
0x0C20_0000	Target 0 priority threshold	中斷目標 0 的優先順序門檻
0x0C20_0004	Target 0 claim/complete	中斷目標 0 的回應 / 完成

⚠ **注意**　PLIC 理論上可以支援 1024 個中斷源，所以表 13-4 定義了 1024 個優先順序暫存器的位址和 1024 個等待陣列（pending array）暫存器的位址。但是目前蜂鳥 E203 處理器 SoC 的 PLIC 實際只使用到了表 13-5 中的中斷源。PLIC 理論上可以支援多個中斷目標（target）。由於蜂鳥 E203 處理器是一個單核心處理器，且僅實現了機器模式，因此僅用到 PLIC 的中斷目標 0，表中的中斷目標 0 即為蜂鳥 E203 處理器核心。蜂鳥 E203 處理器 SoC 的 PLIC 的各設定暫存器的詳細介紹請參見附錄 C。

　　PLIC 在具體的 SoC 中連接的中斷源個數可以不一樣。PLIC 在蜂鳥 E203 處理器 SoC 中連接了 GIPO、UART、PWM 等外部中斷源，其中斷分配如表 13-5 所示。PLIC 將多個外部中斷源仲裁為一個單位的中斷訊號並送入蜂鳥 E203 處理器核心。

▼ 表 13-5　PLIC 的中斷分配

PLIC 的源中斷號	來　源
0	表示沒有中斷
1	wdogcmp
2	rtccmp
3	uart0
4	uart1
5	uart2
6	qspi0
7	qspi1
8	qspi2
9	pwm0
10	pwm1
11	pwm2
12	pwm3
13	i2c0
14	i2c1

15	gpioA
16	gpioB

PLIC 的相關原始程式碼在 e203_hbirdv2 目錄中的結構如下。

```
e203_hbirdv2
    |----rtl                            // 存放 RTL 的目錄
        |----e203                       //E203 處理器核心和 SoC 的 RTL 目錄
            |----subsys                 // 存放子系統的 RTL 程式
                |----e203_subsys_plic.v //PLIC 的原始程式碼實體化模組
            |----perips                 // 存放外接裝置的 RTL 程式
                |----e203_plic_top.v    //PLIC 的原始程式碼頂層模組
                |----e203_plic_main.v   //PLIC 的原始程式碼模組
```

由於 PLIC 模組處於與處理器核心相同的時脈域，PLIC 連接的大多數中斷來自的裝置與 PLIC 處於同一個時脈域，而 RTC 和 WatchDog 中斷則來自低速的電源常開時脈域，因此需要專門對其進行同步。相關原始程式碼部分如下所示。

```
//e203_subsys_plic.v 的原始程式碼部分

output plic_ext_irq,// 以 PLIC 最後仲裁所得的輸出訊號作為外部中斷並送給處理器核心

...

    // 使用 sirv_gnrl_sync 同步模組對 rtc_irq_a 和 wdg_irq_a 進行同步
wire  wdg_irq_r;
wire  rtc_irq_r;

  sirv_gnrl_sync # (
  .DP('E203_ASYNC_FF_LEVELS),
  .DW(1)
    ) u_rtc_irq_sync(
  .din_a    (rtc_irq_a),
  .dout     (rtc_irq_r),
  .clk      (clk  ),
  .rst_n    (rst_n)
  );

  sirv_gnrl_sync # (
  .DP('E203_ASYNC_FF_LEVELS),
  .DW(1)
    ) u_wdg_irq_sync(
  .din_a    (wdg_irq_a),
  .dout     (wdg_irq_r),
```

```
  .clk      (clk  ),
  .rst_n    (rst_n)
  );
...

// 分配多個外部中斷源作為 PLIC 的輸入
wire plic_irq_i_0  = wdg_irq_r;    // 來自 WatchDog 模組的中斷
wire plic_irq_i_1  = rtc_irq_r;    // 來自 RTC 模組的中斷
wire plic_irq_i_2  = uart0_irq;
wire plic_irq_i_3  = uart1_irq;
wire plic_irq_i_4  = uart2_irq;
wire plic_irq_i_5  = qspi0_irq;
wire plic_irq_i_6  = qspi1_irq;
wire plic_irq_i_7  = qspi2_irq;
wire plic_irq_i_8  = pwm_irq_0;
wire plic_irq_i_9  = pwm_irq_1;
wire plic_irq_i_10 = pwm_irq_2;
wire plic_irq_i_11 = pwm_irq_3;
wire plic_irq_i_12 = i2c0_mst_irq;
wire plic_irq_i_13 = i2c1_mst_irq;
wire plic_irq_i_14 = gpioA_irq;
wire plic_irq_i_15 = gpioB_irq;
```

以上僅對關鍵的程式部分予以分析,完整原始程式碼請參見 GitHub 上的 e203_hbirdv2 專案。

13.5.7 蜂鳥 E203 處理器中交付模組對中斷和異常的處理

交付模組是指令的交付點,一行指令一旦被交付,則表示它真正獲得了執行。因此蜂鳥 E203 處理器的中斷和異常均在交付模組中進行處理。

1.異常的處理

交付模組中處理異常的要點如下。

- 交付模組接受來自 ALU 的交付請求,對於 ALU 執行的每一行指令,可能發生異常。如果沒有發生異常,則該指令順利交付;如果發生了異常,則會造成管線更新。ALU 指令造成的異常均為同步異常,同步異常均來自 ALU 模組。對於同步異常,開發人員能夠準確地定位於當前正在執行的 ALU 指令,因此 mepc 暫存器中更新的 PC 值即為當前正在交付指令(來自 ALU 介面)的 PC。
- 交付模組接受長指令寫回時發出的交付請求,每一行長指令可能發生

異常。如果沒有發生異常，則該指令順利交付；如果發生了異常，則會造成管線更新。長指令寫回的異常均為非精確非同步異常，非精確非同步異常均來自長指令寫回時的請求。

長指令造成的異常的返回位址將使用此指令自己的 PC，mepc 暫存器中更新的 PC 值為此指令的 PC。但是由於這筆長指令可能已經交付了，若干個週期過去了，且在這若干週期內可能後續指令已經將 PC 值寫回了通用暫存器組，因此其回應異常後的處理器狀態是一種非精確狀態（無法定義為某一行指令的邊界），屬於非精確非同步異常。

2・中斷的處理

交付模組中處理中斷的要點如下。

- 交付模組接受來自 CLINT 和 PLIC 的 3 個中斷訊號的請求，蜂鳥 E203 處理器的實現中將中斷身為精確非同步異常，這種異常的返回位址將指向下一行尚未交付的指令， mepc 暫存器中更新的 PC 值即為下一行待交付的指令（來自 ALU 介面）的 PC。

- 當非同步異常和 ALU 造成的同步異常以及中斷同時發生時，長指令造成的非同步的優先順序最高，中斷造成的非同步的優先順序其次，ALU 造成的同步異常的優先順序最低。

- 異常一旦發生，處理器便會更新管線，將後續的指令取消掉，並向 IFU 模組發送更新請求（flush request）和重新取指令的 PC（稱為更新 PC），用以從新的 PC 位址開始取指令。

- 特殊的偵錯中斷也在交付模組中處理，本章不做介紹，請參見第 14 章。

3・相關原始程式碼

蜂鳥 E203 處理器核心的中斷和異常處理的相關原始程式碼在 e203_hbirdv2 目錄中的結構如下。

```
e203_hbirdv2
    |----rtl                           // 存放 RTL 的目錄
        |----e203                      //E203 處理器核心和 SoC 的 RTL 目錄
            |----general               // 存放一些通用的 RTL 程式
            |----core                  // 存放 E203 處理器核心的 RTL 程式
                |----e203_exu_commit.v // 交付模組頂層
                |----e203_exu_excp.v   // 交付模組中處理
                                       // 異常和中斷的子模組
```

交付模組中與中斷和異常處理相關的原始程式碼部分如下所示。

```
//e203_exu_excp.v 的原始程式碼部分

...

// 生成更新請求，包括長指令造成的異常、偵錯中斷造成的異常、普通中斷造成的異常和 ALU 指令造成的異常

assign excpirq_flush_req  = longp_excp_flush_req | dbg_entry_flush_req | irq_
flush_req | alu_excp_flush_req;

...
// 生成重新取指令的 PC，對於不是偵錯中斷造成的更新，使用 mtvec 暫存器中的值
assign excpirq_flush_pc = dbg_entry_flush_req ? 'E203_PC_SIZE'h800 : (all_excp_
flush_req & dbg_mode) ? 'E203_PC_SIZE'h808 : csr_mtvec_r;

...

// 根據中斷的類型，更新 mcause 暫存器中的異常編號

  assign irq_cause[31] = 1'b1;
  assign irq_cause[30:4] = 27'b0;
  assign irq_cause[3:0]  =  sft_irq_r ? 4'd3  :
                            tmr_irq_r ? 4'd7  :
                            ext_irq_r ? 4'd11 :
                                        4'b0;

...

// 根據異常的類型，更新 mcause 暫存器中的異常編號

  wire ['E203_XLEN-1:0] excp_cause;
  assign excp_cause[31:5] = 27'b0;
  assign excp_cause[4:0]  =
      alu_excp_flush_req_ifu_misalgn? 5'd0
    : alu_excp_flush_req_ifu_buserr ? 5'd1
    : alu_excp_flush_req_ifu_ilegl  ? 5'd2
    : alu_excp_flush_req_ebreak     ? 5'd3
    : alu_excp_flush_req_ld_misalgn ? 5'd4
    : (longp_excp_flush_req_ld_buserr | alu_excp_flush_req_ld_buserr) ? 5'd5
    : alu_excp_flush_req_stamo_misalgn ? 5'd6
    : (longp_excp_flush_req_st_buserr | alu_excp_flush_req_stamo_buserr) ? 5'
    d7 //Store/AMO access fault
    : (alu_excp_flush_req_ecall & u_mode) ? 5'd8
    : (alu_excp_flush_req_ecall & s_mode) ? 5'd9
    : (alu_excp_flush_req_ecall & h_mode) ? 5'd10
    : (alu_excp_flush_req_ecall & m_mode) ? 5'd11
```

```
        : longp_excp_flush_req_insterr ? 5'd16
: 5'h1F;

...

assign cmt_cause = excp_taken_ena ? excp_cause : irq_cause;

...
// 對於長指令，使用其自身的 PC 值
// 對於普通 ALU 指令，使用當前交付介面（來自 ALU 介面）的指令 PC 更新 mepc 暫存器
assign cmt_epc = longp_excp_i_valid ? longp_excp_i_pc : alu_excp_i_pc;
```

　　e203_exu_excp 模組中的內容非常繁雜，你必須了解 RISC-V 架構的很多
細節才能理解。以上僅對關鍵的程式部分予以分析，完整原始程式碼請參見
GitHub 上的 e203_hbirdv2 專案。

4．mret 指令的處理

　　mret 指令會使處理器退出異常模式。該指令在蜂鳥 E203 處理器中被當作
一種跳躍指令來執行，其硬體實現與分支指令解析一樣，mret 指令在 e203_
exu_branchslv 模組中處理。

```
e203_hbirdv2
    |----rtl                                  // 存放 RTL 的目錄
        |----e203                             //E203 處理器核心和 SoC 的 RTL 目錄
            |----general                      // 存放一些通用的 RTL 程式
            |----core                         // 存放 E203 處理器核心的 RTL 程式
                |----e203_exu_commit.v        // 交付模組頂層
                |----e203_exu_branchslv.v     // 交付中處理 mret 指令的子模組
```

　　相關原始程式碼部分如下所示。

```
//e203_exu_branchslv.v 的原始程式碼部分

// 生成更新請求，包括 mret 指令

  wire brchmis_need_flush = (
       (cmt_i_bjp & (cmt_i_bjp_prdt ^ cmt_i_bjp_rslv))
       | cmt_i_fencei
   | cmt_i_mret
 | cmt_i_dret
     );

// 若對於 mret 指令造成更新，則會使用 mepc 暫存器中的值作為重新取指令的 PC

   assign brchmis_flush_pc =
```

```
...
                    cmt_i_dret ? csr_dpc_r :
                    //cmt_i_mret ? csr_epc_r :
        csr_epc_r ;
...
```

13.6　小結

中斷和異常的實現是處理器實現中非常關鍵的一部分，也是最煩瑣的一部分。得益於 RISC-V 架構對於中斷和異常機制的簡單定義，蜂鳥 E203 處理器中二者的硬體實現的代價很小。即使如此，相比其他模組而言，異常和中斷的相關原始程式碼仍然非常繁雜。本書僅對中斷和異常的設計要點以及程式部分進行簡要地講解，感興趣的讀者請參考 GitHub 上的 e203_hbirdv2 專案。

第 14 章　最不起眼的其實是最難的一偵錯機制

對於一款處理器而言，人們在研究其微架構時往往關注的是聚光燈下的某些特性，如管線的級數、運算單元的能力等，而對於角落裡的另外一個模組往往未加重視，這個模組便是偵錯（debug）單元。

不同於普通的 ASIC 晶片，處理器執行的是軟體程式。試想一下，如果一款處理器不具備偵錯能力，那麼一旦程式執行出現問題，開發人員便束手無策，處理器就變為「磚」了。因此，處理器為執行於其上的軟體程式提供的偵錯能力是非常重要的。

偵錯單元在處理器設計中往往是幕後英雄，大多數人對其軟硬體實現機制不明就裡，或根本未曾關注。但是，最不起眼的往往是最難的，偵錯機制是一個非常複雜的軟硬體協作機制，軟硬體的實現難度很大。

目前絕大多數開放原始碼處理器僅提供處理器核心的實現，並沒有提供偵錯方案的實現，很少有開放原始碼處理器能夠支持完整的 GDB 互動偵錯功能。蜂鳥 E203 處理器不僅開放原始碼了處理器核心的實現、SoC 的實現、FPGA 平台和軟體範例，還實現和開放原始碼了完整的偵錯方案，具備完整的 GDB 互動偵錯功能。蜂鳥 E203 處理器涵蓋從硬體到軟體，從模組到 SoC，從執行到偵錯的整套解決方案。

本章將討論 RISC-V 偵錯機制，同時結合蜂鳥 E203 處理器實例來簡述偵錯機制的硬體實現。值得再次強調的是，偵錯機制和軟硬體實現是一個非常完整且複雜的議題，若要將其徹底闡述清楚，幾乎可以單獨成書，本章只能以極其有限的篇幅討論部分內容。有興趣的讀者可以根據本章推薦的文件仔細研究，也可仔細研究蜂鳥 E203 處理器中與偵錯單元相關的 Verilog 原始程式碼。

14.1　偵錯機制概述

對於處理器的偵錯功能而言，常用的兩種是互動式偵錯和追蹤偵錯。本節將對此兩種偵錯的功能及原理加以簡述。

▌ 14.1.1　互動偵錯概述

互動偵錯（interactive debug）功能是處理器提供的最常見的一種偵錯功

能，從最低端的處理器到最高端的處理器，互動偵錯幾乎是必備的功能。互動偵錯是指偵錯器軟體（如常見的偵錯軟體 GDB）能夠直接對處理器取得控制權，進而對其以一種互動的方式進行偵錯，如透過偵錯軟體與處理器進行以下互動。

- 下載或啟動程式。
- 透過設定各種特定條件來停止程式。
- 查看處理器的執行狀態，包括通用暫存器的值、記憶體位址的值等。
- 查看程式的狀態，包括變數的值、函數的狀態等。
- 改變處理器的執行狀態，包括通用暫存器的值、記憶體位址的值等。
- 改變程式的狀態，包括變數的值、函數的狀態等。

對於嵌入式平台而言，偵錯器軟體一般是執行於主機端的一款軟體，而被偵錯的處理器往往在嵌入式開發板之上，這是交叉編譯和遠端偵錯的一種典型情形。偵錯器軟體為何能夠取得處理器的控制權，從而對其進行偵錯呢？這需要硬體的支援才能做到。在處理器核心的硬體中，往往需要一個硬體偵錯模組。該偵錯模組透過物理媒體（如 JTAG 介面）與主機端的偵錯軟體進行通訊，受其控制，然後偵錯模組對處理器核心進行控制。

為了幫助讀者進一步理解，本節以互動式偵錯中常見的一種偵錯情形為例來闡述此過程。假設偵錯軟體 GDB 試圖為程式中的某個 PC 位址設定一個中斷點，然後希望程式執行到此處之後停下來，之後 GDB 能夠讀取處理器的某個暫存器當時的值。偵錯軟體和偵錯模組便會進行以下協作操作。

（1）開發人員透過執行於主機端的 GDB 軟體設定程式的中斷點，GDB 軟體透過底層驅動 JTAG 介面存取遠端處理器的偵錯模組，對其下達命令，告訴它希望於某 PC 位址處設定一個中斷點。

（2）偵錯模組開始對處理器核心進行控制。首先它會請求處理器核心停止，然後修改記憶體中那個 PC 位址的指令，將其替換成一行 breakpoint 指令，最後讓處理器恢復執行。

（3）當處理器執行到那個 PC 位址時，由於碰到了 breakpoint 指令，因此會產生異常，進入偵錯模式的異常服務程式。偵錯模組探測到處理器核心進入了偵錯模式的異常服務程式，並將此資訊顯示出來。主機端的 GDB 軟體一

直在監測偵錯模組的狀態，若得知此資訊，便得知處理器核心已經執行到中斷點處並停止，接著顯示在 GDB 軟體介面上。

（4）開發人員透過執行於主機端的 GDB 軟體在其軟體介面上設定讀取某個暫存器的值，GDB 軟體透過底層驅動 JTAG 介面存取遠端處理器的偵錯模組，對其下達命令，告訴它希望讀取某個暫存器的值。

（5）偵錯模組開始對處理器核心進行控制，從處理器核心中將那個暫存器的值讀取出來，並將此資訊顯示出來。主機端的 GDB 軟體一直在監測偵錯模組的狀態，若得知此資訊，便透過 JTAG 介面將讀取的值返回 PC 端，並顯示在 GDB 軟體介面上。

⚠ 注意 以上採用通俗的語言來描述此過程，以幫助讀者理解，但難免不夠嚴謹，請以具體的偵錯機制文件為準。

從上述過程中可以看出，偵錯機制是一套複雜的軟硬體協作工作機制，需要偵錯軟體和硬體偵錯模組的精密配合。

同時，互動式偵錯對於處理器的執行往往是具有干擾性的。偵錯單元會在後台偷偷地控制住處理器核心，時而讓其停止，時而讓其執行。由於互動式偵錯對處理器執行的程式有影響，甚至會改變其行為，尤其是對時間先後性有依賴的程式中，有時候互動式偵錯並不能完整地重現 Bug。最常見的情形便是處理器在全速執行某個程式時會出現 Bug，當開發人員使用偵錯軟體對其進行互動式偵錯時，Bug 又不見了。如此反覆，令人煩躁。其主要原因往往就是互動式偵錯過程的打擾性，使得程式在偵錯模式和全速執行下的結果出現了差異。

🎳 14.1.2　追蹤偵錯概述

為了避免互動式偵錯對處理器的干擾性，便引入了追蹤偵錯（trace debug）機制。

追蹤偵錯，即偵錯器只追蹤記錄處理器核心執行過的所有程式指令，而不會打斷、干擾處理器的執行過程。追蹤偵錯同樣需要硬體的支援才能做到，

相比互動式偵錯的實現難度更大。由於處理器的執行速度非常快，每秒能執行上百萬行指令，因此如果長時間執行某個程式，其產生的資訊量巨大。追蹤偵錯器的硬體單元需要追蹤、記錄所有的指令，因此處理器在執行速度、資料壓縮、傳輸和儲存等方面面臨極大的挑戰。追蹤偵錯器的硬體實現會涉及比互動偵錯更複雜的技術，同時硬體銷耗很大，因此追蹤偵錯器往往只在比較高端的處理器中使用。

14.2　RISC-V 架構的偵錯機制

上一節簡要論述了處理器的偵錯功能及原理，關於 RISC-V 處理器的偵錯機制，RISC-V 基金會發佈了 RISC-V 架構偵錯規範（Debug Specification），參考其官方網站，如圖 14-1 所示。

圖 14-1　RISC-V 架構偵錯規範

在進行蜂鳥 E203 處理器開發時，RISC-V 架構偵錯文件為 0.11 版本（riscv-debug- spec-0.11nov12.pdf），本章後續將其簡稱為 0.11 版本，其具體實現方案如圖 14-2 所示。

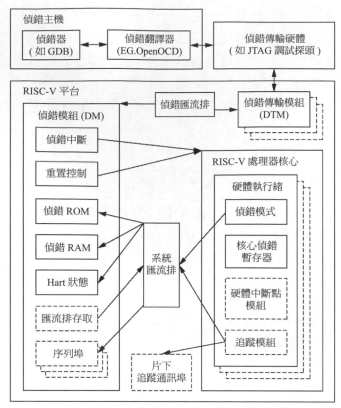

圖 14-2 RISC-V 架構的偵錯方案（0.11 版本）

14.2.1 偵錯器軟體的實現

完整的偵錯機制需要偵錯器軟體（如 GDB）和硬體密切協作。14.1 節曾列舉了軟硬體如何密切配合以向程式中設定中斷點和讀取暫存器的通俗範例。感興趣的讀者若要深入理解偵錯機制，並結合偵錯器軟體和硬體偵錯模組（debug module）透過軟硬體密切協作的方式實現所有的偵錯功能，可以參見 0.11 版本原文。

14.2.2 偵錯模式

0.11 版本中定義了一種特殊的處理器模式─偵錯模式（debug mode），同時定義了若干種觸發條件，處理器核心一旦遇到此類觸發條件便會進入偵錯

模式。開發人員可以將進入偵錯模式當成一種特殊的異常。當進入偵錯模式時，處理器核心會進行以下更新。

- 處理器 PC 跳躍到 0x800 位址。
- 將處理器正在執行的指令的 PC 保存到 dpc 暫存器中。
- 將進入偵錯模式的原因保存到 dcsr 暫存器中。

14.2.3 偵錯指令

RISC-V 標準指令集定義了一行特殊的中斷點指令─ebreak，此指令主要用於偵錯軟體，設定中斷點。當處理器核心執行到這行指令時會跳躍到異常模式或偵錯模式。

0.11 版本還定義了一行特殊的指令─dret（注意和 mret 區分）。dret 指令執行後，處理器核心會進行以下更新。

- 處理器 PC 跳躍到 dpc 暫存器中的值指向的位址，這表示處理器退回進入偵錯模式之前的程式執行點。
- 將 dcsr 暫存器中的域清除掉，指示處理器退出了偵錯模式。

14.2.4 偵錯模式下的 CSR

0.11 版本定義了幾個只能在偵錯模式下存取的 CSR，請參見 0.11 版本原文。

14.2.5 偵錯中斷

0.11 版本中定義了一個特殊的處理器中斷類型─偵錯中斷（debug interrupt）。處理器核心收到此中斷要求之後，將進入偵錯模式。偵錯中斷是進入偵錯模式最主要的觸發條件，偵錯器軟體的眾多功能依賴此中斷。

關於偵錯中斷的詳細資訊，請參見 0.11 版本原文。

14.3 蜂鳥 E203 處理器中的偵錯機制

蜂鳥 E203 處理器中偵錯機制的硬體實現嚴格依據 0.11 版本定義的方案，當前僅支持互動式偵錯，尚不支持追蹤偵錯。

14.3.1 蜂鳥 E203 處理器中的互動式偵錯

本節介紹蜂鳥 E203 處理器中互動式偵錯機制的硬體實現。

偵錯主機（debug host）為 PC 端的偵錯平台。由於嵌入式系統往往以交叉編譯、遠端偵錯的方式工作，因此軟體的開發、編譯在 PC 端完成，並且在 PC 端執行偵錯軟體。舉例來說，使用 GDB 偵錯軟體對嵌入式硬體平台（如基於 RISC-V 的 MCU）進行偵錯。

PC 端的 GDB 軟體需要與其 GDBserver 通訊，GDBserver 可以用開放原始碼軟體 OpenOCD 充當。OpenOCD 的原始程式碼包含了各種常見硬體晶片的驅動，如 FTDI 公司的 USB 轉 JTAG 晶片。因此此晶片的 USB 介面可以使用 USB 連接線與 PC 連接，此晶片的 JTAG 介面則可以與 RISC-V 處理器的 SoC 硬體平台相連。蜂鳥 E203 處理器的偵錯原理如圖 14-3 所示。

如圖 14-3 所示，在 RISC-V 的 SoC 中，JTAG 介面由 DTM 模組轉換成內部的偵錯匯流排，透過該匯流排存取偵錯模組。DTM 和偵錯模組在後續章節中另行論述。

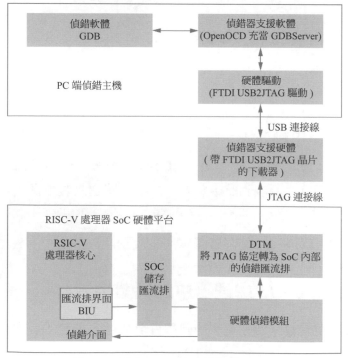

圖 14-3　蜂鳥 E203 處理器的偵錯原理

14.3.2 DTM

DTM 的全稱 Debug Transport Module。在蜂鳥 E203 處理器中 DTM 主要用於將 JTAG 標準介面轉換成內部的偵錯匯流排。

DTM 的原始程式碼在 e203_hbirdv2 目錄中的結構如下。

```
e203_hbirdv2
    |----rtl                              // 存放 RTL 的目錄
        |----e203                         //E203 處理器核心和 SoC 的 RTL 目錄
            |----debug                    // 存放偵錯相關模組的 RTL 程式
                |----sirv_jtag_dtm.v     //DTM 模組
```

DTM 主要使用狀態機對 JTAG 協定進行解析，然後將 JTAG 標準介面轉換成偵錯匯流排。由於 DTM 處於 JTAG 時脈域，與偵錯匯流排要存取的偵錯模組不屬於同一個時脈域，因此需要同步。具體程式請參見 GitHub 上的 e203_hbirdv2 專案。

14.3.3 硬體偵錯模組

硬體偵錯模組在整個偵錯機制擔任了重要的角色。本節重點介紹其硬體實現。

偵錯模組的相關原始程式碼在 e203_hbirdv2 目錄中的結構如下。

```
e203_hbirdv2
    |----rtl                                  // 存放 RTL 的目錄
        |----e203                             //E203 處理器核心和 SoC 的 RTL 目錄
            |----debug                        // 存放偵錯相關模組的 RTL 程式
                |----sirv_debug_module.v     // 偵錯模組頂層
                |----sirv_debug_ram.v        // 偵錯 RAM 模組
                |----sirv_debug_rom.v        // 偵錯 ROM 模組
```

偵錯模組中實現了 0.11 版本中定義的若干暫存器、偵錯 ROM 和偵錯 RAM。這些資源既可以被偵錯匯流排存取，也可以被系統儲存匯流排存取。有關此類暫存器、偵錯 ROM、偵錯 RAM 的細節和在不同匯流排上映射的位址區間，請參見 0.11 版本原文。偵錯模組的原始程式碼部分如下所示。

```
//sirv_debug_module.v 的原始程式碼部分


// 系統儲存匯流排 ICB 介面
```

```
input                           i_icb_cmd_valid,
output                          i_icb_cmd_ready,
input   [12-1:0]                i_icb_cmd_addr,
input                           i_icb_cmd_read,
input   [32-1:0]                i_icb_cmd_wdata,

output                          i_icb_rsp_valid,
input                           i_icb_rsp_ready,
output  [32-1:0]                i_icb_rsp_rdata,

...


// 解析來自 DTM 的偵錯匯流排

assign dtm_req_bits_addr = i_dtm_req_bits[40:36];
assign dtm_req_bits_data = i_dtm_req_bits[35:2];
assign dtm_req_bits_op   = i_dtm_req_bits[1:0];
assign i_dtm_resp_bits = {dtm_resp_bits_data, dtm_resp_bits_resp};
...


wire dtm_req_rd = (dtm_req_bits_op == 2'd1);
wire dtm_req_wr = (dtm_req_bits_op == 2'd2);

wire dtm_req_sel_dbgram   = (dtm_req_bits_addr[4:3] == 2'b0) & (~(dtm_req_
bits_addr[2:0] == 3'b111));//0x00-0x06
wire dtm_req_sel_dmcontrl = (dtm_req_bits_addr == 5'h10);
wire dtm_req_sel_dminfo   = (dtm_req_bits_addr == 5'h11);
wire dtm_req_sel_haltstat = (dtm_req_bits_addr == 5'h1C);

...


//ICB 讀取偵錯 ROM、偵錯 RAM 和暫存器

assign i_icb_rsp_rdata =
        ({32{icb_sel_cleardebint}} & {{32-HART_ID_W{1'b0}}, cleardebint_r})
     | ({32{icb_sel_sethaltnot }} & {{32-HART_ID_W{1'b0}}, sethaltnot_r})
     | ({32{icb_sel_dbgrom }} & rom_dout)
     | ({32{icb_sel_dbgram }} & ram_dout);

...


// 偵錯匯流排讀取偵錯 ROM、偵錯 RAM 和暫存器
assign dtm_resp_bits_data =
        ({34{dtm_req_sel_dbgram }} & {dmcontrol_r[33:32],ram_dout})
     | ({34{dtm_req_sel_dmcontrl}} & dmcontrol_r)
     | ({34{dtm_req_sel_dminfo }} & dminfo_r)
     | ({34{dtm_req_sel_haltstat}} & {{34-HART_ID_W{1'b0}},dm_haltnot_r});
...
```

　　偵錯 ROM 模組中包含了處理器進入偵錯模式需要執行的例外處理常式。
該程式是 0.11 版本中定義的固定程式，程式部分如圖 14-4 所示，完整程式請
參見 0.11 版本完整文件。此段程式唯讀且不用更改，將其編譯成最終的二進
位碼之後，可以用 ROM 實現。相關原始程式碼部分如下所示。

```
#include "riscv/encoding.h"

#define DEBUG_RAM           0x400
#define DEBUG_RAM_SIZE      64

#define CLEARDEBINT         0x100
#define SETHALTNOT          0x10c

        .global entry
        .global resume
        .global exception

        # Automatically called when Debug Mode is first entered.
entry:  j       _entry
        # Should be called by Debug RAM code that has finished execution and
        # wants to return to Debug Mode.
resume:
        j       _resume
exception:
        # Set the last word of Debug RAM to all ones, to indicate that we hit
        # an exception.
        li      s0, 0
        j       _resume2

_resume:
        li      s0, 0
_resume2:
        fence
```

圖 14-4　偵錯 ROM 中的程式部分

```
//sirv_debug_rom.v 的原始程式碼部分

//def xlen32OnlyRomContents : Array[Byte] = Array(
//0x6f, 0x00, 0xc0, 0x03, 0x6f, 0x00, 0xc0, 0x00, 0x13, 0x04, 0xf0, 0xff,
//0x6f, 0x00, 0x80, 0x00, 0x13, 0x04, 0x00, 0x00, 0x0f, 0x00, 0xf0, 0x0f,
//0x83, 0x24, 0x80, 0x41, 0x23, 0x2c, 0x80, 0x40, 0x73, 0x24, 0x40, 0xf1,
//0x23, 0x20, 0x80, 0x10, 0x73, 0x24, 0x00, 0x7b, 0x13, 0x74, 0x84, 0x00,
//0x63, 0x1a, 0x04, 0x02, 0x73, 0x24, 0x20, 0x7b, 0x73, 0x00, 0x20, 0x7b,
//0x73, 0x10, 0x24, 0x7b, 0x73, 0x24, 0x00, 0x7b, 0x13, 0x74, 0x04, 0x1c,
//0x13, 0x04, 0x04, 0xf4, 0x63, 0x16, 0x04, 0x00, 0x23, 0x2c, 0x90, 0x40,
//0x67, 0x00, 0x00, 0x40, 0x73, 0x24, 0x40, 0xf1, 0x23, 0x26, 0x80, 0x10,
//0x73, 0x60, 0x04, 0x7b, 0x73, 0x24, 0x00, 0x7b, 0x13, 0x74, 0x04, 0x02,
//0xe3, 0x0c, 0x04, 0xfe, 0x6f, 0xf0, 0x1f, 0xfe).map(_.toByte)

wire [31:0] debug_rom [0:28];

assign rom_dout = debug_rom[rom_addr];

// 注意，程式中使用常數給予值實現此模組，如果直接使用綜合工具綜合，該模組將被最佳化為門數
// 有限的組合邏輯
```

```
//0x6f, 0x00, 0xc0, 0x03, 0x6f, 0x00, 0xc0, 0x00, 0x13, 0x04, 0xf0, 0xff,
assign debug_rom[ 0][7 : 0] = 8' h6f;
assign debug_rom[ 0][15: 8] = 8' h00;
assign debug_rom[ 0][23:16] = 8' hc0;
assign debug_rom[ 0][31:24] = 8' h03;

assign debug_rom[ 1][7 : 0] = 8' h6f;
assign debug_rom[ 1][15: 8] = 8' h00;
assign debug_rom[ 1][23:16] = 8' hc0;
assign debug_rom[ 1][31:24] = 8' h00;

assign debug_rom[ 2][7 : 0] = 8' h13;
assign debug_rom[ 2][15: 8] = 8' h04;
assign debug_rom[ 2][23:16] = 8' hf0;
assign debug_rom[ 2][31:24] = 8' hff;
...
```

在執行偵錯 ROM 中固定的例外處理常式時，使用偵錯 ROM 存放一些臨時資料和中間資料。對於 32 位元的 RISC-V 架構處理器而言，需要至少 28 位元組的資料空間，相關原始程式碼部分如下所示。

```
//sirv_debug_ram.v 的原始程式碼部分
wire [31:0] debug_ram_r [0:6];
wire [6:0]  ram_wen;

// 注意，程式中使用普通的暫存器實現了 7 個 32 位元寬的暫存器，而並非任何實際的 RAM

assign ram_dout = debug_ram_r[ram_addr];

genvar i;
  generate //{

    for (i=0; i<7; i=i+1) begin:debug_ram_gen//{

        assign ram_wen[i] = ram_cs & (~ram_rd) & (ram_addr == i) ;
        sirv_gnrl_dffr #(32) ram_dffr (ram_wen[i], ram_wdat, debug_ram_
        r[i], clk, rst_n);

    end//}
endgenerate//}
...
```

以上僅對最關鍵的程式部分予以分析，完整原始程式碼請參見 GitHub 上的 e203_hbirdv2 專案。

14.3.4 偵錯中斷處理

與普通中斷一樣，偵錯中斷會作為一個輸入訊號輸送給處理器的交付模組。本節介紹交付模組中的偵錯中斷處理。

交付模組接受來自偵錯模組的中斷訊號的請求，由於該中斷是一種非同步異常，因此這種異常的返回位址為當前正在交付的指令 PC，dpc 暫存器中更新的 PC 值指向當前正在交付的指令 PC 值（來自 ALU 介面）。

偵錯中斷一旦被接受，處理器便會更新管線，將後續的指令取消掉，並向 IFU 模組發送更新請求和重新取指的 PC，PC 值為 0x800，用以重新從新的 PC 位址開始取指令。

交付模組中處理偵錯中斷的相關原始程式碼部分如下所示。

```
//e203_exu_excp.v 的原始程式碼部分
...

// 生成管線更新請求，其中包括偵錯中斷造成的異常

assign excpirq_flush_req  = longp_excp_flush_req | dbg_entry_flush_req | irq_
flush_req | alu_excp_flush_req;

...

// 生成重新取指令的 PC，對於偵錯中斷造成的管線更新，則會使用 0x800 作為重新取指的 PC
assign excpirq_flush_pc = dbg_entry_flush_req ? 'E203_PC_SIZE' h800 : (all_excp_
flush_req & dbg_mode) ? 'E203_PC_SIZE' h808 : csr_mtvec_r;

...

// 根據進入偵錯模式的觸發條件，更新 dcsr 中的 cause 域

wire [2:0] set_dcause_nxt =
                        dbg_trig_req ? 3' d2 :
                        dbg_ebrk_req ? 3' d1 :
                        dbg_irq_req  ? 3' d3 :
                        dbg_step_req ? 3' d4 :
                        dbg_halt_req ? 3' d5 :
                                    3' d0;
...
```

e203_exu_excp 模組中的內容非常繁雜，你必須了解 RISC-V 架構的很多細節才能理解。以上僅對關鍵的程式部分予以分析，完整原始程式碼請參見 GitHub 上的 e203_hbirdv2 專案。

14.3.5 偵錯模式下 CSR 的實現

0.11 版本定義了在偵錯模式下使用的若干 CSR。相關原始程式碼在 e203_ hbirdv2 目錄中的結構如下。

```
e203_hbirdv2
    |----rtl                              // 存放 RTL 的目錄
        |----e203                         //E203 處理器核心和 SoC 的 RTL 目錄
            |----debug                    // 存放偵錯相關模組的 RTL 程式
                |----sirv_debug_csr.v     // 偵錯模式下 CSR 的實現模組
```

在 sirv_debug_csr.v 中 CSR 嚴格按照 0.11 版本原文中的定義予以實現。相關原始程式碼請參見 GitHub 上的 e203_hbirdv2 專案。

14.3.6 偵錯機制指令的實現

RISC-V 架構文件和 0.11 版本分別定義了 ebreak 和 dret 這兩行用於偵錯機制的指令。

ebreak 指令會觸發處理器進入異常模式或偵錯模式,其硬體實現與第 13 章描述的其他異常一樣。交付模組中 ebreak 的相關原始程式碼部分如下所示。

```
//e203_exu_excp.v 的原始程式碼部分

//ebreak 指令由 ALU 執行,ALU 輸出此指令的交付請求,交付模組根據當前的 dcsr 中的
// 設定決定是跳入偵錯模式還是異常模式

wire alu_excp_i_ebreak4excp =
                         alu_excp_i_ebreak
                       & ((~dbg_ebreakm_r) | dbg_mode);
wire alu_excp_i_ebreak4dbg = alu_excp_i_ebreak
                       & (~alu_need_flush)
                       & dbg_ebreakm_r
                       & (~dbg_mode);
...
```

dret指令會使處理器退出偵錯模式。該指令在蜂鳥 E203 處理器中被當作一種跳躍指令來執行,其硬體實現與分支指令解析一樣,在 e203_exu_ branchslv 模組中完成。相關原始程式碼部分如下所示。

```
//e203_exu_branchslv.v 的原始程式碼部分

// 生成管線更新請求,其中包括 dret 指令
```

```
wire brchmis_need_flush = (
     (cmt_i_bjp & (cmt_i_bjp_prdt ^ cmt_i_bjp_rslv))
   | cmt_i_fencei
   | cmt_i_mret
   | cmt_i_dret
   );

// 對於 dret 指令造成的更新，則會使用 dpc 的值作為重新取指的 PC 值

assign brchmis_flush_pc =
...
                  cmt_i_dret ? csr_dpc_r :
                  //cmt_i_mret ? csr_epc_r :
                              csr_epc_r ;
...
```

14.4 小結

　　值得再次強調的是，偵錯系統的實現難度比處理器核心更加大。在蜂鳥 E203 處理器的研發過程中，花費在偵錯系統上的時間遠遠超過處理器核心本身，關於偵錯系統的實現細節，本書只能予以簡述。讀者僅透過本章的若干要點不足以完全理解 RISC-V 偵錯機制的硬體實現，因此作者強烈建議有興趣的讀者仔細研讀 0.11 版本的原文，結合蜂鳥 E203 處理器開放原始碼的 Verilog 原始程式碼加以研究，從而充分理解此部分內容。而對偵錯系統軟硬體實現細節無須深入了解的讀者可以忽略本章。

第 15 章 動如脫兔，靜若處子—低功耗的訣竅

對處理器而言，雖然我們非常關注主頻和性能，但是有一個不可忽視的事實一處理器在絕大多數的時間是處於休眠狀態的。舉例來說，我們日常使用的手機在絕大多數的時間處於休眠狀態。即使處理器在執行的過程中，大部分時間也處於性能要求不高的狀態。以知名的 ARM big-LITTLE 架構為例，它就在性能要求不高的場景中使用能效比更高的小核心，只在最關鍵的時刻才啟用功耗較高的大核心。

低功耗機制對於處理器而言非常重要。本章將對處理器的低功耗技術加以介紹，並結合蜂鳥 E203 處理器闡述其低功耗設計的訣竅。

15.1 處理器低功耗技術概述

處理器的低功耗技術可以從多個層面加以探討，從軟體、系統到硬體製程均可涉及。

15.1.1 軟體層面的低功耗

執行於處理器之上的是軟體程式，軟體指定了處理器靈魂。軟體層面的靈活性很高，軟體層面低功耗的效果比硬體層面低功耗的效果更加顯著。通俗地講，最佳化底層硬體設計省的電遠遠不如讓軟體休眠省的電多。

為了降低處理器的功耗，一套好的軟體程式應該從以下方面合理地呼叫處理器的硬體資源。

- 僅在關鍵的場景下呼叫耗能高的硬體，在一般的場景下盡可能使用耗能低的硬體。
- 在空閒的時刻，盡可能讓處理器進入休眠模式，以降低功耗。

由於本書偏重於硬體設計，因此對軟體層面的機制不贅述。

15.1.2 系統層面的低功耗

系統層面的低功耗技術可以涉及電路板等級硬體系統和 SoC，其原理基本一致。以 SoC 為例，常見的低功耗技術如下。

- 在 SoC 中劃分不同的電源域，以對 SoC 中的大部分硬體關閉電源。

- 在 SoC 中劃分不同的時脈域，以使小部分電路以低速低功耗的方式執行。

- 透過不同的電源域與時脈域的組合，劃分出不同的低功耗模式。為 SoC 配備電源管理單元（Power Management Unit，PMU），以控制進入或退出不同的低功耗模式。

- 軟體可以透過使用 PMU，在不同的場景下進入和退出不同的低功耗模式。

15.3 節將以蜂鳥 E203 SoC 系統為例闡述上述宗旨。

15.1.3 處理器層面的低功耗

本節介紹處理器層面的常見低功耗技術。

處理器指令集定義了一種休眠指令，執行該指令後，處理器核心便進入休眠狀態。

休眠狀態可分為淺度休眠和深度休眠。

- 淺度休眠狀態：往往將處理器核心的整個時脈關閉，但仍然接通電源，因此可以降低動態功耗，但是仍然有靜態漏電功耗。

- 深度休眠狀態：不僅關閉處理器核心的時脈，還關閉電源，因此可以同時降低動態和靜態功耗。

處理器核心深度休眠、斷電後，其內部上下文狀態可以透過兩種策略進行保存和恢復。

- 在處理器核心內部使用具有低功耗維持（retention）能力的暫存器或使用 SRAM 保存處理器狀態，這種暫存器或 SRAM 在主電源關閉後可以使用極低的漏電消耗保存處理器的狀態。

- 使用軟體的保存恢復（save-and-restore）機制，在斷電前將處理器的上下文狀態保存在 SoC 層面的電源常開域（power always-on domain）中，待喚醒、恢復供電後，使用軟體從電源常開域中讀取回來，加以恢復。

策略一的優點是休眠和喚醒的速度極快，但是 ASIC 設計的複雜度高；策略二的優點是實現非常簡單，但是休眠和喚醒的速度相對較慢。

在處理器的架構上，採用異質的方式可以降低功耗。

有關異質的典型範例，請參見 16.1 節。

15.1.4　模組和單元層面的低功耗

模組和單元層面的低功耗技術屬於 IC 設計微架構的範圍。其常見的低功耗技術與 SoC 層面基本一致，只不過是規模更小的版本。

一個功能完整的單元往往需要單獨配備獨立的時脈閘控（clock gate），當該單元空閒時，使用時脈閘控將其時脈關閉以降低動態功耗。

對於某些比較獨立和規模較大的模組，劃分獨立的電源域來支持關閉電源，以進一步降低靜態功耗。

15.3 節將以蜂鳥 E203 處理器核心為例來闡述上述宗旨。

15.1.5　暫存器層面的低功耗

暫存器層面的低功耗技術屬於 IC 設計程式開發風格的範圍。本節介紹如何降低暫存器層面的功耗。

1．使用時脈閘控

目前主流的邏輯綜合工具均有從程式風格中直接推斷出整合時脈閘控（Integrated Clock Gating，ICG）的能力。因此只要開發者遵循一定的程式開發風格，這些工具就能夠根據一組暫存器的時脈自動推斷出 ICG，以降低動態功耗。

在邏輯綜合完成後，工具可以生成整個電路的時脈閘控率（clock gating rate）。開發者可以透過此時脈閘控率的高低，判斷其設計的電路是否自動推斷出了 ICG。好的電路一般有超過 90% 的時脈閘控率。若時脈閘控率不超過 90%，則可能是電路中資料通路較少（以基於小位元寬暫存器的控制電路為主），或程式開發風格有問題。

2．減少資料通路的暫存器翻轉

為了降低動態功耗，應該儘量減少暫存器的翻轉。

以處理器的管線為例，每級管線通常需要設定一個控制位元（Valid 位元），以表示該級管線是否有有效指令。當指令載入至此級管線時，將 Valid 位元設為 1；當離開此級管線時，將 Valid 位元清零。但是對於此級管線的資料通路載體（payload）部分，只有在指令載入至此級管線時，才向載體部分的暫存器載入指令資訊（通常有數十位元）；而當指令離開此級管線時，載體部分的暫存器無須清零。此方法能夠極大地降低資料通路部分的暫存器翻轉率。

以 FIFO 快取（容量較小而使用暫存器作為儲存部分）設計為例，雖然理論上可以使用資料表項逐次移位的方式，實現 FIFO 快取的先入先出功能，但是應該使用維護讀寫指標的方式（對於資料表項暫存器，則不用移位）實現先入先出的功能。因為資料表項逐次移位的方式會造成暫存器的大量翻轉，相比而言，使用讀寫指標的方式實現則保持了記錄暫存器中的值不變，從而大幅降低動態功耗，因此應該優先採用此方法。

3．使資料通路不重置

資料通路部分甚至可以使用不帶重置訊號的暫存器。不帶重置訊號的暫存器面積更小、時序更優、功耗更低。舉例來說，某些緩衝器、FIFO 快取和通用暫存器組經常使用不帶重置訊號的暫存器。

但使用不帶重置訊號的暫存器時必須謹慎，保證它沒有作為任何其他控制訊號，以免造成不定態的傳播。在前模擬階段，開發人員必須透過完整的不定態捕捉機制發現這些問題，否則可能造成晶片的嚴重 Bug。蜂鳥 E203 處理器的設計、程式開發風格便能夠提供強大的不定態捕捉機制，請參見 5.3 節。

15.1.6 鎖相器層面的低功耗

鎖相器相比暫存器面積更小，功耗更低。在某些特定的場合下，使用鎖相器可以降低晶片功耗，但是鎖相器會給數位 ASIC 流程帶來極大困擾，因此應該謹慎使用。

15.1.7 SRAM 層面的低功耗

SRAM 在晶片設計中經常使用到，本節主要介紹如何降低 SRAM 層面的功耗。

1 · 選擇合適的 SRAM

常規 SRAM 通常分為單通訊埠 SRAM、一讀一寫 SRAM、雙通訊埠 SRAM。其他類型的 SRAM 需要特殊訂製。

從功耗與面積的角度來講，單通訊埠 SRAM 最小，一讀一寫 Regfile 其次，雙通訊埠 SRAM 最大。應該優先選擇功耗低與面積小的 SRAM，儘量避免使用功耗高的 SRAM 類型。

SRAM 的資料寬度會影響其面積。以同等容量的 SRAM 為例，假設總容量為 16KB，如果 SRAM 的資料寬度為 32 位元，則深度為 4096；如果 SRAM 的資料寬度為 64 位元，則深度為 2048。不同的寬度、深度比可能會產生面積迴異的 SRAM，因此需要綜合權衡。

2 · 儘量減少讀寫 SRAM

讀寫 SRAM 的動態功耗相當大，因此應該儘量減少讀寫 SRAM。

以處理器取指令為例，由於處理器在多數情況下按順序取指，因此應該儘量一次從 SRAM 中多讀回一些指令，而非多次地讀取 SRAM（一次讀一點點指令），從而降低 SRAM 的動態功耗。

3 · 在空閒時關閉 SRAM

與單元閘控時脈的原理相同，在空閒時應關閉 SRAM 的時脈，以降低動態功耗。

SRAM 的漏電功耗相當大，因此在省電模式下，應將 SRAM 的電源關閉，以防止漏電。

15.1.8 組合邏輯層面的低功耗

組合邏輯是晶片中的基本邏輯，本節主要介紹如何降低組合邏輯的功耗。

1 · 減小晶片面積

使用儘量少的組合邏輯面積可以降低靜態功耗。因此從設計想法和程式風格上，應該儘量將大的資料通路（或運算單元）進行重複使用，從而減小晶片面積。另外，應該避免使用除法、乘法等大面積的運算單元，儘量將乘除法運算轉化為加減法運算。

2‧降低資料通路的翻轉率

使用邏輯閘控在資料通路上加入一級「與」門,使沒有用到的組合邏輯在空閒時不翻轉,從而降低動態功耗。額外加入一級「與」門,在時序非常緊張的場合下,也許無法接受,需要謹慎使用。

15.1.9　製程層面的低功耗

為了實現製程層面的低功耗,一般要使用特殊的製程單元庫,本節不過多探討。

15.2　RISC-V 架構的低功耗機制

處理器指令架構本身並不會定義低功耗機制,但是處理器架構通常會定義一行休眠指令,本節將介紹 RISC-V 架構定義的 wfi(wait for interrupt)指令。

wfi 指令是 RISC-V 架構定義的專門用於休眠的指令。處理器執行到 wfi 指令之後,將停止執行當前的指令流,進入一種空閒狀態。這種空閒狀態可以稱為「休眠」狀態,直到處理器接收到中斷(中斷局部開關必須打開,由 mie 暫存器控制)訊號,處理器便被喚醒。處理器被喚醒後,如果中斷全域打開(由 mstatus 暫存器的 MIE 域控制),則進入中斷異常服務程式並開始執行;如果中斷全域關閉,則繼續循序執行之前停止的指令流。

以上是 RISC-V 架構推薦的行為,在具體的硬體實現中,wfi 指令可以被當成一種 NOP 操作,即什麼也不幹(並不真正支援休眠模式)。關於 wfi 指令的更多細節,請參閱附錄 A。

15.3　蜂鳥 E203 處理器低功耗機制的硬體實現

軟體層面的低功耗機制超出了本書討論的範圍,在此不討論。本節將從系統、處理器、單元、暫存器、鎖相器、SRAM、組合邏輯以及製程層面闡述蜂鳥 E203 處理器的低功耗機制。

15.3.1 蜂鳥 E203 處理器在系統層面的低功耗

蜂鳥 E203 處理器搭配的 SoC 結構如圖 15-1 所示。

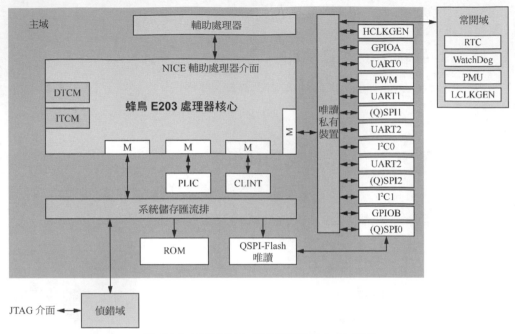

圖 15-1　蜂鳥 E203 處理器搭配的 SoC 結構

蜂鳥 E203 處理器搭配的 SoC 整體上分為 3 個時脈域（clock domain），如表 15-1 所示。

▼ 表 15-1　蜂鳥 E203 處理器搭配 SoC 的時脈域

時 脈 域	說　　明
JTAG 時脈域	JTAG 介面的相關邏輯使用 JTAG 時脈
主域	由於蜂鳥 E203 處理器核心的主頻比較低，該 SoC 中對時脈域的劃分相對比較簡單，將所有的外接裝置、記憶體和匯流排以及處理器核心均放置於一個時脈域，使用者可以自行修改，將匯流排或外接裝置放於不同的時脈域
常開域	此域使用極其低速的時脈，因為此域中主要包含看門狗計數器（watch dog timer）、即時計數器（real-time counter）等永不停歇的計時器模組。如果使用高速時脈不斷計數，會增加功耗，因此必須使用低速的時脈作為時脈頻率，控制計時器計數。

蜂鳥 E203 處理器搭配的 SoC 整體可以分為 3 個電源域（power domain），如表 15-2 所示。

▼ 表 15-2 蜂鳥 E203 處理器搭配 SoC 的電源域

電 源 域	說　明
偵錯域	此域包含所有與偵錯相關的硬體模組。在不需要偵錯功能的場景下，關閉此域的電源以降低功耗
主域	該 SoC 中對於電源域的劃分相對比較簡單，將所有的外接裝置、記憶體和匯流排以及處理器核心均放置於一個電源域，使用者可以自行修改，將匯流排或外接裝置放於不同的電源域
常開域	此域主要包含看門狗計數器、即時計數器等永不停歇的計時器模組。另外，此域還包含一個電源管理單元，用來控制其他電源域的開和關

　　透過合理地關閉不同的電源域，蜂鳥 E203 處理器便可以進入不同的低功耗模式。舉例來說，軟體可以將整個主域和偵錯域的電源關閉，僅保留常開域的電源。若 PMU 使用即時計數器的中斷作為喚醒條件，將重新喚醒整個系統。

⚠ 注意　在 GitHub 網站上 e203_hbirdv2 專案的原始程式碼中並沒有任何與電源域相關的邏輯，多電源域的設計目前需要特定 ASIC 製程和流程的支援，請讀者自行實現。

15.3.2 蜂鳥 E203 處理器層面的低功耗

　　蜂鳥 E203 處理器層面的低功耗主要取決於對 wfi 指令的實現。

　　e203_cpu_top 模組有一個輸出訊號 core_wfi。當該訊號為高電位時，表示處理器核心已經進入了休眠模式。SoC 可以透過檢測此輸出訊號確定處理器是否已經進入休眠狀態，若進入休眠狀態，則可以安全地關閉其電源。

　　蜂鳥 E203 處理器核心在執行了 wfi 指令之後將阻止處理器執行後續的指令，並要求處理器核心中所有的單元完成正在執行的操作（如完成已經發起的匯流排操作）。若滿足條件，就表示處理器可以安全地進入休眠模式，將輸出訊號 core_wfi 設定為低電位。在進入休眠模式後，如果有新的中斷到來，則會重新喚醒處理器，並將輸出訊號 core_wfi 設定為低電位。相關模組的原始程式碼在 e203_hbirdv2 目錄中的結構如下。

```
e203_hbirdv2
    |----rtl                        // 存放 RTL 的目錄
        |----e203                   //E203 處理器核心和 SoC 的 RTL 目錄
            |----core               // 存放處理器核心相關模組的 RTL 程式
                |----e203_exu_disp.v  // 指令派遣模組
                |----e203_exu_excp.v  // 中斷和異常處理模組
```

相關原始程式碼如下。

```
//e203_exu_disp.v 的原始程式碼部分


// 如果已經執行了 wfi 指令，派遣模組便會接收到交付模組要求 EXU 完成所有操作並準備
// 休眠的請求訊號 wfi_halt_exu_req，以阻止其派遣後續的指令

wire disp_condition =
...
                & (~wfi_halt_exu_req)

// 等待所有已經滯外的指令執行完畢（OITF 變空），作為表徵 EXU 已經完成所有操作並可以進入
// 休眠狀態的回饋訊號
assign wfi_halt_exu_ack = oitf_empty;

   //e203_exu_excp.v 的原始程式碼部分


 wire wfi_req_hsked = wfi_halt_ifu_req & wfi_halt_ifu_ack & wfi_halt_exu_req
 & wfi_halt_exu_ack;

   //core_wfi 訊號在執行 wfi 指令並且其他單元已經完成所有正在執行的操作後，將變成高電位

 wire wfi_flag_set = wfi_req_hsked;

   //core_wfi 訊號在收到新的中斷要求後，或進入偵錯模式的請求後，將變成低電位

 wire wfi_irq_req;
 wire dbg_entry_req;
 wire wfi_flag_r;
 wire wfi_flag_clr = wfi_irq_req | dbg_entry_req;
 wire wfi_flag_ena = wfi_flag_set | wfi_flag_clr;
 wire wfi_flag_nxt = wfi_flag_set & (~wfi_flag_clr);
 sirv_gnrl_dffr #(1) wfi_flag_dffr (wfi_flag_ena, wfi_flag_nxt, wfi_flag_r,
 clk, rst_n);
 assign core_wfi = wfi_flag_r & (~wfi_flag_clr);
```

蜂鳥 E203 處理器核心在頂層配備了專門的時脈控制模組，用於控制處理器核心的時脈關閉。時脈控制模組的原始程式碼在 e203_hbirdv2 目錄中的結構如下。

```
e203_hbirdv2
   |----rtl                          // 存放 RTL 的目錄
       |----e203                     //E203 處理器核心和 SoC 的 RTL 目錄
           |----core                 // 存放處理器核心相關模組的 RTL 程式
               |----e203_clk_ctrl.v  // 時脈控制模組
```

　　當處理器核心執行了 wfi 指令之後，時脈控制模組將處理器核心中所有單元的時脈閘控關閉，處理器進入休眠狀態。相關原始程式碼部分如下所示。

```
//e203_clk_ctrl.v的原始程式碼部分


// 使用 core_wfi 訊號強行將時脈閘控的致能訊號變成低電位

wire ifu_clk_en = (core_ifu_active & (~core_wfi));

// 時脈閘控的致能訊號用於閘控時脈的生成
  e203_clkgate u_ifu_clkgate(
    .clk_in   (clk        ),
    .test_mode(test_mode  ),
    .clock_en (ifu_clk_en),
    .clk_out  (clk_core_ifu) // 用於 IFU 的時脈
  );
```

⏳ 15.3.3　蜂鳥 E203 處理器在單元層面的低功耗

　　蜂鳥 E203 處理器核心主要的功能單元配備了獨立的時脈閘控，一旦功能單元處於空閒的週期，就自動將時脈關閉，從而降低動態功耗。典型的原始程式碼部分如下所示。

```
//e203_clk_ctrl.v的原始程式碼部分


//core_lsu_active 訊號表徵 LSU 目前是否空閒，如果該訊號為低電位，則表示空閒，
// 將 lsu_clk_en 訊號變成低電位

  wire lsu_clk_en = core_lsu_active;

// 如果 lsu_clk_en 訊號為低電位，則將閘控時脈關閉
  e203_clkgate u_lsu_clkgate(
    .clk_in   (clk        ),
    .test_mode(test_mode  ),
    .clock_en (lsu_clk_en),
    .clk_out  (clk_core_lsu)
  );
```

⏳ 15.3.4　蜂鳥 E203 處理器在暫存器層面的低功耗

　　在暫存器層面，蜂鳥 E203 處理器可以從使用時脈閘控、減少資料通路的暫存器翻轉、使資料通路不重置三個方面降低功耗。下面以蜂鳥 E203 處理器的原始程式碼為例，分別予以闡述。

1．使用時脈閘控

蜂鳥 E203 處理器遵循嚴格的程式風格，將所有的暫存器編碼為 D 觸發器模組（DFF- module），從而方便綜合工具輕鬆地辨識其 Load-Enable 訊號，繼而推斷出 ICG，取得很高的時脈閘控率。請參見 5.3 節以了解有關蜂鳥 E203 處理器核心的 RTL 程式風格的更多資訊。

D 觸發器模組的原始程式碼在 e203_hbirdv2 目錄中的結構如下。

```
e203_hbirdv2
    |----rtl                       // 存放 RTL 的目錄
        |----e203                  //E203 處理器核心和 SoC 的 RTL 目錄
            |----general           // 存放一些通用的 RTL 程式
                |----sirv_gnrl_dffs.v      // 模組化的 D 觸發器模組
```

典型的原始程式碼部分如下所示。

```verilog
//e203_grnl_dffs.v 的原始程式碼部分


// 生成帶有 Load-Enable、非同步 Reset 訊號的 D 觸發器

module sirv_gnrl_dffrs # (
  parameter DW = 32
) (

  input              lden,
  input      [DW-1:0] dnxt,
  output     [DW-1:0] qout,

  input              clk,
  input              rst_n
);

reg [DW-1:0] qout_r;

always @(posedge clk or negedge rst_n)
begin : DFFLRS_PROC
  if (rst_n == 1' b0)
    qout_r <= {DW{1' b1}};
  else if (lden == 1' b1)   // 明確的 Load-Enable 訊號便於綜合工具輕鬆地推斷出 ICG
    qout_r <= dnxt;
end

assign qout = qout_r;

endmodule
```

2．減少資料通路的暫存器翻轉

蜂鳥 E203 處理器遵循 15.1.5 節所述的原則，管線或資料通路的負荷部分只在管線載入時更新。在清空管線時，暫存器中的值並不會清除，從而減少資料通路的暫存器翻轉。

典型的一級管線模組的原始程式碼在 e203_hbirdv2 目錄的結構如下。

```
e203_hbirdv2
    |----rtl                            // 存放 RTL 的目錄
        |----e203                      //E203 處理器核心和 SoC 的 RTL 目錄
            |---general                // 存放一些通用的 RTL 程式
                |----sirv_gnrl_bufs.v    // 存放一級管線模組的原始程式碼
```

一級管線模組的原始程式碼部分如下所示。

```
//sirv_gnrl_pipe_stage.v 的原始程式碼部分


// 管線會配備一個有效控制位元暫存器

    wire vld_set;
    wire vld_clr;
    wire vld_ena;
    wire vld_r;
    wire vld_nxt;

    // 有效位元暫存器在載入管線時置 1
    assign vld_set = i_vld & i_rdy;
    // 有效位元暫存器在清空管線時清零
    assign vld_clr = o_vld & o_rdy;

    assign vld_ena = vld_set | vld_clr;      // 有效位元暫存器在載入或清零時致能
    assign vld_nxt = vld_set | (~vld_clr);  // 置 1 或清零，若同時發生，優先置 1

       // 實體化有效控制位元暫存器
    sirv_gnrl_dffr #(1) vld_dffr (vld_ena, vld_nxt, vld_r, clk, rst_n);
// 負荷部分的資料通路只在載入管線時致能翻轉，因此其 Load-enable 使用 vld_set 訊號
    sirv_gnrl_dffl #(DW) dat_dffr (vld_set, i_dat, o_dat, clk);
```

3．使資料通路不重置

蜂鳥 E203 處理器對於大片的純資料通路（非控制訊號）暫存器不使用重置訊號，以減少面積並降低功耗。典型的模組包括 FIFO（使用暫存器作為記

憶體）模組和通用暫存器組（Regfile）模組。其原始程式碼在 e203_hbirdv2
目錄的結構如下。

```
e203_hbirdv2
    |----rtl                           // 存放 RTL 的目錄
        |----e203                      //E203 處理器核心和 SoC 的 RTL 目錄
            |----general               // 存放一些通用的 RTL 程式
                |----sirv_gnrl_bufs.v     // 存放 FIFO 模組的原始程式碼
            |----core
                |----e203_exu_regfile.v   // 存放 Regfile 模組的原始程式碼
```

　　FIFO 模組的原始程式碼部分如下所示。

```
//sirv_gnrl_fifo.v 的原始程式碼部分

  for (i=0; i<DP; i=i+1) begin:fifo_rf//{
      assign fifo_rf_en[i] = wen & wptr_vec_r[i];
      //FIFO 模組的暫存器不使用 Reset 訊號
  sirv_gnrl_dffl  #(DW) fifo_rf_dffl (fifo_rf_en[i], i_dat, fifo_rf_r[i], clk);
end//}
```

　　Regfile 模組的原始程式碼部分如下所示。

```
// e203_exu_regfile.v 的原始程式碼部分

  generate //{

    for (i=0; i<'E203_RFREG_NUM; i=i+1) begin:regfile//{
    ...
      else begin: rfno0
          assign rf_wen[i] = wbck_dest_wen & (wbck_dest_idx == i) ;
        'ifdef E203_REGFILE_LATCH_BASED //{
        e203_clkgate u_e203_clkgate(
          .clk_in  (clk  ),
          .test_mode(test_mode),
          .clock_en(rf_wen[i]),
          .clk_out (clk_rf_ltch[i])
        );
        sirv_gnrl_ltch #('E203_XLEN) rf_ltch (clk_rf_ltch[i], wbck_dest_
        dat_r, rf_r[i]);
        'else//}{
        // 如果使用暫存器實現通用暫存器組，其暫存器不使用 Reset 訊號
        sirv_gnrl_dffl #('E203_XLEN) rf_dffl (rf_wen[i], wbck_dest_dat,
        rf_r[i], clk);
        'endif//}
      end
```

```
    end//}
endgenerate//}
```

15.3.5 蜂鳥 E203 處理器在鎖相器層面的低功耗

鎖相器相比暫存器面積更小，功耗更低。在某些特定的場合下，使用鎖相器可以降低晶片功耗。在蜂鳥 E203 處理器的實現中，若通用暫存器組模組基於鎖相器實現，就可以大幅減小通用暫存器組佔用的面積。

> ⚠️ **注意** 鎖相器會給數位 ASIC 流程帶來極大困擾，因此應該謹慎使用此設定。

Regfile 模組的原始程式碼部分如下所示。

```
//e203_exu_regfile.v 的原始程式碼部分

  generate //{

     for (i=0; i<'E203_RFREG_NUM; i=i+1) begin:regfile//{
     ...
       else begin: rfno0
           assign rf_wen[i] = wbck_dest_wen & (wbck_dest_idx == i) ;
           'ifdef E203_REGFILE_LATCH_BASED //{
           e203_clkgate u_e203_clkgate(
             .clk_in  (clk  ),
             .test_mode(test_mode),
             .clock_en(rf_wen[i]),
             .clk_out (clk_rf_ltch[i])
           );
              // 使用鎖相器實現通用暫存器組
           sirv_gnrl_ltch #('E203_XLEN) rf_ltch (clk_rf_ltch[i], wbck_dest_
           dat_r, rf_r[i]);
         'else//}{
  sirv_gnrl_dffl #('E203_XLEN) rf_dffl (rf_wen[i], wbck_dest_dat, rf_r
     [i], clk);
         'endif//}
       end

     end//}
  endgenerate//}
```

🧱 15.3.6　蜂鳥 E203 處理器在 SRAM 層面的低功耗

在 SRAM 層面，處理器可以從選擇合適的 SRAM、儘量減少讀寫 SRAM 和在空閒時關閉 SRAM 三方面降低功耗。以下以蜂鳥 E203 處理器的原始程式碼為例，分別予以闡述。

1．選擇合適的 SRAM

蜂鳥 E203 處理器的 ITCM 和 DTCM 均需使用 SRAM。單通訊埠 SRAM 在三種不同的 SRAM 類型中最省電，因此為了降低功耗和減小面積，蜂鳥 E203 處理器均採用單通訊埠 SRAM 實現 ITCM 和 DTCM。

SRAM 的寬度、深度也能影響功耗的大小。蜂鳥 E203 處理器的 ITCM 中 SRAM 的寬度為 64 位元，之所以選擇 64 位元寬，是因為對於同等容量的 SRAM 而言，64 位元寬的 SRAM 比 32 位元寬的 SRAM 具有更好的面積壓縮比，這有助降低功耗。

2．儘量減少讀寫 SRAM

儘量減少 SRAM 的讀寫能夠有效降低功耗。蜂鳥 E203 處理器的 ITCM 中 SRAM 的寬度為 64 位元，這同樣可以降低 ITCM 中 SRAM 的讀取功耗。由於處理器在取指令時，多數情況下按順序取指，因此 64 位元寬的 ITCM 可以一次取出 64 位元的指令流，相比於從 32 位元寬的 ITCM 中需要連續讀取兩次才取出 64 位元的指令流，唯讀一次 64 位元寬的 SRAM 能夠降低動態功耗。

由於蜂鳥 E203 處理器的 ITCM 中 SRAM 的寬度為 64 位元，因此其輸出為一個與 64 位元位址區間對齊的資料，在此稱為一個「Lane」。假設按位址自動增加的順序取指，由於 IFU 每次只取 32 位元，因此會連續兩次或多次在同一個 Lane 裡面存取。如果蜂鳥 E203 處理器上次已經存取了 ITCM 的 SRAM，則下一次存取同一個 Lane 時不會再次真的讀取 SRAM（不會打開 SRAM 的 CS 致能），而是利用 SRAM 輸出保持不變的特點，直接使用其輸出，這樣可以降低 SRAM 重複打開造成的動態功耗。

此外，蜂鳥 E203 處理器的 ITCM 中 SRAM 的寬度為 64 位元，相對於 32 位元的 SRAM 而言，這能夠進一步降低取指令落入位址未對齊邊界的機率（如果 SRAM 為 32 位元寬，則較可能落入 32 位元未對齊的位址邊界，而 64 位元

寬的 SRAM 僅在 64 位元的位址邊界未對齊），從而減少未對齊取指令造成的性能損失和功耗。

3 · 在空閒時關閉 SRAM

蜂鳥 E203 處理器的 SRAM 均配備獨立的閘控時脈單元，以降低動態功耗。典型程式部分如下所示。

```
//sirv_1cyc_sram_ctrl.v 的原始程式碼部分

    // 此模組在 e203_itcm_ctrl 與 e203_dtcm_ctrl 模組中實體化，用於控制 ITCM 和 DTCM 的 SRAM
    // 模組讀寫

  assign ram_cs = uop_cmd_valid & uop_cmd_ready;
  assign ram_we = (~uop_cmd_read);
  assign ram_addr= uop_cmd_addr [AW-1:AW_LSB];
  assign ram_wem = uop_cmd_wmask[MW-1:0];
  assign ram_din = uop_cmd_wdata[DW-1:0];

  wire ram_clk_en = ram_cs;

// 為 SRAM 配備獨立的時脈閘控單元，只有在存取 SRAM 時（CS 為高電位）才將其時脈打開
  e203_clkgate u_ram_clkgate(
    .clk_in   (clk        ),
    .test_mode(test_mode  ),
    .clock_en (ram_clk_en),
    .clk_out  (clk_ram)
  );

  assign uop_rsp_rdata = ram_dout;
```

15.3.7　蜂鳥 E203 處理器在組合邏輯層面的低功耗

在組合邏輯層面，處理器可以從減小晶片面積和降低資料通路的暫存器翻轉率兩個方面降低功耗。以下以蜂鳥 E203 處理器的原始程式碼為例，分別予以闡述。

1 · 減小晶片面積

蜂鳥 E203 處理器設計的重要目標便是儘量減小晶片面積以實現超低功耗，因此從設計想法和程式風格上儘量重複使用大的資料通路（或運算單元），從而減小晶片面積。

ALU 中的資料通路被充分重複使用，多週期乘除法器也共用資料通路。

在蜂鳥 E203 處理器的原始程式碼設計之中，儘量進行資源重複使用，本書在此不贅述，感興趣的讀者可以在閱讀原始程式碼時自行體會。

2．降低動態功耗

蜂鳥 E203 處理器設計的另外一個重要目標便是儘量降低組合邏輯的翻轉率，以實現超低功耗，因此從設計想法和程式風格上儘量降低組合邏輯的翻轉率，甚至在某些情況下犧牲時序。

蜂鳥 E203 處理器的每個運算單元的輸入訊號均額外配備了一級「與」門。當每個運算單元不被使用時，其輸入訊號被「與」門轉為 0，從而使運算單元的輸入組合邏輯部分在空閒時不發生翻轉，降低動態功耗。

蜂鳥 E203 處理器中暫存器組模組的每個讀取通訊埠都是一個純粹的平行多路選擇器，多路選擇器的選擇訊號為讀取操作數的暫存器索引。為了降低功耗，讀取通訊埠的暫存器索引訊號被專用的暫存器暫存，只在執行需要讀取操作數的指令時才會載入（否則保持不變），從而降低讀取通訊埠的動態翻轉功耗。

15.3.8　蜂鳥 E203 處理器在製程層面的低功耗

製程層面的低功耗一般涉及特殊的製程單元庫，本書在此不做過多探討。

15.4　小結

蜂鳥 E203 處理器核心雖然是一款開放原始碼處理器核心，但是蜂鳥 E203 處理器研發團隊擁有多年在國際一流公司開發處理器的經驗，使用嚴格的工業界標準進行設計和編碼。研發人員從各個層面使用嚴謹的方法進行低功耗設計，蜂鳥 E203 處理器核心不遜色於任何其他商用的處理器核心 IP。

第 16 章 工欲善其事，必先利其器—RISC-V 可擴充輔助處理器

本章將介紹如何利用 RISC-V 架構的可擴充性，並以蜂鳥 E203 處理器的輔助處理器介面為例詳細闡述如何訂製一款輔助處理器。

16.1　領域特定架構

熟悉電腦系統結構的讀者可能熟知「異質計算」的概念，異質計算是指不同指令集架構的幾種處理器組合在一起進行計算。異質計算的精髓並不在於異質本身，其核心理念在於使用專業的硬體做專業的事情，典型的例子是 CPU+GPU 的組合，CPU 偏重於通用的控制和計算，而 GPU 則偏重於專用的影像處理。研究表明，多核心異質計算由於利用了各自專業的特性，因此可以獲得比普通同架構更高的性能，而具有更低的功耗。

與異質計算原理相同而更加通俗的另外一個概念便是領域特定架構（Domain Specific Architecture，DSA）。著名的電腦系統結構領域泰斗 John Hennessy 教授在 2017 年的演講一次中提到，目前處理器發展的新希望在於 DSA。John Hennessy 教授將 1977 ～ 2017 年稱為處理器發展的「黃金時期」。在這個時期，處理器以令人驚異的速度發展，處理器的性能以平均每年 1.4 倍的速度不斷提高。相比最早期的處理器，當今處理器具有了上百萬倍的性能提升。隨著莫爾定律逼近極限，處理器架構的發展也遭遇了瓶頸。單核心指令級平行度從早期的平均 4 ～ 10 個時脈週期一行指令提高到如今每個時脈週期超過 4 行指令；時脈頻率從早期的 3MHz 發展到如今 4GHz；處理器核心數從早期的單一發展到數十個。這三個方面的發展目前均已逼近極限，同時處理器也應用到雲端、行動端、深嵌入式端等領域，且能效比正成為最重要的指標。舉例來說，處理器在行動裝置中已經成為繼螢幕之後能量消耗最大的元件，因此行動裝置中處理器的能效比是非常重要的問題。而在另一個未來的處理器大型市場—雲端伺服器市場中，能效比也是十分關鍵的指標。在資料中心的成本中，散熱佔據較高的比例。為了降低成本，必須考慮處理器能效比，處理器架構必須提高能效比，但是傳統通用架構設計方法的能效比已經到了極限。

為了進一步提高能效比，John Hennessy 教授指出，處理器架構的設計目錄是 DSA。DSA 的核心思想同樣是使用特定的硬體做特定的事情，但是與 ASIC 硬體化的電路不同，DSA 滿足一個領域內的應用，而非一個固定的應用，

因此它能夠兼顧靈活性與專用性。同時它需要特定領域的更多知識,從而更進一步地為特定領域設計出更合適的架構。

DSA 有時也表示領域特定加速器,即對主處理器適當地擴充出某些特定領域導向的輔助處理器加速器,這種領域特定加速器也是領域特定架構的表現,能極大地提高能效比。

16.2 RISC-V 架構的可擴充性

RISC-V 架構的顯著特性之一便是開放的可擴充性,開發人員非常容易在 RISC-V 通用架構的基礎上實現領域特定加速器,這也是 RISC-V 架構相比 ARM 和 x86 等主流商業架構的最大優點。RISC-V 架構的可擴充性表現在以下兩個方面:

- 預留的指令編碼空間;
- 預先定義的指令。

16.2.1 RISC-V 架構的預留指令編碼空間

RISC-V 架構定義的標準指令集僅使用了少部分的指令編碼空間,更多的指令編碼空間被預留給擴充指令。由於 RISC-V 架構支援多種不同的指令長度,因此為不同長度的指令預留了不同的編碼空間。RISC-V 架構中 32 位元指令和 16 位元指令的操作分碼別如表 16-1 和表 16-2 所示。指令的低 7 位元為操作碼,各種不同的操作碼值的組合代表了不同的指令類型。

▼ 表 16-1 RISC-V 架構中 32 位元指令的操作碼(inst[1:0]=11)

inst[6:5]	inst[4:2]							
	000	001	010	011	100	101	110	111(>32b)
00	LOAD	LOAD-FP	custom-0	MISC-MEM	OP-IMM	AUIPC	OP-IMM-32	48b
01	STORE	STORE-FP	custom-1	AMO	OP	LUI	OP-32	64b
10	MADD	MSUB	NMSUB	NMADD	OP-FP	保留的	custom-2/rv128	48b
11	BRANCH	JALR	保留的	JAL	SYSTEM	保留的	custom-3/rv128	≥ 80b

▼ 表 16-2 RISC-V 架構中 16 位元指令的操作碼

inst[1:0]	inst[15:13]								備註
	000	001	010	011	100	101	110	111	
00	ADDI4SPN	FLD FLD LQ	LW	FLW LD LD	保留的	FSD FSD SQ	SW	FSW SD SD	RV32 RV64 RV128
01	ADDI	JAL ADDIW ADDIW	LI	LUI/ ADDI16SP	MISC- ALU	J	BEQZ	BNEZ	RV32 RV64 RV128
10	SLLI	FLDSP FLDSP LQ	LWSP	FLWSP LDSP LDSP	J[AL]R/ MV/ADD	FSDSP FSDSP SQ	SWSP	FSWSP SDSP SDSP	RV32 RV64 RV128
11	>16b								—

使用者可從 3 個方面利用 RISC-V 架構預留的編碼空間。

- 除用於暫存器運算元的索引之外，每行指令還剩餘許多位元的編碼空間。對於這些沒有使用的編碼空間，使用者均可以加以利用。
- 對於某些特定的處理器實現，由於它往往不會實現所有的指令類型，因此對於沒有實現的指令類型的編碼空間，使用者也可以加以利用。
- 對於一些沒有定義的指令類型組，使用者也可以加以利用。

16.2.2 RISC-V 架構的預先定義指令

為了便於使用者對 RISC-V 架構進行擴充，RISC-V 架構甚至在 32 位元的指令中包括 4 組預先定義指令類型，每種預先定義指令均有自己的操作碼。在表 16-1 中，custom-0、custom-1、custom-2 和 custom-3 表示 4 種預先定義指令類型。使用者可以將這 4 種指令類型擴充成自訂的輔助處理器指令。蜂鳥 E203 處理器核心便允許使用者將預先定義指令擴充輔助處理器指令。

16.3　蜂鳥 E203 處理器的輔助處理器擴充機制——NICE

在 蜂 鳥 E203 處 理 器 核 心 中，使 用 NICE（Nuclei Instruction Co-unit Extension，核心指令協作單元擴充）機制進行輔助處理器擴充。本節將結合一個實際案例詳細闡述如何使用 NICE 機制和預先定義指令擴充出蜂鳥 E203 輔助處理器。

> **注意** 由於蜂鳥 E203 處理器核心基於自訂指令進行輔助處理器擴充，因此本章中預先定義指令也稱為 NICE 指令。

16.3.1 NICE 指令的編碼

32 位元的 NICE 指令的編碼格式如圖 16-1 所示，這種指令為 RISC-V 架構中的 R 類型（R-type）指令。

指令的第 0 位元至第 6 位元為操作碼編碼段。

圖 16-1　32 位元 NICE 指令的編碼格式

xs1 位元、xs2 位元和 xd 位元分別用於控制是否需要讀取來源暫存器 rs1、rs2 和寫入目標暫存器 rd。

如果 xs1 位元的值為 1，則表示該指令需要讀取由 rs1 位元索引的通用暫存器並以它作為源運算元 1；如果 xs1 位元的值為 0，則表示該指令不需要源運算元 1。

如果 xs2 位元的值為 1，則表示該指令需要讀取由 rs2 位元索引的通用暫存器並以它作為源運算元 2；如果 xs2 位元的值為 0，則表示該指令不需要源運算元 2。

如果 xd 位元的值為 1，則表示該指令需要寫回結果至由 rd 位元指示的目標暫存器；如果 xd 位元的值為 0，則表示該指令無須寫回結果。

指令的第 25 位元至第 31 位元為 funct7 區間，可作為額外的編碼空間，用於編碼更多的指令，因此一組預先定義指令可以使用 funct7 區間編碼出 128 行指令，4 組預先定義指令組可以編碼出 512 筆兩讀一寫（讀取兩個來源暫存器，寫回一個目標暫存器）的輔助處理器指令。如果有的輔助處理器指令僅讀取一個來源暫存器，或無須寫回目標暫存器，則可以使用這些無用的位元（如 rd 位元）來編碼出更多的輔助處理器指令。

16.3.2 NICE 輔助處理器的介面訊號

NICE 輔助處理器的介面訊號如表 16-3 所示。

▼ 表 16-3 NICE 輔助處理器的介面訊號

通 道	方 向	寬 度	訊 號 名 稱	說 明
請求通道	Output	1	nice_req_valid	主處理器向輔助處理器發送指令請求訊號
	Input	1	nice_req_ready	輔助處理器向主處理器返回指令接收訊號
	Output	32	nice_req_instr	自訂指令的 32 位元完整編碼
	Output	32	nice_req_rs1	源運算元 1 的值
	Output	32	nice_req_rs2	源運算元 2 的值
回饋通道	Input	1	nice_rsp_valid	輔助處理器向主處理器發送回饋請求訊號
	Output	1	nice_rsp_ready	主處理器向輔助處理器返回回饋接收訊號
	Input	32	nice_rsp_data	返回指令的執行結果
	Input	1	nice_rsp_err	返回該指令的錯誤標識
記憶體請求通道	Input	1	nice_icb_cmd_valid	輔助處理器向主處理器發送記憶體讀寫入請求訊號
	Output	1	nice_icb_cmd_ready	主處理器向輔助處理器返回記憶體讀寫接收訊號
	Input	32	nice_icb_cmd_addr	記憶體讀寫位址
	Input	1	nice_icb_cmd_read	記憶體讀或寫的指示
	Input	32	nice_icb_cmd_wdata	寫入記憶體的資料
	Input	2	nice_icb_cmd_size	讀寫資料的大小
記憶體回饋通道	Output	1	nice_icb_rsp_valid	主處理器向輔助處理器發送記憶體讀寫回饋請求訊號
	Input	1	nice_icb_rsp_ready	輔助處理器向主處理器返回記憶體讀寫回饋接收訊號
	Output	32	nice_icb_rsp_rdata	記憶體讀回饋的資料
	Output	1	nice_icb_rsp_err	記憶體讀寫回饋的錯誤標識
	Input	1	nice_mem_holdup	輔助處理器需要獨佔記憶體存取通道的指示訊號

NICE 輔助處理器的介面主要包含 4 個通道。

- 請求通道。主處理器使用該通道在 EXU 級將指令資訊和源運算元派發給輔助處理器。

- 回饋通道。輔助處理器使用該通道告知主處理器其已經完成了該指令，並將結果寫回主處理器。

- 記憶體請求通道。輔助處理器使用該通道向主處理器發起記憶體讀寫入請求。

- 記憶體回饋通道。主處理器使用該通道向輔助處理器返回記憶體讀寫結果。

16.3.3 NICE 輔助處理器的管線介面

NICE 輔助處理器在蜂鳥 E203 處理器的管線中的位置如圖 16-2 所示。

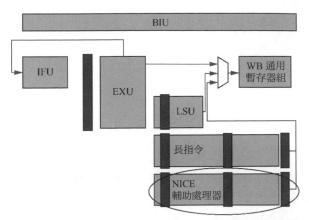

圖 16-2 NICE 輔助處理器在蜂鳥 E203 處理器的管線中的位置

NICE 指令的完整執行過程如下。

（1）主處理器的解碼單元在 EXU 級對指令的操作碼進行解碼，判斷其是否屬於任意一種預先定義指令組。

（2）如果該指令屬於預先定義指令，則繼續依據指令編碼中的 xs1 位元和 xs2 位元判斷是否需要讀取來源暫存器。如果需要讀取，則在 EXU 級讀取通用暫存器組，讀出源運算元。

（3）主處理器會維護資料依賴的正確性，如果該指令需要讀取的來源暫存器與之前正在執行的某行指令存在著先寫後讀（RAW）的依賴性，則處理器管線會暫停直到該 RAW 依賴性解除。另外，主處理器會依據指令編碼中的 xd 位元判斷該預先定義指令是否需要寫回結果至通用暫存器組，如果需要寫回，則會將目標暫存器的索引資訊儲存在主處理器的管線控制模組中，直到寫回完成，以便供後續的指令進行資料依賴性的判斷。

（4）主處理器在 EXU 級透過 NICE 輔助處理器中介面的請求通道派發給外部的輔助處理器，派發的資訊包括指令的編碼資訊、兩個源運算元的值（由於蜂鳥 E203 處理器是 32 位元架構，因此兩個源運算元均為 32 位元寬）。

（5）輔助處理器透過請求通道接收指令，對指令做進一步的解碼，並執行指令。

（6）輔助處理器透過回饋通道將結果回饋給主處理器。如果指令是需要寫回結果的指令，則回饋通道還需包含返回值。

（7）主處理器將指令從管線中取回並將結果寫回通用暫存器組（如果有寫回需求）。

16.3.4　NICE 輔助處理器的記憶體介面

支援輔助處理器存取記憶體資源可以擴大輔助處理器的類型範圍，使輔助處理器不僅限於執行運算指令類型。在處理器的 LSU 模組中為 NICE 輔助處理器預留了專用的存取介面，如圖 16-3 所示。因此 NICE 輔助處理器可以存取主處理器能夠定址的資料記憶體資源，包括 ITCM、DTCM、系統儲存匯流排、系統裝置匯流排以及快速 I/O 介面等。

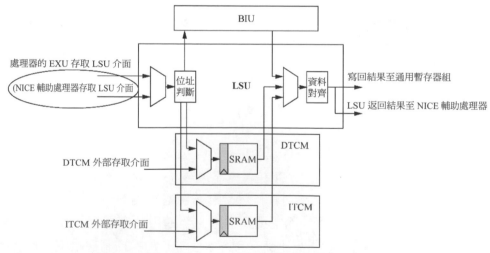

圖 16-3　LSU 中為 NICE 輔助處理器預留的專用存取介面

接下來，本節介紹 NICE 指令存取記憶體資源的實現機制。

主處理器的 LSU 為 NICE 輔助處理器預留的專用存取通道基於 ICB 標準。

為了防止後續指令存取記憶體與 NICE 輔助處理器存取記憶體形成競爭鎖死，NICE 輔助處理器在接收到 NICE 輔助處理器的請求通道發送過來的指令後進行解碼，如果發現指令是需要存取記憶體資源的輔助處理器指令，則需立即將記憶體獨佔訊號（nice_mem_holdup）設定為高電位，之後主處理器將阻止後續的指令繼續存取記憶體資源。

當需要存取記憶體時，NICE 輔助處理器使用其記憶體請求通道向主處理器的 LSU 發起請求。記憶體請求通道中的資訊包括需要存取的記憶體位址，存取是讀取或寫入操作。如果存取是讀取操作，表示對主處理器進行 32 位元對齊的一次讀取操作；如果存取是寫入操作，則透過記憶體請求通道中的位元組大小訊號來控制寫入操作的資料以及位元寬。

主處理器的 LSU 在完成記憶體讀寫入操作後，透過 NICE 輔助處理器的記憶體回饋通道向 NICE 輔助處理器回饋。如果存取是讀取操作，記憶體回饋通道中的資訊包括返回的讀取資料和本次讀取操作是否發生了錯誤；如果存取是寫入操作，記憶體回饋通道中的資訊僅包含本次寫入操作是否發生了錯誤。

由於 NICE 輔助處理器和主處理器中 LSU 介面的 ICB 採取的是 Valid-Ready 方式的同步握手介面，因此只要主處理器的 LSU 允許連續多次存取記憶體，NICE 輔助處理器就可以連續多次發送多個記憶體讀寫入請求。

NICE 輔助處理器在完成對記憶體的存取後，需將記憶體獨佔訊號（nice_mem_holdup）拉低，之後主處理器將釋放 LSU，允許後續的指令繼續存取記憶體資源。

16.3.5　NICE 輔助處理器的介面時序

本節將描述 NICE 輔助處理器的介面時序。

主處理器透過 NICE 輔助處理器的請求通道向 NICE 輔助處理器派發指令，輔助處理器需要多個週期才能返回結果，且輔助處理器是阻塞式的，因此它不能接收新的指令（將 nice_req_ready 訊號拉低），直到其透過 NICE 輔助處理器的回饋通道返回計算結果且結果被主處理器接收。NICE 輔助處理器存取記憶體多個週期返回的結果如圖 16-4 所示。

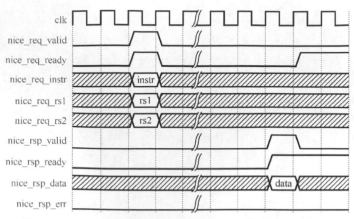

圖 16-4 NICE 輔助處理器存取記憶體多個週期返回的結果

　　主處理器透過 NICE 輔助處理器的請求通道向 NICE 輔助處理器派發指令，若輔助處理器解碼出該指令需要存取記憶體，則將訊號 nice_mem_holdup 拉高，NICE 輔助處理器透過記憶體請求通道向主處理器的 LSU 發起寫入請求，主處理器透過記憶體回饋通道在下一個週期返回寫入操作結果。當指令執行結束後，NICE 輔助處理器將 nice_mem_holdup 訊號拉低。NICE 輔助處理器存取記憶體一個週期返回的結果如圖 16-5 所示。

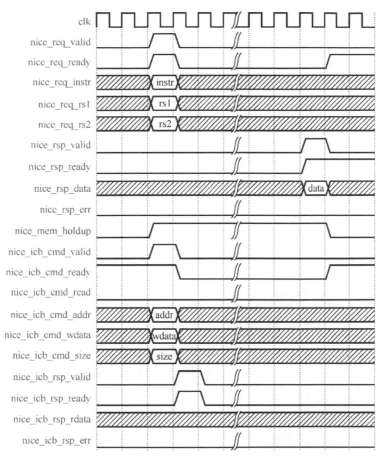

圖 16-5 NICE 輔助處理器存取記憶體一個週期返回的結果

　　主處理器透過 NICE 輔助處理器的請求通道向 NICE 輔助處理器派發指令,若 NICE 輔助處理器解碼出該指令需要存取記憶體,則將訊號 nice_mem_holdup 拉高,NICE 輔助處理器透過記憶體請求通道向主處理器的 LSU 發起連續讀取請求,主處理器透過記憶體回饋通道返回多個讀取結果。當指令執行結束後,NICE 輔助處理器將 nice-mem-holdup 訊號拉低。輔助處理器存取記憶體返回的多個讀取結果如圖 16-6 所示。

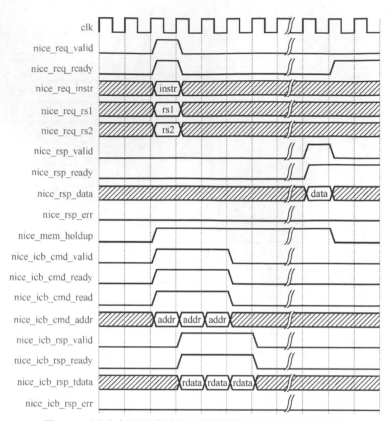

圖 16-6　輔助處理器連續存取記憶體返回的多個讀取結果

　　主處理器透過 NICE 輔助處理器的請求通道向 NICE 輔助處理器派發指令，若 NICE 輔助處理器解碼出該指令需要存取記憶體，則將訊號 nice_mem_holdup 拉高，NICE 輔助處理器透過記憶體請求通道向主處理器的 LSU 發起連續讀取請求，主處理器透過記憶體回饋通道返回多次讀取的結果，但是結果指示讀取記憶體時發生了錯誤。指令執行結束後，NICE 輔助處理器將 nice_mem_holdup 訊號拉低，並透過回饋通道返回錯誤標識。NICE 輔助處理器存取記憶體讀取多個資料返回的錯誤標識如圖 16-7 所示。

　　主處理器透過 NICE 輔助處理器的請求通道向 NICE 輔助處理器派發指令，若 NICE 輔助處理器解碼出該指令是非法指令，它透過回饋通道返回錯誤標識。NICE 輔助處理器非法指令返回的錯誤標識如圖 16-8 所示。

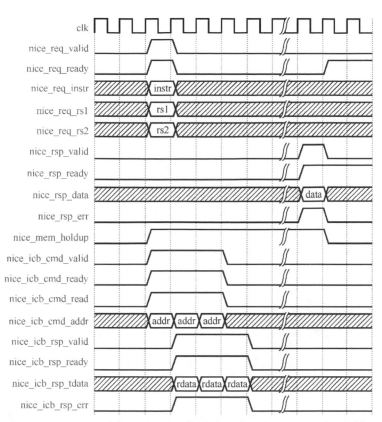

圖 16-7 NICE 輔助處理器存取記憶體讀取多個資料返回的錯誤標識

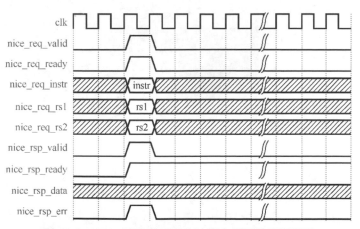

圖 16-8 NICE 輔助處理器非法指令返回的錯誤標識

16.4　蜂鳥 E203 處理器的輔助處理器參考範例

本節將透過實際的參考範例，闡述蜂鳥 E203 處理器如何使用 NICE 機制定義並實現一個輔助處理器。

16.4.1　範例輔助處理器的實現需求

假設有一個 3 行 3 列的矩陣按循序儲存在記憶體中，矩陣的每個元素都是 32 位元的整數，參考範例如圖 16-9 所示。你需要對該矩陣進行以下操作。

- 計算逐行的累加和，由於有 3 行，因此你可以得出 3 個累加的結果，分別是 Rowsum1、Rowsum2、Rowsum3。
- 計算逐列的累加和，由於有 3 列，因此你可以得出 3 個累加的結果，分別是 Colsum1、Colsum2、Colsum3。

如果採用常規的 C 程式進行計算，則需要採用迴圈方式，按行讀取各個元素，然後將各個元素相加，得到各行的累加和，接著採取迴圈方式，按列讀取各個元素，接下來將各個元素相加，得到各列的累加和。具體程式如圖 16-10 所示。

$$\begin{bmatrix} 10 & 20 & 30 \\ 20 & 30 & 40 \\ 30 & 40 & 50 \end{bmatrix}$$

```
Start_Timer();

for (i = 0; i < msize; i++){
  rawsum[i] = 0;
  for (j = 0; j < msize; j++){
    rawsum[i] = rawsum[i] + matrix[i][j];
  }
}

for (i = 0; i < msize; i++){
  colsum[i] = 0;
  for (j = 0; j < msize; j++){
    colsum[i] = colsum[i] + matrix[j][i];
  }
}

Stop_Timer();

User_Time = End_Time - Begin_Time;
```

圖 16-9　3×3 矩陣　　　　　　圖 16-10　用 C 程式計算矩陣行與列的累加和

C 程式轉換成組合語言程式碼需要消耗較多的指令，C 程式編譯後的組合語言程式如圖 16-11 所示。理論上，該程式需要完整地從記憶體中讀取矩陣元素兩次，第一次用於計算行累加和，第二次用於計算列累加和，因此需要總共 3×3×2 次記憶體讀取操作。此外，該程式還需要指令參與迴圈控制、累加計算等。該程式總計需要上百個運算速度才能完成全部運算。

```
80002150:    429c            lw    a5,0(a3)
80002152:    42c8            lw    a0,4(a3)
80002154:    468c            lw    a1,8(a3)
80002156:    06b1            addi  a3,a3,12
80002158:    97aa            add   a5,a5,a0
8000215a:    97ae            add   a5,a5,a1
8000215c:    c21c            sw    a5,0(a2)
8000215e:    0611            addi  a2,a2,4
80002160:    fed818e3        bne   a6,a3,80002150 <main+0x68>
80002164:    474c            lw    a1,12(a4)
80002166:    4f10            lw    a2,24(a4)
80002168:    4785            li    a5,1
8000216a:    0040            addi  s0,sp,4
8000216c:    97ae            add   a5,a5,a1
8000216e:    86a2            mv    a3,s0
80002170:    97b2            add   a5,a5,a2
80002172:    c29c            sw    a5,0(a3)
80002174:    1028            addi  a0,sp,40
80002176:    0711            addi  a4,a4,4
80002178:    0691            addi  a3,a3,4
8000217a:    00e50c63        beq   a0,a4,80002192 <main+0xaa>
80002180:    431c            lw    a5,0(a4)
80002182:    474c            lw    a1,12(a4)
80002182:    4f10            lw    a2,24(a4)
80002184:    0711            addi  a4,a4,4
80002186:    97ae            add   a5,a5,a1
80002188:    97b2            add   a5,a5,a2
8000218a:    c29c            sw    a5,0(a3)
8000218c:    0691            addi  a3,a3,4
8000218e:    fee518e3        bne   a0,a4,8000217c <main+0x96>
```

圖 16-11 C 程式編譯後的組合語言程式

16.4.2 範例輔助處理器的自訂指令

為了提高性能和能效比，開發人員將矩陣操作定義成輔助處理器指令。表 16-4 展示了範例輔助處理器的 3 行指令，它們分別是 clw、csw 和 cacc。

▼ 表 16-4 範例輔助處理器的 3 行指令

範例輔助處理器的 3 行指令	說　明	編　碼
clw	從記憶體中載入資料至行資料快取	• Opcode 指明使用 Custom3 指令組 • 若 xd 位元的值為 0，表示此指令不需要寫回結果至 rd 暫存器 • 若 xs1 位元的值為 1，表示此指令需要讀取運算元 rs1。運算元 rs1 的值為 Load 操作的記憶體位址 • 若 xs2 位元的值為 0，表示此指令不需要讀取運算元 rs2 • 若 funct7 的值為 1，用該值編碼 clw 指令
csw	從行資料快取中儲存資料至記憶體	• Opcode 指明使用 Custom3 指令組 • 若 xd 位元的值為 0，表示此指令不需要寫回結果至 rd 暫存器 • 若 xs1 位元的值為 1，表示此指令需要讀取運算元 rs1。運算元 rs1 的值為 Store 操作的記憶體位址 • 若 xs2 位元的值為 0，表示此指令不需要讀取運算元 rs2 • 若 funct7 的值為 2，用該值編碼 csw 指令
cacc	用於計算行累加值，並透過結果暫存器返回累加值	• Opcode 指明使用 Custom3 指令組 • 若 xd 位元的值為 1，表示此指令需要透過寫回結果至 rd 暫存器 • 若 xs1 位元的值為 1，表示此指令需要讀取運算元 rs1。運算元 rs1 的值為矩陣行首的位址 • 若 xs2 位元的值為 0，表示此指令不需要讀取運算元 rs2 • 若 funct7 的值為 6，用該值編碼 cacc 指令

在輔助處理器中，實現了一個 12 位元組的行快取，用來儲存 3 個列累加值。每次透過 cacc 指令計算行累加值時，也會將該行的 3 個元素與儲存在行快取中的 3 個值分別進行相加，因而當完成全部行累加運算時，列累加運算同時完成，只需透過 csw 指令將行快取中的結果讀出即可。需要注意的是，在每次進行矩陣運算前，需要使用 clw 指令對行快取進行初始化。

16.4.3 範例輔助處理器的硬體實現

範例輔助處理器的硬體實現方塊圖如圖 16-12 所示，它主要由控制模組和累加器模組組成。控制模組主要負責和主處理器透過 NICE 輔助處理器的介面進行互動，並呼叫累加器進行累加運算。累加器的實現方塊圖如圖 16-13 所示，它主要負責資料累加運算。

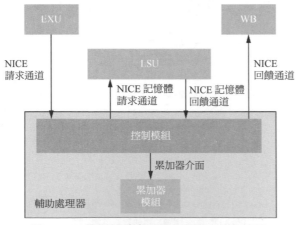

圖 16-12　範例輔助處理器的硬體實現方塊圖

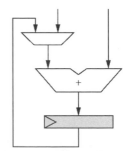

圖 16-13　範例輔助處理器中
累加器的實現方塊圖

完整的實現程式可參見 GitHub 上 e203_hbirdv2 專案的 e203_subsys_nice_core.v 檔案，e203_hbirdv2 專案的結構如下。

```
e203_hbirdv2
    |----rtl                                    // 存放 RTL 的目錄
        |----e203                               //E203 處理器核心和 SoC 的 RTL 目錄
            |----subsys                         // 存放 SoC 外接裝置模組的 RTL 程式
                |----e203_subsys_nice_core.v    // 範例輔助處理器模組
```

16.4.4 範例輔助處理器的軟體驅動

要將所實現的範例輔助處理器應用起來，需要在 C 程式中內嵌組合語言指令的呼叫，從而完成輔助處理器的相關驅動設定。

RISC-V 架構的組合語言程式碼中使用者自訂指令需要透過虛擬指令 .insn 來實現，對於 R 類型指令，.insn 的使用格式如下。

```
.insn   r   opcode,   func3,   func7,   rd,   rs1,   rs2
```

其中，.insn 用於告知編譯器當前的指令是 .insn 形式的指令，r 用於表示指令類型為 R-type，opcode、func3、func7、rd、rs1 和 rs2 分別對應圖 16-14 中 R 類型指令格式的各位域。

圖 16-14 R 類型指令格式

因此，範例協處理所定義的 clw、csw、cacc 指令的表示法分別如下。

```
.insn   r   0x7b,   2,   1,   x0,   %1,   x0
.insn   r   0x7b,   2,   2,   x0,   %1,   x0
.insn   r   0x7b,   6,   6,   %0,   %1,   x0
```

其中，0x7b 為 Custom3 指令的編碼。

自訂指令的組合語言程式碼確定後，將其採用內嵌組合語言的方式封裝為 C 介面函數，在後續的應用程式中只需按照 C 語言的規則進行呼叫即可。範例輔助處理器的自訂指令封裝後的 C 介面函數分別表示如下。

```
inline void custom_lbuf(int addr)
{
    int zero=0;
    asm volatile(
      ".insn r 0x7b, 2, 1, x0, %1, x0"
          :"=r"(zero)
          :"r"(addr)
);
}

inline void custom_sbuf(int addr)
{
```

```
   int zero=0;
   asm volatile(
     ".insn r 0x7b, 2, 2, x0, %1, x0"
         :"=r"(zero)
         :"r"(addr)
);
}

inline void custom_rowsum(int addr)
{
   int rowsum;
   asm volatile(
     ".insn r 0x7b, 6, 6, %0, %1, x0"
         :"=r"(rowsum)
         :"r"(addr)
);
return rowsum;
}
```

16.4.5 範例輔助處理器的性能分析

以圖 16-9 中的矩陣為例，將採用 NICE 輔助處理器的硬體實現與常規軟體實現這兩種方式進行對比。二者的實現程式如下所示。

```
// 常規軟體實現
int normal_case(unsigned int array[ROW_LEN][COL_LEN])
{
  volatile unsigned char i=0, j=0;
  volatile unsigned int col_sum[COL_LEN]={0};
  volatile unsigned int row_sum[ROW_LEN]={0};
  volatile unsigned int tmp=0;
  for (i = 0; i < ROW_LEN; i++)
  {
    tmp = 0;
    for (j = 0; j < COL_LEN; j++)
    {
      col_sum[j] += array[i][j];
      tmp += array[i][j];
    }
    row_sum[i] = tmp;
  }
#ifdef _DEBUG_INFO_
  printf ("the element of array is :\n\t");
  for (i = 0; i < ROW_LEN; i++) printf("%d\t", array[0][i]); printf("\n\t");
  for (i = 0; i < ROW_LEN; i++) printf("%d\t", array[1][i]); printf("\n\t");
  for (i = 0; i < ROW_LEN; i++) printf("%d\t", array[2][i]); printf("\n\n");
  printf ("the sum of each row is :\n\t\t");
```

```
  for (i = 0; i < ROW_LEN; i++) printf("%d\t", row_sum[i]); printf("\n");
  printf ("the sum of each col is :\n\t\t");
  for (j = 0; j < COL_LEN; j++) printf("%d\t", col_sum[j]); printf("\n");
#endif
  return 0;
}

// 使用 NICE 輔助處理器的硬體實現
int nice_case(unsigned int array[ROW_LEN][COL_LEN])
{
  volatile unsigned char i, j;
  volatile unsigned int col_sum[COL_LEN]={0};
  volatile unsigned int row_sum[ROW_LEN]={0};
  volatile unsigned int init_buf[3]={0};

  custom_lbuf((int)init_buf);
  for (i = 0; i < ROW_LEN; i++)
  {
    row_sum[i] = custom_rowsum((int)array[i]);
  }
  custom_sbuf((int)col_sum);
#ifdef _DEBUG_INFO_
  printf ("the element of array is :\n\t");
  for (i = 0; i < ROW_LEN; i++) printf("%d\t", array[0][i]); printf("\n\t");
  for (i = 0; i < ROW_LEN; i++) printf("%d\t", array[1][i]); printf("\n\t");
  for (i = 0; i < ROW_LEN; i++) printf("%d\t", array[2][i]); printf("\n\n");
  printf ("the sum of each row is :\n\t\t");
  for (i = 0; i < ROW_LEN; i++) printf("%d\t", row_sum[i]); printf("\n");
  printf ("the sum of each col is :\n\t\t");
  for (j = 0; j < COL_LEN; j++) printf("%d\t", col_sum[j]); printf("\n");
#endif
  return 0;
}
```

在關閉編譯器最佳化選項且在執行過程中打開偵錯資訊輸出的情況下，二者的對比結果如圖 16-15 所示。由此可以看出，NICE 輔助處理器成功實現了所需的功能，且相較於純軟體實現而言，在執行的指令數與佔用的時脈週期數兩方面均有明顯的改善。

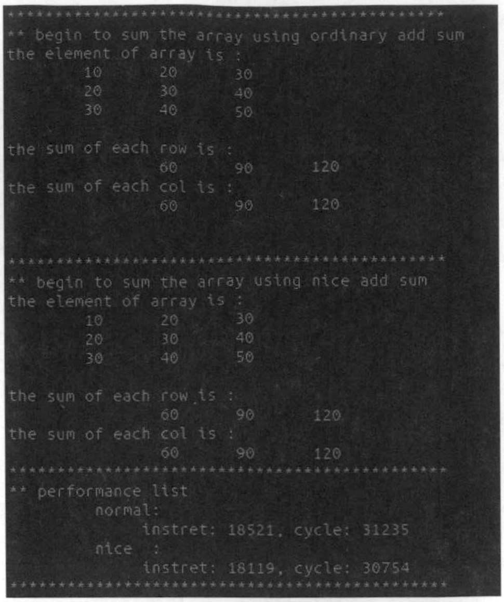

圖 16-15 對比結果

表 16-5 所列資料為編譯器在不同最佳化等級下，關閉執行過程中相關偵錯資訊輸出後二者的性能對比。

▼ 表 16-5 使用範例輔助處理器與不使用範例輔助處理器的性能對比

對比項	O0+Debug		O0		O1		O2	
	指令數	時脈週期數	指令數	時脈週期數	指令數	時脈週期數	指令數	時脈週期數
常規軟體實現	18521	31235	656	805	407	509	390	479
採用 NICE 輔助處理器的硬體實現	18119	30754	256	325	98	148	94	142

其中，O0+Debug 表示含有偵錯資訊輸出且關閉編譯器最佳化選項，O0 ～ O2 分別對應關閉偵錯資訊輸出的情況下不同的編譯器最佳化等級。從表中可看出，NICE 輔助處理器在性能上能帶來 2 ～ 4 倍的提升，並且可以預見的是，所涉及的矩陣越大，性能的提升越明顯。

本節僅對性能測試實驗和測試結果進行了介紹與分析，實驗的完整程式可參見 Nuclei Board Labs 中的 demo_nice 常式，它在 nuclei-board-labs 專案中的具體目錄結構如下。

```
nuclei-board-labs                        // 存放 Nuclei Board Labs 的目錄
    |----e203_hbirdv2                    // 存放蜂鳥 E203 MCU 軟體範例的目錄
        |----common                      // 存放通用範例程式的目錄
            |----demo_nice               // 存放範例輔助處理器實驗的原始程式碼
```

  Nuclei Board Labs 是芯來科技為其所推出的硬體平台配備的應用常式實驗套件。Nuclei Board Labs 的原始程式碼同時託管在 GitHub 網站和 Gitee 網站上，請在 GitHub/Gitee 中搜索「nuclei-board-labs」查看。對於蜂鳥 E203 處理器而言，Nuclei Board Labs 基於蜂鳥 E203 處理器搭配的開放原始碼軟體平台 HBird SDK 進行應用程式開發。感興趣的讀者可以在了解 hbird-sdk 的使用後進行實際的測試運行。

第三部分

開發實戰

第 17 章

先冒個煙——
執行 Verilog
模擬測試

本章將介紹在蜂鳥 E203 開放原始碼平台中如何執行 Verilog 模擬測試。注意，為了能夠跟隨本章介紹的內容重現相關模擬環境，你需要具備 Linux 命令列以及 Makefile 指令稿的基礎。

17.1 E203 開放原始碼專案的程式層次結構

蜂鳥 E203 開放原始碼專案託管於 GitHub。GitHub 是一個免費的專案託管網站，任何使用者無須註冊即可從該網站上下載原始程式碼，很多的開放原始碼專案將原始程式碼託管於此。要查看蜂鳥 E203 開放原始碼專案，請在 GitHub 中搜索「e203_hbirdv2」。

考慮到華文地區使用者造訪的便捷性，蜂鳥 E203 開放原始碼專案同時託管在 Gitee 網站上，在 Gitee 中搜索「e203_hbirdv2」即可查看該專案的資訊（見圖 17-1）。

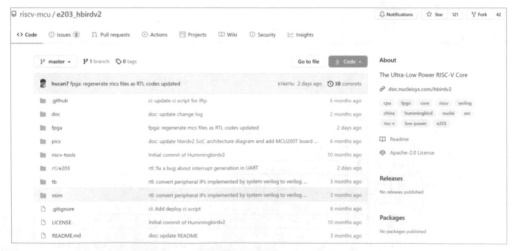

圖 17-1 查看蜂鳥 E203 開放原始碼專案的資訊

在該網址的 e203_hbirdv2 目錄下，檔案的層次結構如下所示。

```
e203_hbirdv2
    |----rtl                  // 存放 RTL 的目錄
        |----e203             //E203 處理器核心和 SoC 的 RTL 目錄
            |----general      // 存放一些通用的 RTL 程式
            |----core         // 存放 E203 處理器核心的 RTL 程式
```

```
         |----fab             // 存放匯流排結構的 RTL 程式
         |----subsys          // 存放完整子系統頂層的 RTL 程式
         |----mems            // 存放記憶體模組的 RTL 程式
         |----perips          // 存放外接裝置模組的 RTL 程式
         |----debug           // 存放偵錯相關模組的 RTL 程式
         |----soc             // 存放 E203 SoC 頂層的 RTL 程式
    |----tb                   // 存放 Verilog 測試平台的目錄
       |----tb_top.v          // 簡單的 Verilog 測試平台的頂層檔案
    |----vsim                 // 執行模擬測試的目錄
       |----bin               // 存放指令稿的資料夾
       |----Makefile          // 執行的 Makefile
    |----fpga                 // 存放 FPGA 專案和指令稿的目錄
    |----riscv-tools          // 存放所需 riscv-tests 的目錄
    |----README.md            // 說明文件
```

rtl 目錄包含了大量的原始程式碼，主要為開放原始碼蜂鳥 E203 處理器核心和搭配 SoC 的 Verilog RTL 原始程式碼檔案。關於處理器核心部分的具體程式，請參見 5.5 節。關於搭配 SoC 的資訊，請參見 4.4 節。

17.2 E203 開放原始碼專案的測試用例

讀者可能注意到在上一節所述的 riscv-tools 與 RISC-V 架構開發者維護的 riscv-tools 專案（見 GitHub 網站）名稱相同。RISC-V 架構開發者維護的 riscv/riscv-tools 目錄包括了 RISC-V 模擬器和測試套件等，詳細介紹請參見 2.3 節。

e203_hbirdv2 專案下的 riscv-tools 目錄僅包含 riscv-tests，放置該目錄於此是因為 RISC-V 架構開發者式維護的 riscv/riscv-tools 在不斷更新，而 e203_hbirdv2 下的 riscv-tools 僅用於執行自測試用例，因此無須使用最新版本。此外，開發人員還對其進行了適當修改，為它增加了更多的測試用例，且生成了更多的記錄檔。

▎ 17.2.1 riscv-tests 自測試用例

所謂自測試用例（self-check test case）是一種能夠自動檢測執行成功還是失敗的測試程式。riscv-test 是由 RISC-V 架構開發者維護的開放原始碼專案，包含一些測試處理器是否符合指令集架構定義的測試程式，這些測試程式均用組合語言撰寫。

> **注意** e203_hbirdv2 下的 riscv-tests 目錄複寫於原始的 riscv-test 專案（請在 GitHub 中搜索「riscv/riscv-tests」），在此基礎上增加了更多的測試用例，生成了更多的記錄檔。

此類組合語言測試程式將某些巨集定義組織成程式，測試指令集架構中定義的指令。如圖 17-2 所示，為了測試 add 指令（原始程式碼檔案為 isa/rv64ui/add.S），讓兩個資料相加（如 0x0000003 和 0x00000007），設定它期望的結果（如 0x0000000a）。然後使用比較指令加以判斷。假設 add 指令的執行結果的確與期望的結果相等，則程式繼續執行；假設與期望的結果不相等，則程式直接使用 jump 指令跳到 TEST_FAIL；假設所有的測試都透過，則程式一直執行到 TEST_PASS。

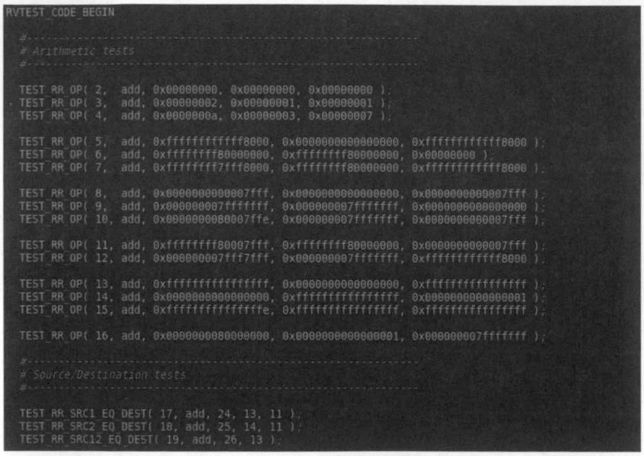

```
RVTEST_CODE_BEGIN

  #-------------------------------------------------------------
  # Arithmetic tests
  #-------------------------------------------------------------

  TEST_RR_OP( 2,  add, 0x00000000, 0x00000000, 0x00000000 );
  TEST_RR_OP( 3,  add, 0x00000002, 0x00000001, 0x00000001 );
  TEST_RR_OP( 4,  add, 0x0000000a, 0x00000003, 0x00000007 );

  TEST_RR_OP( 5,  add, 0xffffffffffff8000, 0x0000000000000000, 0xffffffffffff8000 );
  TEST_RR_OP( 6,  add, 0xffffffff80000000, 0xffffffff80000000, 0x00000000 );
  TEST_RR_OP( 7,  add, 0xffffffff7fff8000, 0xffffffff80000000, 0xffffffffffff8000 );

  TEST_RR_OP( 8,  add, 0x0000000000007fff, 0x0000000000000000, 0x0000000000007fff );
  TEST_RR_OP( 9,  add, 0x000000007fffffff, 0x000000007fffffff, 0x0000000000000000 );
  TEST_RR_OP( 10, add, 0x0000000080007ffe, 0x000000007fffffff, 0x0000000000007fff );

  TEST_RR_OP( 11, add, 0xffffffff80007fff, 0xffffffff80000000, 0x0000000000007fff );
  TEST_RR_OP( 12, add, 0x000000007fff7fff, 0x000000007fffffff, 0xffffffffffff8000 );

  TEST_RR_OP( 13, add, 0xffffffffffffffff, 0x0000000000000000, 0xffffffffffffffff );
  TEST_RR_OP( 14, add, 0x0000000000000000, 0xffffffffffffffff, 0x0000000000000001 );
  TEST_RR_OP( 15, add, 0xfffffffffffffffe, 0xffffffffffffffff, 0xffffffffffffffff );

  TEST_RR_OP( 16, add, 0x0000000080000000, 0x0000000000000001, 0x000000007fffffff );

  #-------------------------------------------------------------
  # Source/Destination tests
  #-------------------------------------------------------------

  TEST_RR_SRC1_EQ_DEST( 17, add, 24, 13, 11 );
  TEST_RR_SRC2_EQ_DEST( 18, add, 25, 14, 11 );
  TEST_RR_SRC12_EQ_DEST( 19, add, 26, 13 );
```

圖 17-2 riscv-tests 測試用例中測試 add 指令的部分

在 TEST_PASS 處，程式將設定 x3 暫存器的值為 1；而在 TEST_FAIL 處，程式將 x3 暫存器的值設定為非 1 值。因此，最終可以通過判斷 x3 暫存器的值來界定程式的執行結果到底是成功還是失敗。

17.2.2 編譯 ISA 自測試用例

riscv-tests 中的指令集架構（ISA）測試用例都使用組合語言撰寫。為了在模擬階段能夠被處理器執行，需要將這些組合語言程式編譯成二進位碼。在 e203_hbirdv2 專案的 generated 資料夾中，已經預先上傳了一組編譯完畢的可執行檔和反組譯檔案，以及能夠被 Verilog 的 readmemh 函數讀取的檔案。

```
e203_hbirdv2
    |----riscv-tools              // 存放所需 riscv-tools 的目錄
        |----riscv-tests          // 存放一些測試用例的目錄
            |----isa
                |----generated                    // 編譯好的 tests 資料夾
                    |----rv32ui-p-addi            // 編譯出的 elf 檔案
                    |----rv32ui-p-addi.dump       // 反組譯檔案
                    |----rv32ui-p-addi.verilog // 可被 Verilog 的 readmemh
                                                  // 函數讀取的檔案
                    ...
```

舉例來説，反組譯檔案（如 rv32ui-p-addi.dump）的內容部分如圖 17-3 所示。

舉例來説，Verilog 的 readmemh 函數能夠讀取的檔案（如 rv32ui-p-addi.verilog）的內容部分如圖 17-4 所示。

使用者如果修改了組合語言程式的原始程式碼並且需要重新編譯，就需要遵循以下步驟。

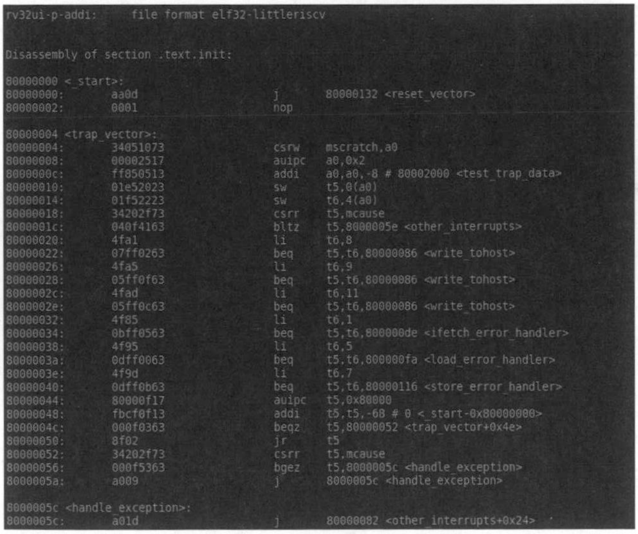

```
rv32ui-p-addi:     file format elf32-littleriscv


Disassembly of section .text.init:

80000000 <_start>:
80000000:       aa0d                    j       80000132 <reset_vector>
80000002:       0001                    nop

80000004 <trap_vector>:
80000004:       34051073                csrw    mscratch,a0
80000008:       00002517                auipc   a0,0x2
8000000c:       ff850513                addi    a0,a0,-8 # 80002000 <test_trap_data>
80000010:       01e52023                sw      t5,0(a0)
80000014:       01f52223                sw      t6,4(a0)
80000018:       34202f73                csrr    t5,mcause
8000001c:       040f4163                bltz    t5,8000005e <other_interrupts>
80000020:       4fa1                    li      t6,8
80000022:       07ff0263                beq     t5,t6,80000086 <write_tohost>
80000026:       4fa5                    li      t6,9
80000028:       05ff0f63                beq     t5,t6,80000086 <write_tohost>
8000002c:       4fad                    li      t6,11
8000002e:       05ff0c63                beq     t5,t6,80000086 <write_tohost>
80000032:       4f85                    li      t6,1
80000034:       0bff0563                beq     t5,t6,800000de <ifetch_error_handler>
80000038:       4f95                    li      t6,5
8000003a:       0dff0063                beq     t5,t6,800000fa <load_error_handler>
8000003e:       4f9d                    li      t6,7
80000040:       0dff0b63                beq     t5,t6,80000116 <store_error_handler>
80000044:       80000f17                auipc   t5,0x80000
80000048:       fbcf0f13                addi    t5,t5,-68 # 0 <_start-0x80000000>
8000004c:       000f0363                beqz    t5,80000052 <trap_vector+0x4e>
80000050:       8f02                    jr      t5
80000052:       34202f73                csrr    t5,mcause
80000056:       000f5363                bgez    t5,8000005c <handle_exception>
8000005a:       a009                    j       8000005c <handle_exception>

8000005c <handle_exception>:
8000005c:       a01d                    j       80000082 <other_interrupts+0x24>
```

圖 17-3 反組譯檔案的內容部分

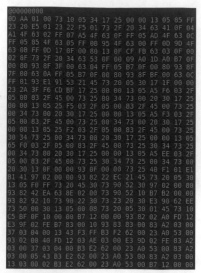

圖 17-4　Verilog 的 readmemh 函數讀取取的檔案的內容部分

⚠️ **注意** 下列步驟的完整描述也記載於 RV MCU 開放社區的大學計畫版塊中所維護的 Hbirdv2 Doc 文件。

（1）準備好程式設計環境。對於企業，建議選擇伺服器環境；對於個人，推薦以下設定。

- 若你使用 VMware 虛擬機器，建議在電腦上安裝虛擬的 Linux 作業系統。
- 在 Linux 作業系統的許多版本中，推薦使用 Ubuntu 18.04 版本的 Linux 作業系統。

有關如何安裝 VMware 以及 Ubuntu 作業系統，本書不做介紹，有關 Linux 系統的基本使用方法，本書也不做介紹，請讀者自行查閱資料。

（2）為了防止後續步驟中出現錯誤，最好使用以下命令將很多工具套件先安裝在 Ubuntu 18.04 系統中。

```
sudo apt-get install autoconf automake autotools-dev curl device-tree-compiler
    libmpc-dev libmpfr-dev libgmp-dev gawk build-essential bison flex texinfo
    gperf libtool patchutils bc zlib1g-dev
```

（3）使用以下命令，將 e203_hbirdv2 專案下載到本機 Linux 環境中。

```
git clone ******://github.***/riscv-mcu/e203_hbirdv2.git e203_hbirdv2
        // 經過此步驟，本機上即可具有
        //e203_hbirdv2 資料夾，假設該資料夾所在目錄為 <your_e203_dir>，後文將使用該縮寫
```

（4）由於編譯組合語言程式需要使用到 GNU 工具鏈（假設使用完整的 riscv-tools 來自己編譯 GNU 工具鏈則費時費力），因此本書推薦使用預先已經編譯好的 GCC 工具鏈。使用者可以在芯來科技官方網站的文件與工具頁面中下載「RISC-V GNU Toolchain」，得到壓縮檔 rv_ linux_bare_9.21_centos64.tgz.bz2，然後解壓（注意，由芯來科技所提供的編譯好的工具鏈會不斷更新，因此請使用最新版本）。

```
cp rv_linux_bare_9.21_centos64.tgz.bz2 ~/
        // 將壓縮檔複製到使用者的根目錄下

cd ~/
tar -xjvf rv_linux_bare_9.21_centos64.tgz.bz2
        // 進入根目錄並解壓該壓縮檔
        // 解壓後可以看到一個生成的 rv_linux_bare_19-12-11-07-12 資料夾

cd <your_e203_dir>/
        // 進入 e203_hbirdv2 專案的目錄

mkdir -p ./riscv-tools/prebuilt_tools/prefix/bin
        // 在 e203_hbirdv2 專案的目錄下創建上述這個 bin 目錄

cd ./riscv-tools/prebuilt_tools/prefix/bin/
        // 進入這個新建的 bin 目錄

ln -s ~/rv_linux_bare_19-12-11-07-12/bin/* .
        // 以使用者根目錄下壓縮檔中 bin 目錄下的所有可執行檔作為軟連結連結到
        //./riscv-tools/prebuilt_tools/prefix/bin/ 目錄
```

（5）執行程式後可能會出現以下錯誤。

```
"Syntax error:Bad fd number"
```

⚠️ **注意** 這個錯誤可能是由於在 Ubuntu 18.04 中 /bin/sh 被連結到了 /bin/dash 而非 /bin/bash。如果果真如此，請用以下命令進行修改。

```
sudo mv /bin/sh /bin/sh.orig
sudo ln -s /bin/bash /bin/sh
```

（6）在 riscv-tools/riscv-tests/isa 目錄下執行 source regen.sh 命令，編譯出的檔案將在 generated 資料夾中重新生成。

⚠️ **注意** 如果使用者沒有修改任何的組合語言測試程式的原始程式碼，直接執行此 source regen.sh 時，Makefile 認為沒有更新，什麼都不用做（顯示「make: Nothing to be done for default」）。如果使用者修改了程式，假設使用者修改了上文中提到的 isa/rv64ui/add.S（必須同時修改 isa/rv32ui/add.S，在其中隨便增加一個空格，否則 Makefile 的依賴關係無法追蹤間接包含的原始程式碼改動），那麼執行 source regen.sh 後，在 generated 資料夾下的相關 rv32ui-p-addi* 檔案將被重新生成。

17.3 E203 開放原始碼專案的測試平台

在 e203_hbirdv2 專案的以下目錄中，我們已經創建了一個由 Verilog 撰寫的簡單測試平台。

```
e203_hbirdv2
    |----tb                         // 存放測試平台的目錄
        |----tb_top.v               // 簡單的測試平台的頂層檔案
```

測試平台主要的功能如下。

- 實體化 DUT 檔案，生成 clock 和 reset 訊號。
- 根據執行的命令解析出測試用例的名稱，並使用 Verilog 的 readmemh 函數讀取對應的檔案（如 rv32ui-p-addi.verilog）內容，然後使用檔案中的內容初始化 ITCM（由 Verilog 撰寫的二維陣列充當行為模型），如圖 17-5 所示。
- 在執行結束後分析該測試用例是否執行成功，在測試平台的原始檔案中對 x3 暫存器的值進行判斷。如果 x3 暫存器的值為 1，則表示 通過，在終端將輸出 PASS 字樣；不然將輸出 FAIL 字樣，如圖 17-6 所示。

```
integer i;

reg [7:0] itcm_mem [0:(`E200_ITCM_RAM_DP*8)-1];
initial begin
  $readmemh({testcase, ".verilog"}, itcm_mem);

  for (i=0;i<(`E200_ITCM_RAM_DP);i=i+1) begin
    `ITCM.mem_r[i][00+7:00] = itcm_mem[i*8+0];
    `ITCM.mem_r[i][08+7:08] = itcm_mem[i*8+1];
    `ITCM.mem_r[i][16+7:16] = itcm_mem[i*8+2];
    `ITCM.mem_r[i][24+7:24] = itcm_mem[i*8+3];
    `ITCM.mem_r[i][32+7:32] = itcm_mem[i*8+4];
    `ITCM.mem_r[i][40+7:40] = itcm_mem[i*8+5];
    `ITCM.mem_r[i][48+7:48] = itcm_mem[i*8+6];
    `ITCM.mem_r[i][56+7:56] = itcm_mem[i*8+7];
  end
end
```

圖 17-5 使用 Verilog 的 readmemh 函數讀取的檔案初始化 ITCM

```
$display("-------------------------------------------");
$display("-------------------------------------------");
$display("--------- Test Result Summary -------------");
$display("-------------------------------------------");
$display("-------------------------------------------");
$display("~TESTCASE: %s --------------", testcase);
$display("----------Total cycle_count value: %d ----------", cycle_count);
$display("---------The valid Instruction Count: %d ----------", valid_ir_cycle);
$display("----The test ending reached at cycle %d ----------", pc_write_to_host_cycle);
$display("----------The final x3 Reg value: %d ----------", x3);
$display("-------------------------------------------");
if (x3 == 1) begin
$display("-----------     TEST_PASS     -------------");
$display("-------------------------------------------");
$display("-----  #####   ##   ####   ####   ---------");
$display("-----  #   #  #  #  #      #       ---------");
$display("-----  #   #  #  #  #      #       ---------");
$display("-----  #####  ####   ###   ###     ---------");
$display("-----  #      #  #      #      #   ---------");
$display("-----  #      #  #  ####   ####    ---------");
$display("-------------------------------------------");
end
else begin
$display("-----------     TEST_FAIL     -------------");
$display("-------------------------------------------");
$display("-----  ######   ##    #    #       ---------");
$display("-----  #       #  #   #    #       ---------");
$display("-----  #####   #  #   #    #       ---------");
$display("-----  #       ######   #    #       ---------");
$display("-----  #       #  #   #    #       ---------");
$display("-----  #       #  #   #    ######  ---------");
$display("-------------------------------------------");
```

圖 17-6 在測試平台的終端輸出測試用例的結果

17.4　在測試平台中執行測試用例

感興趣的讀者若希望能夠執行模擬測試程式，可以使用以下步驟進行。

⚠️ 注意　下列步驟的完整描述也記載於 RV MCU 開放社區的大學計畫版塊中所維護的 Hbirdv2 Doc 文件。

（1）準備好程式設計環境。對於公司，建議使用伺服器環境；對於個人，推薦以下設定。

- 若你使用 VMware 虛擬機器，建議在電腦上安裝虛擬的 Linux 作業系統。

- 在 Linux 作業系統的許多版本中，推薦使用 Ubuntu 18.04 版本的 Linux 作業系統。

（2）使用以下命令，將 e203_hbirdv2 專案下載到本機 Linux 環境中。

```
git clone *****://github.***/riscv-mcu/e203_hbirdv2.git e203_hbirdv2
        // 經過此步驟，本機上即可具有
        //e203_hbirdv2 專案的資料夾，假設該專案所在目錄為 <your_e203_dir>，後文將使用
        // 該縮寫
```

（3）使用以下命令，編譯 RTL 程式。

```
cd <your_e203_dir>/vsim
        // 進入 e203_hbirdv2 專案所在資料夾下面的 vsim 目錄

make install
        // 執行該命令會在 vsim 目錄下生成一個 install 子資料夾，在其中放置模擬所需的檔案

make compile SIM=vcs
        // 選擇 VCS 工具，編譯處理器核心和 SoC 的 RTL 程式
        // 若選擇 iVerilog 工具，則將上述命令中 vcs 更改為 iverilog
```

⚠️ 注意　在此步驟中，編譯 Verilog 程式需要使用到模擬工具，蜂鳥 E203 處理器的模擬環境支援 VCS 和 iVerilog 兩款工具，這兩款工具可透過 Makefile 的 SIM 參數進行選擇，如圖 17-7 所示。因此在執行模擬前，請確保執行環境中已安裝 VCS 模擬工具或 iVerilog 模擬工具，若安裝 iVerilog 模擬工具，請確保其版本編號為 V12.0。

```
VSRC_DIR    := $(RUN_DIR)/../install/rtl
VTB_DIR     := $(RUN_DIR)/../install/tb
TESTNAME    := $(notdir $(patsubst %.dump,%,${TESTCASE}.dump))
TEST_RUNDIR := ${TESTNAME}

RTL_V_FILES          := $(wildcard ${VSRC_DIR}/*/*.v ${VSRC_DIR}/*/*/*.v)
TB_V_FILES           := $(wildcard ${VTB_DIR}/*.v)

# The following portion is depending on the EDA tools you are using. Please add them by yourself according to your EDA vendors
#To-ADD: to add the simulatoin tool
SIM_TOOL    := vcs

#To-ADD: to add the simulatoin tool options
ifeq ($(SIM_TOOL),vcs)
SIM_OPTIONS  := +v2k -sverilog -q +lint=all,noSVA-NSVU,noVCDE,noUI,noSVA-CE,noSVA-DIU  -debug_access+all -full64 -timescale=1ns/10ps
SIM_OPTIONS  += +incdir+"${VSRC_DIR}/core/"+"${VSRC_DIR}/perips/"+"${VSRC_DIR}/perips/apb_i2c/"
endif
ifeq ($(SIM_TOOL),iverilog)
SIM_OPTIONS  := -o vvp.exec -I "${VSRC_DIR}/core/" -I "${VSRC_DIR}/perips/" -I "${VSRC_DIR}/perips/apb_i2c/" -D DISABLE_SV_ASSERTION=1 -g2005-sv
endif
```

圖 17-7　模擬工具的設定

（4）使用以下命令，執行預設的測試用例。

```
make run_test SIM=vcs
        // 選擇 VCS 工具，執行模擬測試
        // 若選擇 iVerilog 工具，則將上述命令中 vcs 更改為 iverilog
```

⚠️ 注意　make run_test 將執行 e203_hbirdv2/riscv-tools/riscv-tests/isa/generated 目錄中的預設測試用例，如果希望執行所有的回歸測試用例，請參見步驟（5）。

（5）使用以下命令，執行所有回歸（regression）測試用例。

```
make regress_run SIM=vcs
        // 選擇 VCS 工具，執行回歸測試集
        // 若選擇 iVerilog 工具，則將上述命令中 vcs 更改為 iverilog
        // 該命令使用 e203_hbirdv2/riscv-tools/riscv-tests/isa/generated
        // 目錄中 E203 處理器核心的測試用例，一個一個執行回歸測試用例
```

（6）使用以下命令查看回歸測試的結果。

```
make regress_collect
```

　　該命令將收集步驟（5）中執行的測試集的結果，並輸出若干行的結果，每一行對應一個測試用例。如果測試用例通過，則輸出 PASS；如果執行失敗，則輸出 FAIL。執行回歸測試的結果如圖 17-8 所示。

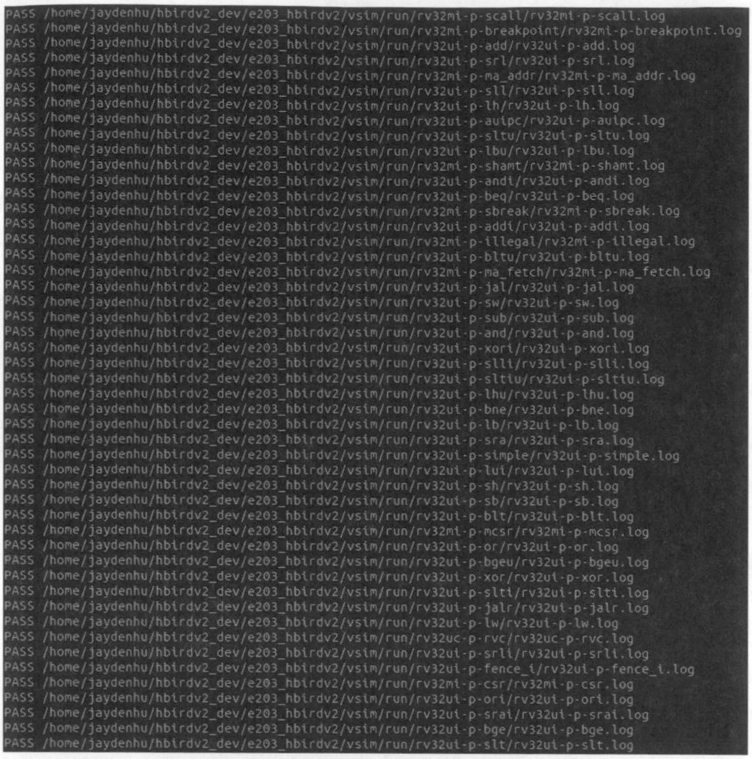

```
PASS /home/jaydenhu/hbirdv2_dev/e203_hbirdv2/vsim/run/rv32mi-p-scall/rv32mi-p-scall.log
PASS /home/jaydenhu/hbirdv2_dev/e203_hbirdv2/vsim/run/rv32mi-p-breakpoint/rv32mi-p-breakpoint.log
PASS /home/jaydenhu/hbirdv2_dev/e203_hbirdv2/vsim/run/rv32ui-p-add/rv32ui-p-add.log
PASS /home/jaydenhu/hbirdv2_dev/e203_hbirdv2/vsim/run/rv32ui-p-srl/rv32ui-p-srl.log
PASS /home/jaydenhu/hbirdv2_dev/e203_hbirdv2/vsim/run/rv32mi-p-ma_addr/rv32mi-p-ma_addr.log
PASS /home/jaydenhu/hbirdv2_dev/e203_hbirdv2/vsim/run/rv32ui-p-sll/rv32ui-p-sll.log
PASS /home/jaydenhu/hbirdv2_dev/e203_hbirdv2/vsim/run/rv32ui-p-lh/rv32ui-p-lh.log
PASS /home/jaydenhu/hbirdv2_dev/e203_hbirdv2/vsim/run/rv32ui-p-auipc/rv32ui-p-auipc.log
PASS /home/jaydenhu/hbirdv2_dev/e203_hbirdv2/vsim/run/rv32ui-p-sltu/rv32ui-p-sltu.log
PASS /home/jaydenhu/hbirdv2_dev/e203_hbirdv2/vsim/run/rv32ui-p-lbu/rv32ui-p-lbu.log
PASS /home/jaydenhu/hbirdv2_dev/e203_hbirdv2/vsim/run/rv32mi-p-shamt/rv32mi-p-shamt.log
PASS /home/jaydenhu/hbirdv2_dev/e203_hbirdv2/vsim/run/rv32ui-p-andi/rv32ui-p-andi.log
PASS /home/jaydenhu/hbirdv2_dev/e203_hbirdv2/vsim/run/rv32ui-p-beq/rv32ui-p-beq.log
PASS /home/jaydenhu/hbirdv2_dev/e203_hbirdv2/vsim/run/rv32mi-p-sbreak/rv32mi-p-sbreak.log
PASS /home/jaydenhu/hbirdv2_dev/e203_hbirdv2/vsim/run/rv32ui-p-addi/rv32ui-p-addi.log
PASS /home/jaydenhu/hbirdv2_dev/e203_hbirdv2/vsim/run/rv32mi-p-illegal/rv32mi-p-illegal.log
PASS /home/jaydenhu/hbirdv2_dev/e203_hbirdv2/vsim/run/rv32ui-p-bltu/rv32ui-p-bltu.log
PASS /home/jaydenhu/hbirdv2_dev/e203_hbirdv2/vsim/run/rv32mi-p-ma_fetch/rv32mi-p-ma_fetch.log
PASS /home/jaydenhu/hbirdv2_dev/e203_hbirdv2/vsim/run/rv32ui-p-jal/rv32ui-p-jal.log
PASS /home/jaydenhu/hbirdv2_dev/e203_hbirdv2/vsim/run/rv32ui-p-sw/rv32ui-p-sw.log
PASS /home/jaydenhu/hbirdv2_dev/e203_hbirdv2/vsim/run/rv32ui-p-sub/rv32ui-p-sub.log
PASS /home/jaydenhu/hbirdv2_dev/e203_hbirdv2/vsim/run/rv32ui-p-and/rv32ui-p-and.log
PASS /home/jaydenhu/hbirdv2_dev/e203_hbirdv2/vsim/run/rv32ui-p-xori/rv32ui-p-xori.log
PASS /home/jaydenhu/hbirdv2_dev/e203_hbirdv2/vsim/run/rv32ui-p-slli/rv32ui-p-slli.log
PASS /home/jaydenhu/hbirdv2_dev/e203_hbirdv2/vsim/run/rv32ui-p-sltiu/rv32ui-p-sltiu.log
PASS /home/jaydenhu/hbirdv2_dev/e203_hbirdv2/vsim/run/rv32ui-p-lhu/rv32ui-p-lhu.log
PASS /home/jaydenhu/hbirdv2_dev/e203_hbirdv2/vsim/run/rv32ui-p-bne/rv32ui-p-bne.log
PASS /home/jaydenhu/hbirdv2_dev/e203_hbirdv2/vsim/run/rv32ui-p-lb/rv32ui-p-lb.log
PASS /home/jaydenhu/hbirdv2_dev/e203_hbirdv2/vsim/run/rv32ui-p-sra/rv32ui-p-sra.log
PASS /home/jaydenhu/hbirdv2_dev/e203_hbirdv2/vsim/run/rv32ui-p-simple/rv32ui-p-simple.log
PASS /home/jaydenhu/hbirdv2_dev/e203_hbirdv2/vsim/run/rv32ui-p-lui/rv32ui-p-lui.log
PASS /home/jaydenhu/hbirdv2_dev/e203_hbirdv2/vsim/run/rv32ui-p-sh/rv32ui-p-sh.log
PASS /home/jaydenhu/hbirdv2_dev/e203_hbirdv2/vsim/run/rv32ui-p-sb/rv32ui-p-sb.log
PASS /home/jaydenhu/hbirdv2_dev/e203_hbirdv2/vsim/run/rv32ui-p-blt/rv32ui-p-blt.log
PASS /home/jaydenhu/hbirdv2_dev/e203_hbirdv2/vsim/run/rv32mi-p-mcsr/rv32mi-p-mcsr.log
PASS /home/jaydenhu/hbirdv2_dev/e203_hbirdv2/vsim/run/rv32ui-p-or/rv32ui-p-or.log
PASS /home/jaydenhu/hbirdv2_dev/e203_hbirdv2/vsim/run/rv32ui-p-bgeu/rv32ui-p-bgeu.log
PASS /home/jaydenhu/hbirdv2_dev/e203_hbirdv2/vsim/run/rv32ui-p-xor/rv32ui-p-xor.log
PASS /home/jaydenhu/hbirdv2_dev/e203_hbirdv2/vsim/run/rv32ui-p-slti/rv32ui-p-slti.log
PASS /home/jaydenhu/hbirdv2_dev/e203_hbirdv2/vsim/run/rv32ui-p-jalr/rv32ui-p-jalr.log
PASS /home/jaydenhu/hbirdv2_dev/e203_hbirdv2/vsim/run/rv32ui-p-lw/rv32ui-p-lw.log
PASS /home/jaydenhu/hbirdv2_dev/e203_hbirdv2/vsim/run/rv32uc-p-rvc/rv32uc-p-rvc.log
PASS /home/jaydenhu/hbirdv2_dev/e203_hbirdv2/vsim/run/rv32ui-p-srli/rv32ui-p-srli.log
PASS /home/jaydenhu/hbirdv2_dev/e203_hbirdv2/vsim/run/rv32ui-p-fence_i/rv32ui-p-fence_i.log
PASS /home/jaydenhu/hbirdv2_dev/e203_hbirdv2/vsim/run/rv32mi-p-csr/rv32mi-p-csr.log
PASS /home/jaydenhu/hbirdv2_dev/e203_hbirdv2/vsim/run/rv32ui-p-ori/rv32ui-p-ori.log
PASS /home/jaydenhu/hbirdv2_dev/e203_hbirdv2/vsim/run/rv32ui-p-srai/rv32ui-p-srai.log
PASS /home/jaydenhu/hbirdv2_dev/e203_hbirdv2/vsim/run/rv32ui-p-bge/rv32ui-p-bge.log
PASS /home/jaydenhu/hbirdv2_dev/e203_hbirdv2/vsim/run/rv32ui-p-slt/rv32ui-p-slt.log
```

圖 17-8 執行回歸測試的結果

⚠ 注意 以上回歸測試只執行 riscv-tests 中提供的非常基本的自測試組合語言程式,並不能達到充分驗證處理器核心的效果。因此,如果使用者修改了處理器的 Verilog 原始程式碼而僅執行以上的回歸測試,可能無法保證處理器功能的完備性、正確性。

　　處理器的驗證不同於常規的數位電路驗證,對於一個處理器核心的充分驗證,除使用常規的驗證方法之外,還需要使用非常多的特殊手段,消耗大量的精力。關於處理器驗證技術的討論超出了本書的範圍,在此不過多論述。

第 18 章　套上殼子上路— 更多實踐

　　僅一個處理器核心無法真正執行，就像一輛汽車只有引擎是無法行駛的，需要給引擎套上殼子、安上輪子，汽車才能上路。對於一個處理器核心，還需要搭配 SoC，它才能具備完整的功能。

　　第 4 章提到過，蜂鳥 E203 處理器是一套完整的解決方案，它不僅提供處理器核心的實現，還提供搭配 SoC、FPGA 原型平台、軟體平台，以及執行實例，使得使用者可以快速上手蜂鳥 E203 開發，熟悉 RISC-V 架構。

　　本書重點介紹 RISC-V 處理器核心的具體實現，並對所實現的蜂鳥 E203 處理器進行 Verilog 系統級模擬測試。關於蜂鳥 E203 搭配 SoC（後續將簡稱為「蜂鳥 E203 MCU」）、搭配軟體平台（hbird-sdk）以及更多實例執行（Nuclei Board Labs）等內容。

附錄 A　RISC-V 架構的指令集

本附錄介紹 RISC-V 架構的指令集。

A.1 RV32GC 架構概述

當前 RISC-V 架構的文件主要分為指令集文件（riscv-spec-v2.2.pdf）與特權架構文件（riscv-privileged-v1.10.pdf）。

⚠️注意 以上文件為撰寫本書時的最新版本，RISC-V 架構的文件還在不斷地豐富和更新，但是指令集架構的基本面已經確定，不會再修改。讀者可以在 RISC-V 基金會的網站上註冊，並免費下載其完整原文。

請參見第 2 章以了解 RISC-V 架構的指令集的特點和概述。RISC-V 架構的指令集本身是模組化的指令集，可以靈活地組合，具有相當高的可設定性。

RISC-V 架構定義 IMAFD 為通用（general purpose）組合，以字母 G 表示，因此 RV32IMAFDC 也可表示為 RV32GC。RV32GC 是最常見的 RISC-V 架構的 32 位元指令集組合，因此本附錄僅介紹 RV32GC 相關的指令集，以便讀者快速學習並掌握 RISC-V 架構的基本指令集。關於本書未予介紹的其他指令集，感興趣的讀者請參見 RISC-V 架構的指令集文件。

A.2 RV32E 架構概述

RISC-V 提供一種可選的嵌入式架構（由字母 E 表示），僅需 16 個通用整數暫存器即可組成暫存器組，主要用於追求極低面積與極低功耗的嵌入式場景。

除此之外，RISC-V 架構的文件對嵌入式架構提供了一些其他的約束和建議。

- 嵌入式架構僅支持 32 位元架構，在 64 或 128 位元架構中不支持該嵌入式架構，即只有 RV32E 而沒有 RV64E。
- 在嵌入式架構中推薦使用壓縮指令集（由字母 C 表示），即 RV32EC，以提高嵌入式系統中關注的程式密度。
- 嵌入式架構不支援浮點指令子集。如果需要支援浮點指令集（由 F 或 D 表示），則必須使用非嵌入式架構（RV32I 而非 RV32E）。

- 嵌入式架構僅支援機器模式（machine mode）與使用者模式（user mode），不支援其他的特權模式。
- 嵌入式架構僅支援直接的物理位址管理，而不支援虛擬位址。

除上述約束之外，RV32E 的其他特性與基本的整數指令架構（RV32I）完全相同，因此本書對 RV32E 架構不再贅述。

A.3　蜂鳥 E203 處理器支援的指令清單

蜂鳥 E203 處理器是 32 位元 RISC-V 架構的處理器核心，僅支援機器模式，且支援以下模組化指令集，可設定為 RV32IMAC 或 RV32EMAC 架構。

- I：支援 32 個通用整數暫存器。
- E：支援 16 個通用整數暫存器。
- M：支援整數乘法與除法指令。
- A：支援記憶體原子（atomic）操作指令和 Load-Reserved/Store-Conditional 指令。
- C：支援編碼長度為 16 位元的壓縮指令，用於提高程式密度。

A.4　暫存器組

在 RISC-V 架構中，暫存器組主要包括通用暫存器（general purpose register）組和控制與狀態暫存器（Control and Status Register，CSR）組。

A.4.1　通用暫存器組

對於通用暫存器組，RISC-V 架構的規定如下。

- 如果使用的是基本整數指令子集（由字母 I 表示），那麼 RISC-V 架構包含 32 個通用整數暫存器，由代號 x0 ～ x31 表示。其中，通用整數暫存器 x0 是為常數 0 預留的，其他 31 個（x1 ～ x31）為普通的通用整數暫存器。在 RISC-V 架構中，通用暫存器的寬度由 XLEN 表示。對於 32 位元架構（由 RV32I 表示），每個暫存器的寬度為 32 位元；對於 64 位元架構（由 RV64I 表示），每個暫存器的寬度為 64 位元。

- 如果使用的是嵌入式架構（由字母 E 表示），那麼 RISC-V 架構包含 16 個通用整數暫存器，由代號 x0 ～ x15 表示。其中，通用整數暫存器 x0 是為常數 0 預留的，其他 15 個（x1 ～ x15）為普通的通用整數暫存器。嵌入式架構只能是 32 位元架構（由 RV32E 表示），因此每個暫存器的寬度為 32 位元。

- 如果支援單精度浮點指令（由字母 F 表示）或雙精度浮點指令（由字母 D 表示），則需要另外增加一組獨立的通用浮點暫存器，它包含 32 個通用浮點暫存器，標誌為 f0 ～ f31。

在組合語言中，通用暫存器組中的每個暫存器均有別名，如圖 A-1 所示。

暫存器	ABI 名稱	說明	保存者
x0	zero	硬體零	—
x1	ra	返回位址	呼叫者
x2	sp	堆疊指標	被呼叫者
x3	gp	全域指標	—
x4	tp	執行緒指標	—
x5	t0	臨時 / 其他連結暫存器	呼叫者
x6、x7	t1、t2	臨時變數	呼叫者
x8	s0/fp	保存的暫存器 / 幀指標	被呼叫者
x9	s1	保存的暫存器	被呼叫者
x10、x11	a0、a1	函數參數 / 返回值	呼叫者
x12～x17	a2～a7	函數參數	呼叫者
x18～x27	s2～s11	保存的暫存器	被呼叫者
x28～x31	t3～t6	臨時變數	呼叫者
f0～f7	ft0～ft7	FP 臨時變數	呼叫者
f8、f9	fs0、fs1	FP 保存的暫存器	被呼叫者
f10、f11	fa0、fa1	FP 參數 / 返回值	呼叫者
f12～f17	fa2～fa7	FP 參數	呼叫者
f18～f27	fs2～fs11	FP 保存的暫存器	被呼叫者
f28～f31	ft8～ft11	FP 臨時變數	呼叫者

圖 A-1　通用寄存器的別名

A.4.2　CSR

RISC-V 架構定義了一些 CSR，用於設定或記錄一些運行的狀態。CSR 是處理器核心內部的暫存器，使用專有的 12 位元位址編碼空間。請參見附錄 B 以了解 CSR 的詳細資訊。

A.5　指令的 PC

PC（Program Counter）是指令存放於記憶體中的位址。

在一部分處理器架構中，當前執行的指令的 PC 值可以反映在某些通用暫存器或特殊暫存器中。但是在 RISC-V 架構中，當前執行指令的 PC 值並沒有被反映在任何暫存器中。程式若想讀取 PC 的值，只能透過某些指令（如 auipc 指令）間接獲得。

A.6　定址空間劃分

RISC-V 架構定義了兩套定址空間。

- 資料與指令定址空間：RISC-V 架構使用統一的位址空間，定址空間大小取決於通用暫存器的寬度。舉例來說，對於 32 位元的 RISC-V 架構，指令和資料定址空間的大小為 2^{32}B，即 4GB。
- CSR 定址空間：CSR 是處理器核心內部的暫存器，使用其專有的 12 位元位址編碼空間。請參見附錄 B 以了解 CSR 的列表與位址分配資訊。

A.7　大端格式或小端格式

由於現在的主流應用採用小端（little-endian）格式，因此 RISC-V 架構僅支持小端格式。有關小端格式和大端格式的定義與區別，本書不再介紹，請讀者自行查閱相關資源。

A.8　工作模式

如圖 A-2 所示，RISC-V 架構定義了 3 種工作模式，又稱特權模式（privileged mode）。

- 機器模式（machine mode），簡稱 M 模式。
- 監督模式（supervisor mode），簡稱 S 模式。
- 使用者模式（user mode），簡稱 U 模式。

RISC-V 架構定義 M 模式為必選模式，另外兩種模式為可選模式。如圖 A-3 所示，開發人員透過不同的模式組合可以實現不同的系統。

層級	編碼	名稱	縮寫
0	00	User/Application	U
1	01	Supervisor	S
2	10	*Reserved*	—
3	11	Machine	M

圖 A-2　RISC-V 的 3 種工作模式

層級	支援的模式	期望用途
1	M	簡單嵌入式系統
2	M、U	安全嵌入式系統
3	M、S、U	運行類 UNIX 系統的系統

圖 A-3　RISC-V 中不同工作模式的組合

僅有機器模式的系統通常為簡單的嵌入式系統。

支援機器模式與使用者模式的系統可以區分使用者模式和機器模式，從而實現資源保護。

支援機器模式、監督模式與使用者模式的系統可以實現類 UNIX 系統的作業系統。

A.9　Hart

現今的處理器設計技術突飛猛進，早已突破了多核心的概念，甚至在一個處理器核心中設計多個硬體執行緒的技術也早已成熟。舉例來説，硬體超執行緒（hyper-threading）技術用於在一個處理器核心中實現多套硬體執行緒（hardware thread），每套硬體執行緒有自己獨立的暫存器組等上下文資源，但是大多數的運算資源被所有硬體執行緒重複使用，因此面積效率很高。在這樣的硬體超執行緒器中，一個核心內便存在著多個硬體執行緒。

出於上述原因，在某些場景下，籠統地使用「處理器核心」概念進行描述會有失精確。因此，RISC-V 架構的文件嚴謹地定義了 Hart（取「Hardware Thread」之意）的概念，用於表示一個硬體執行緒。本書在關於指令集架構的介紹中，將多次使用 Hart 概念。

以蜂鳥 E203 處理器核心的實現為例，由於蜂鳥 E203 處理器是單核心處理器，且沒有實現任何硬體超執行緒的技術，因此一個蜂鳥 E203 處理器核心即一個 Hart。

A.10　重定模式

對於硬體通電重置（reset）後的行為，RISC-V 架構的規定如下。

- 工作模式重置成機器模式。
- mstatus 暫存器中的 MIE 和 MPRV 域重置為 0。
- PC 的重置值由硬體自訂，RISC-V 架構並未強制規定。
- 如果硬體實現需要區分不同的重置類型，那麼 mcause 暫存器的值被重置成硬體自訂的值；如果硬體實現不需要區分不同的重置類型，那麼 mcause 暫存器的值應該重置成 0 值。

- 對於除上述暫存器之外的其他暫存器，RISC-V 架構並未強制規定其重置值。

A.11　中斷和異常

請參見第 13 章，以系統了解中斷和異常的相關資訊。

A.12　記憶體位址管理

RISC-V 架構可以支援幾種記憶體位址管理模式，包括對物理位址和虛擬位址的管理方法，使得 RISC-V 架構既能支援簡單的嵌入式系統（直接操作物理位址），又能支援複雜的作業系統（直接操作虛擬位址）。

由於此內容超出了本書的介紹範圍（蜂鳥 E203 處理器沒有實現 MPU 或 MMU），因此在此不做過多介紹。感興趣的讀者請參見 RISC-V 的特權架構文件。

A.13　記憶體模型

本節介紹 RISC-V 架構的記憶體模型。RISC-V 架構的指令集文件並未對記憶體模型進行系統解釋，原因在於指令集文件是關於 RISC-V 架構的精確定義，而非電腦系統結構的教學文章。

為了便於讀者理解，本書單獨設立附錄 D，對記憶體模型的相關知識予以簡介。同時，記憶體模型是電腦系統結構中一個非常晦澀的概念。對於初學者而言，作者建議將本節放到最後來學習。

閱讀了附錄 D 的讀者應該已經了解鬆散一致性模型（relaxed consistency model）的概念以及 RISC-V 架構中定義的 Hart 概念。RISC-V 架構明確規定在不同 Hart 之間使用鬆散一致性模型，並對應地定義了記憶體屏障指令（fence 和 fence.i）用於限制記憶體存取的順序。另外，RISC-V 架構定義了可選的（非必需的）記憶體原子操作指令（A 擴充指令子集），可進一步支援鬆散一致性模型。

A.14　指令類型

A.14.1　RV32IMAFDC 指令清單

本 附 錄 僅 對 RV32IMAFDC 架 構 所 涉 及 的 指 令 子 集 介 紹。 關 於 RV32IMAFDC 的完整指令清單及其編碼，請參見附錄 F。

A.14.2　基本整數指令（RV32I）

⚠ 注意　RISC-V 架構中規定的所有有號整數均由二進位補數表示。

1．整數運算指令

addi、slti、sltiu、andi、ori、xori、slli、srli、srai 指令的組合語言格式分別如下。

```
addi    rd, rs1, imm[11:0]
slti    rd, rs1, imm[11:0]
sltiu   rd, rs1, imm[11:0]
andi    rd, rs1, imm[11:0]
ori     rd, rs1, imm[11:0]
xori    rd, rs1, imm[11:0]
slli    rd, rs1, shamt[4:0]
srli    rd, rs1, shamt[4:0]
srai    rd, rs1, shamt[4:0]
```

該組指令對暫存器中的數與立即數進行基本的整數運算。

addi 指令將運算元暫存器 rs1 中的整數值與 12 位元立即數（進行符號位元擴充）相加，把結果寫回暫存器 rd 中。如果發生了結果溢位，無須特殊處理，將溢位位元捨棄，僅保留低 32 位元結果。

addi rd, rs1, 0 等效於虛擬指令 mv rd, rs1，addi x0, x0, 0 等效於虛擬指令 NOP，請參見附錄 G 以了解更多虛擬指令。

slti 指令將運算元暫存器 rs1 中的整數值與 12 位元立即數（進行符號位元擴充）當作有號數進行比較，把結果寫回暫存器 rd 中。如果 rs1 中的值小於立即數的值，則結果為 1；不然為 0。

sltiu 指令將運算元暫存器 rs1 中的整數值與 12 位元立即數（仍然進行符號位元擴充）當作無號數進行比較，把結果寫回暫存器 rd 中。如果 rs1 中的值小於立即數的值，則結果為 1；不然為 0。

sltiu rd, rs1, 1 等效於虛擬指令 seqz rd, rs1。

⚠️ **注意** 雖然 sltiu 指令將運算元當作無號數進行比較，但是它仍然對立即數進行符號位元擴充。

andi 指令將運算元暫存器 rs1 中的整數值與 12 位元立即數（進行符號位元擴充）進行「與」（AND）操作，把結果寫回暫存器 rd 中。

ori 指令將運算元暫存器 rs1 中的整數值與 12 位元立即數（進行符號位元擴充）進行「或」（OR）操作，把結果寫回暫存器 rd 中。

xori 指令將運算元暫存器 rs1 中的整數值與 12 位元立即數（進行符號位元擴充）進行「互斥」（XOR）操作，把結果寫回暫存器 rd 中。

xori rd, rs1, -1 等效於虛擬指令 not rd, rs1。

slli 指令對運算元暫存器 rs1 中的整數值進行邏輯左移運算（低位元補入 0），移位量由 5 位元立即數指定，把結果寫回暫存器 rd 中。

srli 指令對運算元暫存器 rs1 中的整數值進行邏輯右移運算（高位元補入 0），移位量由 5 位元立即數指定，把結果寫回暫存器 rd 中。

srai 指令對運算元暫存器 rs1 中的整數值進行算術右移運算（高位元補入符號位元），移位元位置為 5 位元立即數，把結果寫回暫存器 rd 中。

lui、auipc 指令的組合語言格式分別如下。

```
lui      rd, imm
auipc    rd, imm
```

lui 指令將 20 位元立即數左移 12 位元（低 12 位元補 0），得到一個 32 位元數，將此數寫回暫存器 rd 中。

auipc 指令將 20 位元立即數左移 12 位元（低 12 位元補 0），得到一個 32 位元數，將此數與該指令的 PC 值相加，將加法結果寫回暫存器 rd 中。

add、sub、slt、sltu、and、or、xor、sll、srl、sra 指令的組合語言格式分別如下。

```
add    rd, rs1, rs2
sub    rd, rs1, rs2
slt    rd, rs1, rs2
sltu   rd, rs1, rs2
and    rd, rs1, rs2
or     rd, rs1, rs2
xor    rd, rs1, rs2
sll    rd, rs1, rs2
srl    rd, rs1, rs2
sra    rd, rs1, rs2
```

該組指令對 rs1 暫存器中的數與 rs2 暫存器中的數進行基本的整數運算。

add 指令將運算元暫存器 rs1 中的整數值與暫存器 rs2 中的整數值相加，把結果寫回暫存器 rd 中。如果發生了結果溢位，無須特殊處理，將溢位位元捨棄，僅保留低 32 位元結果。

sub 指令將運算元暫存器 rs1 中的整數值與暫存器 rs2 中的整數值相減，把結果寫回暫存器 rd 中。如果發生了結果溢位，無須特殊處理，將溢位位元捨棄，僅保留低 32 位元結果。

slt 指令將運算元暫存器 rs1 中的整數值與暫存器 rs2 中的整數值當作有號數進行比較，把結果寫回暫存器 rd 中。如果 rs1 中的值小於 rs2 中的值，則結果為 1；不然為 0。

sltu 指令將運算元暫存器 rs1 中的整數值與暫存器 rs2 中的整數值當作無號數進行比較，把結果寫回暫存器 rd 中。如果 rs1 中的值小於 rs2 中的值，則結果為 1；不然為 0。

and 指令將運算元暫存器 rs1 中的整數值與暫存器 rs2 中的整數值進行「與」操作，把結果寫回暫存器 rd 中。

or 指令將運算元暫存器 rs1 中的整數值與暫存器 rs2 中的整數值進行「或」操作，把結果寫回暫存器 rd 中。

xor 指令將運算元暫存器 rs1 中的整數值與暫存器 rs2 中的整數值進行「互斥」操作，把結果寫回暫存器 rd 中。

sll 指令對運算元暫存器 rs1 中的整數值進行邏輯左移運算（低位元補入 0），移位量由暫存器 rs2 中整數值的低 5 位元指定，把結果寫回暫存器 rd 中。

srl 指令對運算元暫存器 rs1 中的整數值進行邏輯右移運算（高位元補入 0），移位量由暫存器 rs2 中整數值的低 5 位元指定，把結果寫回暫存器 rd 中。

sra 指令對運算元暫存器 rs1 中的整數值進行算術右移運算（高位元補入符號位元），移位元量由暫存器 rs2 中整數值的低 5 位元指定，把結果寫回暫存器 rd 中。

2．分支跳躍指令

jal、jalr 指令的組合語言格式分別如下。

```
jal    rd, label
jalr   rd, rs1, imm
```

該組指令為無條件跳躍指令，即指令一定會發生跳躍。

jal 指令使用 20 位元立即數（有號數）作為偏移量（offset）。該偏移量乘以 2，然後與該指令的 PC 相加，得到最終的跳躍目標，因此僅可以跳躍到當前位址前後 1MB 的位址區間。jal 指令將其下一行指令的 PC（即當前指令的 PC+4）的值寫入其結果暫存器 rd 中。

⚠️注意 在實際的組合語言程式撰寫中，跳躍的目標往往使用組合語言程式中的 label，組合語言器會自動根據 label 所在的位址計算出相對的偏移量並指定指令編碼。

jalr 指令使用 12 位元立即數（有號數）作為偏移量，與運算元暫存器 rs1 中的值相加得到最終的跳躍目標位址。jalr 指令將其下一行指令的 PC（即當前指令的 PC+4）的值寫入其結果暫存器 rd 中。

beq、bne、blt、bltu、bge、bgeu 指令的組合語言格式分別如下。

```
beq    rs1, rs2, label
bne    rs1, rs2, label
blt    rs1, rs2, label
bltu   rs1, rs2, label
bge    rs1, rs2, label
bgeu   rs1, rs2, label
```

該組指令為有條件跳躍指令，使用 12 位元立即數（有號數）作為偏移量。該偏移量乘以 2，然後與該指令的 PC 相加，得到最終的跳躍目標位址，因此僅可以跳躍到當前位址前後 4KB 的位址區間。有條件跳躍指令在條件為真時才會發生跳躍。

只有在運算元暫存器 rs1 中的數值與運算元暫存器 rs2 中的數值相等時，beq 指令才會跳躍。

只有在運算元暫存器 rs1 中的數值與運算元暫存器 rs2 中的數值不相等時，bne 指令才會跳躍。

只有在運算元暫存器 rs1 中的有號數小於運算元暫存器 rs2 中的有號數時，blt 指令才會跳躍。

只有在運算元暫存器 rs1 中的無號數小於運算元暫存器 rs2 中的無號數時，bltu 指令才會跳躍。

只有在運算元暫存器 rs1 中的有號數大於或等於運算元暫存器 rs2 中的有號數時，bge 指令才會跳躍。

只有在運算元暫存器 rs1 中的無號數大於或等於運算元暫存器 rs2 中的無號數時，bgeu 指令才會跳躍。

3 · 整數 Load/Store 指令

lw、lh、lhu、lb、lbu、sw、sh、sb 指令的組合語言格式分別如下。

```
lw    rd, offset[11:0](rs1)
lh    rd, offset[11:0](rs1)
lhu   rd, offset[11:0](rs1)
lb    rd, offset[11:0](rs1)
lbu   rd, offset[11:0](rs1)
sw    rs2, offset[11:0](rs1)
sh    rs2, offset[11:0](rs1)
sb    rs2, offset[11:0](rs1)
```

該組指令進行記憶體讀或寫入操作，存取記憶體的位址均由運算元暫存器 rs1 中的值與 12 位元的立即數（進行符號位元擴充）相加所得。

lw 指令從記憶體中讀回一個 32 位元的資料，寫回暫存器 rd 中。

lh 指令從記憶體中讀回一個 16 位元的資料，進行符號位元擴充後寫回暫存器 rd 中。

lhu 指令從記憶體中讀回一個 16 位元的資料，進行高位元補 0 後寫回暫存器 rd 中。

lb 指令從記憶體中讀回一個 8 位元的資料，進行符號位元擴充後寫回暫存器 rd 中。

lbu 指令從記憶體中讀回一個 8 位元的資料，進行高位元補 0 後寫回暫存器 rd 中。

sw 指令將運算元暫存器 rs2 中的 32 位元資料寫回記憶體中。

sh 指令將運算元暫存器 rs2 中的低 16 位元資料寫回記憶體中。

sb 指令將運算元暫存器 rs2 中的低 8 位元資料寫回記憶體中。

對於整數 Load 和 Store 指令，RISC-V 架構推薦使用位址對齊的記憶體讀寫入操作。但是 RISC-V 架構也支援位址非對齊的記憶體操作，處理器可以選擇用硬體來支援，也可以選擇用軟體異常服務程式來支援。蜂鳥 E203 處理器核心選擇採用軟體異常服務程式來支援（即位址非對齊的 Load 或 Store 指令會產生異常）。

⚠️ 注意　RISC-V 架構僅支援小端格式。

對於位址對齊的記憶體讀寫入操作，RISC-V 架構規定其記憶體讀寫入操作必須具備原子性。

4 · CSR 指令

RISC-V 架構定義了一些 CSR，用於設定或記錄一些運行的狀態。CSR 是處理器核心內部的暫存器，使用其專有的 12 位元位址編碼空間。

CSR 的存取採用專用的 CSR 指令，包括 csrrw、csrrs、csrrc、csrrwi、csrrsi 以及 csrrci 指令。

csrrw、csrrs、csrrc、csrrwi、csrrsi、csrrci 指令的組合語言格式分別如下。

```
csrrw     rd, csr, rs1
csrrs     rd, csr, rs1
csrrc     rd, csr, rs1
csrrwi    rd, csr, imm[4:0]
csrrsi    rd, csr, imm[4:0]
csrrci    rd, csr, imm[4:0]
```

該組指令用於讀寫 CSR。

csrrw 指令完成兩項操作：將 csr 索引的 CSR 值讀出，寫回結果暫存器 rd 中；將運算元暫存器 rs1 中的值寫入 csr 索引的 CSR 中。

csrrs 指令完成兩項操作：將 csr 索引的 CSR 值讀出，寫回結果暫存器 rd 中；以運算元暫存器 rs1 中的值逐位元作為參考，如果運算元暫存器 rs1 中值的某位元為 1，則將 csr 索引的 CSR 中對應的位置 1，其他位元則不受影響。

csrrc 指令完成兩項操作：將 csr 索引的 CSR 的值讀出，寫回結果暫存器 rd 中；以運算元暫存器 rs1 中的值逐位元作為參考，如果 rs1 中值的某位元為 1，則將 csr 索引的 CSR 中對應的位元清 0，其他位元則不受影響。

csrrwi 指令完成兩項操作：將 csr 索引的 CSR 的值讀出，寫回結果暫存器 rd 中；將 5 位元立即數（高位元補 0）的值寫入 csr 索引的 CSR 中。

csrrsi 指令完成兩項操作：將 csr 索引的 CSR 的值讀出，寫回結果暫存器 rd 中；分別以 5 位元立即數（高位元補 0）的值作為參考，如果該值中某位元為 1，將 csr 索引的 CSR 中對應的位置 1，其他位元則不受影響。

csrrci 指令完成兩項操作：將 csr 索引的 CSR 的值讀出，寫回結果暫存器 rd 中；分別以 5 位元立即數（高位元補 0）的值逐位元作為參考，如果該值中某位元為 1，將 csr 索引的 CSR 中對應的位元清 0，其他位元則不受影響。

注意事項如下。

- 對於 csrrw 和 csrrwi 指令而言，如果結果暫存器 rd 的索引值為 0，則不會發起 CSR 的讀取操作，也不會造成任何副作用。
- 對於 csrrs 和 csrrc 指令而言，如果運算元暫存器 rs1 的索引值為 0，則不會發起 CSR 的寫入操作，也不會產生任何副作用。
- 對於 csrrsi 和 csrrci 指令而言，如果立即數的值為 0，則不會發起 CSR 的寫入操作，也不會產生任何副作用。

使用上述指令的不同形式可以等效出 csrr、csrw、csrs 以及 csrc 等虛擬指令。

5 · 記憶體屏障指令

RISC-V 架構在不同 Hart 之間使用的是鬆散一致性模型，鬆散一致性模型需要使用記憶體屏障（memory fence）指令，因此 RISC-V 定義了記憶體屏障指令。其中主要包括 fence 和 fence.i 指令，這兩種指令都是 RISC-V 架構必選的基本指令。

fence 指令的組合語言格式如下。

| fence

fence 指令用於屏障資料記憶體存取指令的執行順序，在程式中如果增加了一行 fence 指令，則該 fence 指令能夠保證在 fence 指令之前所有指令進行的資料存取記憶體結果必須比在 fence 指令之後所有指令進行的資料存取記憶體結果先被觀測到。通俗地講，fence 指令就像一堵屏障一樣，在 fence 指令之前的所有資料記憶體存取指令必須比該 fence 指令之後的所有資料記憶體存取指令先執行。

為了能夠更加細緻地屏障不同位址區間的記憶體存取指令，RISC-V 架構將資料記憶體的位址空間分為裝置 I/O 和普通記憶體空間，因此對其讀寫存取可以分為 4 種類型。

- I：裝置讀。
- O：裝置寫。
- R：記憶體讀。
- W：記憶體寫。

如圖 A-4 所示，fence 指令的編碼包含了 PI/PO/PR/PW 編碼位元，它們分別表示 fence 指令之前（predecessor）的 4 種讀寫存取類型；還包含了 SI/SO/SR/SW 編碼位元，它們分別表示 fence 指令之後（successor）的 4 種讀寫存取類型。透過設定不同的編碼位元，fence 指令就可以更加細緻地屏障不同資料記憶體存取操作。舉例來說，在程式中如果增加了一行 fence io, iorw 指令，則該 fence 指令能夠保證在 fence 指令之前所有指令進行的裝置讀（device-input）和裝置寫（device output）操作結果必須比在 fence 指令之後所有指令

進行的裝置讀、裝置寫、記憶體讀（memory-read）以及記憶體寫（memory-write）結果先被觀測到。通俗地講，fence 指令就像一堵屏障一樣，在 fence 指令之前的裝置讀和裝置寫入操作指令必須比該 fence 指令之後的裝置讀、裝置寫、記憶體讀以及記憶體寫入操作指令先執行。

圖 A-4　fence 指令的指令編碼

⚠️**注意**　沒有參數的 fence 指令預設等效於 fence iorw, iorw。雖然 fence 指令可以透過 IORW 參數細緻地屏障不同網址類別型的記憶體存取指令，但是協定允許處理器的簡單硬體實現，如對於簡單的低功耗處理器而言，無論 fence 指令的編碼中 PI/PO/PR/PW/SI/SO/SR/RW 的值如何，都屏障所有網址類別型的記憶體存取指令（都等效於 fence iorw, iorw），蜂鳥 E203 處理器核心便採取這種簡單的硬體實現。

fence.i 指令的組合語言格式如下。

```
fence.i
```

fence.i 指令用於同步指令和資料流程。

為了能夠解釋清楚 fence.i 指令的功能，在此有必要先引出一個問題：假設在程式中一行寫記憶體指令向某位址區間中寫入了新的值，同時假設後續的指令也需要從該位址區間取指令，那麼該取指操作能否取到它前面的寫記憶體指令寫入的新值呢？答案是「不一定」。因為處理器的管線具有一定的深度，指令採取的是管線的工作方式，當寫記憶體指令完成了寫入操作時，後續的指令可能早已完成了取指令操作，進入了管線的執行時，因此後續的指令取指取到的其實是它前面的寫記憶體指令寫入新值之前的舊值。

為了解決該問題，fence.i 指令被引入。如果在程式中增加了一行 fence.i 指令，則該 fence.i 指令能夠保證在 fence.i 指令之前所有指令進行的資料存取記憶體結果一定能夠被在 fence.i 指令之後所有指令進行的取指令操作存取到。通常來説，在實現處理器的微架構硬體時，一旦遇到一行 fence.i 指令，處理器便會先等待之前的所有資料存取記憶體指令執行完，然後刷新管線（包括指令快取），使其後續的所有指令能夠重新獲取，從而得到最新的值。

⚠️ 注意　fence.i 指令只能夠保證同一個 Hart 執行的指令和資料流程順序，而無法保證多個 Hart 之間的指令和資料流程順序。假設一個 Hart 希望其執行的資料存取記憶體結果能夠被所有 Hart（包括其自己和其他 Hart）的取指操作所存取到，那麼理論上它應該執行以下操作。

（1）本 Hart 完成資料存取記憶體操作。

（2）本 Hart 執行一行 fence 指令，保證其前面的所有資料存取記憶體操作一定能夠比後面的操作被所有的 Hart 先觀測到。

（3）本 Hart 請求所有的 Hart（包括其自己）執行一行 fence.i 指令。

⚠️ 注意　本 Hart 對其他的 Hart 發起的請求操作和之前進行的資料存取記憶體操作必須能夠被 fence 指令屏障開，這就表示，當所有其他 Hart 接收到請求之後，一定能夠觀測到之前資料存取記憶體操作的結果，然後再執行 fence.i 指令之後的取指操作便能夠取到最新的數值。

6 · 特殊指令 ecall、ebreak、mret、wfi

ecall 指令的組合語言格式如下。

`ecall`

ecall 指令用於生成環境呼叫（environment-call）異常。當產生異常時，mepc 暫存器將被更新為 ecall 指令本身的 PC 值。

ebreak 指令的組合語言格式如下。

`ebreak`

ebreak 指令用於生成中斷點（breakpoint）異常。當產生異常時，mepc 暫存器將被更新為 ebreak 指令本身的 PC 值。

mret 指令的組合語言格式如下。

`mret`

RISC-V 架構定義了一組專門用於退出異常的指令，稱為異常返回指令（trap-return instruction），包括 mret、sret 和 uret。其中，mret 指令是必備的，而 sret 和 uret 指令僅在支援監督模式和使用者模式的處理器中使用。使用 mret 指令退出異常的機制如下。

- 處理器在執行 mret 指令時，跳躍到 mepc 暫存器的值指定的 PC 位址。由於在之前進入異常時，mepc 暫存器被同時更新以反映當時遇到異常的指令的 PC 值，因此這表示，mret 指令執行後，處理器回到了當時遇到異常的指令的 PC 位址，從而可以繼續執行之前中止的程式流。

- 處理器在執行 mret 指令時，mstatus 暫存器的有些域被同時更新。

　MIE 的值被更新為 MPIE 的值，MPIE 的值則被更新為 1。

假設 RISC-V 架構只支援機器模式，那麼 MPP 的值永遠為 11。

由於在進入異常時，MPIE 的值曾經被更新為 MIE 的值（MIE 的值則更新為 0 以全域關閉中斷），因此這表示 mret 指令執行後處理器的 MIE 值被更新回之前的值（假設之前的 MIE 值為 1，則表示中斷被重新全域打開）。

wfi 指令的組合語言格式如下。

| wfi

wfi（wait for interrupt，等待中斷）是 RISC-V 架構定義的專門用於休眠的指令。

RISC-V 架構也允許在具體的硬體實現中將 wfi 指令當成一種 NOP 操作，即什麼也不做。

如果硬體實現選擇支援休眠模式，則按照 RISC-V 架構規定其行為。

- 當處理器執行到 wfi 指令之後，將停止執行當前的指令流，進入一種空閒狀態，這種空閒狀態可以稱為「休眠」狀態。

- 直到處理器接收到中斷（中斷局部開關必須打開，由 mie 暫存器控制），處理器便被喚醒。處理器被喚醒後，如果中斷全域打開（mstatus 暫存器的 MIE 域控制），則進入中斷異常服務程式；如果中斷全域關閉，則繼續循序執行之前停止的指令流。

A.14.3　整數乘法和除法指令（RV32M 指令子集）

RISC-V 架構定義了可選的整數乘法和除法指令（M 擴充指令子集）。本書僅介紹 32 位元架構的乘除法指令（RV32M）。

1・整數乘法指令

mul、mulh、mulhu、mulhsu 指令的組合語言格式如下。

```
mul      rd, rs1, rs2
mulh     rd, rs1, rs2
mulhu    rd, rs1, rs2
mulhsu   rd, rs1, rs2
```

該組指令進行整數的乘法操作。

mul 指令將運算元暫存器 rs1 與 rs2 中的 32 位元整數相乘，將結果的低 32 位元寫回暫存器 rd 中。由於兩個 32 位元整數運算元相乘的結果等於 64 位元，且對於兩個 32 位元整數而言，將兩個運算元當作有號數相乘所得的低 32 位元和當作無號數相乘所得的低 32 位元肯定是相同的（具體演算法讀者可以自行推導），因此 RISC-V 架構僅定義了一行 mul 指令作為取低 32 位元結果的乘法指令。

mulh 指令將運算元暫存器 rs1 與 rs2 中的 32 位元整數相乘。其中，運算元暫存器 rs1 和 rs2 中的值都被當作有號數，將結果的高 32 位元寫回暫存器 rd 中。

mulhu 指令將運算元暫存器 rs1 與 rs2 中的 32 位元整數相乘。其中，運算元暫存器 rs1 和 rs2 中的值都被當作無號數，將結果的高 32 位元寫回暫存器 rd 中。

mulhsu 指令將運算元暫存器 rs1 與 rs2 中的 32 位元整數相乘。其中，運算元暫存器 rs1 和 rs2 中的值分別被當作有號數和無號數，將結果的高 32 位元寫回暫存器 rd 中。

如果希望得到兩個 32 位元整數相乘的完整 64 位元結果，RISC-V 架構推薦使用兩行連續的乘法指令「mulh[[S]U] rdh, rs1, rs2; mul rdl, rs1,rs2」，其要點如下。

- 兩行指令的源運算元索引和順序必須完全相同。
- 第一行指令的結果暫存器 rdh 的索引不能與其運算元暫存器 rs1 和 rs2 的索引相等。
- 在實現處理器的微架構時，將兩行指令融合成一行指令執行，而非分離的兩行指令，可以提高性能。

2・整數除法指令

div、divu、rem、remu 指令的組合語言格式如下。

```
div     rd, rs1, rs2
divu    rd, rs1, rs2
rem     rd, rs1, rs2
remu    rd, rs1, rs2
```

該組指令進行整數的除法操作。

div指令將運算元暫存器 rs1 與 rs2 中的 32 位元整數相除。其中，運算元暫存器 rs1 和 rs2 中的值都被當作有號數，將除法所得的商寫回暫存器 rd 中。

divu 指令將運算元暫存器 rs1 與 rs2 中的 32 位元整數相除。其中，運算元暫存器 rs1 和 rs2 中的值都被當作無號數，將除法所得的商寫回暫存器 rd 中。

rem指令將運算元暫存器 rs1 與 rs2 中的 32 位元整數相除。其中，運算元暫存器 rs1 和 rs2 中的值都被當作有號數，將除法所得的餘數寫回暫存器 rd 中。

remu 指令將運算元暫存器 rs1 與 rs2 中的 32 位元整數相除。其中，運算元暫存器 rs1 和 rs2 中的值都被當作無號數，將除法所得的餘數寫回暫存器 rd 中。

如果要同時得到兩個 32 位元整數相除的商和餘數，RISC-V 架構推薦使用兩行連續的指令「div[U] rdq, rs1, rs2; rem[U] rdr, rs1, rs2」，其要點如下。

- 兩行指令的源運算元索引和順序必須完全相同。
- 第一行指令的結果暫存器 rdq 的索引不能與其 rs1 和 rs2 的索引相等。
- 當實現處理器的微架構時，將兩行指令融合成一行指令，而非分離的兩行指令，可以提高性能。

在很多的處理器架構中，除以零（divided-by-zero）都會觸發異常跳躍，從而進入異常模式。但是請注意，RISC-V 架構的除法指令在除以零時並不會進入異常模式。這是 RISC-V 架構的顯著特點，該特點可以大幅簡化處理器管線的硬體實現。

雖然不會發生異常，但是仍然會產生特殊的數值結果。RISC-V 架構的除法指令在除以零與上溢時產生的結果如圖 A-5 所示。

條件	被除數	除數	divu	remu	div	rem
除以零	x	0	$2^{XLEN}-1$	x	-1	x
上溢 (僅符號)	-2^{XLEN-1}	-1	—	—	-2^{XLEN-1}	0

圖 A-5 RISC-V 架構的除法指令在除以零和上溢位時產生的結果

⚑ A.14.4 浮點指令

RISC-V 架構定義了可選的單精度浮點指令（F 擴充指令子集）和雙精度浮點指令（D 擴充指令子集）。

> ⚠️ **注意** RISC-V 架構規定，處理器可以選擇只實現 F 擴充指令子集而不支援 D 擴充指令子集。然而，如果處理器支援 D 擴充指令子集，則必須支援 F 擴充指令子集。

本書僅介紹 32 位元架構的浮點指令（RV32F、RV32D）。

1・標準

RISC-V 架構中規定的所有浮點運算均遵循標準 IEEE-754 標準。具體的標準為 ANSI/ IEEE Std 754-2008, IEEE standard for floating-point arithmetic, 2008。

2・通用浮點暫存器組

RISC-V 架構規定，如果處理器支援單精度浮點指令或雙精度浮點指令，則需要增加一組獨立的通用浮點暫存器組，其中包含 32 個通用浮點暫存器，標誌為 f0 至 f31。

浮點暫存器的寬度由 FLEN 表示，如果處理器僅支援 F 擴充指令子集，則每個通用浮點暫存器的寬度為 32 位元；如果處理器支援 D 擴充指令子集，則每個通用浮點暫存器的寬度為 64 位元。

> ⚠️ **注意** RISC-V 架構規定，不同於基本整數指令集中規定通用整數暫存器 x0 是為常數 0 預留的，浮點暫存器組中的 f0 為一個通用的浮點暫存器（與 f1 ～ f31 相同）。

3・fcsr

RISC-V 架構規定，如果處理器支援單精度浮點指令或雙精度浮點指令，則需要增加一個浮點控制狀態暫存器（fcsr），fcsr 的格式如圖 A-6 所示。fcsr

是一個讀寫的 CSR，有關此 CSR 的位址，請參見附錄 B。

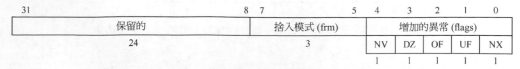

圖 A-6　fcsr 的格式

4‧浮點異常標識

　　如圖 A-6 所示，fcsr 包含浮點異常標識位元域 fflags，不同的異常標識位元所表示的異常類型如圖 A-7 所示。如果浮點運算單元在運算中出現了對應的異常，則會將 fcsr 中對應的異常標識位元設定為 1，且會一直保持。軟體可以透過寫 0 的方式單獨清除某個異常標識位元。

標識縮寫	說明
NV	無效操作
DZ	除以零
OF	溢位
UF	下溢
NX	不準確

圖 A-7　異常標識位表示的異常類型

　　在很多的處理器架構中，浮點運算產生的結果異常都會觸發異常跳躍（Trap），從而使處理器進入異常模式。但是請注意，RISC-V 架構的浮點指令在產生結果異常時並不會進入異常模式，而是僅設定 fcsr 中的異常標識位元。這是 RISC-V 架構的顯著特點。該特點可以大幅簡化處理器管線的硬體實現。

5‧浮點捨入模式

　　根據 IEEE-754 標準，浮點數運算需要指定捨入模式（rounding mode）。RISC-V 架構中浮點運算的捨入模式可以透過兩種方式指定。

- 靜態捨入模式：浮點指令的編碼中以 3 位元作為捨入模式域。有關浮點指令清單以及指令編碼，請參見附錄 F。不同捨入模式的編碼如圖 A-8 所示。RISC-V 架構支援 5 種合法的捨入模式。除此之外，如果捨入模式的編碼為 101 或 110，則為非法模式；如果捨入模式的編碼為 111，則表示使用動態捨入模式。

- 動態捨入模式：如果使用動態捨入模式，則使用 fcsr 中的捨入模式域。如圖 A-6 所示，fcsr 包含捨入模式域。不同捨入模式的編碼同樣如圖 A-8

所示，RISC-V 架構僅支援 5 種合法的捨入模式。如果 fcsr 中的捨入模式域指定為非法的捨入模式，則後續浮點指令會產生非法指令異常。

捨入模式的編碼	縮寫	說明
000	RNE	取最近的偶數
001	RTZ	取零
010	RDN	向下取整數 (到 - ∞)
011	RUP	向上取整數 (到 + ∞)
100	RMM	取最近的最大幅度
101	—	無效 , 未來使用
110	—	無效 , 未來使用
111	—	在指令的 m 欄位中，選擇動態捨入模式。在捨入模式暫存器中 , 無效

圖 A-8　捨入模式的編碼

6 · 存取浮點 fcsr 的虛擬指令

雖然 RISC-V 架構只定義了一個浮點控制與狀態暫存器（fcsr），但是該暫存器的不同域 frm 和 fflags 以及該暫存器本身 fcsr 均被分配了獨立的 CSR 位址，如圖 A-9 所示。

序號	優先順序	名稱	說明
0x001	读/写	fflags	浮點累積異常
0x002	读/写	frm	浮點動態捨入模式
0x003	读/写	fcsr	浮點控制和狀態暫存器 (frm+flags)

圖 A-9　fflags、frm 和 fcsr 的 CSR 位址

為了能夠方便地存取以上浮點 CSR，RISC-V 架構定義了一系列的虛擬指令，如圖 A-10 所示。虛擬指令表示它並不是一行真正的指令，而是關於其他基本指令使用形式的一種別名，如虛擬指令 frcsr rd 事實上是基本 CSR 指令的使用形式 csrrs rd, fcsr, x0 的別稱。

7 · 關閉浮點單元

如果處理器不想使用浮點運算單元（如將浮點單元關閉以降低功耗），可以使用 CSR 寫指令將 mstatus 暫存器的 FS 域設定成 0，將浮點單元的功能予以關閉。浮點單元的功能關閉之後，任何存取浮點 CSR 的操作或任何執行浮點指令的行為都將產生非法指令（illegal instruction）異常。

frcsr rd	csrrs rd, fcsr, x0	讀取 FP 控制與狀態暫存器
fscsr rd, rs	csrrw rd, fcsr, rs	交換 FP 控制與狀態暫存器
fscsr rs	csrrw x0, fcsr, rs	寫入 FP 控制與狀態暫存器
frrm rd	csrrs rd, frm, x0	讀取 FP 捨入模式
fsrm rd, rs	csrrw rd, frm, rs	交換 FP 捨入模式
fsrm rs	csrrw x0, frm, rs	寫入 FP 捨入模式
fsrmi rd, imm	csrrwi rd, frm, imm	讀取立即數後，交換 FP 捨入模式
fsrmi imm	csrrwi x0, frm, imm	讀取立即數後，寫入 FP 捨入模式
frflags rd	csrrs rd, fflags, x0	讀取 FP 異常標識位元
fsflags rd, rs	csrrw rd, fflags, rs	交換 FP 異常標識位元
fsflags rs	csrrw x0, fflags, rs	寫入 FP 異常標識位元
fsflagsi rd, imm	csrrwi rd, fflags, imm	讀取立即數後，交換 FP 異常標識位元
fsflagsi imm	csrrwi x0, fflags, imm	讀取立即數後，寫入 FP 異常標識位元

圖 A-10 存取 CSR 浮點的虛擬指令

8・對非規格化數的處理

RISC-V 架構規定，對於非規格化數的處理完全遵循 IEEE-754 標準。

9・Canonical-NaN 數

根據 IEEE-754 標準，在浮點數的表示中，一類特殊編碼資料屬於 NaN（Not a Number）類型，且 NaN 分為 Signaling-NaN 和 Quiet-NaN。有關 NaN 資料的細節，請參見 IEEE-754 標準。

RISC-V 架構規定，如果浮點運算的結果是一個 NaN 數，那麼使用一個固定的 NaN 數，將之命名為 Canonical-NaN。單精度浮點對應的 Canonical-NaN 數值為 0x7fc00000，雙精度浮點對應的 Canonical-NaN 數值為 0x7ff8000000000000。

10・NaN-boxing

如果同時支援單精度浮點（F 擴充指令子集）和雙精度浮點（D 擴充指令子集），由於浮點通用暫存器的寬度為 64 位元，RISC-V 架構規定，當單精度浮點指令產生的 32 位元結果寫入浮點通用暫存器（64 位元寬）時，將結果寫入低 32 位元，而高位元則全部寫入數值 1，RISC-V 架構規定此種做法稱為 NaN-boxing。NaN-boxing 可以發生在以下情形。

- 對於單精度浮點讀（load）/ 寫（store）指令和傳送（move）指令（包括 flw、fsw、fmv.w.x、fmv.x.w）。如果需要將 32 位元的數值寫入通用浮點暫存器，則採用 NaN-boxing 的方式；如果需要將浮點通用暫存器中的數值讀出，則僅使用其低 32 位元數值。

- 對於單精度浮點運算（compute）和符號注入（sign-injection）指令，需要判斷其運算元浮點暫存器中的值是否為合法的 NaN-boxed 值（即高 32 位元都為 1）。如果是，則正常使用其低 32 位元；如果不是，則將此運算元當作 Canonical-NaN 來使用。

- 對於整數至單精度浮點的轉換指令（如 fcvt.s.x），採用 NaN-boxing 的方式寫回浮點通用暫存器。對於單精度浮點至整數的轉換指令（如 fcvt.x.s），需要判斷其運算元浮點暫存器中的值是否為合法的 NaN-boxed 值（即高 32 位元都為 1）。如果是，則正常使用其低 32 位元；如果不是，則將此運算元當作 Canonical-NaN 來使用。

11・浮點數讀寫指令

flw、fsw、fld、fsd 指令的組合語言格式如下。

```
flw    rd, offset[11:0](rs1)
fsw    rs2, offset[11:0](rs1)
fld    rd, offset[11:0](rs1)
fsd    rs2, offset[11:0](rs1)
```

該組指令進行記憶體讀或寫入操作，存取記憶體的位址均由運算元暫存器 rs1 中的值與 12 位元的立即數（進行符號位元擴充）相加得出。

flw 指令從記憶體中讀回一個單精度浮點數，寫回暫存器 rd 中。

fsw 指令將運算元暫存器 rs2 中的單精度浮點數寫回記憶體中。

fld 指令從記憶體中讀回一個雙精度浮點數，寫回暫存器 rd 中。

fsd 指令將運算元暫存器 rs2 中的雙精度浮點數寫回記憶體中。

對於浮點讀和寫指令，RISC-V 架構推薦使用位址對齊的記憶體讀寫入操作。但是 RISC-V 架構也支援位址非對齊的記憶體操作，處理器可以選擇用硬體來支援，也可以選擇用軟體異常服務程式來支援。

對於位址對齊的記憶體讀寫入操作，RISC-V 架構規定其記憶體讀寫入操作必須具備原子性。

12・浮點數運算指令

 本節中所有指令的浮點運算均遵循 IEEE-754 標準。

fadd、fsub、fmul、fdiv、fsqrt 指令的組合語言格式如下。

```
fadd.s    rd, rs1, rs2
fsub.s    rd, rs1, rs2
fmul.s    rd, rs1, rs2
fdiv.s    rd, rs1, rs2
fsqrt.s   rd, rs1
fadd.d    rd, rs1, rs2
fsub.d    rd, rs1, rs2
fmul.d    rd, rs1, rs2
fdiv.d    rd, rs1, rs2
fsqrt.d   rd, rs1
```

該組指令進行加、減、乘、除、求平方根運算。

fadd.s 指令將運算元暫存器 rs1 與 rs2 中的單精度浮點數 src1 和 src2 相加，將結果寫回暫存器 rd 中。

fsub.s 指令將運算元暫存器 rs1 與 rs2 中的單精度浮點數 src1 和 src2 相減，將結果寫回暫存器 rd 中。

fmul.s 指令將運算元暫存器 rs1 與 rs2 中的單精度浮點數 src1 和 src2 相乘，將結果寫回暫存器 rd 中。

fdiv.s 指令將運算元暫存器 rs1 與 rs2 中的單精度浮點數 src1 和 src2 相除，將結果寫回暫存器 rd 中。

fsqrt.s 指令對運算元暫存器 rs1 中的單精度浮點數 src1 求平方根，將結果寫回暫存器 rd 中。

fadd.d 指令將運算元暫存器 rs1 與 rs2 中的雙精度浮點數 src1 和 src2 相加，將結果寫回暫存器 rd 中。

fsub.d 指令將運算元暫存器 rs1 與 rs2 中的雙精度浮點數相減，將結果寫回暫存器 rd 中。

fmul.d 指令將運算元暫存器 rs1 與 rs2 中的雙精度浮點數相乘，將結果寫回暫存器 rd 中。

fdiv.d 指令將運算元暫存器 rs1 與 rs2 中的雙精度浮點數相除，將結果寫回暫存器 rd 中。

　　fsqrt.d 指令對運算元暫存器 rs1 中的雙精度浮點數求平方根,將結果寫回暫存器 rd 中。

　　fmin、fmax 指令的組合語言格式如下。

```
fmin.s    rd, rs1, rs2
fmax.s    rd, rs1, rs2
fmin.d    rd, rs1, rs2
fmax.d    rd, rs1, rs2
```

　　該組指令進行取大值、取小值操作。

　　fmin.s 指令將運算元暫存器 rs1 與 rs2 中的單精度浮點數 src1 和 src2 進行比較操作,將較小的值作為結果寫回暫存器 rd 中。

　　fmax.s 指令將運算元暫存器 rs1 與 rs2 中的單精度浮點數 src1 和 src2 進行比較操作,將較大的值作為結果寫回暫存器 rd 中。

　　fmin.d 指令將運算元暫存器 rs1 與 rs2 中的雙精度浮點數 src1 和 src2 進行比較操作,將較小的值作為結果寫回暫存器 rd 中。

　　fmax.d 指令將運算元暫存器 rs1 與 rs2 中的雙精度浮點數 src1 和 src2 進行比較操作,將較大的值作為結果寫回暫存器 rd 中。

　　對於 fmax 和 fmin 指令,注意以下特殊情況。

- 如果指令的兩個運算元都是 NaN,那麼結果為 Canonical-NaN。
- 如果只有一個運算元為 NaN,則結果為非 NaN 的另外一個運算元。
- 如果任意一個運算元屬於 Signaling-NaN,則需要在 fscr 中產生 NV 異常標識。
- 由於浮點數可以表示兩個 0,分別是 0.0 和 +0.0,對於 fmax 和 fmin 指令而言, 0.0 比 +0.0 小。

　　fmadd、fmsub、fnmsub、fnmadd 指令的組合語言格式如下。

```
fmadd.s     rd, rs1, rs2, rs3
fmsub.s     rd, rs1, rs2, rs3
fnmadd.s    rd, rs1, rs2, rs3
fnmsub.s    rd, rs1, rs2, rs3
fmadd.d     rd, rs1, rs2, rs3
fmsub.d     rd, rs1, rs2, rs3
fnmadd.d    rd, rs1, rs2, rs3
fnmsub.d    rd, rs1, rs2, rs3
```

該組指令進行一體化乘累加（fused multiply-add）運算。

fmadd.s 指令對運算元暫存器 rs1、rs2 與 rs3 中的單精度浮點數 src1、src2 與 src3 計算 src1*src2+src3，將結果寫回暫存器 rd 中。

fmsub.s 指令對運算元暫存器 rs1、rs2 與 rs3 中的單精度浮點數 src1、src2 與 src3 計算 src1*src2 src3，將結果寫回暫存器 rd 中。

fnmadd.s 指令對運算元暫存器 rs1、rs2 與 rs3 中的單精度浮點數 src1、src2 與 src3 計算 src1*src2 src3，將結果寫回暫存器 rd 中。

fnmsub.s 指令對運算元暫存器 rs1、rs2 與 rs3 中的單精度浮點數 src1、src2 與 src3 計算 src1*src2+src3，將結果寫回暫存器 rd 中。

fmadd.d 指令對運算元暫存器 rs1、rs2 與 rs3 中的雙精度浮點數 src1、src2 與 src3 計算 src1*src2+src3，將結果寫回暫存器 rd 中。

fmsub.d 指令對運算元暫存器 rs1、rs2 與 rs3 中的雙精度浮點數 src1、src2 與 src3 計算 src1*src2 src3，將結果寫回暫存器 rd 中。

fnmadd.d 指令對運算元暫存器 rs1、rs2 與 rs3 中的雙精度浮點數 src1、src2 與 src3 計算 src1*src2 src3，將結果寫回暫存器 rd 中。

fnmsub.d 指令對運算元暫存器 rs1、rs2 與 rs3 中的雙精度浮點數 src1、src2 與 src3 計算 src1*src2+src3，將結果寫回暫存器 rd 中。

> ⚠️ **注意** 對於上述指令，如果兩個被乘數的值分別為無限大和 0，則需要在 fscr 中產生 NV 異常標識。

13 · 浮點數格式轉換指令

fcvt.w.s、fcvt.s.w、fcvt.wu.s、fcvt.s.wu、fcvt.w.d、fcvt.d.w、fcvt.wu.d、fcvt.d.wu 指令的組合語言格式如下。

```
fcvt.w.s     rd, rs1
fcvt.s.w     rd, rs1
fcvt.wu.s    rd, rs1
fcvt.s.wu    rd, rs1
fcvt.w.d     rd, rs1
```

```
fcvt.d.w     rd, rs1
fcvt.wu.d    rd, rs1
fcvt.d.wu    rd, rs1
```

該組指令進行浮點與整數之間的轉換操作。

fcvt.w.s 指令將通用浮點暫存器 rs1 中的單精度浮點數轉換成有號整數，將結果寫回通用整數暫存器 rd 中。

fcvt.s.w 指令將通用整數暫存器 rs1 中的有號整數轉換成單精度浮點數，將結果寫回通用浮點暫存器 rd 中。

fcvt.wu.s 指令將通用浮點暫存器 rs1 中的單精度浮點數轉換成不帶正負號的整數，將結果寫回通用整數暫存器 rd 中。

fcvt.s.wu 指令將通用整數暫存器 rs1 中的不帶正負號的整數轉換成單精度浮點數，將結果寫回通用浮點暫存器 rd 中。

fcvt.w.d 指令將通用浮點暫存器 rs1 中的雙精度浮點數轉換成有號整數，將結果寫回通用整數暫存器 rd 中。

fcvt.d.w 指令將通用整數暫存器 rs1 中的有號整數轉換成雙精度浮點數，將結果寫回通用浮點暫存器 rd 中。

fcvt.wu.d 指令將通用浮點暫存器 rs1 中的雙精度浮點數轉換成不帶正負號的整數，將結果寫回通用整數暫存器 rd 中。

fcvt.d.wu 指令將通用整數暫存器 rs1 中的不帶正負號的整數轉換成雙精度浮點數，將結果寫回通用浮點暫存器 rd 中。

⚠️ 注意 由於浮點數的表示範圍遠遠大於整數的表示範圍，且浮點數存在某些特殊的類型（無限大或 NaN），因此將浮點數轉換成整數的過程中存在諸多特殊情況，如圖 A-11 所示。

	fcvt.w.s	fcvt.wu.s
最小的有效輸入（捨入後）	-2^{31}	0
最大的有效輸入（捨入後）	$2^{31}-1$	$2^{32}-1$
超範圍的負輸入的輸出	-2^{31}	0
$-\infty$的輸出	-2^{31}	0
超範圍的正輸入的輸出	$2^{31}-1$	$2^{32}-1$
$+\infty$或 NaN 的輸出	$2^{31}-1$	$2^{32}-1$

圖 A-11　單精確度浮點數轉換成
整數需處理的特殊情況（雙精度同理）

fcvt.s.d、fcvt.d.s 指令的組合語言格式如下。

```
fcvt.s.d        rd, rs1
fcvt.d.s        rd, rs1
```

該組指令進行雙精度浮點數與單精度浮點數之間的轉換操作。

fcvt.s.d 指令將運算元暫存器 rs1 中的雙精度浮點數轉換成單精度浮點數，將結果寫回通用浮點暫存器 rd 中。

fcvt.d.s 指令將運算元暫存器 rs1 中的單精度浮點數轉換成雙精度浮點數，將結果寫回通用浮點暫存器 rd 中。

14．浮點數符號注入指令

fsgnj.s、fsgnjn.s、fsgnjx.s、fsgnj.d、fsgnjn.d、fsgnjx.d 指令的組合語言格式分別如下。

```
fsgnj.s         rd, rs1, rs2
fsgnjn.s        rd, rs1, rs2
fsgnjx.s        rd, rs1, rs2
fsgnj.d         rd, rs1, rs2
fsgnjn.d        rd, rs1, rs2
fsgnjx.d        rd, rs1, rs2
```

該組符號注入指令（sign-injection instruction）用於完成符號注入操作。

fsgnj.s 指令的運算元均為單精度浮點數，結果的符號位元與運算元暫存器 rs2 中的符號位元相同，結果的其他位元來自運算元暫存器 rs1，將結果寫回暫存器 rd。

fsgnjn.s 指令的運算元均為單精度浮點數，結果的符號位元由運算元暫存器 rs2 中的符號位元反轉得到，結果的其他位元來自運算元暫存器 rs1，將結果寫回暫存器 rd。

fsgnjx.s 指令的運算元均為單精度浮點數，結果的符號位元由運算元暫存器 rs1 中的符號位元與運算元暫存器 rs2 的符號位元進行「互斥」得到，結果的其他位元來自運算元暫存器 rs1，將結果寫回暫存器 rd。

fsgnj.d 指令的運算元均為雙精度浮點數，結果的符號位元與運算元暫存器 rs2 中的符號位元相同，結果的其他位元來自運算元暫存器 rs1，將結果寫回暫存器 rd。

　　fsgnjn.d 指令的運算元均為雙精度浮點數，結果的符號位元由運算元暫存器 rs2 中的符號位元反轉得到，結果的其他位元來自運算元暫存器 rs1，將結果寫回暫存器 rd。

　　fsgnjx.d 指令的運算元均為雙精度浮點數，結果的符號位元由運算元暫存器 rs1 的符號位元與運算元暫存器 rs2 的符號位元進行「互斥」得到，結果的其他位元來自運算元暫存器 rs1，將結果寫回暫存器 rd。

⚠️ **注意** 上述指令的不同形式可以等效於不同的虛擬指令，如 fmv、fneg 和 fabs 等。請參見附錄 G 以了解更多虛擬指令資訊。fsgnj、fsgnjn 和 fsgnjx 指令對於 NaN 類型的運算元並不做特殊對待，而是像普通運算元一樣對其進行符號注入操作。

15・浮點與整數互搬指令

　　fmv.x.w、fmv.w.x 指令的組合語言格式如下。

```
fmv.x.w      rd, rs1
fmv.w.x      rd, rs1
```

　　該組指令進行浮點與整數暫存器之間的資料搬運操作。

　　fmv.x.w 指令將通用浮點暫存器 rs1 中的單精度浮點數讀出，然後寫回通用整數暫存器 rd 中。

　　fmv.w.x 指令將通用整數暫存器 rs1 中的整數讀出，然後寫回通用浮點暫存器 rd 中。

⚠️ **注意** 由於 32 位元架構的通用整數暫存器的寬度為 32 位元，而雙精度浮點數為 64 位元，無法實現雙精度浮點暫存器與整數暫存器之間的資料互相搬運，因此在 32 位元架構中沒有此類指令。

16・浮點數比較指令

　　flt.s、fle.s、feq.s、flt.d、fle.d、feq.d 指令的組合語言格式分別如下。

```
flt.s    rd, rs1, rs2
fle.s    rd, rs1, rs2
feq.s    rd, rs1, rs2
flt.d    rd, rs1, rs2
fle.d    rd, rs1, rs2
feq.d    rd, rs1, rs2
```

該組指令進行浮點數的比較操作。

對於 flt.s 指令，如果通用浮點暫存器 rs1 中的單精度浮點數值小於 rs2 中的值，則結果為 1；不然為 0。同時，該指令將結果寫回通用整數暫存器 rd 中。

對於 fle.s 指令，如果通用浮點暫存器 rs1 中的單精度浮點數值小於或等於 rs2 中的值，則結果為 1；不然為 0。同時，該指令將結果寫回通用整數暫存器 rd 中。

對於 feq.s 指令，如果通用浮點暫存器 rs1 中的單精度浮點數值等於 rs2 中的值，則結果為 1；不然為 0。同時，該指令將結果寫回通用整數暫存器 rd 中。

對於 flt.d 指令，如果通用浮點暫存器 rs1 中的雙精度浮點數值小於 rs2 中的值，則結果為 1；不然為 0。同時，該指令將結果寫回通用整數暫存器 rd 中。

對於 fle.d 指令，如果通用浮點暫存器 rs1 中的雙精度浮點數值小於或等於 rs2 中的值，則結果為 1；不然為 0。同時，該指令將結果寫回通用整數暫存器 rd 中。

對於 feq.d 指令，如果通用浮點暫存器 rs1 中的雙精度浮點數值等於 rs2 中的值，則結果為 1；不然為 0。同時，該指令將結果寫回通用整數暫存器 rd 中。

注意事項如下。

- 對於 flt、fle 和 feq 指令，如果任何一個運算元為 NaN，則結果為 0。
- 對於 flt 和 fle 指令，如果任意一個運算元屬於 NaN，則需要在 fscr 中產生 NV 異常標識。
- 對於 feq 指令，如果任意一個運算元屬於 Signaling-NaN，則需要在 fscr 中產生 NV 異常標識。

17．浮點數分類指令

fclass.s 與 fclass.d 指令的組合語言格式分別如下。

```
fclass.s       rd, rs1
fclass.d       rd, rs1
```

該組指令進行浮點數的分類操作。

fclass.s 指令對通用浮點暫存器 rs1 中的單精度浮點數進行判斷，根據其所屬的類型，生成一個 10 位元的獨熱（one-hot）碼，其中的每一位元對應一種類型，如圖 A-12 所示，將結果寫回通用整數暫存器 rd 中。

fclass.d 指令對通用浮點暫存器 rs1 中的雙精度浮點數進行判斷，根據其所屬的類型，生成一個 10 位元的獨熱碼，其中的每一位元對應一種類型，如圖 A-12 所示，將結果寫回通用整數暫存器 rd 中。

rd 暫存器中獨熱碼的每一位	說明
第 0 位	rs1 表示 - ∞
第 1 位	rs1 表示負規範化數
第 2 位	rs1 表示負非規範數
第 3 位	rs1 表示 -0
第 4 位	rs1 表示 +0
第 5 位	rs1 表示正非規範數
第 6 位	rs1 表示正規範化數
第 7 位	rs1 表示 + ∞
第 8 位	rs1 表示帶負號的 NaN
第 9 位	rs1 表示沉寂的 NaN

圖 A-12 浮點分類指令的分類結果

A.14.5 記憶體原子操作指令（RV32A 指令子集）

本節介紹 RISC-V 架構的原子操作指令。RISC-V 的指令集文件並未對記憶體原子操作指令進行系統解釋。為了便於讀者理解，附錄 E 會對原子操作指令的相關知識背景予以簡介，建議讀者先閱讀附錄 E。

RISC-V 架構定義了可選的（非必需的）記憶體原子操作指令（A 擴充指令子集）。該擴充指令子集支援 amo 指令、Load-Reserved 指令和 Store-Conditional 指令。

1．amo 指令

注意 本節僅介紹 RISC-V 32 位元架構的 amo 指令。

amo 系列指令的組合語言格式如下。

```
amoswap.w   rd, rs2, (rs1)
amoadd.w    rd, rs2, (rs1)
amoand.w    rd, rs2, (rs1)
amoor.w     rd, rs2, (rs1)
amoxor.w    rd, rs2, (rs1)
amomax.w    rd, rs2, (rs1)
amomaxu.w   rd, rs2, (rs1)
amomin.w    rd, rs2, (rs1)
amominu.w   rd, rs2, (rs1)
```

此類指令用於從記憶體（位址由 rs1 暫存器的值指定）中讀出一個資料，存放至 rd 暫存器中，並且對讀出的資料與 rs2 暫存器中的值操作，再將結果寫回記憶體（記憶體寫回位址與讀出位址相同）。

對讀出的資料進行的操作類型依賴於具體的指令類型。

amoswap.w 將讀出的資料與 rs2 暫存器中的值進行互換。

amoadd.w 將讀出的資料與 rs2 暫存器中的值相加。

amoand.w 對讀出的資料與 rs2 暫存器中的值進行「與」操作。

amoor.w 對讀出的資料與 rs2 暫存器中的值進行「或」操作。

amoxor.w 對讀出的資料與 rs2 暫存器中的值進行「互斥」操作。

amomax.w 對讀出的資料與 rs2 暫存器中的值（當作有號數）取最大值。

amomaxu.w 對讀出的資料與 rs2 暫存器中的值（當作無號數）取最大值。

amomin.w 對讀出的資料與 rs2 暫存器中的值（當作有號數）取最小值。

amominu.w 對讀出的資料與 rs2 暫存器中的值（當作無號數）取最小值。

對於 32 位元架構的 amo 指令，存取記憶體的位址必須與 32 位元對齊，否則會產生位址未對齊異常（amo misaligned address exception）。

amo 指令要求整個「讀出 - 計算 - 寫回」過程必須滿足原子性。所謂原子性即整個「讀出 - 計算 - 寫回」過程必須能夠全部完成，在讀出和寫回之間的間隙，記憶體中的對應位址不能夠被其他的處理程序存取（通常會將匯流排鎖定）。

amo 指令還支援釋放一致性模型（release consistency model）。如圖 A-13 所示，amo 指令的編碼包含了 aq 與 rl 位元，分別表示獲取或釋放操作。透過設定不同的編碼，你就可以指定 amo 指令獲取或釋放操作的屬性。

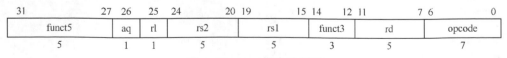

31 　　　　　27	26	25	24 　　　20	19 　　　　15	14 　　12	11 　　　　7	6 　　　　　0
funct5	aq	rl	rs2	rs1	funct3	rd	opcode
5	1	1	5	5	3	5	7

圖 A-13　amo 指令的編碼

amoswap.w 系列指令的特點如下。

- amoswap.w rd, rs2, (rs1)指令不具有獲取和釋放屬性，不具備屏障功能。
- amoswap.w.aq rd, rs2, (rs1) 指令具有獲取屬性，能夠屏障其之後的所有記憶體存取操作。
- amoswap.w.rl rd, rs2, (rs1) 指令具有釋放屬性，能夠屏障其之前的所有記憶體存取操作。
- amoswap.w.aqrl rd, rs2, (rs1) 指令同時具有獲取和釋放屬性，能夠屏障其之前和之後的所有記憶體存取操作。

使用帶有獲取或釋放屬性的 amo 指令可以實現「上鎖」操作。範例程式如下。

```
li t0, 1                   # 將 T0 暫存器中的值初始化為 1
again:
amoswap.w.aq t0, t0, (a0)  # 使用帶獲取屬性的 amoswap 指令，將 a0 位址中
                           # 鎖的值讀出，並將 t0 之前的值寫入 a0 位址
bnez t0, again             # 如果鎖中的值非 0，表示當前的鎖仍然被其他處理程序佔用，因此
                           # 重新讀取鎖的值
# ...                      # 如果鎖中的值為 0，則表示上鎖成功，可以進行獨佔後的
                           # 操作
# Critical section.
# ...
amoswap.w.rl x0, x0, (a0)  # 完成操作後，透過帶有釋放屬性的 amoswap 指令向鎖中
                           # 寫入數值 0，將鎖釋放
```

2・Load-Reserved 和 Store-Conditional 指令

注意 本節僅介紹 RISC-V 32 位元架構的 Load-Reserved 和 Store-Conditional 指令。

指令組合語言格式如下。

```
lr.w     rd, (rs1)
sc.w     rd, rs2, (rs1)
```

Load-Reserved 和 Store-Conditional 指令的功能與互斥讀取和互斥寫入指令完全相同，請參見附錄 E 以了解更多相關背景知識。

LR（Load-Reserved）指令用於從記憶體（位址由 rs1 暫存器的值指定）中讀出一個 32 位元資料，存放至 rd 暫存器中。

SC（Store-Conditional）指令用於向記憶體（位址由 rs1 暫存器的值指定）中寫入一個 32 位元資料，資料的值來自 rs2 暫存器中的值。SC 指令不一定能夠執行成功，只有滿足以下條件，SC 指令才能夠執行成功。

- LR 和 SC 指令成對地存取相同的位址。
- LR 和 SC 指令之間沒有任何其他的寫入操作（來自任何一個 Hart）存取過同樣的位址。
- LR 和 SC 指令之間沒有任何中斷與異常發生。
- LR 和 SC 指令之間沒有執行 mret 指令。

如果執行成功，則向 rd 暫存器寫回數值 0；如果執行失敗，則向 rd 暫存器寫回一個非零值。如果執行失敗，表示沒有真正寫入記憶體。

對於 32 位元架構的 LR 和 SC 指令，存取記憶體的位址必須與 32 位元對齊，否則會產生位址未對齊異常。

LR/SC 指令也支援釋放一致性模型。如圖 A-14 所示，LR/SC 指令的編碼包含了 aq 與 rl 位元，分別表示獲取（acquire）或釋放（release）操作。與 amo 指令相同，透過設定不同的編碼，你可以指定 LR/SC 指令獲取或釋放操作的屬性。

31　　　27	26	25	24　　　20	19　　　15	14　　12	11　　　7	6　　　　　0
funct5	aq	rl	rs2	rs1	funct3	rd	操作碼
5	1	1	5	5	3	5	7
LR	ordering		0	addr	width	dest	AMO
SC	ordering		src	addr	width	dest	AMO

圖 A-14　LR/SC 指令的編碼

A.14.6　16 位元壓縮指令（RV32C 指令子集）

本節介紹 RISC-V 架構的 16 位元長度編碼的壓縮指令（C 擴充指令子集）。

RISC-V 架構的精妙之處在於每一行 16 位元的指令都有對應的 32 位元指令。本節將列舉 RISC-V 32 位元架構下的壓縮指令（RV32C），並舉出其對應的 32 位元指令，如表 A-1 所示。對於 16 位元指令的具體描述，本節不再贅述，請參見其 32 位元指令的功能描述，或 RISC-V 架構指令集文件。

> **⚠️ 注意** 由於 16 位元指令的編碼長度有限,因此有的指令只能使用 8 個常用的通用暫存器作為運算元,即使用編號為 x8 ～ x15 的 8 個通用暫存器(如果使用的是浮點通用暫存器,則編號為 f8 ～ f15),但有的指令還是可以使用所有的通用暫存器作為運算元。有關 RV32C 指令的詳細編碼,請參見附錄 F。

表 A-1 僅列出 RISC-V 32 位元架構的壓縮指令(RV32C)。某些壓縮指令的運算元暫存器索引不能為特定值,如 rs1 索引不能等於 0,否則為非法指令。有關每行指令的具體非法情形,請參見附錄 F。

▼ 表 A-1 RV32C 指令清單

指 令 分 組	16 位元指令	32 位元指令	注 意 事 項
基於堆疊指標的讀與寫指令	c.lwsp rd, offset[7:2]	lw rd, offset[7:2](x2)	可以使用所有的通用暫存器作為運算元
	c.flwsp rd, offset[7:2]	flw rd, offset[7:2](x2)	
	c.fldsp rd, offset[8:3]	fld rd, offset[8:3](x2)	
	c.swsp rs2,offset[7:2]	sw rs2,offset[7:2](x2)	
	c.fswsp rs2, offset[7:2]	fsw rs2, offset[7:2](x2)	
	c.fsdsp rs2, offset[8:3]	fsd rs2, offset[8:3](x2)	
基於暫存器的讀與寫指令	c.lw rd, offset[6:2](rs1)	lw rd, offset[6:2](rs1)	只能夠使用 8 個常用的通用暫存器作為運算元(其中,c.flw/c.fld 的 rd 和 c.fsw/c.fsd 的 rs2 為通用浮點暫存器)
	c.flw rd, ffset[6:2](rs1)	flw rd, ffset[6:2](rs1)	
	c.fld rd,offset[7:3](rs1)	fld rd,offset[7:3](rs1)	
	c.sw rs2,offset[6:2](rs1)	sw rs2,offset[6:2](rs1)	
	c.fsw rs2,offset[6:2](rs1)	fsw rs2,offset[6:2](rs1)	
	c.fsd rs2,offset[7:3](rs1)	fsd rs2,offset[7:3](rs1)	
控制傳輸指令	c.j offset[11:1]	jal x0,offset[11:1]	─
	c.jal offset[11:1]	jal x1, offset[11:1]	─
	c.jr rs1	jalr x0, rs1, 0	可以使用所有的通用暫存器作為運算元
	c.jalr rs1	jalr x1, rs1, 0	
	c.beqz rs1 offset[8:1]	beq rs1, x0, offset[8:1]	只能夠使用 8 個常用的通用暫存器作為運算元
	c.bnez rs1 offset[8:1]	bne rs1, x0, offset[8:1]	

指令分組	16 位元指令	32 位元指令	注意事項
整數計算指令	c.li rd, imm[5:0]	addi rd, x0, imm[5:0]	可以使用所有的通用暫存器作為運算元
	c.lui rd, nzuimm[17:12]	lui rd, nzuimm[17:12]	
	c.addi rd, nzimm[5:0]	addi rd, rd, nzimm[5:0]	
	c.addi16sp nzimm[9:4]	addi x2, x2, nzimm[9:4]	—
	c.addi4spn rd, nzui-imm[9:2]	addi rd, x2, nzuimm[9:2]	只能夠使用 8 個常用的通用暫存器作為運算元
	c.slli rd, shamt[5:0]	slli rd, rd, shamt[5:0]	可以使用所有的通用暫存器作為運算元
	c.srli rd, shamt[5:0]	srli rd, rd, shamt[5:0]	只能夠使用 8 個常用的通用暫存器作為運算元
	c.srai rd, shamt[5:0]	srai rd, rd, shamt[5:0]	
	c.andi rd, imm[5:0]	andi rd, rd, imm[5:0]	
	c.mv rd, rs2	add rd, x0, rs2	可以使用所有的通用暫存器作為運算元
	c.add rd, rs2	add rd, rd, rs2	
	c.and rd, rs2	and rd, rd, rs2	只能夠使用 8 個常用的通用暫存器作為運算元
	c.or rd, rs2	or rd, rd, rs2	
	c.xor rd, rs2	xor rd, rd, rs2	
	c.sub rd, rs2	sub rd, rd, rs2	
NOP 指令	c.nop	addi x0, x0, 0.	32 位元的 nop 指令對應的實際指令編碼也是 addi x0, x0, 0
中斷點指令	c.ebreak	ebreak	—
定義的非法指令	RISC-V 架構規定，對任意長度編碼的指令，只要編碼是全 0 或全 1，就是非法指令，這個特性對捕捉某些特殊錯誤（舉例來說，取指時進入全 0 的資料段、未連接的匯流排或未初始化的記憶體段等）非常有用		

A.15 虛擬指令

RISC-V 架構定義了一系列的虛擬指令，虛擬指令表示它並不是一行真正的指令，而是其他基本指令使用形式的一種別名，請參見附錄 G 以了解完整的虛擬指令列表。

A.16 指令編碼

RV32GC 的完整指令清單及其編碼，請參見附錄 F。

附錄 B　　RISC-V 架構的 CSR

RISC-V 架構定義了一些控制與狀態暫存器（Control and Status Register，CSR），用於設定或記錄一些運行的狀態。CSR 是處理器核心內部的暫存器，使用其專有的 12 位元位址編碼空間。

⚠️ **注意** 本附錄僅介紹 RV32GC 指令集集合中支援機器模式的相關 CSR。有關 RISC-V 所有 CSR 的完整介紹，感興趣的讀者請參見 RISC-V 的「特權架構文件」。

B.1 蜂鳥 E203 處理器支援的 CSR 列表

蜂鳥 E203 處理器支援的 CSR 列表如表 B-1 所示，其中包括 RISC-V 標準的 CSR（RV32GC 指令集集合中只支援機器模式的 CSR）和蜂鳥 E203 處理器自訂擴充的 CSR。

▼ 表 B-1　蜂鳥 E203 處理器支援的 CSR 列表

類型	CSR 位址	讀寫屬性	名　稱	含　義
RISC-V 標準 CSR	0x001	MRW	fflags	浮點累積異常暫存器（Floating-Point Accrued Exception Register）
	0x002	MRW	frm	浮點動態捨入模式暫存器（Floating-Point Dynamic Rounding Mode Register）
	0x003	MRW	fcsr	浮點控制與狀態暫存器（Floating-Point Control and Status Register）
	0x300	MRW	mstatus	機器模式狀態暫存器（Machine Status Register）
	0x301	MRW	misa	機器模式指令集架構暫存器（Machine ISA Register）
	0x304	MRW	mie	機器模式中斷致能暫存器（Machine Interrupt Enable Register）
	0x305	MRW	mtvec	機器模式異常入口基底位址暫存器（Machine Trap-Vector Base-Address Register）
	0x340	MRW	mscratch	機器模式抹寫暫存器（Machine Scratch Register）
	0x341	MRW	mepc	機器模式異常 PC 暫存器（Machine Exception Program Counter Register）
	0x342	MRW	mcause	機器模式異常原因暫存器（Machine Cause Register）
	0x343	MRW	mtval（又名 mbadaddr）	機器模式異常值暫存器（Machine Trap Value Register）
	0x344	MRW	mip	機器模式中斷等待暫存器（Machine Interrupt Pending Register）
	0xB00	MRW	mcycle	週期計數器的低 32 位元（Lower 32 bits of Cycle counter）
	0xB80	MRW	mcycleh	週期計數器的高 32 位元（Upper 32 bits of Cycle counter）
	0xB02	MRW	minstret	已完成指令計數器的低 32 位元（Lower 32 bits of Instructions-retired counter）

類型	CSR 位址	讀寫屬性	名 稱	含 義
	0xB82	MRW	minstreth	已完成指令計數器的高 32 位元（Upper 32 bits of Instructions-retired counter）
	0xF11	MRW	mvendorid	機器模式供應商編號暫存器（Machine Vendor ID Register）
	0xF12	MRO	marchid	機器模式架構編號暫存器（Machine Architecture ID Register）
	0xF13	MRO	mimpid	機器模式硬體實現編號暫存器（Machine Implementation ID Register）
	0xF14	MRO	mhartid	Hart 編號暫存器（Hart ID Register）
	N/A	MRW	mtime	機器模式計時器暫存器（Machine-mode Timer Register）
	N/A	MRW	mtimecmp	機器模式計時器比較暫存器（Machine-mode Timer Compare Register）
	N/A	MRW	msip	機器模式軟體插斷等待暫存器（Machine-mode Software Inter-rupt Pending Register）
蜂鳥 E203 處理器自定義的 CSR	0xBFF	MRW	mcounterstop	自訂暫存器，用於停止 mtime、mcycle、mcycleh、minstret 和 minstreth 對應的計數器

B.2 RISC-V 標準 CSR

本節介紹 RISC-V 標準 CSR。

B.2.1 misa 暫存器

misa 暫存器用於指示當前處理器所支援的架構特性。

misa 暫存器的高兩位元用於指示當前處理器所支援的架構位元數。

- 如果高兩位元均為 1，則表示當前為 32 位元架構（RV32）。
- 如果高兩位元均為 2，則表示當前為 64 位元架構（RV64）。
- 如果高兩位元均為 3，則表示當前為 128 位元架構（RV128）。

misa 暫存器的低 26 位元用於指示當前處理器所支援的 RISC-V ISA 中不同模組化指令子集，每一位元表示的模組化指令子集如圖 B-1 所示。

⚠️注意 misa 暫存器在 RISC-V 架構文件中被定義為讀寫的暫存器，從而允許某些處理器的設計動態地設定某些特性。但是在蜂鳥 E203 處理器的實現中，misa 暫存器為唯讀暫存器，恒定地反映不同型號處理器核心所支援的 ISA 模組化子集。舉例來說，蜂鳥 E203 處理器核心支援 RV32IMAC，則在 misa 暫存器中，高兩位元值為 1，低 26 位元中 I/M/A/C 對應域的值即為 1。

位	字元	說明
0	A	原子擴充
1	B	為位操作擴充臨時保留的
2	C	壓縮擴充
3	D	雙精度浮點擴充
4	E	RV32E 基底位址 ISA
5	F	單精度浮點擴充
6	G	其他標準擴充
7	H	保留的
8	I	RV321/641/1281 基底位址 ISA
9	J	為動態翻譯語言擴充臨時保留的
10	K	保留的
11	L	為十進位浮點擴充臨時保留的
12	M	整數乘 / 除擴充
13	N	支持的使用者級中斷
14	O	保留的
15	P	為打包的 SIMD 擴充臨時保留的
16	Q	四精度浮點擴充
17	R	保留的
18	S	實現的監督者模式
19	T	為事務記憶體擴充臨時保留的
20	U	實現的使用者模式
21	V	為向量擴充保留的
22	W	保留的
23	X	非標準擴充
24	Y	保留的
25	Z	保留的

圖 B-1　misa 暫存器低 26 位元表示的模組化指令子集

B.2.2　mvendorid 暫存器

mvendorid 暫存器是唯讀暫存器，用於反映蜂鳥 E203 處理器核心的商業供應商編號（Vendor ID）。

如果此暫存器的值為 0，則表示此暫存器未實現，或表示此處理器不是一個商業處理器核心。

B.2.3　marchid 暫存器

marchid 暫存器是唯讀暫存器，用於反映該處理器核心的硬體實現微架構編號（Microarchitecture ID）。

如果此暫存器的值為 0，則表示此暫存器未實現。

B.2.4　mimpid 暫存器

mimpid 暫存器是唯讀暫存器，用於反映該處理器核心的硬體實現編號（Implementation ID）。

如果此暫存器的值為 0，則表示此暫存器未實現。

B.2.5 mhartid 暫存器

mhartid 暫存器是唯讀暫存器，用於反映當前 Hart 的編號（Hart ID）。有關 Hart 的概念，請參見 A.9 節。

RISC-V 架構規定，如果在單 Hart 或多 Hart 的系統中，起碼要有一個 Hart 的編號必須是 0。

B.2.6 fflags 暫存器

fflags 暫存器為浮點控制與狀態暫存器（fcsr）中浮點異常標識位元域的別名。之所以單獨定義一個 fflags 暫存器，是為了方便使用 CSR 指令直接讀寫浮點異常標識位元域。

B.2.7 frm 暫存器

frm 暫存器為浮點控制與狀態暫存器中浮點捨入模式（Rounding Mode）域的別名。之所以單獨定義一個 frm 暫存器，是為了方便使用 CSR 指令直接讀寫浮點捨入模式。

B.2.8 fcsr 暫存器

RISC-V 架構規定，如果處理器支援單精度浮點指令或雙精度浮點指令，則需要增加一個浮點控制與狀態暫存器。該暫存器包含了浮點異常標識位元域和浮點捨入模式域。

B.2.9 mstatus 暫存器

mstatus 暫存器是機器模式下的狀態暫存器。

如圖 B-2 所示，該暫存器包含若干不同的功能域，其中 TSR、TW、TVM、MXR、SUM、MPRV、SPP、SPIE、UPIE、SIE 以及 UIE 域與本書介紹的設定（採用 RV32GC 指令集集合且只支援機器模式）無關，因此在此不做介紹。本書僅對剩餘的 SD、XS、FS、MPP、MPIE 以及 MIE 域予以介紹。

1．mstatus 暫存器中的 MIE 域

mstatus 暫存器中的 MIE 域表示全域中斷致能。當該 MIE 域的值為 1 時，表示所有中斷的全域開關打開；當 MIE 域的值為 0 時，表示全域關閉所有的中斷。mstatus 暫存器的格式如圖 B-2 所示。

為了進一步理解此暫存器，請先系統地了解中斷和異常的相關資訊（見第 13 章）。

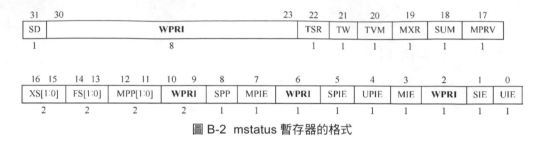

圖 B-2　mstatus 暫存器的格式

2．mstatus 暫存器中的 MPIE 域、MPP 域

mstatus 暫存器中的 MPIE 域和 MPP 域分別用於保存進入異常之前 MIE 域和特權模式（privilege mode）的值。

為了理解此暫存器，請複習第 13 章。

RISC-V 架構規定，處理器在進入異常時執行以下操作。

- 把 MPIE 域的值更新為當前 MIE 域的值。
- 把 MIE 域的值更新為 0（這表示進入異常服務程式後中斷被遮罩）。
- 把 MPP 域的值更新為異常發生前的模式（如果只支援機器模式，則 MPP 域的值永遠為 11）。

3．mstatus 暫存器中的 FS 域

mstatus 暫存器中的 FS 域用於維護或反映浮點單元的狀態。FS 域由兩位元組成，其狀態編碼如圖 B-3 所示。

狀態編碼	FS 域的狀態	XS 域的狀態
0	關閉	全部關閉
1	初始	沒有處於髒狀態或乾淨狀態的，全部打開
2	乾淨	沒有處於髒狀態的，一些處於乾淨狀態
3	髒	一些處於髒狀態

圖 B-3　FS 域表示的狀態編碼

FS 域的更新準則如下。

- 通電後 FS 域的預設值為 0，這表示浮點單元的狀態為 Off。因此為了能夠正常使用浮點單元，軟體需要使用 CSR 寫指令將 FS 域的值改寫為非零值，以打開浮點單元的功能。

- 如果 FS 域的值為 1 或 2，執行任何浮點指令之後，FS 域的值會自動切換為 3，表示浮點單元的狀態為髒（dirty），即狀態發生了改變。

- 如果處理器不想使用浮點運算單元（如將浮點單元的功能關閉以降低功耗），可以使用 CSR 寫指令將 mstatus 暫存器的 FS 域設定成 0，將浮點單元的功能予以關閉。浮點單元的功能關閉之後，任何存取浮點 CSR 的操作或任何執行浮點指令的行為都將產生非法指令（illegal instruction）異常。

除上述功能之外，FS 域的值還用於作業系統在進行上下文切換時的指引資訊，由於此內容超出本書的介紹範圍（只支援機器模式，不支援作業系統），因此在此不做介紹。感興趣的讀者請參見 RISC-V 的「特權架構文件」。

4・mstatus 暫存器中的 XS 域

mstatus 暫存器中的 XS 域與 FS 域的作用類似，但是它用於維護或反映使用者自訂的擴充指令單元狀態。

在標準的 RISC-V「特權架構文件」中定義 XS 域為唯讀域，它用於反映所有自訂擴充指令單元的狀態總和。但請注意，在蜂鳥 E203 處理器的硬體實現中，將 XS 域設計成寫入讀取域，其作用與 FS 域類似，軟體可以透過改寫 XS 域的值達到打開或關閉輔助處理器擴充指令單元的目的。

與 FS 域類似，XS 除用於上述功能之外，還用作作業系統在進行上下文切換時的指引資訊。由於此內容超出本書的介紹範圍（只支援機器模式，不支援作業系統），因此在此不做介紹，感興趣的讀者請參見 RISC-V 的「特權架構文件」。

5・mstatus 暫存器中的 SD 域

mstatus 暫存器中的 SD 域是一個唯讀域，它表示 XS 域或 FS 域處於髒（dirty）狀態。其邏輯關聯運算式為 SD=((FS==11) OR (XS==11))。

之所以設定此唯讀的 SD 域，是為了方便軟體快速查詢 XS 域或 FS 域是否處於髒狀態，從而在上下文切換時可以快速判斷是否需要對浮點單元或擴充指令單元進行上下文保存。由於此內容超出本書的介紹範圍（只支援機器模式，不支援作業系統），因此在此不做過多介紹，感興趣的讀者請參見 RISC-V 的「特權架構文件」。

B.2.10　mtvec 暫存器

mtvec 暫存器用於設定異常的入口位址。

為了理解此暫存器，請複習第 13 章。

在處理器執行程式的過程中，一旦遇到異常，則終止當前的程式流，處理器被強行跳躍到一個新的 PC 位址，該過程在 RISC-V 的架構中定義為陷阱（trap），字面的含義為「跳入陷阱」，更加準確的含義為「進入異常」。RISC-V 處理器進入異常後跳入的 PC 位址由 mtvec 暫存器指定。

有關 RISC-V 架構定義的 mtvec 暫存器的詳細格式，請參見 13.2.1 節。

B.2.11　mepc 暫存器

mepc 暫存器用於保存進入異常之前指令的 PC 值，使用該 PC 值作為異常的返回位址。

為了理解此暫存器，請複習第 13 章。

RISC-V 架構規定，處理器進入異常時，更新 mepc 暫存器以反映當前遇到異常的指令的 PC 值。

值得注意的是，雖然 mepc 暫存器會在異常發生時自動被硬體更新，但是 mepc 暫存器本身也是一個讀寫的暫存器，因此軟體也可以直接寫該暫存器，以修改它的值。

⚠ 注意　RISC-V 架構在遇到中斷和異常時的返回位址定義（更新 mepc 暫存器的值）有以下細微差別。

- 在出現中斷時，mepc 暫存器指向下一行尚未執行的指令，因為中斷時的指令正確執行。
- 在出現異常時，mepc 暫存器指向當前指令，因為當前指令觸發了異常。

對於同步異常，能夠精確定位到造成異常的指令；而對於非同步異常，則無法精確定位，這取決於處理器的具體硬體實現。

如果異常由 ecall 或 ebreak 產生，直接跳回返回位址，則會造成無窮迴圈（因為重新執行 ecall 導致重新進入異常）。正確的做法是在異常處理中使 mepc 暫存器指向下一行指令，由於現在 ecall/ebreak 都是 4 位元組指令，因此簡單設定 mepc=mepc+4 即可。

⚒ B.2.12　mcause 暫存器

mcause 暫存器用於保存進入異常之前的出錯原因，以便對異常原因進行診斷和偵錯。

為了理解此暫存器，請複習第 13 章。

RISC-V 架構規定，處理器進入異常時，更新 mcause 暫存器以反映當前遇到異常的原因：mcause 暫存器的最高位元為中斷（interrupt）域，低 31 位元為異常編號（exception code）域，這兩個域的組合可以用於指示 12 種定義的中斷類型和 16 種定義的異常類型。

⚒ B.2.13　mtval (mbadaddr) 暫存器

mtval（又名 mbadaddr）暫存器用於保存進入異常之前的錯誤指令的編碼值或記憶體存取的位址值，以便對異常原因進行診斷和偵錯。

為了理解此暫存器，請複習第 13 章。

RISC-V 架構規定，處理器進入異常時，更新 mtval 暫存器，以反映當前遇到異常的資訊。

對於記憶體存取造成的異常，如硬體中斷點、取指令和記憶體讀寫造成的異常，將記憶體存取的位址更新到 mtval 暫存器中。

對於非法指令造成的異常，將錯誤指令的編碼更新到 mtval 暫存器中。

B.2.14 mie 暫存器

mie 暫存器用於控制不同中斷類型的局部遮罩。之所以稱為局部遮罩,是因為相對而言 mstatus 暫存器中的 MIE 域提供了全域中斷致能,請參見 B2.9 節以了解 mstatus 暫存器的更多資訊。

為了理解此暫存器,請複習第 13 章。

RISC-V 架構對於 mie 暫存器的規定如下。

mie 暫存器的每一個域用於控制每個單獨的中斷致能,MEIE/MTIE/MSIE 域分別控制機器模式下的外部中斷(external interrupt)、計時器中斷(timer interrupt)和軟體插斷(software interrupt)的遮罩。如果處理器(如蜂鳥 E203)只實現了機器模式,則監督模式(supervisor)和使用者模式(user mode)對應的中斷致能位元(SEIE、UEIE、STIE、UTIE、SSIE 以及 USIE)無任何意義。

有關 RISC-V 架構定義的 mie 暫存器的詳細格式和功能,請參見 13.3.2 節。

B.2.15 mip 暫存器

mip 暫存器用於查詢中斷的等待(pending)狀態。

為了理解此暫存器,請複習第 13 章。

RISC-V 架構對於 mip 暫存器的規定如下。

mip 暫存器的中的每一個域用於反映每個單獨的中斷等候狀態,MEIP/MTIP/MSIP 域分別反映機器模式下的外部中斷、計時器中斷和軟體插斷的等候狀態。如果處理器(如蜂鳥 E203)只實現了機器模式,則監督模式和使用者模式對應的中斷等候狀態位元(SEIP、UEIP、STIP、UTIP、SSIP 以及 USIP)無任何意義。

有關 RISC-V 架構定義的 mip 暫存器的詳細格式和功能,請參見 13.3.3 節。

✕ B.2.16 mscratch 暫存器

mscratch 暫存器用於在機器模式下的程式中臨時保存某些資料。mscratch 暫存器可以提供一種快速的保存和恢復機制。舉例來說，在進入機器模式的例外處理常式後，處理器將應用程式的某個通用暫存器的值臨時存入 mscratch 暫存器中，在退出例外處理常式之前，將 mscratch 暫存器中的值讀出，恢復至通用暫存器。

✕ B.2.17 mcycle 暫存器和 mcycleh 暫存器

RISC-V 架構定義了一個 64 位元寬的時鐘週期計數器，用於反映處理器執行了多少個時鐘週期。只要處理器處於執行狀態，此計數器便會不斷自動增加計數，其自動增加的時鐘頻率由處理器的硬體實現自訂。

mcycle 暫存器反映了該計數器低 32 位元的值，mcycleh 暫存器反映了該計數器高 32 位元的值。

mcycle 暫存器和 mcycleh 暫存器可以用於衡量處理器的性能，且具備讀寫屬性，因此軟體可以透過 CSR 指令改寫 mcycle 暫存器和 mcycleh 暫存器中的值。

考慮到計數器計數會增加動態功耗，在蜂鳥 E203 處理器的實現中，在自訂 mcounterstop 暫存器中額外增加了一個控制位元。軟體可以透過設定此控制域使 mcycle 暫存器和 mcycleh 暫存器對應的計數器停止計數，從而在不需要衡量性能時停止計數器，以達到省電的作用。請參見 B.3 節，以了解 mcounterstop 暫存器的更多資訊。

✕ B.2.18 minstret 暫存器和 minstreth 暫存器

RISC-V 架構定義了一個 64 位元寬的執行指令計數器，用於反映處理器成功執行了多少行指令。處理器每成功執行一行指令，此計數器就會自動增加計數。

minstret 暫存器反映了該計數器低 32 位元的值，minstreth 暫存器反映了該計數器高 32 位元的值。

minstret 暫存器和 minstreth 暫存器可以用於衡量處理器的性能，且具備讀寫屬性，因此軟體可以透過 CSR 指令改寫 minstret 暫存器和 minstreth 暫存器中的值。

考慮到計數器計數會增加動態功耗，在蜂鳥 E203 處理器的實現中，在自訂 mcounterstop 暫存器中額外增加了一個控制位元。軟體可以設定此控制域以使 minstret 暫存器和 minstreth 暫存器對應的計數器停止計數，從而在不需要衡量性能時停止計數器，以達到省電的作用。請參見 B.3 節，以了解 mcounterstop 暫存器的更多資訊。

B.2.19　mtime 暫存器、mtimecmp 暫存器和 msip 暫存器

為了理解 mtime、mtimecmp 和 msip 這 3 個暫存器，請複習第 13 章。

RISC-V 架構定義了一個 64 位元的計時器，該計時器的值即時反映在 mtime 暫存器中，且該計時器可以透過 mtimecmp 暫存器設定其比較值，從而產生中斷。注意，RISC-V 架構沒有將 mtime 暫存器和 mtimecmp 暫存器定義為 CSR，而是定義為記憶體位址映射（memory address mapped）的系統暫存器，RISC-V 架構並沒有規定具體的記憶體映射位址，而是交由 SoC 系統整合者實現。

RISC-V 架構定義了一種軟體插斷，這種軟體插斷可以透過寫 1 至 msip 暫存器來觸發。有關軟體插斷的資訊，請參見 13.3.1 節。注意，此處的 msip 暫存器和 mip 暫存器中的 MSIP 域命名不可混淆，且 RISC-V 架構並沒有定義 msip 暫存器為 CSR，而是定義為記憶體位址映射的系統暫存器，RISC-V 架構並沒有規定具體的記憶體映射位址，而是交由 SoC 系統整合者實現。

在蜂鳥 E203 處理器的實現中，mtime 暫存器、mtimecmp 暫存器、msip 暫存器均由 CLINT 模組實現。有關蜂鳥 E203 處理器的 CLINT 實現要點以及 mtime 暫存器、mtimecmp 暫存器、msip 暫存器分配的記憶體位址區間，請參見 13.5.5 節。

考慮到計時器計數會增加動態功耗，在蜂鳥 E203 處理器的實現中，在自訂 mcounterstop 暫存器中額外增加了一個控制位元。軟體可以透過設定此控制域使 mtime 暫存器對應的計時器停止計數，從而在不需要時停止計時器，達到省電的作用。

B.3 蜂鳥 E203 處理器自訂的 CSR

本節介紹蜂鳥 E203 處理器自訂的 CSR。

考慮到 mtime、mcycle、mcycleh、minstret 和 minstreth 暫存器對應的計數器計數會增加動態功耗，因此在蜂鳥 E203 處理器的實現中，自訂 mcounterstop 暫存器，用於控制不同計數器的運行和停止。

mcounterstop 暫存器中的域如表 B-2 所示。

▼ 表 B-2 mcounterstop 暫存器中的域

域	位 元	描 述
CYCLE	第 0 位元	控制 mcycle 暫存器和 mcycleh 暫存器對應的計數器： • 如果此位元為 1，則使計數器停止計數 • 如果此位元為 0，則計數器正常執行 通電重置後此位元的預設值為 0
TIMER	第 1 位元	控制 mtime 暫存器對應的計數器： • 如果此位元為 1，則使計數器停止計數 • 如果此位元為 0，則計數器正常執行 通電重置後此位元的預設值為 0
INSTRET	第 2 位元	控制 minstret 暫存器和 minstreth 暫存器對應的計數器： • 如果此位元為 1，則使計數器停止計數 • 如果此位元為 0，則計數器正常執行 通電重置後此位元的預設值為 0
Reserved	第 3 ～ 31 位元	表示常數 0

附錄 C　　RISC-V 架構的 PLIC

本附錄僅介紹平台等級中斷控制器（Platform Level Interrupt Controller，PLIC），而 PLIC 僅是 RISC-V 整個中斷機制中的子環節。

C.1　概述

RISC-V 架構定義了一個 PLIC，用於對多個外部中斷源按優先順序進行仲裁和分發。PLIC 的邏輯結構如圖 C-1 所示。

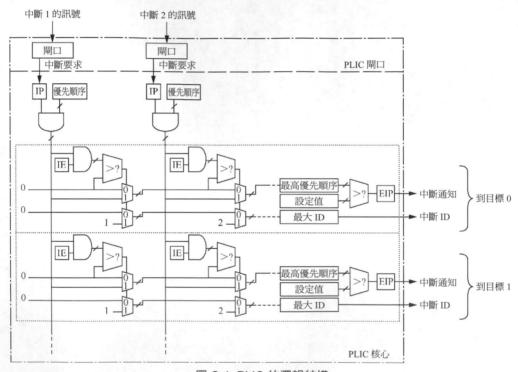

圖 C-1　PLIC 的邏輯結構

圖 C-1 僅為 PLIC 的邏輯結構，並非其真正的硬體結構。設計人員可以採用更高效的硬體設計結構實現處理器。

圖 C-1 中有兩個中斷目標，但 PLIC 理論上可以支持一個或任意多個中斷目標。下一節將對中斷目標予以詳述。

圖 C-1 中的 IP（Interrupt Pending）表示中斷源的等待標識暫存器；優先順序（Priority）表示中斷源的優先順序暫存器；IE（Interrupt Enable，中斷致

能）為中斷源對應於中斷目標的致能暫存器；設定值（threshold）為中斷目標的優先順序設定值暫存器；EIP 為發往中斷目標的中斷訊號線。C.2 節和 C.3 節將對各概念及暫存器予以詳述。

C.2　PLIC 中斷目標

如上一節所述，PLIC 理論上可以支援一個或任意多個中斷目標，硬體設計人員可以選擇具體的中斷目標個數上限。

RISC-V 架構規定，PLIC 的中斷目標通常是 RISC-V 架構的特定模式下的 Hart，有關 Hart 的概念，請參見附錄 A。但是，理論上，PLIC 不僅可以用於向 RISC-V 架構的 Hart 發送中斷，還可以向系統的其他元件（如 DMA、DSP 等）發送中斷。

大部分的情況下，RISC-V 架構的 Hart 需要進入機器模式以回應中斷，但是RISC-V 架構也運行於低級別的工作模式（如使用者模式）以直接回應中斷，此特性由 mideleg 暫存器控制。因此對於一個 Hart 而言，其機器模式可以作為中斷目標，還可以以其他模式作為中斷目標。

⚠️ 注意　mideleg 暫存器只在支援多種工作模式的 RISC-V 處理器中才使用。由於本附錄著重介紹只支援機器模式的架構，因此對 mideleg 暫存器不做介紹，感興趣的讀者請參見 RISC-V 的「特權架構文件」。

該 PLIC 服務於 3 個 RISC-V Hart。Hart 0 有 M、U 兩種模式，Hart 1 有 M、S、U 這 3 種模式，Hart 2 也有 M、S、U 這 3 種模式，因此該 PLIC 總共有 8 個中斷目標（見圖 C-2）。

目標	Hart	模式
0	0	M
1	0	U
2	1	M
3	1	S
4	1	U
5	2	M
6	2	S
7	2	U

圖 C-2　PLIC 的中斷目標

⚠️ 注意　由於蜂鳥 E203 處理器是單核心處理器，且沒有實現任何硬體超執行緒的技術，因此一個蜂鳥 E203 處理器核心即為一個 Hart，且蜂鳥 E203 處理器核心只支援機器模式。蜂鳥 E203 系統中的 PLIC 只有一個中斷目標，Hart 0 只有 M 模式。

PLIC 中斷目標之設定值

PLIC 的每個中斷目標均可以具有特定的優先順序設定值,只有中斷源的優先順序高於此設定值,中斷才能夠發送給中斷目標。

中斷目標的優先順序設定值暫存器應該是記憶體位址映射的讀寫暫存器,於是開發人員可以透過程式設計設定不同的設定值來遮罩優先順序比設定值低的中斷源。

C.3　PLIC 中斷源

PLIC 理論上可以支援任意多個(對於具體硬體實現,你可以選擇它支持的上限)中斷源(interrupt source)。每個中斷源可以是不同的觸發類型,如電位觸發(level-triggered)或邊緣觸發(edge-triggered)等。

PLIC 為每個中斷源分配了以下元件。

- 閘口(gateway)和 IP 暫存器。
- 優先順序(priority)元件。
- 致能(enable)元件。

另外,PLIC 還為每個中斷源分配了 ID 參數。

C.3.1　PLIC 中斷源之閘口和 IP 暫存器

PLIC 為每個中斷源分配了一個閘口,每個閘口都有對應的中斷等待暫存器,其功能如下。

- 閘口將不同觸發類型的外部中斷轉換成統一的內部插斷要求。
- 對於同一個中斷源而言,閘口保證一次只發送一個插斷要求(interrupt request)。插斷要求由閘口發送後,硬體將自動將對應的 IP 暫存器置 1。
- 閘口發送一個插斷要求後則啟動遮罩,如果此中斷沒有處理完成,則後續的中斷將被閘口遮罩。

⚓ C.3.2 PLIC 中斷源之編號

PLIC 為每個中斷源分配了獨一無二的編號（ID）。ID 編號 0 被預留，表示「不存在的中斷」，因此有效的中斷 ID 從 1 開始。

舉例來說，假設某 PLIC 的硬體實現支援 1024 個 ID，則 ID 應為 0 ～ 1023。其中，除 0 被預留（表示「不存在的中斷」）之外，編號 1 ～ 1023 對應的中斷源介面訊號線可以用於連接有效的外部中斷源。

⚓ C.3.3 PLIC 中斷源之優先順序

對於 PLIC 的每個中斷源，開發人員均可以設定特定的優先順序。

每個中斷源的優先順序暫存器應該是記憶體位址映射的讀寫暫存器，於是開發人員可以為其設定不同的優先順序。

PLIC 架構理論上可以支援任意多個優先順序，在硬體實現中，你可以選擇具體的優先順序個數。舉例來說，假設硬體實現中設定優先順序暫存器的有效位元為 3 位元，則它可以支援 0 ～ 7 這 8 個優先順序。

數字越大，優先順序越高。

優先順序 0 表示「不可能中斷」，相當於將此中斷源遮罩。這是因為 PLIC 的每個中斷目標均可以具有特定的優先順序設定值，只有中斷源的優先順序高於此設定值，中斷才能夠發送給中斷目標。由於設定值最小為 0，因此中斷源的優先順序 0 不可能高於任何設定的設定值，即表示「不可能中斷」。

⚓ C.3.4 PLIC 中斷源之中斷致能

PLIC 為每個中斷目標的每個中斷源分配了一個中斷致能暫存器。

IE 暫存器應該是記憶體位址映射的讀寫暫存器，開發人員可以對其程式設計。

● 如果 IE 暫存器設定為 0，則表示此中斷源對應的中斷目標被遮罩。
● 如果 IE 暫存器設定為 1，則表示此中斷源對應的中斷目標打開。

C.4 PLIC 中斷處理機制

⚚ C.4.1 PLIC 中斷通知機制

對於每個中斷目標而言，PLIC 對其所有中斷源進行仲裁要依據一定的原則。

對每個中斷目標來說，只有滿足下列所有條件的中斷源才能參與仲裁。

- 中斷源對於該中斷目標的致能位元（IE 暫存器）必須為 1。
- 中斷源的優先順序（優先順序暫存器的值）必須大於 0。
- 中斷源必須由閘口發送（IP 暫存器的值為 1）。
- 從所有參與仲裁的中斷源中選擇優先順序最高的中斷源，作為仲裁結果。如果參與仲裁的多個中斷源具有相同的優先順序，仲裁時則選擇 ID 最小的中斷源。
- 如果仲裁出的中斷源優先順序高於中斷目標的優先順序設定值，則發出最終的中斷通知；不然不發出最終的中斷通知。

經過仲裁之後，如果對中斷目標發出中斷通知，則為該中斷目標生成一個電位觸發的中斷訊號。若中斷目標對應一個 RISC-V Hart 的機器模式，則該中斷訊號的值將反映在其 mip 暫存器中的 MEIP 域。

⚚ C.4.2 PLIC 中斷回應機制

對於每個中斷目標而言，如果收到了中斷通知，且決定對該中斷進行回應，則需要向 PLIC 發送中斷回應（interrupt claim）消息。本節介紹 PLIC 定義的中斷回應機制。

PLIC 實現一個記憶體位址映射的讀取暫存器，中斷目標可以透過對此暫存器進行讀取操作，達到中斷回應的目的。作為回饋，此讀取操作將返回一個 ID，表示當前仲裁出的中斷源對應的中斷 ID。中斷目標可以透過此 ID 得知它需要回應的具體外部中斷源，如果返回的中斷 ID 為 0，則表示無插斷要求。

PLIC 接收到中斷回應的暫存器讀取操作且返回了中斷 ID 之後，硬體自動將對應中斷源的 IP 暫存器清零。

⚠️ **注意** 此中斷源的 IP 暫存器清零後，PLIC 仍可以重新仲裁其他中斷源，選出下一個最高優先順序的中斷源，因此 PLIC 有可能會繼續向該中斷目標發送新的中斷通知。

中斷目標可以將該中斷目標的優先順序設定值設定到最大，即遮罩掉所有的中斷通知。但是該中斷目標仍然可以對 PLIC 發起中斷響應的暫存器讀取操作，PLIC 依然會返回當前仲裁出的中斷源對應的中斷 ID。

C.4.3 PLIC 中斷完成機制

對於中斷目標而言，如果徹底完成了某個中斷源的中斷處理操作，則需要向 PLIC 發送中斷完成（interrupt completion）消息。PLIC 定義的中斷完成機制如下。

- PLIC 實現一個記憶體位址映射的寫入暫存器，中斷目標可以透過對此暫存器進行寫入操作達到中斷完成的目的。此寫入操作需要寫入一個中斷 ID，以通知 PLIC 完成了此中斷源的中斷處理操作。
- PLIC 接收到中斷完成的暫存器寫入操作後（寫入中斷 ID），硬體自動解除對應中斷源的閘口遮罩。只有解除閘口遮罩，此中斷源才能經過閘口發起下一次插斷要求（才能重新將 IP 暫存器置 1）。

C.4.4 PLIC 中斷完整流程

綜上所述，對於每個中斷源的中斷而言，其完整流程如圖 C-3 所示。

如果閘口沒有被遮罩，則中斷源由閘口發起插斷要求。閘口發送一個插斷要求後，硬體自動將其對應的 IP 暫存器置 1；PLIC 硬體將為對應中斷源的閘口啟動遮罩，後續的中斷將被閘口遮罩住。

按照中斷仲裁機制，如果經過 PLIC 硬體仲裁後選中了該中斷源，

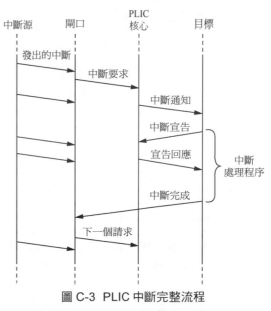

圖 C-3 PLIC 中斷完整流程

且其優先順序高於中斷目標的設定值，PLIC 則向中斷目標發出中斷通知。

中斷目標收到中斷通知後，如果決定響應此中斷，則使用軟體向 PLIC 發起中斷回應的讀取操作。作為回應回饋，PLIC 返回該中斷源的中斷 ID。同時，硬體自動將其對應的 IP 暫存器清零。

中斷目標收到中斷 ID 之後，可以透過此 ID 得知它需要回應的具體外部中斷源。然後進入該外部中斷源對應的具體中斷服務程式（interrupt service routine）中並進行處理。

待徹底完成了中斷處理之後，中斷目標使用軟體向 PLIC 發起「中斷完成」的寫入操作，寫入要完成的中斷 ID。同時，PLIC 硬體將解除對應中斷源的閘口遮罩，允許它發起下一次新的插斷要求。

C.5　PLIC 暫存器小結

綜上所述，PLIC 需要支援的若干種記憶體位址映射的暫存器如下。

- 每個中斷源的中斷等待暫存器（唯讀）。
- 每個中斷源的優先順序暫存器（讀寫）。
- 每個中斷目標對應的中斷源的中斷致能暫存器（讀寫）。
- 每個中斷目標的設定值暫存器（讀寫）。
- 每個中斷目標的中斷響應暫存器（讀取）。
- 每個中斷目標的中斷完成暫存器（寫入）。

RISC-V 架構文件並沒有為上述暫存器定義明確的記憶體位址，而是交給硬體實現者自訂。因此硬體設計人員可以按照所處 SoC 的不同情況分配具體的記憶體映射位址。以蜂鳥 E203 SoC 為例，其 PLIC 的暫存器位址映射表如圖 C-4 所示。

PLIC 理論上可以支援多個中斷目標。由於蜂鳥 E203 處理器是一個單核心處理器，且僅實現了機器模式，因此僅用到 PLIC 的目標 0，圖 C-4 中的目標 0 即蜂鳥 E203 處理器核心。

圖 C-4 中，源 1 的優先順序到源 1023 的優先順序對應每個中斷源的優先順序暫存器（讀寫）。雖然每個優先順序暫存器對應一個 32 位元的位址區間

（4 位元組），但是優先順序暫存器的有效位
元可以只有幾位元（其他位元固定為 0）。假
設硬體實現中優先順序暫存器的有效位元為 3
位元，則它可以支援 0 ～ 7 這 8 個優先順序。

位址	暫存器描述
0x0C00 0000	保留的
0x0C00 0004	源 1 的優先順序
0x0C00 0008	源 2 的優先順序
⋮	⋮
0x0C00 0FFC	源 1023 的優先順序
0x0C00 1000	等待陣列的開頭
⋮	⋮
0x0C00 107C	等待陣列的尾端
0x0C00 2000	
⋮	致能目標 0
0x0C00 207C	
0x0C20 0000	目標 0 的優先順序設定值
0x0C20 0004	目標 0 宣告 / 完成

圖 C-4 中，等待陣列的開頭到等待陣列的
結尾對應每個中斷源的 IP 暫存器（唯讀）。
由於每個中斷源的 IP 僅有一位元寬，而每個
暫存器對應一個 32 位元的位址區間（4 位元
組），因此每個暫存器可以包含 32 個中斷源
的 IP。

圖 C-4　蜂鳥 E203 SoC 中
PLIC 的寄存器位址映射表

按照此規則，等待陣列的開頭對應的暫存
器包含中斷源 0 ～ 31 的 IP 暫存器值，其他依
次類推。每 32 個中斷源的 IP 被組織在一個暫存器中，總共有 1024 個中斷源，
因此需要 32 個暫存器，其位址為 0x0C00 1000 ～ 0x0C00 107C。

圖 C-4 中，致能目標 0 對應每個中斷源的中斷致能暫存器（讀寫）。與
IP 暫存器同理，由於每個中斷源的 IE 僅有一位元寬，而每個暫存器對應一
個 32 位元的位址區間（4 位元組），因此每個暫存器可以包含 32 個中斷源的
IE。

按照此規則，對於目標 0 而言，每 32 個中斷源的 IE 被組織在一個暫存器
中，總共 1024 個中斷源，因此需要 32 個暫存器，其位址為 0x0C00 2000 ～
0x0C00 207C。

圖 C-4 中，目標 0 的優先順序設定值對應目標 0 的設定值暫存器（讀寫）。

雖然每個設定值暫存器對應一個 32 位元的位址區間（4 位元組），但是
設定值暫存器的有效位元個數應該與每個中斷源的優先順序暫存器有效位元
個數相同。

圖 C-4 中，「目標 0 宣告 / 完成」對應目標 0 的中斷回應暫存器和中斷完
成暫存器。

對於每個中斷目標而言，由於中斷響應暫存器為讀取暫存器，中斷完成

暫存器為寫入暫存器，因此將二者合為一個暫存器，二者共用同一個位址，變成一個讀寫的暫存器。

C.6　複習與比較

對 ARM 的 Cortex-M 或 Cortex-A 系列比較熟悉的讀者，想必會了解 Cortex-M 系列定義的巢狀結構向量中斷控制器（Nested Vector Interrupt Controller，NVIC）和 Cortex-A 系列定義的通用中斷控制器（General Interrupt Controller，GIC）。這兩種中斷控制器的功能都非常強大，但是非常複雜。

相比而言，RISC-V 架構定義的 PLIC 則非常簡單，這反映了 RISC-V 架構力圖簡化硬體的設計理念。此外，RISC-V 架構也允許處理器設計者定義其自有的中斷控制器，因此你可以從很多開放原始碼或商用的 RISC-V 處理器 IP 中看到其他非標準的中斷控制器身影。舉例來説，芯來科技研發的 Nuclei 系列商用 RISC-V 處理器 IP 中使用的改進型核心局部中斷控制器（Enhanced Core Local Interrupt Controller，ECLIC），該中斷控制器相較蜂鳥 E203 處理器中所實現的 PLIC 而言，具備更加強大的功能。感興趣的讀者可以造訪芯來科技官方網站，查詢 Nuclei 系列核心資料手冊，本書在此不詳述。

附錄 D　　記憶體模型背景

本附錄將對記憶體模型（memory model）的相關背景知識進行簡介。請注意，由於記憶體模型是電腦系統結構中非常晦澀的概念，而本書力圖做到通俗易懂，因此對於記憶體模型的介紹難免有失精準之處，關於其更嚴謹的學術定義，讀者可以自行查閱其他資料。

D.1　為何要有記憶體模型的概念

本節先介紹為何要有記憶體模型這個概念，也即記憶體模型要解決什麼問題。

在最早期，處理器都是單核心的。當只有單核心執行軟體程式時，記憶體讀寫指令的執行是很好理解的。處理器對記憶體讀寫入操作的結果會嚴格和程式順序（Program-Order）定義的結果一致，也就是說，處理器會嚴格按照順序逐筆地執行其組合語言指令。

理論上來講，對於和記憶體存取位址有相關性的指令（如前一行指令寫某個記憶體位址，之後另一行指令讀該記憶體位址），它們的執行順序一定不能顛倒，否則會造成結果錯誤。而對於與記憶體存取位址沒有相關性的指令（如前一行指令寫某個記憶體位址，之後另一行指令讀另外一個記憶體位址），它們的執行順序可以顛倒，不會影響最終的執行結果，不會造成結果錯誤。

基於上述原理，一方面，編譯器可以對程式生成的組合語言指令流中的指令順序進行適當改變，從而在某些情況下最佳化性能（如在某些有資料相關性的指令中間插入一些後序沒有資料相關性的指令）；另一方面，處理器核心的硬體在執行程式時可以動態地調整指令的執行順序，從而提高處理器的性能。

但是，隨著技術的進步和發展，處理器設計進入多核心時代，情況變得微妙起來。假設不同的處理器核心需要同時存取共用的記憶體位址區間，對共用的資料區間進行讀寫。由於不同的處理器核心在執行程式時存在著很多種隨機性和不確定性，因此它們存取共用記憶體位址區間的先後順序也存在著隨機性和不確定性，從而造成多核心程式的執行結果不可預知。這種不可預知性就會給軟體開發造成困擾，導致運行多核心程式的系統不穩定。

指令集架構（ISA）是銜接底層硬體和高層軟體的抽象層，該抽象層定義了任何軟體程式設計師需要了解的硬體資訊。為了能夠向上層軟體明確地指出多核心程式存取共用資料的結果，在指令集架構中便引入了記憶體模型的概念。

D.2 記憶體模型定義的內容

記憶體模型又稱記憶體一致性模型（memory consistency model），用於定義系統中對記憶體存取需要遵守的規則。只要軟體和硬體都明確遵循記憶體模型定義的規則，就可以保證多核心程式能夠得到確切的運行結果。

記憶體模型往往是現代 ISA 很重要的一部分，因此使用高階語言的程式設計師、設計編譯器的軟體工程師、處理器硬體設計人員都需要了解其所使用 ISA 的記憶體模型。

下面以 3 種代表性的記憶體模型 — 按序一致性模型（sequential consistency model）、鬆散一致性模型（relaxed consistency Model）和釋放一致性模型（release consistency model）為例介紹。

D.2.1 按序一致性模型

按序一致性模型就是「嚴格按序」模型。如果處理器的指令集架構符合按序一致性模型，那麼在多核心處理器上執行的程式就好像在單核心處理器上循序執行一樣。舉例來説，系統有兩個處理器核心，分別是 Core 0 和 Core 1。Core 0 執行了 A、B、C、D 這 4 行記憶體存取指令，Core 1 執行了 a、b、c、d 這 4 行記憶體存取指令。對於程式設計師而言，基於按序一致性模型的系統執行這 8 行指令的效果就好像在一個 Core 上循序執行了 A、a、B、b、C、c、D、d，或是 A、B、a、b、C、c、D、d，還可以是 A、B、C、D、a、b、c、d。總之，只要同時符合 Core 0 和 Core 1 的指令執行順序（即單獨從 Core 0 的角度看，其指令執行順序必須是 A → B → C → D，單獨從 Core 1 的角度看，其指令執行順序必須是 a → b → c → d）的任意組合，就是合法的組合。

綜上，我們可以複習出按序一致性模型的兩筆規則。

- 各個處理器核心按照其順序來執行指令,執行完一行指令後,執行下一行指令,不能夠改變記憶體存取指令的順序(即使存取的是不同的記憶體位址)。
- 從全域來看,每一個記憶體寫入操作都需要能夠被系統中的所有處理器核心同時觀測到。就好像處理器系統(包括所有的處理器核心)和儲存系統之間有一個開關,一次只會連接一個處理器核心和儲存系統,因此對記憶體的存取都是原子的、序列化的。

按序一致性模型是最簡單和直觀的記憶體模型,但這限制了 CPU 硬體和編譯器的最佳化,從而影響了整個系統的性能,於是便有了鬆散一致性模型。

D.2.2 鬆散一致性模型

鬆散一致性模型就是「鬆散」模型。對於不同記憶體位址的存取指令,單核心處理器理論上是可以改變其執行順序的。鬆散一致性模型允許多核心系統中的單核心改變其記憶體存取指令(必須存取的是不同的位址)的執行順序。

由於鬆散一致性模型解除了束縛,因此系統的性能更加好。如果多核心程式無所束縛地執行,結果就會變得完全不可預知。為了能夠限定處理器的執行順序,便引入了特殊的記憶體屏障(memory fence)指令。fence 指令用於屏障資料記憶體存取的執行順序,如果在程式中增加了一行 fence 指令,則能夠保證在 fence 指令之前的所有指令進行的資料存取記憶體結果必須比在 fence 指令之後的所有指令進行的資料存取記憶體結果先被觀測到。通俗地講,fence 指令就像一堵屏障一樣,在 fence 指令之前的所有資料記憶體存取指令必須比該 fence 指令之後的所有資料記憶體存取指令先執行。

透過將鬆散一致性模型和記憶體屏障指令相結合,你便可以達到性能和功能的平衡。舉例來説,在不關心記憶體存取順序的場景下,系統可以達到高的性能,而在某些關心記憶體存取順序的場景下,軟體程式設計師可以明確使用記憶體屏障指令來約束指令的執行順序。

▌ D.2.3 釋放一致性模型

釋放一致性模型進一步支援「獲取 - 釋放」（acquire-release）機制，其核心要點如下。

- 定義一種釋放（release）指令，它僅屏障其之前的所有記憶體存取操作。
- 定義一種獲取（acquire）指令，它僅屏障其之後的所有記憶體存取操作。

由於獲取和釋放指令僅屏障一個方向，因此相比 fence 指令更加鬆散。

D.3 節將結合一個具體的應用實例幫助讀者進一步理解「獲取 - 釋放」機制和上述不同模型的差異。

▌ D.2.4 記憶體模型小結

為了通俗易懂，前幾節以處理器核心為單位介紹了記憶體模型的概念，強調了記憶體模型在多核心系統中的重要性。

但是，現今的處理器設計技術突飛猛進，早已經突破了多核心的概念，在一個處理器核心中設計多個硬體執行緒的技術也早已成熟。舉例來說，硬體超執行緒（hyper-threading）技術便是指在一個處理器核心中實現多組執行緒，每組執行緒有自己獨立的暫存器組等與上下文相關的資源，但是大多數的運算資源被所有硬體執行緒重複使用，因此面積效率很高。在這樣的硬體超執行緒器中，一個核心內的多個執行緒同樣存在著與多核心系統類似的記憶體模型問題。

經過多年的發展，除本附錄介紹的 3 種模型之外，還有許多不同的記憶體模型。本書限於篇幅，在此不一一列舉，感興趣的讀者請自行查閱。

D.3 記憶體模型應用實例

在多核心軟體開發中經常有需要進行同步（synchronization）的場景，一個需要進行同步的典型雙核心場景如下。

Core 0 要寫入一段資料到某位址區間中，然後通知 Core 1 將此段資料讀走。

為了完成上述功能，程式設計師開發了一個多核心應用程式，預期如下。

- Core 0 和 Core 1 二者以一個共用的全域變數作為旗標。程式的全域變數在硬體上的本質是在記憶體中分配一個位址，保存該變數的值，Core 0 和 Core 1 都能夠存取該位址。
- Core 0 完成了寫資料的操作之後，便將此共用變數視為一個「特殊的數值」。
- Core 1 則不斷地在監測此共用變數的值，一旦它監測到了「特殊的數值」，就可以安全地將資料從位址區間中讀出。

Core 0 的程式寫入資料，設定旗標。

Core 1 的程式監測旗標，若監測到旗標的「特殊的數值」，就讀取資料。

從上述描述可以看出，為了能夠準確地實現互動資料的功能，Core 0 中寫入資料和設定旗標的指令的執行順序一定不能發生改變。同樣，Core 1 中監測旗標和讀取資料指令的執行順序也一定不能發生改變。

在使用按序一致性模型的多核心系統中，執行順序一定能夠得到保證，因此程式的執行結果能夠滿足程式設計師的預期。

但是在基於鬆散一致性模型的系統中，由於資料和旗標所處的記憶體位址不一樣，因此理論上其執行順序是可以改變的。編譯器或處理器硬體本身可能會最佳化，使得程式最終的執行結果可能並不像程式設計師期望的那樣。在基於鬆散一致性模型的系統中，你必須在程式中插入記憶體屏障指令，對該過程的描述如下。

- Core 0：寫入資料→插入 fence 指令→設定旗標。
- Core 1：監測旗標→監測到旗標的「特殊的數值」→插入 fence 指令→讀取資料。

由於 fence 指令能夠屏障其前後的記憶體存取指令而不會導致執行順序的改變，因此能夠保證程式的執行結果滿足程式設計師的預期。

但是經過進一步觀察，你可以發現以下規律。

- 如果有一行指令能夠將「插入 fence 指令」和「設定旗標」合二為一，那麼理論上只需要屏障其之前的記憶體存取操作即可（無須屏障其之後的操作）。

- 同理，如果有一行指令能夠將「監測旗標」和「插入 fence 指令」合二為一，那麼理論上只需要屏障其之後的記憶體存取操作即可（而無須屏障其之前的操作）。

- 假設能夠做到上述兩點，由於只需要遮罩一個方向，因此可以進一步提高性能。

因此為了能夠進一步地提高性能，使用釋放一致性模型中的獲取 - 釋放的機制，相關的操作如下。

- Core 0：寫入資料→釋放旗標。
- Core 1：獲取旗標→獲取旗標發現「特殊的數值」→讀取資料。

由於釋放操作屏障了其之前的記憶體存取指令，獲取操作屏障了其之後的記憶體存取指令，因此這同樣可以保證程式的執行結果滿足程式設計師的預期。

至此，上述問題終於完美解決。

D.4　RISC-V 架構的記憶體模型

記憶體模型不僅適用於多核心場景，還適用於多執行緒場景。在描述記憶體模型時，如果籠統地使用「處理器核心」的概念進行描述會有失精確，因此在 RISC-V 架構的文件中嚴謹地定義了 Hart 的概念，用於表示一個硬體執行緒。

RISC-V 架構明確規定在不同 Hart 之間使用鬆散一致性模型，並對應地定義了記憶體屏障指令（fence 和 fence.i），用於屏障記憶體存取的順序。另外，RISC-V 架構定義了可選的（非必需的）記憶體原子操作指令，用於進一步支援釋放一致性模型。

附錄 E　記憶體原子操作指令背景

本附錄將結合多執行緒「鎖」的範例對記憶體原子操作指令的應用背景進行簡介。請注意，由於「鎖」是多執行緒程式設計中比較晦澀的概念，而本書力圖做到通俗易懂，因此對於「鎖」的介紹難免有失精準之處。關於其更嚴謹的學術定義，讀者可以自行查閱其他資料。

E.1 上鎖問題

在多核心軟體開發中經常有需要進行上鎖的場景，此處的「鎖」是指軟體中定義的功能命名，多核心軟體中存在著多種不同的鎖（如 spin_lock 和 mutex_lock 等）。一個需要「上鎖」的典型三核心（如 Core 0、Core 1 和 Core 2）場景共用一個資料區間，但是一個時刻只有一個核心（Core）能夠獨佔此資料區間，因此 Core 0、Core 1 和 Core 2 需要競爭，競爭的策略如下。

- Core 0、Core 1 和 Core 2 三者使用一個共用的全域變數作為「鎖」。程式的全域變數在硬體上表示在記憶體中分配一個位址空間，用於保存該變數的值，Core 0、Core 1 和 Core 2 都能夠存取該位址空間。若鎖中的值為 0，表示當前共用資料區空閒，沒有被任何一個核心獨佔。若鎖中的值為 1，表示當前共用資料區被某個核心獨佔。
- 某個核心每次獨佔共用資料區並完成了相關的操作後，便會釋放資料區，透過向鎖中寫入數值 0 將其釋放。
- 沒有獨佔資料區的核心會不斷地讀取鎖中的值，判別它是否空閒。一旦發現鎖空閒，便會向鎖中寫入數值 1，進行「上鎖」，試圖獨佔共用資料區。

如果使用普通的讀（Load）和寫（Store）指令分別對記憶體進行讀與寫入操作，那麼第一次讀（發現鎖空閒）和下一次寫（寫入數值並 1 上鎖）之間存在著時間差，並且是兩次分立的操作，不同的核心發出的讀寫入操作可能彼此交織在一起，可能出現下述這種情況。

- 資料區空閒之後，兩個核心（Core 1 和 Core 2）均讀到了鎖的值（0），於是認為自己可以獨佔資料區，並向鎖中寫入數值 1。
- 按照規則，只有一個核能夠獨佔此共用區，但是此時兩個核心都以為自己獲得了共用區的獨佔權，從而造成程式的運行結果不正確。

E.2　透過原子操作解決上鎖問題

上一節介紹了多核心上鎖時面臨的競爭問題。為了解決該問題，如果能夠引入一種原子操作，讓第一次讀取操作（發現鎖空閒）和下一次寫（寫入數值 1）操作成為一個完整的整體，其間不被其他核心的存取所打斷，那麼便可以保證一次只能有一個核心上鎖成功。

為了支持原子操作，ARM 架構早期引入了原子交換（swp）指令。該指令同時將記憶體中的值讀出至結果暫存器，並將另一個源運算元的值寫入記憶體中相同的位址，實現通用暫存器中值和記憶體中值的交換。在第一次讀取操作之後，硬體便將匯流排或目標記憶體鎖定，直到第二次寫入操作完成之後才解鎖，其間不允許其他的核心存取，這便是在 AHB 匯流排中開始引入「Lock」訊號以支持匯流排鎖定功能的由來。

有了 swp 指令和匯流排鎖定功能，每個核心便可以使用 swp 指令進行上鎖，步驟如下。

（1）使用 swp 指令將鎖中的值讀出，並向鎖中寫入數值 1。該過程為一個原子操作，讀和寫入操作之間其他核心不會存取鎖。

（2）對讀取的值進行判斷，如果發現鎖中的值為 1，則表示當前鎖正在被其他的核心佔用，上鎖失敗，因此繼續回到步驟（1），重複讀；如果發現鎖中的值為 0，則表示當前鎖已經空閒，同時由於 swp 指令也以原子操作的方式向其寫入了數值 1，因此上鎖成功，可以進行獨佔。

原子指令操作除解決上鎖問題之外，還可以解決很多其他的問題，本書在此不做一一贅述。

E.3　透過互斥操作解決上鎖問題

上一節介紹了使用原子操作指令解決多核心上鎖時面臨的競爭問題，但是原子操作指令也存在著弊端。它會將匯流排鎖定，導致其他的核心無法存取匯流排，在核心數多且頻繁搶鎖的場景下，這會造成匯流排長期被鎖的情況，嚴重影響系統的性能。

因此 ARM 架構之後又引入了一種新的互斥（exclusive）類型的記憶體存取指令來替代 swp 指令，其核心要點如下。

- 定義一種互斥讀取（load-exclusive）指令。該指令與普通的讀指令類似，對記憶體執行一次次讀取操作。
- 定義一種互斥寫入（store-exclusive）指令。該指令與普通的寫指令類似，但是它不一定能夠成功執行。該指令會向其結果暫存器寫回操作成功或失敗的標識，如果執行失敗，表示沒有真正寫入記憶體。
- 在系統中實現一個監測器（monitor）。該監測器能夠保證只有當互斥讀取和互斥寫入指令成對地存取相同的位址，且互斥讀取和互斥寫入指令之間沒有任何其他的寫入操作（來自任何一個執行緒）存取過同樣的位址，互斥寫入指令才會執行成功。

為了實現上述功能，系統中監測器的硬體實現機制略顯複雜。為了不讓讀者陷入理解複雜問題的泥潭，本書在此將其略過，不加詳述，感興趣的讀者可以自行查閱其他資料。

互斥讀取指令執行的記憶體讀取操作和互斥寫入（store-exclusive）指令執行的記憶體寫入操作之間並不會將匯流排鎖定，因此並不會造成系統性能的下降。這是與原子操作指令最大的不同。

為了區別出普通的讀／寫和互斥讀取／互斥寫入指令發起的記憶體存取操作，需要使用特殊的訊號。這也是 AXI 匯流排中引入了互斥屬性訊號的緣由。

有了互斥讀取指令、互斥寫入指令和系統監測器的支援，每個核心便可以使用互斥讀取指令和互斥寫入指令進行上鎖，步驟如下。

（1）使用互斥讀取指令將鎖中的值讀出。

（2）對讀取的值進行判斷。如果鎖中的值為 1，表示當前鎖正在被其他的核心佔用，繼續回到步驟（1）重複讀；如果鎖中的值為 0，表示當前鎖已經空閒，進入步驟（3）。

（3）使用互斥寫入指令向鎖中寫入數值 1，試圖對其進行上鎖，然後對該指令的返回結果（成功還是失敗的標識）進行判斷。如果返回結果表示該互斥寫入指令執行成功，表示上鎖成功；不然表示上鎖失敗。

由於第一次讀和第二次寫之間並沒有將匯流排鎖定，因此其他的核心也可能存取鎖。其他核心也可能發現鎖中的值為 0，繼而向鎖中寫入數值 1，試圖上鎖，但系統中的監測器會保證只有先進行互斥寫入的核心才能成功，後進行互斥寫入的核心會失敗，從而保證每一次只能有一個核心成功上鎖。

E.4 RISC-V 架構的相關指令

RISC-V 架構的基本指令集（必選的）並沒有包括原子操作指令和互斥指令，但是可選的「A」擴充指令子集支援這兩種指令。

附錄 F　RISC-V 指令編碼清單

本附錄截取自 RISC-V 指令集文件（riscv-spec-v2.2.pdf）。

RV32I 指令編碼如表 F-1 所示。

▼ 表 F-1　RV32I 指令編碼

imm[31:12]				rd	0110111	lui
imm[31:12]				rd	0010111	auipc
imm[20:10:1:11:19:12]				rd	1101111	jal
imm[11:0]		rs1	000	rd	1100111	jalr
imm[12:10:5]	rs2	rs1	000	imm[4:1:11]	1100011	beq
imm[12:10:5]	rs2	rs1	001	imm[4:1:11]	1100011	bne
imm[12:10:5]	rs2	rs1	100	imm[4:1:11]	1100011	blt
imm[12:10:5]	rs2	rs1	101	imm[4:1:11]	1100011	bge
imm[12:10:5]	rs2	rs1	110	imm[4:1:11]	1100011	bltu
imm[12:10:5]	rs2	rs1	111	imm[4:1:11]	1100011	bgeu
imm[11:0]		rs1	000	rd	0000011	lb
imm[11:0]		rs1	001	rd	0000011	lh
imm[11:0]		rs1	010	rd	0000011	lw
imm[11:0]		rs1	100	rd	0000011	lbu
imm[11:0]		rs1	101	rd	0000011	lhu
imm[11:5]	rs2	rs1	000	imm[4:0]	0100011	sb
imm[11:5]	rs2	rs1	001	imm[4:0]	0100011	sh
imm[11:5]	rs2	rs1	010	imm[4:0]	0100011	sw
imm[11:0]		rs1	000	rd	0010011	addi
imm[11:0]		rs1	010	rd	0010011	slti
imm[11:0]		rs1	011	rd	0010011	sltiu
imm[11:0]		rs1	100	rd	0010011	xori
imm[11:0]		rs1	110	rd	0010011	ori
imm[11:0]		rs1	111	rd	0010011	andi

0000000	shamt		rs1	001	rd	0010011	slli
0000000	shamt		rs1	101	rd	0010011	srli
0100000	shamt		rs1	101	rd	0010011	srai
0000000	rs2		rs1	000	rd	0110011	add
0100000	rs2		rs1	000	rd	0110011	sub
0000000	rs2		rs1	001	rd	0110011	sll
0000000	rs2		rs1	010	rd	0110011	slt
0000000	rs2		rs1	011	rd	0110011	sltu
0000000	rs2		rs1	100	rd	0110011	xor
0000000	rs2		rs1	101	rd	0110011	srl
0100000	rs2		rs1	101	rd	0110011	sra
0000000	rs2		rs1	110	rd	0110011	or
0000000	rs2		rs1	111	rd	0110011	and
0000	pred	succ	00000	000	00000	0001111	fence
0000	0000	0000	00000	001	00000	0001111	fence.i
000000000000			00000	000	00000	1110011	ecall
000000000001			00000	000	00000	1110011	ebreak
csr			rs1	001	rd	1110011	csrrw
csr			rs1	010	rd	1110011	csrrs
csr			rs1	011	rd	1110011	csrrc
csr			zimm	101	rd	1110011	csrrwi
csr			zimm	110	rd	1110011	csrrsi
csr			zimm	111	rd	1110011	csrrci

環境呼叫與中斷點如表 F-2 所示。

▼ 表 F-2 環境呼叫與中斷點

000000000000	00000	000	00000	1110011	ecall
000000000001	00000	000	00000	1110011	ebreak

陷阱返回指令如表 F-3 所示。

▼ 表 F-3 陷阱返回指令

0000000	00010	00000	000	00000	1110011	uref
0001000	00010	00000	000	00000	1110011	sret
0011000	00010	00000	000	00000	1110011	mret

中斷管理指令如表 F-4 所示。

▼ 表 F-4　中斷管理指令

0001000	00101	00000	000	00000	1110011	wfi

RV32M 指令編碼如表 F-5 所示。

▼ 表 F-5　RV32M 指令編碼

0000001	rs2	rs1	000	rd	0110011	mul
0000001	rs2	rs1	001	rd	0110011	mulh
0000001	rs2	rs1	010	rd	0110011	mulhsu
0000001	rs2	rs1	011	rd	0110011	mulhu
0000001	rs2	rs1	100	rd	0110011	div
0000001	rs2	rs1	101	rd	0110011	divu
0000001	rs2	rs1	110	rd	0110011	rem
0000001	rs2	rs1	111	rd	0110011	remu

RV32A 指令編碼如表 F-6 所示。

▼ 表 F-6　RV32A 指令編碼

00010	aq	rl	00000	rs1	010	rd	0101111	lr.w
00011	aq	rl	rs2	rs1	010	rd	0101111	sc.w
00001	aq	rl	rs2	rs1	010	rd	0101111	amoswap.w
00000	aq	rl	rs2	rs1	010	rd	0101111	amoadd.w
00100	aq	rl	rs2	rs1	010	rd	0101111	amoxor.w
01100	aq	rl	rs2	rs1	010	rd	0101111	amoand.w
01000	aq	rl	rs2	rs1	010	rd	0101111	amoor.w
10000	aq	rl	rs2	rs1	010	rd	0101111	amomin.w
10100	aq	rl	rs2	rs1	010	rd	0101111	amomax.w
11000	aq	rl	rs2	rs1	010	rd	0101111	amominu.w
11100	aq	rl	rs2	rs1	010	rd	0101111	amomaxu.w

RV32F 指令編碼如表 F-7 所示。

▼ 表 F-7　RV32F 指令編碼

imm[11:0]		rs1	010	rd	0000111	flw
imm[11:5]	rs2	rs1	010	imm[4:0]	0100111	fsw
rs3	00	rs2	rs1	rm	rd	1000011	fmadd.s

續表

rs3	00	rs2	rs1	rm	rd	1000111	fmsub.s
rs3	00	rs2	rs1	rm	rd	1001011	fnmsub.s
rs3	00	rs2	rs1	rm	rd	1001111	fnmadd.s
0000000		rs2	rs1	rm	rd	1010011	fadd.s
0000100		rs2	rs1	rm	rd	1010011	fsub.s
0001000		rs2	rs1	rm	rd	1010011	fmul.s
0001100		rs2	rs1	rm	rd	1010011	fdiv.s
0101100		00000	rs1	rm	rd	1010011	fsqrt.s
0010000		rs2	rs1	000	rd	1010011	fsgnj.s
0010000		rs2	rs1	001	rd	1010011	fsgnjn.s
0010000		rs2	rs1	010	rd	1010011	fsgnjx.s
0010100		rs2	rs1	000	rd	1010011	fmin.s
0010100		rs2	rs1	001	rd	1010011	fmax.s
1100000		00000	rs1	rm	rd	1010011	fcvt.w.s
1100000		00001	rs1	rm	rd	1010011	fcvt.wu.s
1110000		00000	rs1	000	rd	1010011	fmv.x.w
1010000		rs2	rs1	010	rd	1010011	feq.s
1010000		rs2	rs1	001	rd	1010011	flt.s
1010000		rs2	rs1	000	rd	1010011	fle.s
1110000		00000	rs1	001	rd	1010011	fclass.s
1101000		00000	rs1	rm	rd	1010011	fcvt.s.w
1101000		00001	rs1	rm	rd	1010011	fcvt.s.wu
1111000		00000	rs1	000	rd	1010011	fmv.w.x

RV32D 指令編碼如表 F-8 所示。

▼ 表 F-8 RV32D 指令編碼

imm[11:0]		rs1	011	rd		0000111	fld
imm[11:5]	rs2	rs1	011	imm[4:0]		0100111	fsd
rs3	01	rs2	rs1	rm	rd	1000011	fmadd.d
rs3	01	rs2	rs1	rm	rd	1000111	fmsub.d
rs3	01	rs2	rs1	rm	rd	1001011	fnmsub.d
rs3	01	rs2	rs1	rm	rd	1001111	fnmadd.d
0000001		rs2	rs1	rm	rd	1010011	fadd.d

續表

0000101	rs2	rs1	rm	rd	1010011	fsub.d
0001001	rs2	rs1	rm	rd	1010011	fmul.d
0001101	rs2	rs1	rm	rd	1010011	fdiv.d
0101101	00000	rs1	rm	rd	1010011	fsqrt.d
0010001	rs2	rs1	000	rd	1010011	fsgnj.d
0010001	rs2	rs1	001	rd	1010011	fsgnjn.d
0010001	rs2	rs1	010	rd	1010011	fsgnjx.d
0010101	rs2	rs1	000	rd	1010011	fmin.d
0010101	rs2	rs1	001	rd	1010011	fmax.d
0100000	00001	rs1	rm	rd	1010011	fcvt.s.d
0100001	00000	rs1	rm	rd	1010011	fcvt.d.s
1010001	rs2	rs1	010	rd	1010011	feq.d
1010001	rs2	rs1	001	rd	1010011	flt.d
1010001	rs2	rs1	000	rd	1010011	fle.d
1110001	00000	rs1	001	rd	1010011	fclass.d
1100001	00000	rs1	rm	rd	1010011	fcvt.w.d
1100001	00001	rs1	rm	rd	1010011	fcvt.wu.d
1101001	00000	rs1	rm	rd	1010011	fcvt.d.w
1101001	00001	rs1	rm	rd	1010011	fcvt.d.wu

在 RVC 指令中，第 0 編碼象限的資訊清單如表 F-9 所示。

▼ 表 F-9　RVC 指令中第 0 編碼象限的資訊清單

15 14 13	12 11 10 9 8 7	6 5	4 3 2	1 0	
000	0		0	00	非法指令
000	nzuimm[5:4|9:6|2|3]		rd'	00	c.addi4spn(RES, nzuimm=0)
001	uimm[5:3]	rs1'	uimm[7:6] rd'	00	c.fld$_{(RV32/64)}$
001	uimm[5:4|8]	rs1'	uimm[7:6] rd'	00	c.lq$_{(RV128)}$
010	uimm[5:3]	rs1'	uimm[2|6] rd'	00	c.lw
011	uimm[5:3]	rs1'	uimm[2|6] rd'	00	c.flw$_{(RV32)}$
011	uimm[5:3]	rs1'	uimm[7:6] rd'	00	c.ld$_{(RV64/128)}$
100	—	—	— —	00	保留的
101	uimm[5:3]	rs1'	uimm[7:6] rs2'	00	c.fsd$_{(RV32/64)}$
101	uimm[5:4|8]	rs1'	uimm[7:6] rs2'	00	c.sq$_{(RV128)}$
110	uimm[5:3]	rs1'	uimm[2|6] rs2'	00	c.sw
111	uimm[5:3]	rs1'	uimm[2|6] rs2'	00	c.fsw$_{(RV32)}$
111	uimm[5:3]	rs1'	uimm[7:6] rs2'	00	c.sd$_{(RV64/128)}$

在 RVC 指令中，第 1 編碼象限的資訊清單如表 F-10 所示。

▼ 表 F-10　RVC 指令中第 1 編碼象限的資訊清單

15 14 13	12	11 10 9 8 7	6 5 4 3 2	1 0	
000	0	0	0	01	c.nop
000	nzimm[5]	rs1/rd ≠ 0	nzimm[4:0]	01	c.addi (HINT，nzimm=0)
001	imm[11|4|9:8|10|6|7|3:1|5]			01	c.jal (RV32)
001	imm[5]	rs1/rd ≠ 0	imm[4:0]	01	c.addiw (Rv64/128；RES，rd=0)
010	imm[5]	rd ≠ 0	imm[4:0]	01	c.li (HINT,rd=0)
011	nzimm[9]	2	nzimm[4|6|8:7|5]	01	c.addi16sp (RES，nzuimm=0)
011	nzimm[17]	rd ≠ {0,2}	nzimm[16:12]	01	c.lui (RES，nzimm=0；HINT，rd=0)
100	nzuimm[5]	00　rs1'/rd'	nzuimm[4:0]	01	c.srli (RV32 NSE，nzuimm[5]=1)
100	0	00　rs1'/rd'	0	01	c.srli64 (RV128；RV32/64 HINT)
100	nzuimm[5]	01　rs1'/rd'	nzuimm[4:0]	01	c.srai (RV32 NSE，nzuimm[5]=1)
100	0	01　rs1'/rd'	0	01	c.srai64 (RV128；RV32/64 HINT)
100	imm[5]	10　rs1'/rd'	imm[4:0]	01	c.andi
100	0	11　rs1'/rd'	00　rs2'	01	c.sub
100	0	11　rs1'/rd'	01　rs2'	01	c.xor

在 RVC 指令中，第 2 編碼象限的資訊清單如表 F-11 所示。

▼ 表 F-11　RVC 指令中第 2 編碼象限的資訊清單

15 14 13	12	11 10 9 8 7	6 5 4 3 2	1 0	
000	nzuimm[5]	rs1/rd ≠ 0	nzuimm[4:0]	10	c.slli (HINT，rd=0；RV32 NSE，nzuimm[5]=1)
000	0	rs1/rd ≠ 0	0	10	c.slli64 (RV128；RV32/64 HINT；HINT，rd=0)
001	uimm[5]	rd	uimm[4:3|8:6]	10	c.fldsp (RV32/64)
001	uimm[5]	rd ≠ 0	uimm[4|9:6]	10	c.lqsp (RV128；RES，rd=0)
010	uimm[5]	rd ≠ 0	uimm[4:2|7:6]	10	c.lwsp (RES，rd=0)
011	uimm[5]	rd	uimm[4:2|7:6]	10	c.flwsp (RV32)
011	uimm[5]	rd ≠ 0	uimm[4:3|8:6]	10	c.ldsp (RV64/128；RES，rd=0)
100	0	rs1 ≠ 0	0	10	c.jr (RES，rs1=0)
100	0	rd ≠ 0	rs2 ≠ 0	10	c.mv (HINT，rl=0)
100	1	0	0	10	c.ebreak
100	1	rs1 ≠ 0	0	10	c.jalr
100	1	rs1/rd ≠ 0	rs2 ≠ 0	10	c.add (HINT，rd=0)
101	uimm[5:3|8:6]		rs2	10	c.fsdsp (RV32/64)
101	uimm[5:4|9:6]		rs2	10	c.sqsp (RV128)
110	uimm[5:2|7:6]		rs2	10	c.swsp
111	uimm[5:2|7:6]		rs2	10	c.fswsp (RV32)
111	uimm[5:3|8:6]		rs2	10	c.sdsp (RV64/128)

續表

15 14	13	12	11 10	9	8 7	6 5	4 3	2	1 0	
100		0		11	rs1'/rd'	10	rs2'		01	c.or
100		0		11	rs1'/rd'	11	rs2'		01	c.and
100		1		11	rs1'/rd'	00	rs2'		01	c.subw(RV64/128；RV32 RES)
100		1		11	rs1'/rd'	01	rs2'		01	c.addw(RV64/128；RV32 RES)
100		1		11	—	10	—		01	保留的
100		1		11	—	11	—		01	保留的
101			imm[11|4|9:8|10|6|7|3:1|5]						01	c.j
110		imm[8|4:3]			rs1'	imm[7:6|2:1|5]			01	c.beqz
111		imm[8|4:3]			rs1'	imm[7:6|2:1|5]			01	c.bnez

在以上 3 個表中，注意最右側一列的部分標注。其中 RES 表示這種編碼是預留的，用於未來擴充；NSE 表示這種編碼是預留的，用於非標準擴充；HINT 表示這種編碼是預留的，作為微架構的指示，在硬體中可以選擇將其實現為 NOP。

附錄 G　RISC-V 虛擬指令列表

RISC-V 虛擬指令和實際指令如表 G-1 所示。

▼ 表 G-1　RISC-V 虛擬指令和實際指令

虛 擬 指 令	實 際 指 令	說　明
rdinstret[h] rd	csrrs rd, instret[h], x0	讀取已完成指令計數器
rdcycle[h] rd	csrrs rd, cycle[h], x0	讀取時鐘週期計數器
rdtime[h] rd	csrrs rd, time[h], x0	讀取即時時間
csrr rd, csr	csrrs rd, csr, x0	讀取 CSR
csrw csr, rs	csrrw x0, csr, rs	寫入 CSR
csrs csr, rs	csrrs x0, csr, rs	CSR 置位
csrc csr, rs	csrrc x0, csr, rs	CSR 清零
csrwi csr, imm	csrrwi x0, csr, imm	讀取立即數後，寫入 CSR
csrsi csr, imm	csrrsi x0, csr, imm	讀取立即數後，置位 CSR
csrci csr, imm	csrrci x0, csr, imm	讀取立即數後，CSR 清零
frcsr rd	csrrs rd, fcsr, x0	讀取 FP 控制與狀態暫存器
fscsr rd, rs	csrrw rd, fcsr, rs	交換 FP 控制與狀態暫存器
fscsr rs	csrrw x0, fcsr, rs	寫入 FP 控制與狀態暫存器
frrm rd	csrrs rd, frm, x0	讀取 FP 捨入模式
fsrm rd, rs	csrrw rd, frm, rs	交換 FP 捨入模式
fsrm rs	csrrw x0, frm, rs	寫入 FP 捨入模式
fsrmi rd, imm	csrrwi rd, frm, imm	讀取立即數後，交換 FP 捨入模式
fsrmi imm	csrrwi x0, frm, imm	讀取立即數後，寫入 FP 捨入模式
frflags rd	csrrs rd, fflags, x0	讀取 FP 異常標識位元
fsflags rd, rs	csrrw rd, fflags, rs	交換 FP 異常標識位元
fsflags rs	csrrw x0, fflags, rs	寫入 FP 異常標識位元
fsflagsi rd, imm	csrrwi rd, fflags, imm	讀取立即數後，交換 FP 異常標識位元
fsflagsi imm	csrrwi x0, fflags, imm	讀取立即數後，寫入 FP 異常標識位元
s{b|h|w|d} rd, symbol, rt	s{b|h|w|d} rd, symbol[11: 0](rt) auipc rt, symbol [31: 12]	儲存全域變數
fl{w|d}rd, symbol, rt	fl{w|d} rd, symbol [11: 0](rt) auipc rt, symbol [31:12]	讀取取浮點全域變數
fs{w|d} rd, symbol, rt	fs{w|d} rd, symbol [11: 0](rt)	儲存浮點全域變數
nop	addi x0, x0, 0	無操作
li rd, immediate	Myriad sequences	載入立即數
mv rd, rs	addi rd, rs, 0	複製暫存器
not rd, rs	xori rd. rs, -1	逐位元反轉
neg rd, rs	sub rd, x0, rs	求補數
negw rd, rs	subw rd, x0, rs	求字的補數
sext.w rd, rs	addiw rd, rs, 0	擴充有號字
seqz rd, rs	sltiu rd, rs, 1	在暫存器 rs 中的值等於零時置位

虛 擬 指 令	實 際 指 令	說　明
snez rd, rs	sltu rd, x0, rs	在暫存器 rs 中的值非零的情況下置位
sltz rd, rs	slt rd, rs, x0	在暫存器 rs 中的值小於零的情況下置位
sgtz rd, rs	slt rd, x0, rs	在暫存器 rs 中的值大於零的情況下置位
fmv.s rd, rs	fsgnj.a rd, rs, rs	複製單精度浮點暫存器中的值
fabs.s rd, rs	fsgnjx.s rd, re, rs	求單精度浮點數的絕對值
fneg.s rd, rs	fsgnjn.s rd, rs, rs	單精度浮點數反轉
fmv.d rd, rs	fsgnj.d rd, rs, rs	複製雙精度浮點暫存器中的值
fabs.d rd, rs	fsgnjx.d rd, rs, rs	求雙精度浮點數的絕對值
fneg.d rd, rs	fsgnjn.d rd, rs, rs	對雙精度浮點數反轉
beqz rs, offset	beq rs, x0, offset	若暫存器 rs 中的值等於 0，跳躍
bnez rs, offset	bne rs, x0, offset	若暫存器 rs 中的值非零，跳躍
blez rs, offset	bge x0, re, offeet	若暫存器 rs 中的值小於或等於 0，跳躍
bgez rs, offset	bge rs, x0, offset	若暫存器 rs 中的值大於或等於 0，跳躍
bltz rs, offset	blt rs, x0, offset	若暫存器 rs 中的值小於 0，跳躍
bgtz rs, offset	blt x0, rs, offset	若暫存器 rs 中的值小於 0，跳躍
bgt rs, rt, offset	blt rt, rs, offset	若暫存器 rs 中的值大於暫存器 rd 中的值，跳躍
ble re, rt, offset	bge rt, rs, offset	若暫存器 rs 中的值小於或等於暫存器 rd 中的值，跳躍
bgtu rs, rt, offset	bltu rt, rs, offset	若暫存器 rs 中的值大於暫存器 rd 中的值且無號，跳躍
bleu rs, rt, offset	bgeu rt, rs, offset	若暫存器 rs 中的值小於或等於暫存器 rd 中的值且無號，跳躍
j offset	jal x0, offset	跳躍
jal offset	jal x1, offeet	跳躍並連結
jr rs	jalr x0, rs, 0	暫存器跳躍
jalr rs	jalr x1, rs, 0	跳躍並連結暫存器
ret	jalr x0, x1, 0	從副程式返回
call offset	auipc x6, offset[31:121] jalr x1, x6, offset[11:0]	呼叫
tail offset	auipc x6, offset[31:12] jalr x0, x6, offset[11:0]	尾呼叫
fence	fence iorw, iorw	同步記憶體和 I/O

NOTE

NOTE

NOTE

NOTE

NOTE